Der große Käseatlas

Nancy Eekhof-Stork

Der große Käseatlas

Geschichte
Sorten
Herstellung
Rezepte

Hallwag Verlag
Bern und Stuttgart

2., ergänzte Auflage, 1981

Die holländische Originalausgabe ist unter dem Titel «Spectrum Kaasatlas» bei Spectrum Amsterdam International Publishing, Amsterdam, erschienen.

Deutsche Übersetzung: Sonja Kipfer
Bearbeitung des Schweiz-Teils: Schweizerische Käseunion AG Bern
Umschlagfoto zur Verfügung gestellt von der
Schweizerischen Käseunion, Bern
Umschlaggestaltung: Robert Buchmüller
Satz: Filmsatz Lehmann+Co., Thun (Schweiz)
Printed in Holland
ISBN 3 444 10260 7

Inhalt

Maître Corbeau, sur un arbre perché,
Tenait en son bec un fromage…
Jean de la Fontaine, FABELN

Einleitung

Käse – ein wertvolles und bekömmliches Naturprodukt – wird seit alters als schmackhaftes Nahrungsmittel sehr geschätzt. Man findet ihn denn auch in Fülle und Vielfalt überall in der Welt: vom Rentierkäse in Lappland und dem Jakmilchkäse in Nepal bis zu der großen Schar internationaler Favoriten wie zum Beispiel Cheddar und Brie, Gouda und Gorgonzola, Limburger und Emmentaler, Roquefort und Parmesan, um nur einige zu nennen.

Käse ist stets das typische Erzeugnis eines bestimmten Landstrichs, ein Produkt der dort lebenden Menschen. Der Reichtum an Sorten gründet nicht allein im regen Erfindergeist der Bewohner, sondern wird auch von spezifischen Umweltfaktoren mitbestimmt: Klima- und Bodenverhältnissen, Vegetation, Höhenlage, Kulturniveau, Art der Tierbestände, Volkstum und Eßgewohnheiten.

Ursprünglich ein häusliches Gewerbe, gedieh die Käsebereitung später zu einer Art Kunst und schließlich zu einer Industrie. Aus einfachen, im Bauernhaus nach altüberlieferten Methoden und in eigener Regie hergestellten Erzeugnissen entwickelten sich nach und nach die bekannten nationalen Käsesorten. Durch kluge Kombination von handwerklichem Geschick und industrieller Technik gelang die Herstellung haltbarer Qualitätsprodukte auf breiter Basis, die heute von überall nach überall exportiert werden. Neben den jedermann geläufigen Markennamen gibt es aber noch Hunderte, wenn nicht gar Tausende bäuerlicher Käse, die seit eh und je in abgelegenen Tälern oder auf Alpweiden bereitet werden und nie auf den Großmarkt gelangen.

Doch die Vorstellungen, die die Menschen mit dem Wort Käse verbinden, decken sich nicht immer miteinander. Ein Südfranzose aus der Provence mag dabei an einen der kleinen, weißen, in Kastanienblätter gehüllten Ziegenkäse, den Banon, denken, zu dem man ein Glas Roséwein genehmigt. Einem Briten aus Somerset fällt beim Wort Käse bestimmt ein Imbiß mit Cheddar ein, zu dem er Bier zu trinken pflegt. In Dänemark würde man zunächst auf einen Samsø, in den Niederlanden wohl auf Gouda oder Edamer tippen. Einem Deutschen wiederum schwebt wohl ein Limburger oder Weinkäse vor, den sich der Kenner mit einem Glas Rhein- oder Moselwein zu Gemüte führt. In der Schweiz kann es sich nur um den «König der Käse», den großlöchrigen Emmentaler handeln, den man zusammen mit einem Schluck Weißwein genießt. Ein Österreicher sieht in Gedanken vielleicht einen Frischkäse vor sich, während man in Mexiko den mit Chilipulver gewürzten Queso Fresco besonders schätzt. Doch wir sind heute angesichts der zunehmenden Zahl von Feinkostgeschäften in der glücklichen Lage, uns Käsesorten verschiedenster Herkunft schmecken zu lassen.

DER GROßE KÄSEATLAS lädt seine Leser zu einer vielversprechenden kulinarischen Entdeckungsreise ein, um sie mit allen Käsesorten der Welt – von international berühmten bis zu seltenen Produkten – näher bekannt zu machen. Die verschiedenen Käse werden in ihrem nationalen Umfeld präsentiert und ein Land ums andere ins Visier genommen. Dabei geht es vor allem um die Beantwortung folgender Fragen: Wie sind die einzelnen nationalen Käsesorten entstanden? Wie werden sie hergestellt, verpackt und verkauft? Wie wirken sich klimatische und geographische Bedingungen auf die lokale Molkereiindustrie aus? Wie sehen die verschiedenen Käsesorten aus? Wie schmecken sie? Wie munden sie am besten? Übersichtstabellen geben Auskunft über Gewicht, Konsistenz, Rinde und Fettgehalt der Käse. Zahlreiche Abbildungen, Skizzen, Karten und Produktionsstatistiken sowie detaillierte Angaben zu den Produktionsverfahren für gewisse Hauptkäsesorten (Emmentaler, Cheddar, Gouda, Camembert, Cottage Cheese) runden das Ganze ab.

Am Anfang und am Schluß des Buches kommen unter anderem auch praktische Belange zur Sprache. Den Kapiteln «Käse im eigenen Heim» und «Käse und Wein» kann man entnehmen, wie Käseplatten zusammengestellt, Käse-und-Wein-Parties vorbereitet werden und welchen Wein man zu welchem Käse trinkt. Besonders Unternehmungslustigen ist das Kapitel «Jeder sein eigener Käsebereiter» zugedacht, während sich Hobbyköche und Küchenfeen vor allem für die Sammlung von über 45 Rezepten leckerer Käsegerichte interessieren dürften. Den Auftakt zur kulinarischen Welttournee bildet ein Exkurs in die Geschichte, der Einblick in die Entwicklung der Käsebereitung und der Käseprodukte seit frühester Zeit gibt. Natürlich wird man auch über moderne Melkmethoden und Milchbehandlung, über Nährwert und biologische Faktoren unterrichtet.

In unserer Zeit wird Käse landauf, landab immer beliebter, er ist von unserem Speisezettel nicht mehr wegzudenken. Im Sinne dieser Entwicklung ist DER GROßE KÄSEATLAS den Käseliebhabern in aller Welt gewidmet, dazu bestimmt, ihre Kenntnisse auf diesem Gebiet zu erweitern, ihren Appetit anzuregen und ihren Genuß an dieser «kosmopolitischen» Gaumenfreude noch zu erhöhen.

Käse und Käseherstellung im Rückblick

Will man die Herstellung des Käses durch die Zeitläufte zurückverfolgen, so wird man erkennen, daß sie von der Geschichte des Säugetieres und seiner Milch nicht zu trennen ist. Es gab eine Zeit, da war die Erde das Reich der wildlebenden Tiere. Sie vermehrten sich, säugten ihre Jungen und mußten sich Tag für Tag gegen alle Widrigkeiten einer oft feindlichen Umwelt behaupten. Dann erschien der Mensch, jagte die Tiere, aß ihr Fleisch und kam eines Tages auf den Gedanken, Tiere zu zähmen und sie sich dienstbar zu machen. Er ließ sie Lasten tragen oder ziehen und verwertete ihre Ausscheidungen als Dünger oder Brennmaterial. Nötigenfalls schlachtete er sie auch. Die Tiere pflanzten sich auch in der Gefangenschaft fort, und sie gaben Milch. Wo und wann der Mensch erstmals Tiere zu melken und Milchprodukte herzustellen begann, kann heute – trotz aller archäologischen Funde – nur vermutet werden.

Melken in frühgeschichtlicher Zeit

Die ältesten bislang entdeckten bildlichen Darstellungen des Melkvorgangs stammen aus Mesopotamien (etwa 3500–2800 v. Chr.). Ein prächtiges El-'Obeid-Relief und ein Stempelsiegel aus der

Links Dieses prächtige Relief aus dem Palast des Assyrerkönigs Sanherib zeigt einen Mann mit einer Rinderherde.

Links Eine Szene aus Homers Odyssee: An einen mächtigen Widder geklammert, entflieht Odysseus aus der Höhle des Zyklopen Polyphem, des einäugigen Hirten und Senners. Homer schildert auch, wie Polyphem seinen Käse, einen frühen Vorläufer des beliebten griechischen Feta, herzustellen pflegte.

Links Molkereiarbeiter im 12. Jahrhundert. Einer ist mit der Herstellung von Butter, ein zweiter mit dem Melken von Kühen und der dritte mit dem Melken einer Ziege beschäftigt.

Dschemdet-Nasr-Zeit zeigen uns, wie die Sumerer ihr Vieh gemolken und die Milch verarbeitet haben. In Ägypten fand man im Grab von Horus Aha, dem zweiten König der 1. Dynastie (etwa 3000–2800 v. Chr.) Töpfe, die Rückstände von Käse enthielten, wie die chemische Analyse ergab. Von Käse ist auch in Hieroglyphentexten die Rede. Die jüngsten Funde auf diesem Gebiet stammen aus Afrika. Hier stießen die Archäologen im libyschen Teil der Sahara auf Höhlenzeichnungen aus der Zeit von 5500–2000 v. Chr. Ähnlich denjenigen in Spanien und Frankreich, stellen sie höchstwahrscheinlich den Vorgang der Milchverarbeitung dar. Die Herkunft der betreffenden Sahara-Stämme ist noch weitgehend ungeklärt. Waren sie schon in prähistorischer Zeit hier ansässig? Zähmten sie ihre Tiere und erlernten dabei die Methode der Milchverwertung? Oder waren sie ursprünglich als Wanderhirten aus Asien nach Afrika gekommen und hatten bereits Erfahrung im Melken von Tieren? Damals war die Sahara noch kein ödes Wüstengebiet. Es gab ausreichend Weideland für Kühe, Schafe oder Ziegen. Doch hat man bisher nichts entdeckt, was auf die Anwesenheit von dort seßhaften Bewohnern nach 2500 v. Chr. schließen ließe. Sollten diese Hirten später ihrer Existenzgrundlage beraubt worden sein? Mußten sie die Gegend verlassen und nach neuen Weideplätzen Umschau halten? All dies sind noch immer offene Fragen.

In der Regel waren die Nomadenstämme auf ihrer Suche nach besseren Lebensbedingungen ständig unterwegs, und manchmal wuchsen sich diese Stammesbewegungen zu wahren Völkerwanderungen aus. Indogermanische Völker gelangten so wahrscheinlich aus den Steppen Asiens ins Dnjeprtal und breiteten sich etwa um 3000–2000 v. Chr. von dort weiter nach dem Balkan, nach Nordeuropa und Asien aus.

Entweder brachten diese Indogermanen die Kunst der Käsebereitung nach Europa, oder sie war den dort ansässigen Stämmen bereits bekannt. Die Basken, vielleicht das einzige vorindogermanische Volk auf unserem Kontinent, kannten in ihrer Sprache Bezeichnungen für Käse und Molke. Funde in Südosteuropa sprechen für die Hypothese, daß die Anfänge des Melkens in Mazedonien und Thessalien in die Zeit um 6500–5000 v. Chr. fallen. Alles in allem ist uns über die Frühgeschichte der Milchgewinnung und Käsebereitung nur wenig bekannt. Immerhin können wir mit

Die Landleüt
Heluetiæ habēd dreyerley gewerb/etlich den Acker-
bauw/ vnd das ist der gröste teil: die anderen bau-
wend den weyn: die dritten / deren auch gar vil ist/
vmb alle gebirg erneerend sich allein des vychs/des
sy so vil habend / das nit die weyber allein / sonder
starcke menner vnd knecht die küy melckend/käß vn̄
ziger machend. Die werdend genennt Sennen / jre
wonungen vnd werckstatt Sennhütten/ꝛc. Herum̄
der merteil käß vn̄ schmaltz zubereitet werdēd/dar-
zu kein frauwen hand kumpt/ꝛc.

Oben Ein Holzschnitt aus der *Schweizer Chronik* von J. Stumpf (1500–1578) aus dem Jahre 1548. Der in Bruchsal geborene Historiker Johannes Stumpf lebte von 1562 bis zu seinem Tode in Zürich und fertigte für sein kritisch gehaltenes Werk eigenhändig zahlreiche Karten und Illustrationen an.

Caseus Kesz.

Links Ein Käseverkäufer auf einem deutschen Markt im 15. Jahrhundert. Holzschnitt aus *Hortus Sanitatis*, der in Mainz, der Heimatstadt J. Gutenbergs, des Erfinders der Buchdruckerkunst, herausgegeben wurde.

Sicherheit sagen, daß aus dem Bronzezeitalter (3000–1000 v. Chr.) stammende perforierte Töpfe zur Käseherstellung benutzt wurden. Die Schriftsteller des Altertums liefern uns hinlänglich Beweise dafür, daß in der Blütezeit des griechischen wie auch des römischen Reiches Käse bereits zu den Leibspeisen dieser Völker zählte und daß die Käsebereitung in allen von den Römern besetzten Gebieten vervollkommnet wurde.

Nicht jedermann mag Milch und Käse

Überall in der Welt gibt es auch heute noch Gegenden, wo keine Milchkühe gehalten und keine Tiere gemolken werden. Dies hat verschiedene Gründe. Manche Völker hielten es immer schon für moralisch verwerflich, die Jungtiere ihrer Milch zu berauben. Anderen verbot es ihre Religion. Wieder andere mochten den Geruch von Milch nicht und mieden sie nach Möglichkeit. Für Völker, die über genügend andere Eiweiß- und Fettquellen, vor allem Fleisch, verfügten, spielte die Milch als wertvolles Nahrungsmittel nur eine untergeordnete Rolle. Und in jenen Gegenden schließlich, wo intensiver Getreideanbau betrieben wurde, hielt der Bauer nur ganz wenig Vieh, zumeist als Zugtiere. Die Chinesen beispielsweise begnügten sich mit dem Anbau von Reis. Für sie war die Milch nur eine ungesunde, dem Menschen nicht bekömmliche tierische Absonderung.

Im Laufe der Jahrhunderte verwischten sich die Grenzen zwischen den Gegenden, wo man Milch konsumierte, und jenen, wo man keinen Gefallen an ihr fand. Mit den Völkerwanderungen und Fremdeinflüssen brachen sich neue Konsumgewohnheiten Bahn. Nur ein Kontinent bildete eine Ausnahme – Amerika. Dort blieben Milch und Käse unbekannt, bis die Europäer begannen, die Neue Welt zu erobern.

Käse und Käsebereitung

Wie und womit man einst Käse herstellte, wissen die Archäologen nicht zu sagen. Vermutlich haben sich überall dort, wo man sich aufs Melken verstand, auch Methoden der Käsebereitung herausgebildet. Milch hat die Tendenz, rasch sauer zu werden und zu gerinnen, insbesondere in Ländern mit warmem oder gemäßigtem Klima. Sie spaltet sich auf in Eiweißflocken, Fettsubstanz und flüssige Molke. Von da ist es nur ein

kleiner Schritt zur Bereitung von Sauermilchkäse: Die dickliche Masse wird in geflochtene Körbe oder perforierte Töpfe gefüllt, damit die Molke abfließen kann. Die Methoden waren sicher von Land zu Land verschieden. Manche Käsebereiter säuerten die Milch in Kürbissen, andere gossen den Bruch in Weidenkörbe – beide Behälter verliehen dem Frischkäse ein besonderes Aroma. Die Mongolen pflegten ihre Käsefässer nie zu reinigen, und die zurückgebliebenen Bakterien beschleunigten die Milchgerinnung.

Die Entdeckung des Labs

Die Entdeckung, daß Milch durch Zusatz von Labflüssigkeit – einer Absonderung des Labmagens von Saugkälbern – schneller gerinnt, dürfte wohl eher einem glücklichen Zufall als der Gunst des Aristeus, Bacchus oder Pan zu verdanken gewesen sein. Der griechischen Sage nach wollten nämlich die Götter des Olymps den Menschen ein Geschenk von unvergänglichem Wert bescheren und lehrten sie die Käsebereitung.

Ein Körnchen Wahrheit steckt sicherlich in der Geschichte von dem Araber, der mit seiner Karawane durch die Wüste zog und dabei konstatierte, daß die in einem getrockneten Schafmagen mitgeführte Milch rascher geronnen war als je zuvor. Hirten haben stets Tierhäute zur Hand, in denen Milch aufbewahrt werden kann. Der primitive Mensch hat vielleicht nach der Schlachtung eines Jungtiers dessen Magen untersucht, vor allem die darin enthaltenen noch unverdauten Milchreste. Als nächstes hängte er womöglich den Streifen eines Jungtiermagens in die Milch und besah sich die Wirkung. Auf diese oder ähnliche Weise mag mit ein bißchen Glück die gerinnungsfördernde Eigenschaft des Labs an den Tag gekommen sein. Wir kennen auch bis heute, trotz hochentwickelter Chemie und Technik, noch kein besseres Gerinnungsmittel. Andere Käsebereiter fanden ebenso zufällig heraus, daß gewisse Pflanzensäfte die Milchgerinnung begünstigten.

Entzog man der Bruchmasse möglichst viel Feuchtigkeit, wurde der Käse fester und haltbarer, vor allem wenn er zusätzlich noch gepreßt, an der Sonne getrocknet und gesalzen wurde. Diese Erkenntnis erwies sich nicht nur für die Nomaden, sondern auch für die Käsehändler als vorteilhaft.

Damit waren die entscheidenden Entdeckungen gemacht, wenn man auch

Oben Ein mittelalterliches italienisches Delikateßgeschäft, wo es Fleisch und Käse zu kaufen gab. Das Fresko stammt aus dem Schloß von Issogne im Aostatal und datiert aus dem 15. Jahrhundert.

über die chemischen und physikalischen Prinzipien, auf denen sie basierten, kaum etwas wußte. Aus praktischen Versuchen entwickelten sich nun die verschiedensten Rezepte und Herstellungsverfahren. Gelingen oder Mißlingen hing von zahlreichen Faktoren ab: Milchart, Lab, Temperatur, Säuregehalt, Bruchqualität, Salzgehalt, Preßvorgang usw. Die diversen Zubereitungsarten gingen vom Vater auf den Sohn, von der Mutter auf die Tochter, von einem Volk auf das andere über.

Zu Beginn unserer Zeitrechnung bot man auf Roms Märkten eine Vielfalt an Käsesorten feil: Weich-, Frisch- und Hartkäse, bereitet aus Kuh-, Schaf- oder Ziegenmilch. In seinem Bericht über die Germanen erwähnt Cäsar, daß sie sich hauptsächlich von Milch, Käse und Fleisch ernährten. Überall in Europa wurde Käse hergestellt und über die eigenen Landesgrenzen hinaus verkauft.

Nach dem Niedergang des Römischen Reiches und dem damit verbundenen Verfall der Zivilisation bleibt die

Rechts Ein japanisches Gemälde, das die holländische Kolonie in Decima (Nagasaki) darstellt. Milchkühe müssen für die Japaner eine Kuriosität gewesen sein, denn sie kannten keinerlei Art von Milchverwertung. Die Holländer hatten von 1609 bis 1854, als Japan allen übrigen Ausländern verschlossen war, ein Handelsmonopol inne.

Geschichte der Käsebereitung lange im dunkeln.

Ein Neubeginn

Mit der Ausbreitung des Christentums wurden in der ganzen westlichen Welt Klöster gegründet. Diese bildeten im frühen Mittelalter fast die einzigen Zentren kultureller Bestrebungen. Neben ihrer religiösen Mission widmeten sich die Mönche auch noch anderen Aufgaben. Sie bebauten die Felder, pflegten Kranke, beherbergten Pilger, kümmerten sich um das Vieh und beschäftigten sich mit der Bereitung von Käse. Ihre Kenntnisse und Erfahrungen gaben sie an die Bewohner der umliegenden Dörfer weiter und brachten damit die Käsebereitung in Europa erneut in Gang. Berühmte Käsesorten wie der heutige Port-Salut stammen ursprünglich aus Klöstern.

Unter der Herrschaft Karls des Großen (742–814) waren, wie auf allen Gebieten, auch in der Käsebereitung wesentliche Fortschritte zu verzeichnen.

Der Seehandel der Wikinger

Die zunächst meist zu Handelszwecken unternommenen Seefahrten der Wikinger arteten häufig in Beutezüge und Eroberungen aus. Durch die Normannenzüge unter Knut dem Großen gelangte auch die Kunde von der skandinavischen Käseherstellung nach dem Balkan, nach England, der Normandie, den Gebieten an der Wolga und am Schwarzen Meer sowie nach Byzanz. Die Wikinger trieben Handel

Oben Stilleben – ein Werk des flämischen Malers Floris Claesz van Dijck. Obwohl das Bild Anfang des 17. Jahrhunderts gemalt wurde, ähnelt der hier dargestellte Käse weitgehend den heutigen Produkten.

Links Ein nordholländischer Bauer in seinem Käsereiraum. Man beachte die typischen Formen des Goudas und des Edamers. Die Käsebereitung war in der Regel Aufgabe der Bäuerin.

Unten Eine ländliche Idylle aus dem *Kräuterbuch* des italienischen Naturforschers Pier Andrea Mattioli, 16. Jahrhundert.

mit Nord- und Südeuropa, errichteten Handelsstützpunkte in Nowgorod und Kiew und demonstrierten deutlich die Vorteile der Seefahrt.

Die Kreuzzüge (1096–1270) zeitigten nicht nur auf kulturellem, sondern auch auf kulinarischem Gebiet weitreichende Auswirkungen. Durch den Kontakt mit den höherentwickelten Zivilisationen des Byzantinischen Reichs und Arabiens begann man manches mit andern Augen zu betrachten, so auch gewisse Eßgewohnheiten. Die Kreuzfahrer hatten in fremden Landen unter anderem auch neue Käsesorten kennengelernt, und solche Erzeugnisse erfuhren nun auch in ihren Heimatländern eine entsprechende Aufwertung. Gleichzeitig hatte der internationale Handel neuen Auftrieb erhalten, wodurch viele Käserezepte von einer Gegend in die andere gelangten. Nach dem Niedergang des Byzantinischen Reichs, das im 11. Jahrhundert seine höchste Blüte erlebt hatte, errang Venedig die wirtschaftliche Vormachtstellung in der Levante und die Seeherrschaft im östlichen Mittelmeer. Später beherrschten holländische Kaufleute mit ihren Schiffen den Mittelmeerhandel. Deutsche Kaufleute gründeten die bevorrechtete Genossenschaft der Hanse. Die schnellen Schiffe der immer mächtiger werdenden Handelsstädte befuhren, gut geschützt gegen Piratenüberfälle, die Weltmeere.

Das Zeitalter der Entdeckungen brach an, und die Neue Welt wurde kolonialisiert. Asien, insbesondere Indien, erwies sich für die habgierigen Europäer

Oben Das 19. Jahrhundert war eine Zeit der Erfindungen und des technischen Fortschritts. Diese Zeichnung aus dem *British Journal of the Royal Agricultural Society* von 1892 zeigt eine frühe dänische Melkmaschine.

Links Das Leben des im Volkslied vielbesungenen Milchmädchens war sehr hart, ihr Tagewerk ebenso anstrengend wie dasjenige des Bauernknechts. Hier sehen wir ein Milchmädchen aus der Normandie im 19. Jahrhundert.

Unten Eine ländliche Idylle mitten in Paris. So konnte man früher einmal frischgemolkene Ziegenmilch gleich an Ort und Stelle kosten.

als wahre Schatzkammer. Die Menschen reisten von Land zu Land, von Kontinent zu Kontinent. Erfahrene Käsebereiter gingen in andere Länder und sorgten dort für die Einführung neuer Käsesorten.

Mit dem Anwachsen der Städte nahm der Bedarf an Käse als tägliches Nahrungsmittel stetig zu. Käse zählte zu den international anerkannten Handelsprodukten, weshalb man in jedem Land auf vermehrte Produktion bedacht war, auch wenn dies nicht notwendigerweise dem inländischen Angebot zugute kam. Man wollte vor allem im Ausland verkaufen, fürchtete aber zugleich, daß fremde Sorten den einheimischen Konkurrenz machen könnten.

Hinsichtlich der Käseherstellungsverfahren bestand ein entscheidender Unterschied zwischen Ländern mit gutem Vieh, guten Weiden sowie See- und Flußhäfen – Grundbedingung für den erfolgreichen Export – und Ländern mit ungünstigen Produktions- und Transportmöglichkeiten. Die ersteren mußten Käse herstellen, der leicht zu transportieren und gegen wechselnde Wetter- und Temperaturverhältnisse resistent war. Die letzteren hielten sich an altbewährte Methoden und stellten ihren schmackhaften, aber leicht verderblichen Käse für den Verkauf in der näheren Umgebung her.

So hüllte man den in aller Welt beliebten Edamer Käse schon früh in ein Käsetuch, damit sich beim Pressen eine feste Rinde bildete. Man behandelte die Käselaibe mit besonderer Sorgfalt und ersetzte primitive Pressen durch schwerere Geräte, die dem Endprodukt eine glatte Struktur verliehen und damit eine bessere Qualität sicherten. Transport und Lagerung erfolgten nach genauen Vorschriften. Doch die Qualitätsunterschiede waren und blieben groß. Vor der Einführung offizieller Normen und Kontrollen waren Fälschungen von Nahrungsmitteln keine Seltenheit.
Um ein qualitativ hochstehendes Produkt herzustellen, bedurfte der Käsebereiter entsprechender Erfahrung, geschickter Hände und der Liebe zum Metier.

Der Sprung in die Moderne

Es scheint fast, als ob man in der Käseherstellung, die sich acht bis zehn Jahrzehnte lang fast gleichgeblieben war, den Rückstand von einem Tag auf den andern aufzuholen und aus ihr eine moderne Industrie zu machen versucht hätte. Ausgelöst wurde das Ganze durch eine Reihe aufsehenerregender Entdeckungen auf bakteriologischem, chemischem und technischem Gebiet.

Der berühmte deutsche Chemiker Justus von Liebig, der sich auch intensiv mit der Agrikulturchemie befaßte, hatte schon 1836 konstatiert, daß die Käsegärung in exakte wissenschaftliche Begriffe zu fassen ist. Zwanzig Jahre später entdeckte der in der Bierbrauerstadt Lille tätige Chemiker und Biologe Louis Pasteur, wie Mikroorganismen den Gärungsprozeß im Bier bewirken.
Er wandte seine Theorien daraufhin auch auf die Gärung der Milch und des Weines an und wies nach, daß Hitze Organismen zerstört und dadurch den biochemischen Prozeß verzögern kann. 1876 publizierte er seine Entdeckungen und empfahl, die Milch zu erhitzen, um die schädlichen Bakterien abzutöten, ohne die Entwicklung anderer Keime zu

Oben Eine französische Meierei und Käserei vor der Jahrhundertwende. Die Milch wird entrahmt und zu Butter verarbeitet. Ein Dampfmotor treibt die Maschine an und erhitzt die Milch.

Rechts Die Käsepressen wurden immer massiver und leistungsfähiger. Diese amerikanische Presse wurde 1848 patentiert.

Links Noch vor zwei Generationen waren in Belgien solche Hundegespanne zur Milchbeförderung eine alltägliche Erscheinung.

beeinträchtigen. Pasteurs Forschungen galten in erster Linie dem Bier und dem Wein. Sein Mitarbeiter, der russische Biologe Ilja Metschikow, widmete sich der Untersuchung der Milchsäurebakterien, der Milchgärung und -pasteurisierung. Das Pasteurisierungsverfahren wurde bald allgemein eingeführt.

Pasteur unterschied auch zwei Bakterienarten: die anaerobischen (die zur Vermehrung keine Luft brauchen) und die aerobischen (die zur Vermehrung der Luft bedürfen). Er wies nach, daß gewisse Bakterienformen Sporen bilden – ein Forschungsergebnis, das durch die Untersuchungen des Physikers Tyndall bestätigt wurde. Nach den entscheidenden Entdeckungen auf biochemischem Gebiet präparierte man in den Laboratorien reine Startkulturen und standardisiertes Lab. Nach und nach kam man dem Geheimnis des Reifungsprozesses und der Geschmacksbildung auf die Spur.

Solche Entdeckungen schufen die notwendigen wissenschaftlichen Grundlagen für die Molkereiindustrie, wodurch nicht nur die Produktionsverfahren der bekannten Käsesorten verbessert wurden, sondern auch eine gleichbleibende hohe Qualität gewährleistet werden konnte. Dazu führten Laborexperimente zur Entwicklung neuer Sorten.

Im 19. Jahrhundert, der Zeit des industriellen Fortschritts und neuer Erfindungen, war die Käseproduktion nicht das einzige seit alters bestehende Gewerbe, das sich unter dem Einfluß dieser Entwicklung grundlegend wandelte. Die kleinen Familien- und Genossenschaftsbetriebe hatten mit einfachsten Einrichtungen begonnen und waren später mit dampf- und motorbetriebenen Maschinen ausgerüstet worden, doch das handwerkliche Können war sich gleichgeblieben. Aus solchen frühen Käsereien entwickelten sich schließlich ultramoderne Großbetriebe, wo in einem kontinuierlichen vollautomatischen Herstellungsprozeß Milch zu Käse verarbeitet wird. Dank umfassender wissenschaftlicher Forschungen und ständiger Verbesserungen ist der industriell erzeugte Käse ein Qualitätsprodukt, dem aber der individuelle Charakter des Bauernkäses abgeht.

Dies ist wohl auch einer der Gründe, warum sich der in kleinem Umfang nach wie vor hergestellte und vermarktete Bauernkäse neben den Industrieprodukten zu behaupten vermag. Zudem hat auch er vom technischen Fortschritt profitiert und ist den noch vor hundert Jahren hergestellten Erzeugnissen zumindest ebenbürtig.

Milchvieh

Schon in grauer Vorzeit leistete das Tier dem Menschen als Arbeitsgefährte wertvolle Dienste. Wann und wo Tiere erstmals als Milchquelle benutzt, Ochsen vor den Karren gespannt, Tierfelle als Kleidungsstücke verwendet wurden, läßt sich nicht mit Sicherheit nachweisen. Heute ausgestorbene Wildformen zähmte man und zog sie zu nützlichen Haustieren heran. Sie trugen Lasten und gaben überschüssige Milch ab, die der Mensch trank und später auch zu Butter und Käse verarbeitete. Grob geschätzt begann man im Pleistozän, also vor rund einer Million Jahren, mit dem Melken von Tieren.

Oben Von großer und kräftiger Statur, erbringen die schwarzweißbunten Friesenkühe eine sehr hohe Milchleistung. Friesenvieh hält man in Westeuropa, Großbritannien, den Vereinigten Staaten (als Subtypus Friesen-Holsteiner-Schlag), Kanada, Neuseeland und Südafrika.

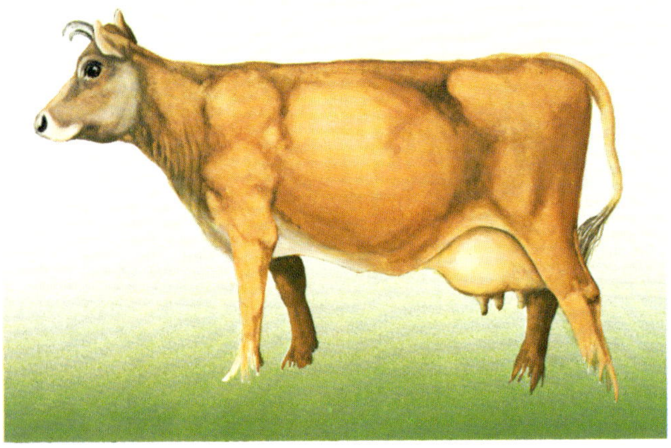

Oben Die Milch der falben oder cremefarbigen Jerseykuh ist äußerst reich an Butterfett. Die Tiere sind relativ klein und geben jährlich etwa 2500 bis 3500 Liter Milch. Zwecks Erhöhung des Fettgehalts der Milch werden oft andere Rassen mit Jerseyrindern gekreuzt. Der Jerseyschlag ist in Australien und Neuseeland die wichtigste Viehrasse.

Oben Wie die Jerseyrasse stammt auch die Guernseyrasse (USA, Großbritannien) ursprünglich von den Kanalinseln. Die Tiere des Guernseyschlags sind relativ klein.

Man mag sich fragen, ob jemals Stutenmilchkäse produziert wurde. Sicher wurden einst auch Stuten gemolken, doch hat man diese Praxis später wieder aufgegeben. Heute dient vielen Nomadenvölkern das Kamel als Milchspender. Es kann im trockenen Wüstenklima durch kein anderes Tier ersetzt werden. Ein Kamel trägt bis zu 150 Kilo schwere Lasten und legt in der Stunde 3 bis 4 Kilometer zurück, ohne zu ermüden. Es trinkt 100 Liter Wasser auf einmal und braucht dann lange Zeit keines mehr aufzunehmen. Nach dem Kalben gibt die Kamelstute zwei Jahre lang Milch, im ersten Jahr für das Jungtier, im zweiten für den Menschen.

Auch Schafe sind seit alters wegen ihrer Milch, ihrer Wolle und wegen ihres Fleisches beliebte Haustiere.
In Frankreich, auf dem Balkan und in Spanien stellt man aus Schafmilch berühmte Spezialkäse her, beispielsweise den französischen Roquefort aus der Milch der Lazarc-Rasse, munteren Tieren mit kleinem, schmalem Kopf.

Die Laktationsperiode, in der das Mutterschaf gemolken werden kann, ist relativ kurz. Je nach Rasse kann man im Jahr mit einem Ertrag von höchstens 50–500 Litern rechnen. Andererseits erweisen sich Schafe in Unterhalt und Pflege als genügsame Tiere, die auch bei kärglicher Weide gedeihen können.

Ziegen vermögen sich jedweden Existenzbedingungen anzupassen. Sie können sowohl in unwirtlichen Gebieten als auch in städtischen Verhältnissen leben und geben viel und qualitativ gute Milch (den höchsten Milchertrag liefert die Saanenrasse). Ziegenmilch ergibt einen sehr bekömmlichen Käse, wobei vor allem französische und italienische Ziegenkäse eine gesuchte Spezialität sind. Ziegen sind auch in Afrika, Indien, in der Türkei und im Iran beheimatet. Wie das Kamel dienen auch sie den Nomaden als Milchlieferanten. Viele Stämme sind ihrer Tiere wegen, die sie von Weide zu Weide führen, meist auf Wanderschaft. Auch die Lappen ziehen mit ihren Rentierherden von Ort zu Ort. Rene geben Milch, die zu einer – sehr seltenen – Käsesorte verarbeitet wird.

Der Großteil der in aller Welt bereiteten Käsesorten aber wird aus Kuhmilch hergestellt. Die Urheimat der Wildrinder ist Asien, doch lebten in prähistorischer Zeit auch in Europa und Nordamerika Wildrinder, die später nahezu vollkommen ausgerottet wurden. Im Laufe einer langen Zeitspanne erkannte der Mensch mehr und mehr die Vorteile von Rassenkreuzungen, aus denen schließlich recht unterschiedliche Rinderarten, die Vorfahren unserer heutigen Hochzuchtrassen, hervorgingen. Aber auch unterschiedliche Klima-, Boden- und Futterverhältnisse sowie die Art der Nutzung beeinflußten Erscheinungsbild, Größe und Farbe, Widerstandskraft und Anpassungsfähigkeit der Tiere.

Die heutige Milchkuh war ursprünglich nur in Europa heimisch, bis die Kolonisatoren sie auch auf andere Kontinente mitbrachten und später – den

Oben Ayrshirevieh ist entweder rotweißbunt oder reinweiß, von kleiner Statur und besitzt fast vertikale Hörner. Die Rasse ist weit verbreitet, vor allem aber in Großbritannien, den USA und Kanada beheimatet.

Unten Der Shorthornschlag wird in zwei verschiedenen Typen gezüchtet – einem Fleischtypus (auch Durham genannt) und einem Fleisch-Milch-Mischtypus, Milchshorthorn genannt. Letzterer kommt vor allem in Großbritannien und den USA vor, doch nimmt seine Bedeutung zusehends ab, weil die Tiere relativ wenig Milch geben. Für manche Züchter ist jedoch nach wie vor ein kombinierter Typus vorteilhafter.

Rechts Das Schweizer Braunvieh dient zwar vorwiegend der Milchproduktion, wird aber in Europa als kombinierter Typus gezüchtet, da die Tiere schwerer sind als diejenigen manch anderer Rasse. Ursprünglich in der Schweiz gezüchtet, charakteristisch für das Schweizer Alpengebiet, wird Braunvieh heute auch in den USA und Südamerika gehalten.

gegebenen Klimaverhältnissen und Nutzungszwecken entsprechend – mittels Kreuzungen einen Milch- oder Fleisch- oder Milch- und Fleischtypus herauszüchteten. Fleischrassen findet man vorwiegend in Nord- und Südamerika, wo auf den Prärien oder Savannen riesige Herden weiden. Die Haltung und Züchtung von Milchvieh ist anspruchsvoller. Die leistungsfähigsten Milchkühe werden ausgelesen und ihr Ertrag mittels gezielter Zucht und Futterzusammenstellung unter Berücksichtigung der Umweltbedingungen gesteigert. Die Zusammensetzung der Milch variiert bei den einzelnen Rassen sehr stark, was sich auch bei der Käsebereitung auswirkt.

Die Milchleistung läßt sich nur approximativ berechnen. Beim Rindvieh wird der Ertrag weitgehend durch die Art des verabreichten Futters – Kraftfutter (Mais, Luzerne usw.) oder frisches Gras von saftigen Weiden – mitbedingt. Auch das Klima beeinflußt die Milchabgabe: In einer regenreichen Periode ist der Ertrag höher, in Trockenzeiten geht er zurück. Der Molkereifachmann muß zudem dem Lebensrhythmus Beachtung schenken: Gegen Ende der Laktationsperiode vermindert sich der Milchertrag, doch ist die Milch reich an Trockensubstanz. Je nach der Bodenbeschaffenheit weist die Milch ein volleres Aroma auf. Englands Cheshire-Weiden haben einen salzhaltigen Untergrund, was sich auf Aroma und Struktur des Cheshire-Käses auswirkt. In der Luft sind Mikroorganismen enthalten, die in die Milch gelangen und beim Reifungsprozeß des am betrefffenden Ort hergestellten Käses eine Rolle spielen. Der Einfluß solcher Faktoren kann oft so ausgeprägt sein, daß der erfahrene Käseprüfer im Falle von Verwendung nichtpasteurisierter Milch meist genau angeben kann, woher ein bestimmter Käse stammt.

Oben Die rotweißbunte Normännerrasse ist in Frankreich am weitesten verbreitet. In der Normandie allein gibt es von dieser Rasse über 2,5 Millionen Kühe, die pro Stück durchschnittlich 3000 Liter Milch im Jahr produzieren. Man vermutet, daß es sich um eine Kreuzung einheimischer Rassen mit dem von den Wikingern im Mittelalter hier eingeführten Vieh handelt.

Unten Schafe und Ziegen können auch in grasarmen oder gebirgigen Gegenden existieren. Die Mutterschafe der Milchrassen geben im Jahr durchschnittlich 500 Liter Milch, die sehr reich an Fett und Eiweiß ist.

Unten rechts Ziegen sind überall auf der Welt verbreitet – in den Steppen und Wüsten, im Gebirge und in den Außenbezirken der Städte. Eine Ziege gibt jährlich durchschnittlich 500 bis 800 Liter Milch, die einen höheren Fettgehalt aufweist als die Milch einiger Rindviehrassen.

Zu den Milchrinderrassen zählen auch der Jak, das Zebu und der Wasserbüffel. Der im Himalajagebiet beheimatete Jak vermag in eisiger Kälte und Schnee zu überleben. Für die Tibeter und die Nepalesen stellt der Jak die einzig mögliche Milchquelle dar. In den tiefergelegenen Regionen mit teilweise etwas milderem Klima hält man eine Kreuzung von Jak und Zebu.

Das Zebu findet man vor allem in Indien, Ostasien und Afrika sowie neuerdings auch in Südamerika, also in tropischen Gegenden. Man erkennt das Zebu oder Buckelrind unschwer an seinem auffälligen Widerristhöcker und seiner gutentwickelten Wamme.

Für die Bevölkerung Indiens, Chinas, der Philippinen, der Türkei, Ägyptens, Süditaliens und des Balkans stellt der Wasserbüffel einen wertvollen Milchlieferant dar.

Der Milchwirtschaftsbetrieb

Ob sie auch heute noch anzutreffen sind, jene Bauerngehöfte, wo frühmorgens Milchkannen scheppern und die Kühe unter freundlichem Zureden und mit kundiger Hand dazu gebracht werden, ihre Milch abzugeben? Wo der Bauer mit hochgekrempelten Hosenbeinen die geronnene Milch «stampft», wo glänzend goldgelber Käse in kühlen, luftigen Kellern reift und ein oberhalb der Fenster angebrachtes Kruzifix böse Geister fernhalten soll?

Manchenorts warten noch heute Milchkannen in Reih und Glied am Straßenrand darauf, abgeholt und zur Molkerei gefahren zu werden. Auch trotten noch hier und da an beiden Seiten mit je einer Milchkanne beladene Esel zum Marktzentrum. Und hoch oben an den Hängen des Himalaja melken Scherpafrauen nach wie vor die Jakkuh, um aus deren Milch Butter und Käse zu bereiten.

Doch die Neuerungen sind nicht fern, meist findet man sie schon nach der nächsten Wegkreuzung; denn auf dem Gebiet der Milchwirtschaft vollzieht sich allerorten ein Wandel. Viele Landwirtschaftsbetriebe weisen heute Großviehbestände von mehreren hundert Stück auf. Wer einen solchen Betrieb bewirtschaftet, muß über die Initiative und die Arbeitstechnik eines Großunternehmers verfügen.

Oben Das Tagewerk des Milchbauern in biblischer Zeit. Der Stich bezieht sich auf folgende Stelle im Fünften Buch Mose (32, 14): Er gab ihm «Butter von den Kühen und Milch von den Schafen samt Fetten von den Lämmern, und feiste Widder und Böcke mit fetten Nieren, und Weizen, und tränkte ihn mit gutem Traubenblut».

Unten Eine gutorganisierte Milchfarm in Algerien. In Ländern mit heißem Klima sieht sich der Bauer anderen Voraussetzungen gegenüber, als der Landwirt in unseren Breiten.

Oben So sah es einst in der Wohnstube eines französischen Bauern aus. Die Frauen fütterten durch eine Öffnung in der Wand die Kühe im angrenzenden Stall. Das Bild stammt aus Les Landes und wurde vermutlich Ende des 19. Jahrhunderts aufgenommen.

Das Wohl der Tiere

Hoard, der Herausgeber der Zeitschrift *Hoard's Dairyman* (Hoard's Milchfachmann), riet einmal seinen Lesern: «Behandeln Sie Ihre Kuh so, wie Sie behandelt werden möchten, wenn Sie eine Kuh wären.» Wird das Tier zu einem bloßen Produktionsmittel degradiert, läuft man Gefahr, vor lauter Profitstreben die Bedürfnisse des Tieres zu vergessen. Ein guter Viehhalter, dem das Wohl seiner Tiere am Herzen liegt und der ihr Verhalten und die körperlichen Merkmale genau beobachtet – er braucht deswegen noch kein Verhaltensforscher zu sein –, weiß in der Regel, ob seine Tiere gesund und zufrieden sind. Ein hoher Milchertrag darf nicht das einzige Kriterium sein. Das Tier bedarf – als Kapitalanlage sowohl wie als lebendiges Geschöpf – fürsorglicher Betreuung.

In erster Linie benötigt die Kuh ein sauberes «Heim», einen ausreichenden, gut gelüfteten und regelmäßig gereinigten Platz im Stall. In Ländern mit günstigem Klima können die Tiere das ganze Jahr im Freien gehalten werden.

Milchtiere brauchen eine stets gleichbleibende Einteilung und eine ruhige Umgebung. Durch Lärm werden sie erschreckt und halten ihre Milch zurück. Sie mögen es, wenn sie vor dem Melken einen speziellen Happen zugesteckt bekommen.

Die Fütterung der Tiere

Sodann braucht das Tier das richtige Futter. Mit der Figur des bedächtigen, schwerfälligen Bauern, wie er uns so oft in der Literatur begegnet, hat der Landwirt unserer Tage nur noch wenig gemein. Er muß nicht nur über die notwendigen ökonomischen Kenntnisse verfügen, er muß sie auch möglichst rationell in der Praxis anzuwenden wissen. Das Ziel der Bewirtschaftung, ein angemessener Milchpreis, setzt eine einwandfreie Milchqualität voraus, für die wiederum die richtige Futterqualität und -menge pro Tier von entscheidender Bedeutung sind. Eine Kuh verzehrt durchschnittlich 60 bis 75 Kilogramm Futter im Tag, das genügend Nährstoff enthalten sollte, um eine Milchleistung von 15 bis 22 Liter zu garantieren.

Das Futter muß stets exakt auf Nahrungsbedürfnis, Milchleistung, Laktationsperiode und Trächtigkeit des Tieres abgestimmt sein.

Der Futterbedarf sowie die Beschaffenheit der Futtersorten wurden eingehend erforscht. Dem Landwirt steht heute eine Vielfalt an Produkten zur Verfügung, aus denen er die geeignete Mischung zusammenstellen kann. Davon profitieren vor allem jene Viehhalter, die wegen unzureichender Weideplätze ihre Tiere nicht den ganzen Sommer im Freien grasen lassen können.

Der Bauer in Gebieten mit gemäßigtem Klima mußte stets dafür sorgen, daß seinen Tieren im Winter gutes, an der Sonne getrocknetes und einwandfrei gelagertes Heu in ausreichender Menge zur Verfügung stand. Später kam als Alternative die Silo-Vorratshaltung dazu, eine amerikanische Erfindung aus dem späten 19. Jahrhundert, die eine wesentliche Verbesserung darstellte. Das in hermetisch verschlossenen Großbehältern gelagerte Futter macht einen leichteren Gärungsprozeß durch, der die Qualität keineswegs beeinträchtigt. Dem Vieh schmeckt Silofutter, und die Milcherträge der Wintermonate – einer relativ milcharmen Zeit, da zahlreiche Kühe kurz vor dem Kalben stehen und keine Milch mehr geben – nahmen zu. Silofütterung erfordert zudem weniger Arbeitsaufwand. Andererseits können die Milch und der Käse einen unangenehmen Beigeschmack bekommen, falls diese Art der Fütterung nicht fachmännisch erfolgt.

Es wäre natürlich Verschwendung, wollte man einer Kuh mehr Futter verabreichen, als sie für ihre Gesundheit und Milchleistung benötigt. Das für die Tiere lebensnotwendige Wasser kostet in Ländern mit großer Milchproduktion relativ wenig, doch in heißen und trockenen Gebieten kann Wasser zu einem Kostenfaktor werden.

Der mit rationellen Methoden arbeitende Landwirt führt genau Buch über Milchleistung und Futterverbrauch der einzelnen Tiere. Manchmal hält er noch einen Zuchtbullen, doch ist man heute vielerorts zu künstlicher Besamung übergegangen. Bei dieser Methode werden der Kuh Spermien eines ausgewählten Zuchtstiers in die Gebärmutter injiziert.

Schließlich gilt es die Tiere bei guter Gesundheit zu erhalten. Jahrhundertelang hat es der Bauer in bewundernswerter Weise verstanden, dank überkommener Heilpraktiken seine Tiere im Krankheitsfalle selbst gesundzupflegen. Auch wenn eines seiner Tiere kalbte, kam er meist ohne den Veterinär aus. Doch der Kampf gegen Tuberkulose und die gefürchtete Maul- und Klauenseuche konnte nur mit Hilfe der modernen Wissenschaft erfolgreich durchgeführt werden.

Oben Ein moderner mobiler Milchstand. Die Kühe betreten ihn von dem einen Ende her, stehen beim Melken zu zweit hintereinander und verlassen die Anlage am andern Ende. Man beachte die vier Tanks der Melkmaschine im mittleren Durchgang: zwei für die Tiere links, zwei für die – auf dem Bild nicht mehr sichtbaren – Tiere rechts.

Links Ein lizenzierter Melker. In Indien gelten Kühe als heilige Tiere.

Die richtige Kombination

Das Einkommen des auf Milchproduktion spezialisierten Landwirts hängt vom erzielten Milchpreis ab. Dieser wird aufgrund wirtschaftlicher Faktoren berechnet, auf die er keinen Einfluß hat. Da der Bauer mit geringen Margen arbeitet, ist er wirtschaftlich besonders anfällig. Er versucht daher sehr oft, sein Einkommen durch Ackerbau oder Schweine- und Hühnerhaltung aufzubessern. Manchmal stellt er auch selber Käse her, statt die Milch an Großbetriebe abzugeben. Die Käsebereitung könnte sich als relativ lukratives Geschäft erweisen, da die Nachfrage nach solch bäuerlichen Produkten laufend zunimmt. Doch bedarf es hierfür eines zusätzlichen Arbeitsaufwands und vermehrter Investitionen – man braucht Räume für die Käseherstellung und -lagerung. Dafür aber ist wiederum ein gesicherter Absatz unerläßlich. Bevor man sich daran wagt, gilt es demnach zu klären, ob sich das Ganze überhaupt lohnt.

Milchproduktion

Das Euter der Kuh entwickelt sich beim geschlechtsreifen Tier unter dem Einfluß bestimmter Hormone. Die Milchbildung beginnt jedoch erst nach der Geburt des ersten Kalbes. In der Regel ist die Kuh zu diesem Zeitpunkt zweijährig. Beim wildlebenden Rind hört die Milchbildung in dem Moment auf, wo das Jungtier andere Nahrung zu sich nehmen kann. Doch bei den als Milchtiere gehaltenen Kühen dauert die Laktationsperiode wesentlich länger, d.h. etwa 300 Tage, in deren Verlauf die Milchleistung nach und nach abnimmt. Darauf folgt eine zweimonatige Trockenperiode, die sich die Kuh redlich verdient hat.

Zehn Monate nach der Geburt des Kalbes kann sich der Organismus der Kuh, falls sie erneut besamt wurde, auf die Entwicklung des neuen Sprößlings einstellen und Kräfte sammeln für die kommende Laktationsperiode, die mit der Geburt des nächsten Kalbes beginnt. Die ersten vier Tage produziert die Kuh die durch ein Sekret der Euterdrüse gelbgefärbte Kolostralmilch, auch Biestmilch oder grüne Milch genannt, die alle für das Neugeborene notwendigen Stoffe enthält. Nach der Kolostrum-Periode produziert die Kuh sogenannte «neue Milch» mit einem überdurchschnittlichen Fett- und Eiweißgehalt, der sich nach und nach verringert. Die Laktationsperiode endet mit der «alten Milch», deren Fettgehalt erneut weit über dem Durchschnitt liegt.

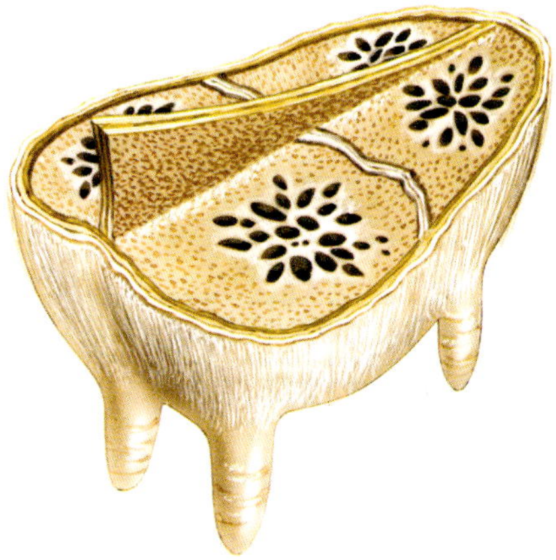

Links Querschnitt durch ein Kuheuter. Jeder der vier Teile besitzt eine Zitze.

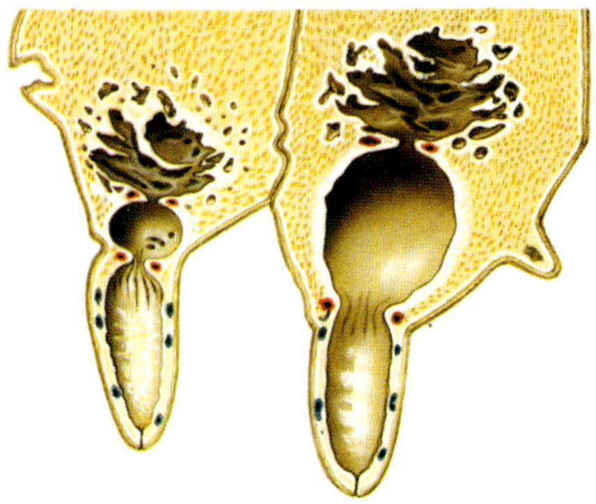

Links Längsschnitt durch ein Euter. Man erkennt zwei Euterviertel mit ihren Zitzen sowie den Euteraufbau und das Drüsengewebe.

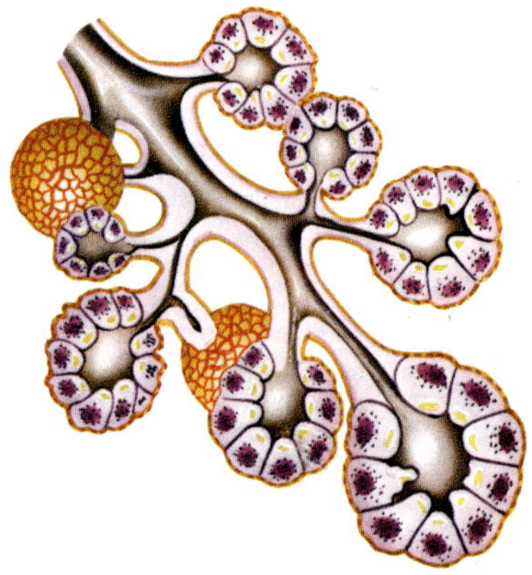

Links Eine Traube von Alveolen, Drüsenzellen, die man als winzige Milchfabriken bezeichnen könnte. Aus diesen Zellen wird die Milch durch ein System von Kanälchen in das Euter geleitet.

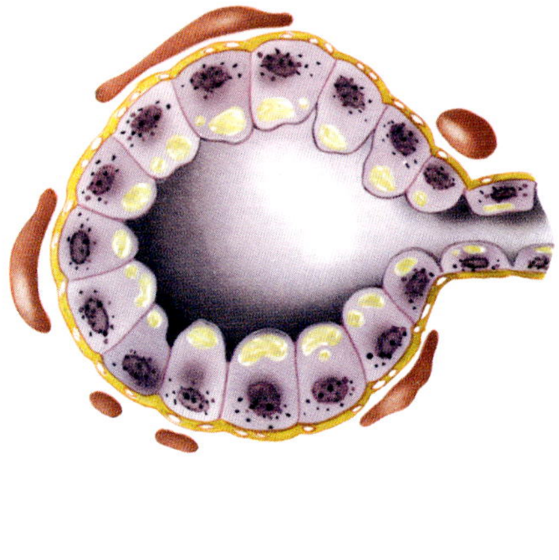

Links Eine Alveole in starker Vergrößerung. Das Drüsengewebe besteht aus Milchzellen, in denen die Milchbestandteile gebildet werden. Man erkennt deutlich die – dunkelgefärbten – Zellkerne. Wahrscheinlich sind die einen Zellen auf die Milchfettproduktion, die andern auf die Milchzuckerproduktion spezialisiert. Die Milchbestandteile werden in den Hohlraum (Lumen) entleert und fließen durch die Öffnung (rechts) ab.

Das Euter

Das Euter besteht aus einer linken und einer rechten Hälfte, die durch ein am Becken verankertes, das Euter stützendes Muskelband voneinander getrennt sind. Diese Aufteilung ist von außen viel besser sichtbar als die zwischen den Vorder- und Hintervierteln, in die die beiden Euterhälften gegliedert sind. Die Viertel sind vollständig voneinander getrennt. Ist eines von ihnen infiziert, funktioniert die Milchbildung der drei anderen weiterhin völlig normal.

Jedes Euterviertel weist eine Zitze oder Saugwarze auf, deren Öffnung durch einen Schließmuskel geschützt ist. Beim Saugen des Jungtiers oder beim Melken öffnet sich dieser Muskel. Oberhalb der Zitze befindet sich die Zisterne, ein Hohlraum, der als Milchreservoir dient. In diese Zisterne münden eine Anzahl Kanäle oder Milchleitungen, die durch die zahlreichen Milchkapillaren der Alveole gespeist werden.

Die Milch bildet sich in den Endläppchen des Drüsengewebes. Die Alveole ist von Blutgefäßen umgeben, durch welche gewisse «Rohmaterialien» für die Milchproduktion zu den Milchzellen transportiert werden. Nur sehr wenige Milchbestandteile werden direkt dem Blut entnommen, die meisten Hauptbestandteile, wie Fett, Eiweiß und Milchzucker, werden von den Alveolen unabhängig produziert.

Oben links Beim Trinken preßt das Kalb und saugt zugleich. Beim Melken von Hand ist daher ein leichtes – und gekonntes – Pressen erforderlich.

Oben rechts Beim maschinellen Melken wird die Milch der Zitze durch stoßweises Saugen entzogen. Die Kühe werden an einer mobilen, zweimal täglichauf die Weide gebrachten Melkmaschine festgebunden.

Der Melkvorgang

Die Kuh sondert die Milch unter dem Einfluß gewisser Nervenreize ab, die – auf natürlichem Wege – hauptsächlich durch das Saugen des Neugeborenen hervorgerufen werden. Auf dem Bauernhof werden die Kühe künstlich stimuliert, indem man ihnen zum Beispiel Kraftfutter verabreicht oder das Euter massiert. Dabei beruht die Milchabgabe weitgehend auf Gewohnheit, d. h. auf einem bedingten Reflex. Der Prozeß kann schon durch das Scheppern der Melkeimer oder das Anlassen der Melkmaschine in Gang gebracht werden. Über das Zentralnervensystem wandern die Nervenreize zur Hypophyse, die als Reaktion darauf das Blut mit dem Hormon Oxytozin anreichert, der gleichen Substanz, die bei der Geburt eines Kindes das Zusammenziehen der Muskeln um die Gebärmutter bewirkt. Oxytozin zieht die Muskeln um die Alveolen im Euter zusammen, die Milch wird herausgepreßt und fließt in das Eutersystem, dem sie durch den Melkvorgang entzogen wird.

Wird die Kuh nicht auf diese Weise stimuliert, kann man sie nicht melken. Mit andern Worten, die Kuh muß ermutigt werden, ihre Milch abzugeben. Ist das Tier jedoch unruhig, verängstigt oder von Schmerzen geplagt, zieht sich die Milch zurück. In diesem Fall wird das Oxytozin durch ein anderes Hormon, das Adrenalin, neutralisiert. Letzteres aktiviert die Körperfunktionen und stoppt die Milchproduktion, falls das Melken lange hinausgezögert wird. Normalerweise melkt man Milchkühe zweimal am Tag, frühmorgens und am späteren Nachmittag – sicherlich die zwei wichtigsten Phasen der täglichen Routinearbeit auf einem Bauernhof.

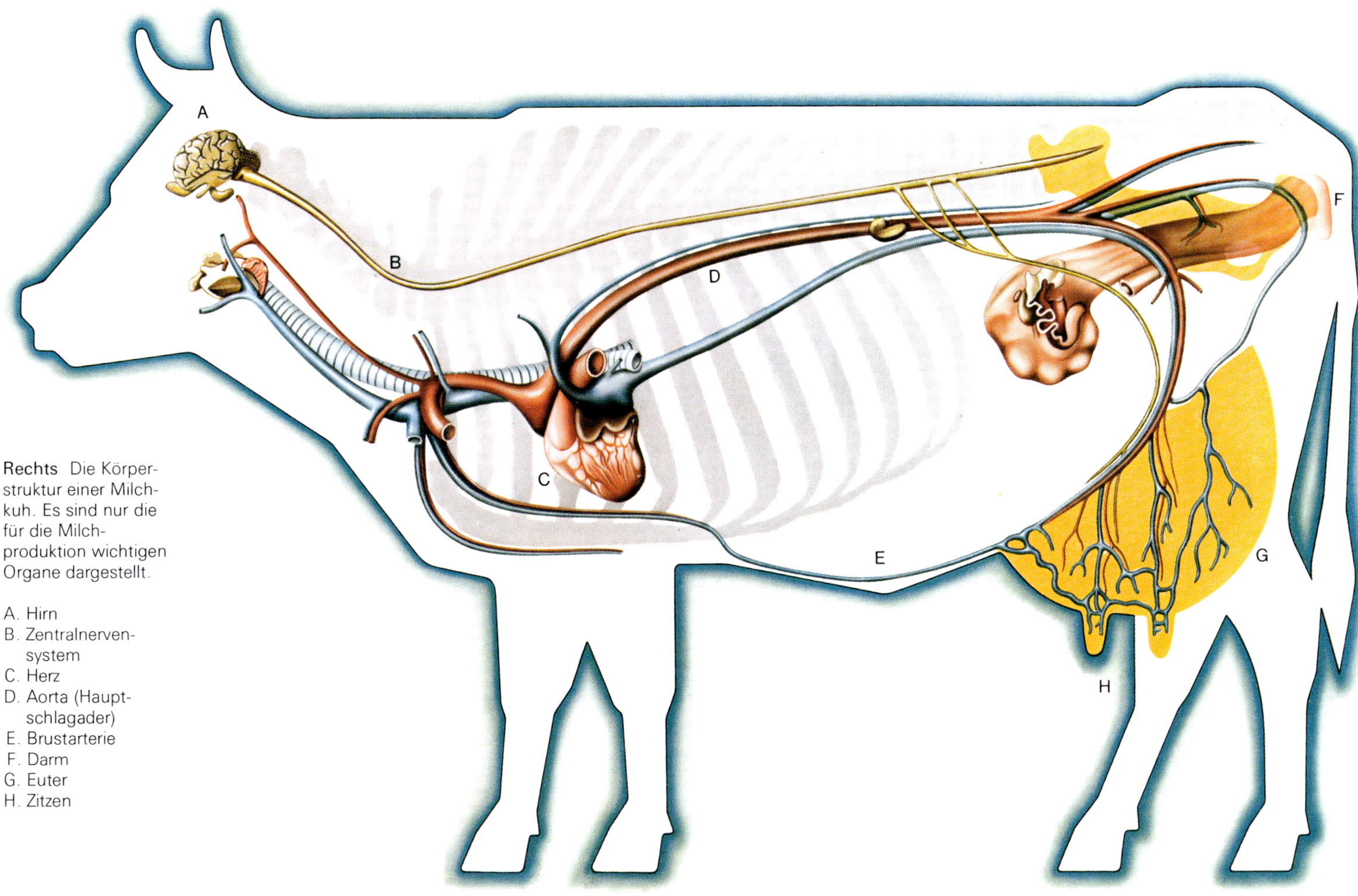

Rechts Die Körperstruktur einer Milchkuh. Es sind nur die für die Milchproduktion wichtigen Organe dargestellt.

A. Hirn
B. Zentralnervensystem
C. Herz
D. Aorta (Hauptschlagader)
E. Brustarterie
F. Darm
G. Euter
H. Zitzen

Melken und Milchbehandlung

Das Melken geschieht von Hand oder mit der Melkmaschine. In den wirtschaftlich entwickelten Ländern mit ihrem stetig zunehmenden Milchviehbestand erweist sich das maschinelle Melken als die geeignetere Methode. Für Bauern, die nur Schafe oder Ziegen – also Tiere mit einer kurzen Laktationsperiode und einer relativ bescheidenen Milchleistung – besitzen, wäre die Anschaffung einer Melkmaschine zu kostspielig und zudem unrentabel. Doch es gibt Ausnahmen. So werden beispielsweise die Schafe, aus deren Milch der berühmte Roquefortkäse hergestellt wird, maschinell gemolken, da die Automation für die Produzenten des Roqueforts wirtschaftlich von Vorteil ist.

Die meisten Milchwirtschaftsbetriebe verfügen heute über einen Kühltank, in dem die Milch aufbewahrt wird, bis der Milchtankwagen sie abholt. Es ist unvermeidlich und zugleich wünschenswert, daß die Käsemilch Mikroorganismen enthält, sind sie aber in zu hoher Konzentration vorhanden, so kann die Qualität des Käses darunter leiden. Aus diesem Grunde muß die Frischmilch gekühlt aufbewahrt werden, damit die Mikroorganismen sich nur sehr langsam entwickeln.

In neuerer Zeit war die biochemische Struktur der Molkereimilch Gegenstand umfassender Untersuchungen. Antibiotika wie z. B. Penizillin können den Prozeß der Käseherstellung beeinträchtigen, desgleichen Schädlingsbekämpfungsmittel, deren Rückstände sich im Boden ansammeln und später im Gras enthalten sind, von dem sich die Tiere ernähren. Aufgrund dieser Untersuchungen wurden auf nationaler und internationaler Ebene strengere Normen für die Milchqualität aufgestellt.

Links Ein junges Mädchen melkt eine Friesenkuh. Das Handmelken ist eine Kunst, die dem Bauernkind einst frühzeitig beigebracht wurde und die seit dem Aufkommen der Melkmaschinen allmählich ausstirbt. Will man eine Kuh von Hand melken, muß man ganz langsam und sanft beginnen. Sobald der Milchstrahl reichlich fließt, fährt man mit kräftiger und rhythmischer Bewegung fort.

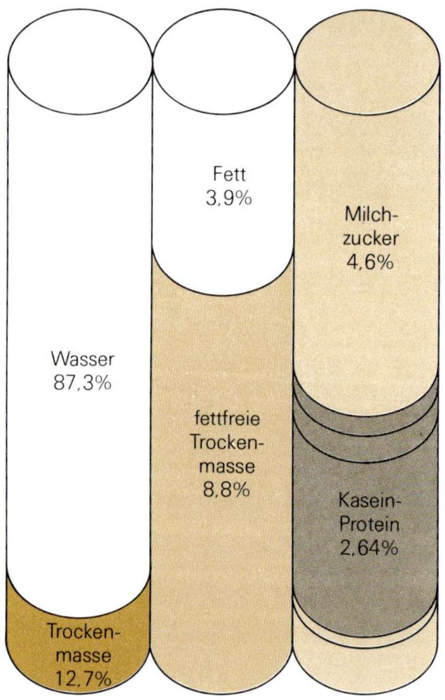

Links Diese schematische Darstellung zeigt die durchschnittliche Zusammensetzung der Kuhmilch. Sie variiert je nach Viehrasse, Klima, Jahreszeit, Weidemöglichkeiten und anderen Faktoren. Dazu kommen große individuelle Unterschiede.

Albumin, Globulin, andere Eiweißstoffe 0,3%

Serum-Protein 0,4%

Zitronensäuresalze 0-0,15%

Mineralsalze 0,7%

Die Behandlung der Käsemilch

Zahlreiche Käsesorten werden aus ganz oder teilweise entrahmter Milch produziert. Die Rahmschicht der Abendmilch wird abgeschöpft und die entrahmte Milch am folgenden Morgen mit der frischen Morgenmilch vermischt. Aus teilweise entrahmter Milch hergestellter Käse weist einen geringeren Fettgehalt auf als Vollmilchkäse.

In der Käserei wird die Milch nicht durch einen Abschöpfungsvorgang entrahmt, sondern mittels eines Separators (Zentrifuge), der die Milch in Magermilch und Rahm trennt. Die entrahmte Milch wird mit Vollmilch vermischt, wobei das Mischverhältnis durch den gewünschten Fettgehalt des Käses bestimmt wird. Obschon letzterer noch von andern Faktoren abhängt, gelten im allgemeinen folgende Proportionen: 1 Prozent Fettgehalt in der Milch ergibt 20 Prozent Fettgehalt im Käse; 2,25 Prozent Milchfettgehalt ergeben 40 Prozent Käsefettgehalt; 3,2 Prozent Milchfettgehalt ergeben 45 Prozent Käsefettgehalt.

Den Vorgang, mit dessen Hilfe man bei der Milch den richtigen Fettgehalt erzielt, nennt man Standardisierung. In den modernen Käsereien wird die Milch in der Regel zuerst pasteurisiert, bevor man den Fettgehalt bestimmt. Wegen der vielen Gefahrenquellen – unhygienisches Melken, lange Transportwege, falsches Futter, kranke Tiere –, denen die Milch auf ihrem Weg vom Kuheuter bis zur Fabrik ausgesetzt ist, stellt man heute nur noch wenige Käsesorten aus Rohmilch her.

Der französische Chemiker und Biologe Louis Pasteur (1822-1895) entdeckte, daß schädliche Keime bei einer Temperatur von etwa 70° C bei

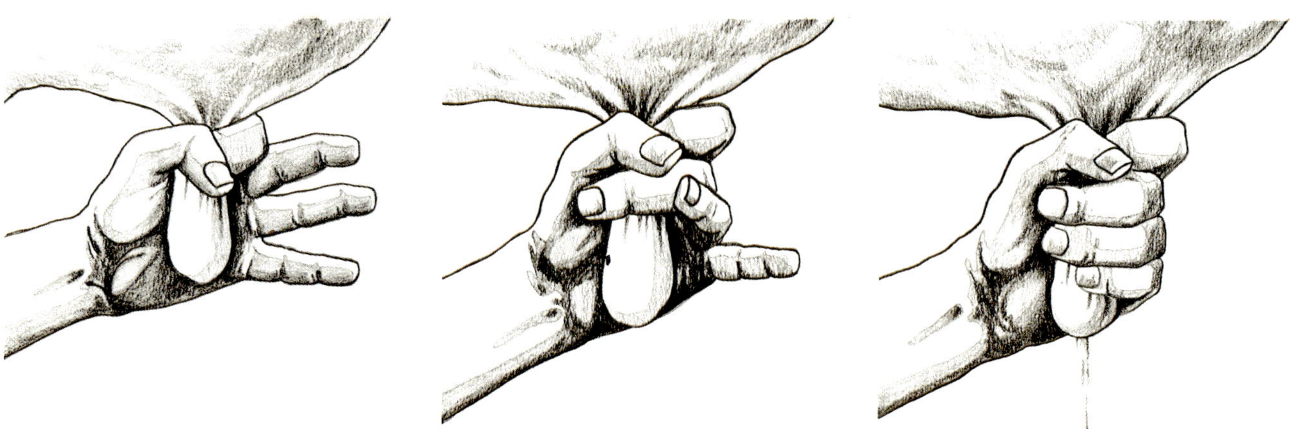

Links Handmelken. Mit beiden Händen umfängt der Melker die beiden Vorderzitzen, drückt mit der Zeigefingerspitze auf den Euterhohlraum und schließt ihn (links); dann wird die Milch durch den Druck der anderen Finger (Mitte) herausgepreßt und fließt als kräftiger Strahl in den Eimer (rechts). Anschließend werden die hinteren Viertel gemolken.

Rechts Moderne Karussell-Melkvorrichtung. Der Melker steht in der Mitte, während sich das Karussell langsam dreht. So können acht Stück Vieh gleichzeitig gemolken werden.

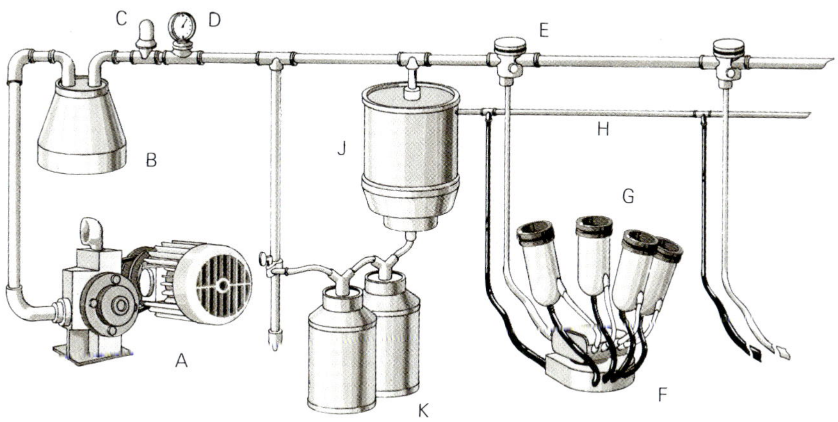

Rechts Schematische Darstellung einer Melkmaschine. Mittels Vakuumpumpe (links) wird ein Teilvakuum beibehalten und im Widerstand gegen den Luftdruck ein Saugvorgang erzeugt, was in den Zitzenbechern (vergrößert) das Absaugen der Milch aus dem Euter bewirkt. Durch einen Schlauch oder eine Röhre fließt die Milch in eine luftdicht abgeschlossene Wanne, wo Milch und Luft getrennt werden. Von da aus fließt sie in eine Kanne oder einen Kühltank, wo sie aufbewahrt wird, bis der Tankwagen sie abholt.

A. Vakuumpumpe
B. Feuchtigkeitsseparator
C. Reguliergerät
D. Vakuummesser
E. Vakuumröhre mit Verbindungshahnen
F. Pulsator
G. Zitzenbecher
H. Milchleitung
J. Milchentlüfter
K. Milchkannen

dem nach ihm benannten Pasteurisierungsprozeß abgetötet werden. Allerdings werden außer den schädlichen auch eine große Zahl nützlicher Mikroorganismen dezimiert. Zudem überleben gewisse sehr widerstandsfähige Bakterien den Pasteurisierungsprozeß oder lassen Sporen zurück, wie z. B. die Buttersäurebakterien. Auch die Fütterung kann sich nachteilig auswirken. Wird den Tieren Silofutter verabreicht, können in der Milch Bakterien zurückbleiben und später dem Käse einen ranzigen Geschmack verleihen.

Da auch gewisse Organismen bei der Pasteurisierung vernichtet werden, schmeckt solch ein Käse etwas weniger kräftig. Wird andererseits die Milch überhitzt, büßt sie einige ihrer natürlichen Eigenschaften ein und eignet sich kaum mehr für die Käseherstellung. Sie sollte auf höchstens 75° C erhitzt und nicht länger als 15 Sekunden bei dieser Temperatur belassen werden. Nach dem Pasteurisieren wird die Milch auf die benötigte Gerinnungstemperatur abgekühlt und gilt nun als «vorbehandelt».

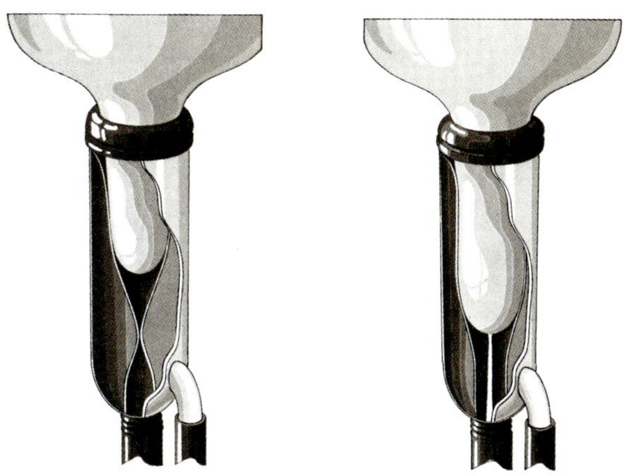

Rechts Zitzenbecher im Detail. Da ein ständiger Saugvorgang für die Kuh schmerzhaft wäre, weist die Anlage auch einen Pulsator auf, der dafür sorgt, daß Pressen und Saugen abwechselnd im Rhythmus von 44–46 Impulsbewegungen in der Minute erfolgen. In der Darstellung links wurde der Saugvorgang abgebrochen, Luft dringt in den Becher ein. Das Gummipolster faltet sich gegeneinander, und es wird keine Milch mehr aus dem Euter abgesaugt. In der Darstellung rechts entfernt die Saugröhre die Luft, das Gummipolster öffnet sich, und das Vakuum in der Milchleitung (Mitte) entzieht dem Euter wieder Milch.

Rechts Diese schematische Darstellung zeigt die durchschnittliche Zusammensetzung der Milch und die Milchleistung verschiedener Säugetiere.

Milchfett in %

Eiweiße in %

Milchzucker in %

Milchproduktion pro Tier und pro Jahr in Litern

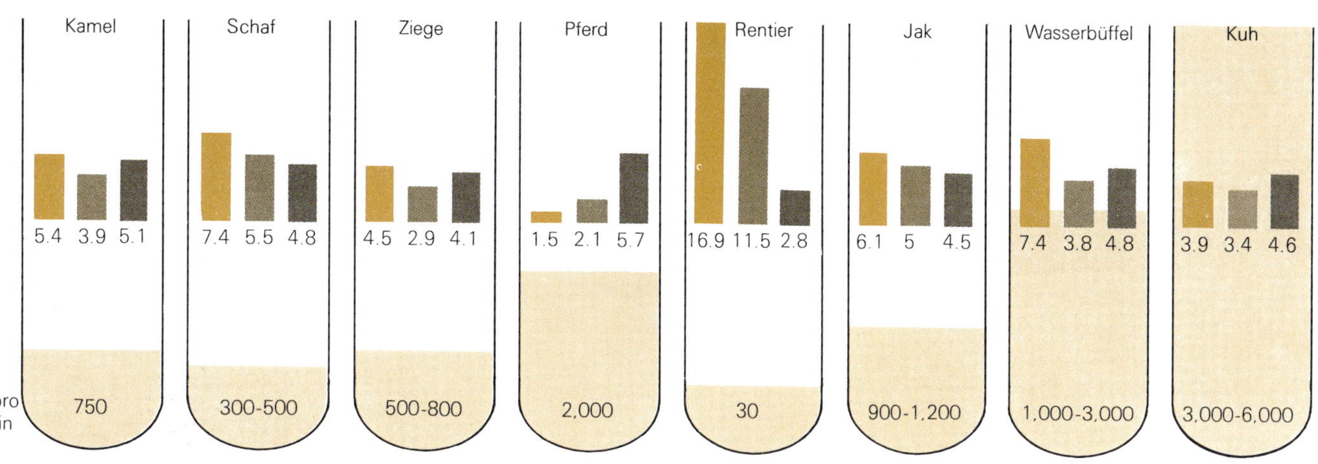

Grundprinzipien der Käseherstellung

Die Technik der Käseherstellung besteht darin, das in der Milch enthaltene Wasser zu entfernen, während die Trockenbestandteile – Proteine, Milchfett, Mineralstoffe, Vitamine usw. – zurückbleiben. Mittels dieses Prozesses lassen sich zehn Teile Milch auf etwa ein Teil (Halbhart-)Käse reduzieren.

Bewahrt man Milch lange genug auf, wird sie sauer und gerinnt. Dadurch entsteht eine Käseart, wie sie jahrtausendelang bereitet wurde: Sauermilchkäse. Für einen längere Zeit haltbaren Käse von guter Qualität bedarf es allerdings eines komplizierteren Verfahrens, wobei ein Gerinnungsmittel (Lab) verwendet wird. Lab läßt die vorher gesäuerte Milch, die die richtige Temperatur aufweist, gerinnen.

Lab gewinnt man normalerweise aus der Magenwand junger Kälber. Stimuliert durch das in der Milch enthaltene Kalzium, wandelt es das als Kasein bekannte Eiweiß in eine feste Verbindung um. Mit anderen Worten, Lab verdickt Milch zu einer gallertartigen Masse, die durch Rührinstrumente und Käseharfe zu Käsekörnern, Käsebruch genannt, zerkleinert wird und die vor der Entwässerung auch eine große Portion Molke enthält. Molke nennt man das Milchwasser, das aus Zuckerbestandteilen, Mineralstoffen und Fett besteht.

Aufgabe des Käsers ist es, die Molke von den Bruchkörnern zu trennen – vielleicht die heikelste Phase des Herstellungsprozesses. Der Bruch muß sehr langsam und sorgfältig abgetrennt, d.h. weggeschnitten werden, insbesondere zu Beginn, damit keine Fettbestandteile und Käsekörner mit der Molke weggeschüttet werden. Für Frisch- und Weichkäse wird ein grober Bruch verwendet. Für Hartkäsesorten werden die Käsekörner zuerst in große und nach und nach in immer kleinere Stücke zerschnitten, bis sie etwa das Format eines Weizenkorns aufweisen. Dazu wird möglichst viel Molke abgegossen. Bei den meisten Käsesorten bildet diese Behandlungsphase nur die erste Hälfte des Herstellungsverfahrens – die Käse erhalten ihre spezifische Struktur und ihr charakteristisches Aroma erst nach einer Gärungs- und Reifungsperiode.

Jede einzelne Käsesorte wird auf spezielle Weise bereitet; die zahllosen Varianten sind bedingt durch Unterschiede der Milch, der Gerinnung und des Schneidens, des Entwässerns, Rührens, Reifens usw.

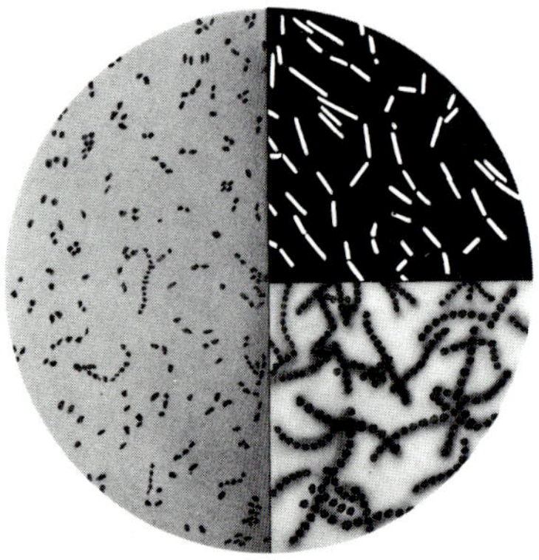

Oben Vor der Gerinnung wird die Milch durch Bakterienkulturen gesäuert. Dieses Mikrobild zeigt die in der Milch enthaltenen Milchsäurebakterien (links). Die Vergrößerungen (rechts) lassen das Vorhandensein zweier unterschiedlicher Arten, der stäbchenförmigen (oben) und der kugelförmigen (unten), erkennen. Die Bakterien verwandeln den Milchzucker in Milchsäure und fördern die Gerinnung der Milch.

Unten Der Bruch wird gleichmäßig geschnitten und gerührt. Hier sind die Käsekörner deutlich sichtbar. Je nach Rezept wird die Molke ganz oder zum Teil entfernt.

Oben Der Käsemilch wird eine ganz bestimmte Menge einer Bakterienkultur beigemischt. Die Milch wird vor dem Gerinnen auf die erforderliche Temperatur erwärmt.

Oben Durch Zusatz von Lab gerinnt die angesäuerte Milch, wobei die Gerinnungszeit je nach Labmenge und Milchtemperatur stark variiert.

Oben Nahaufnahme der Käsekörner, die deren weiße, blanke Struktur zeigt. In diesem Stadium sind die Körner fast geruchlos.

Oben Im Käsekessel wird der Bruch von der Molke getrennt. Dann läßt man die Molke ablaufen.

Rechts Mittels eines grobgewebten Käsetuchs hievt der Käsebereiter die Bruchmasse hoch, damit noch mehr Molke abfließen kann. Für bestimmte Käsesorten hüllt man den nassen Bruch in ein Musselintuch, bevor man ihn in die Form füllt und preßt.

Der Reifungsprozeß

Eine der wichtigsten Phasen der Käseherstellung ist der Reifungsprozeß. Nachdem sich der Bruch gebildet hat und die Molke abgeflossen ist, bleibt eine weiße, fast oder völlig geruchlose Masse zurück. Man kann sich zu diesem Zeitpunkt nur schwer vorstellen, daß dieses fade Zeug zu einer Quelle kulinarischen Genusses werden könnte. Während der Reifung durchdringt das Salz die Käsemasse, die auch an Feuchtigkeit einbüßt. Der Käse wird konsistenter und enthält einen höheren Anteil Trockenmasse, die einen deutlicheren Käsegeschmack aufweist. Zugleich haben sich dabei eine Reihe äußerst komplizierter chemischer und biologischer Prozesse abgespielt.

Tüchtige Käser von einst verstanden sich in der Praxis darauf, gewisse Entwicklungen zu fördern oder zu unterbinden. Sie kannten das Wie dieser Vorgänge, wußten aber nichts über das Warum. Erst im 20. Jahrhundert war man sich über alle bei der Käsereifung ablaufenden komplexen biochemischen Prozesse völlig im klaren.

Von den im Käse vorhandenen Mikroorganismen nutzt der Käsehersteller die verwertbaren und versucht, die für den Charakter und die Qualität des Käses nachteiligen zu eliminieren. Milchsäurebakterien sind äußerst nützliche Mikroorganismen, und Milchzucker ist ihre Lieblingsnahrung, die sie in Milchsäure umwandeln. Das Säureniveau, das in der Folge ansteigt, macht den Käse mehr oder weniger steril. Resultat: Die Bakterien gehen zugrunde, lassen aber das eiweißkonsumierende Enzym zurück. Kasein, das wichtigste Protein im Käse, enthält nicht weniger als 21 Aminosäuren sowie viele andere Elemente. Indem das Protein abgebaut wird, werden diese Säuren und Elemente überall in der Käsemasse frei und beeinflussen deren Geschmack und Aroma.

Auch das Milchfett unterliegt chemischen Prozessen. Ein kleiner Teil davon wird durch ein anderes Enzym aufgespalten, und die daraus resultierenden Fettsäuren tragen das Ihre zum endgültigen Aroma des Käses bei. Manche im Milchzucker lebende Bakterien produzieren Gärgase, die nicht aus dem Teig entweichen können und deshalb Löcher bewirken (Emmentaler Käse).

Abgesehen von diesem natürlichen Reifungsprozeß kann man dem Käse spezifische Kulturen beifügen, etwa um die Bildung einer weißen Schimmelpilzflora auf der Rinde zu begünstigen, wie beim Camembert. Durch Feuchtigkeit kann ein Rotschmiere-Belag von Coryne-Bakterien an der Oberfläche entstehen wie beim Limburger. Eine andere Methode besteht darin, einen Schimmelpilz ins Innere des Käses zu injizieren, wo er sich ausbreitet und eine blaue Äderung und oft ein scharfes, pikantes Aroma bewirkt, wie beim Roquefort.

Links Ständige Überwachung ist unerläßlich. Hier wird ein Stiltonkäse nach dem andern gewendet, um ein gleichmäßiges Trocknen und Reifen des ganzen Käselaibs zu gewährleisten.

Unten Im Kellerraum einer holländischen Käsefarm lagern die feinen Goudakäse mit ihren glänzenden Plastikrinden für mindestens vier Wochen zum Reifen auf Holzplanken.

Links Bei Weichkäse läßt sich beim Anschnitt der Reifegrad ohne weiteres mit Sicherheit feststellen. Ist der Käselaib durch und durch reif, so daß in der Mitte kein weißer, kalkartiger Streifen vorhanden ist, ist er *à point*, wie der Franzose sagen würde, d.h. gerade richtig, wie die hier abgebildeten Exemplare.

Unten Bei Blaukäse ist der Reifungsprozeß besonders augenfällig. Im Frischzustand hat der Käse ein unbestimmtes Aussehen. Es werden Löcher eingestanzt, sei es von Hand, sei es maschinell, so daß sich Kanäle bilden, in denen der blaue Schimmelpilz sich entwickeln kann. In der Regel mengt man der Käsemilch eine Schimmelpilzkultur bei. Die Löcher dienen nur dazu, dem Schimmelpilz Platz zur Vermehrung zu schaffen. Eine offene Struktur erleichtert die Ausbreitung von Adern im Käse.

Die Einteilung der Käsesorten

Es ist praktisch fast unmöglich, die Überfülle der Käsesorten nach einem System zu ordnen. Zahlreiche Länder bedienen sich ihrer eigenen, nach gesetzlichen Vorschriften geregelten Einteilung. Was für das eine Land gilt, ist aber für das andere oft ohne Belang. In diesem Buch wird jeweils am Schluß eines Kapitels versucht, die Käsesorten des betreffenden Landes nach verschiedenen Aspekten in einer Übersichtstabelle einzuordnen.

A) Ein vorrangiges Kriterium ist natürlich die *Milch.* Am häufigsten wird Kuhmilch benutzt. Wir verwenden für die verschiedenen Milcharten folgende Zeichen:

- *Kuhmilch*
- *Ziegenmilch*
- *Schafmilch*
- ✱ Verweist auf eine Fußnote zur Übersichtstafel

B) Die Klassifizierung des Internationalen Molkereiverbandes leistet dem technisch nicht versierten Käseliebhaber gute Dienste. Sie beruht auf der Konsistenz der verschiedenen Käsesorten, die ihrerseits bedingt ist durch den Anteil an Trockenmasse (Proteine, Milchfett, Mineralstoffe) im Verhältnis zum Feuchtigkeitsgehalt. Je weniger Feuchtigkeit der Käse aufweist, desto härter ist er. Die Schwierigkeit besteht nun darin, daß dieses Verhältnis nicht konstant bleibt, sondern sich mit zunehmendem Alter des Käses ändert. Der Feuchtigkeitsgrad ist jedoch ein leicht erkennbares Kriterium, wie nachstehende Beispiele zeigen:

- Sbrinz enthält etwa 65% Trockenmasse und 35% Feuchtigkeit.
- Romadur enthält etwa 40% Trockenmasse und 60% Feuchtigkeit.
- Speisequark enthält etwa 20% Trockenmasse und 80% Feuchtigkeit.

Der Konsistenz nach unterscheidet man vier Gruppen:

- ○ *Frischkäse,* wie Fromage frais, Speisequark und Rahmkäse, die gar nicht oder nur wenig gereift sind und alsbald gegessen werden können.
- ● *Weichkäse,* wie Camembert, Limburger und Brînza, die am Messer haften und auch als Streichkäse verwendet werden können.
- ◗ *Halbhartkäse,* wie Gouda, Stilton und Fontina – fest, aber weich und leicht zu schneiden.

Oben Dieser alte Druck, der ungefähr vor hundert Jahren entstanden ist, zeigt einen Lagerraum mit kugelförmigem Edamer Käse – einer der bekanntesten Repräsentanten für Halbhartkäse, der aus Kuhmilch hergestellt wird und mit einer trockenen Rinde.

Rechts Die Abstufungen der Konsistenz von weich bis hart korrelieren mit dem Fett- und Feuchtigkeitsgehalt eines Käses. Je mehr Käse ein bestimmtes Quantum Milch mit einem spezifischen Gehalt an Trockenmasse ergibt, um so mehr Feuchtigkeit enthält er, und um so weicher ist er. Je mehr Fett der Käse enthält, um so reichhaltiger und glatter (aber nicht notwendigerweise weicher) ist er. Indes – wie auch die Tabelle beweist: Die Ausnahme bestätigt die Regel.

Name	Durchschnittlicher Käseertrag in kg pro 100 l Milch	Fettgehalt in % < 30	30–40	40–50	Feuchtigkeitsgehalt in % < 40	40–50	50–60	> 60
Parmigiano	7		●		●			
Emmentaler	8.1			●	●			
Romadur (20% Fett)	9	●					●	
Edam	9.5			●		●		
Fontina	9.5			●				
Gouda	10.5			●		●		
Cheddar	10.8			●	●			
Romadur (40% Fett)	11			●			●	
Valençay	11			●			●	
Romadur (50% Fett)	12			●			●	
Kaškaval	17.5			●		●		
Queija de Serra	18.5			●		●		
Brînza	19			●			●	
Queso Rosell	25			●				●

■ *Hartkäse*, wie Emmentaler, Greyerzer, Sbrinz und Parmesan – hart bis sehr hart. Sbrinz und Parmesan sind manchmal schwer zu schneiden, ideal zum Reiben und Hobeln.

C) Die Klassifizierung des Käses nach seinem Äußern, der *Rinde*, ist eine für den Laien ebenfalls geeignete Unterscheidungsmethode.

Es gibt folgende Hauptarten:

– *Keine oder fast keine Rinde* – dies trifft unter anderem für die meisten Frischkäse zu.

□ *Trockene Rinde* – dies ist die natürliche Kruste, die sich während des unter normalen Bedingungen erfolgenden Reifevorgangs bildet.

⁂ *Weiße Schimmelpilzflora* an der Oberfläche.

✣ *Orangeroter Belag* von Coryne-Bakterien an der Oberfläche («gewaschener Käse»).

ʓʓ *Blaugeäderter Käse* – im Innern des Käses hat sich blauer oder blaugrauer Schimmelpilz ausgebreitet.

D) Ein weiteres Kriterium ist der *Fettgehalt*. Er wird nach dem in der Trockenmasse des Käses enthaltenen Prozentsatz an Fett berechnet. Beträgt der Fettgehalt beispielsweise 50% und die gesamte Trockenmasse insgesamt 40%, so bedeutet dies, daß 100 Teile des Käses 20 Teile Fett (40 Teile Trockenmasse, 60 Teile Wasser) enthalten. Der Fettgehalt wird in Prozenten der Trockenmasse ausgedrückt, weil ein Käse mit zunehmendem Alter an Feuchtigkeit verliert und somit der Fettgehalt bei einer Gesamtberechnung ständig variieren würde.

In manchen Ländern fügt man der Fettgehaltsziffer noch ein Pluszeichen (+) zu (z. B. 48+), weil der angegebene Prozentsatz das Minimum bezeichnet, der Fettgehalt aber in Wirklichkeit auch etwas höher sein kann.

Die unter A, B, C und D erwähnten Kategorien beruhen auf den einfachsten Unterscheidungsmerkmalen der vielen Käsesorten. Diese Kriterien werden auch in den Tabellen aufgeführt.

Käsesorten lassen sich jedoch noch auf andere Art einteilen.

E) Die *Käsebereitung* variiert sehr stark. Es gibt zahllose Rezepte und zahllose Variationen. Wir geben in diesem Buch eine detaillierte Beschreibung und Darstellung der modernen Fabrikation von fünf repräsentativen Käsesorten.

Rechts Beispiel der in diesem Buch verwendeten Gruppierungsmethoden: Bei den Kuhmilchkäsen lassen sich frische, weiche, halbharte und harte Sorten (mittlere Kolonne) unterscheiden; in jeder dieser Gruppen kann man aufgrund des Äußeren weitere Unterteilungen vornehmen: keine Rinde, trockene Rinde, weißer Schimmelpilz, rote Bakterien und, schließlich, blaue Äderung (Kolonne ganz rechts). Die verschiedenen Symbole werden im Text auf diesen Seiten erklärt.

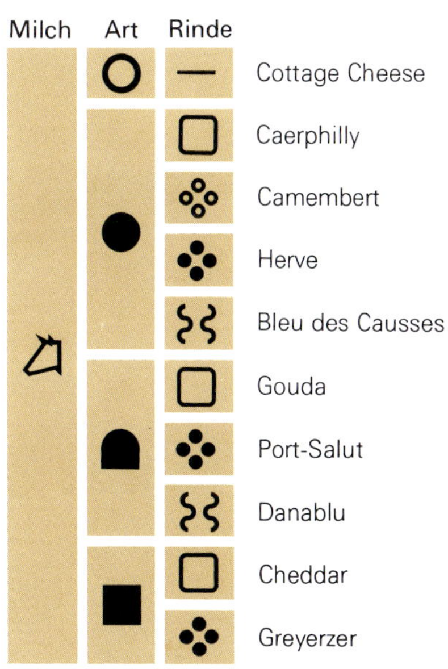

I. Emmentaler: Hartkäseproduktion (S. 105) mit erhitztem («gekochtem») und gepreßtem Bruch.
II. Cheddar: Hartkäseproduktion (S. 56–57) aus Cheddar- und gepreßtem Bruch.
III. Gouda: Halbhartkäseproduktion (S. 68–69), gepreßter Käse.
IV. Camembert: Produktion nicht gepreßten Käses (S. 84–85) mit oder ohne Rindenflora.
V. Cottage Cheese: Frischkäseproduktion (S. 155).

Die meisten bekannten Käsesorten werden nach einem dieser Hauptverfahren hergestellt.

Andere Käsesorten:

VI. Plastik- oder Knetkäse, bei dem der Bruch in heißes Wasser geschüttet und geknetet wird (siehe Caciocavallo).
VII. Molkekäse, für den die Molke eingekocht wird (siehe Mysost).
VIII. Albumenkäse, bei dem die Milchproteine durch Erhitzen flockig werden (siehe Schabzieger).

F) Was die Gerinnungsmethode anbetrifft, so lassen sich die Gerinnung mit Hilfe von Lab (bei den meisten Käsen) und die Gerinnung ohne Lab, nur mittels Sauermilch (z. B. Sauermilchkäse), unterscheiden.

G) Auch nach *Reifungsmethoden* ist eine Einteilung möglich (lange oder kurze Reifungszeit, bei Feuchtigkeit oder Trockenheit, mit großen, mittleren, kleinen oder gar keinen Löchern usw.).

H) Ferner unterscheiden sich die Käse auch in Form und Gewicht. Obschon dies nur wenig über die Qualität besagt, haben wir diese Merkmale ebenfalls in die Tabelle aufgenommen.

Schließlich sei auch noch der Schmelzkäse erwähnt, der auf der Basis natürlicher Käsesorten bereitet, aber mittels sehr unterschiedlicher Produktionsmethoden hergestellt wird.

Sinnenfreundlicher Käse

Es sind unsere fünf Sinne – Sehen, Hören, Riechen, Schmecken, Tasten –, die uns die Wirklichkeit erleben lassen. Shakespeares – leicht abgewandelte – Worte «Sanft und leicht schmeichelt der Duft unsern Sinnen» könnten ebensogut von einem Kenner stammen, der über Käse spricht wie von einem Dichter, der von romantischen Schlössern berichtet. Der Käsefachmann muß sich stets aller seiner Sinne bedienen, doch auch der Laie kann auf diese Weise einen Käse begutachten. Er muß nur wissen, worauf er achten, wie er vorgehen soll.

Wie beurteilt man Käse?

Zunächst gilt es, sich den Käse genau anzusehen, denn sein Äußeres verrät uns bereits vieles. Er sollte gut geformt, weder zu ausgebaucht noch zu flach oder zu dick sein. Eine glatte, gutschließende Rinde ohne Risse oder Falten zeugt von sorgfältiger Herstellung. Manche Käse besitzen eine Rindenflora. Diese sollte gleichmäßig verteilt sein und keine für die betreffende Käsesorte unüblichen Farben aufweisen. Der Käseteig selbst darf nicht von Schimmelpilz durchsetzt sein, außer wenn es sich um Blaukäse handelt. Der Käse sollte eine frische Farbe haben, die je nach Sorte von Weiß über Creme bis Ockergelb variiert. Die Schnittfläche sollte nicht unterbrochen sein. Risse entstehen durch fehlerhafte Produktion oder Lagerung.

Käse können zwar nicht sprechen, doch vermögen sie sich auszudrücken, und Käseexperten verstehen diese Sprache. Sie greifen sich einen harten oder halbharten Käse heraus, halten ihn ans Ohr, beklopfen ihn mit der Hand, der Faust oder einem Spezialhammer. Ein dumpfes Geräusch zeugt von einem offenen Gewebe mit zu vielen Löchern. Ein matter Ton verrät einen «blinden» Teig ohne Augen, d.h. Löcher. Der Experte stellt fest, ob der Käse zuwenig, zuviel oder gerade genügend Löcher aufweist; ob diese zu groß oder zu klein sind.

In der Regel sticht der Experte mit einem Prüfgerät, auch Käseeisen oder Käsebohrer genannt, in den Käse und begutachtet den Inhalt des Röhrchens. Ist das Prüfgerät genügend mit Käse gefüllt? Ist der Käse zu elastisch? Hat er Löcher? Alles Fragen, die der Experte beantwortet haben will.

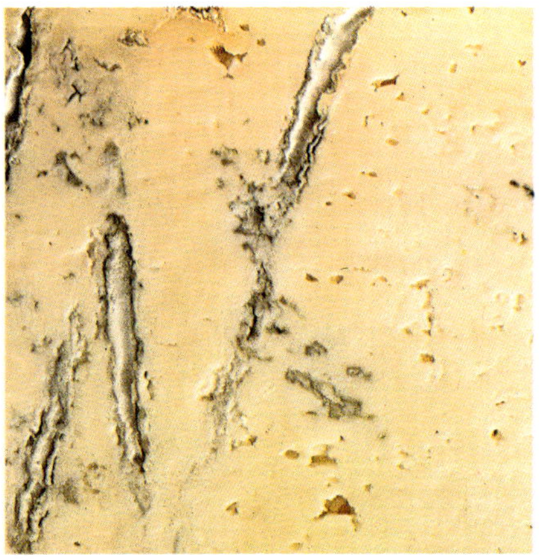

Links Der Geschmack eines Gorgonzola. Das Aroma des berühmten italienischen Blaukäses ist unverwechselbar.

Links Der Ton eines Emmentalers. Durch Beklopfen der Rinde erkennt der Experte, ob die «Augen» oder Löcher gut verteilt sind und ob sie die richtige Größe haben.

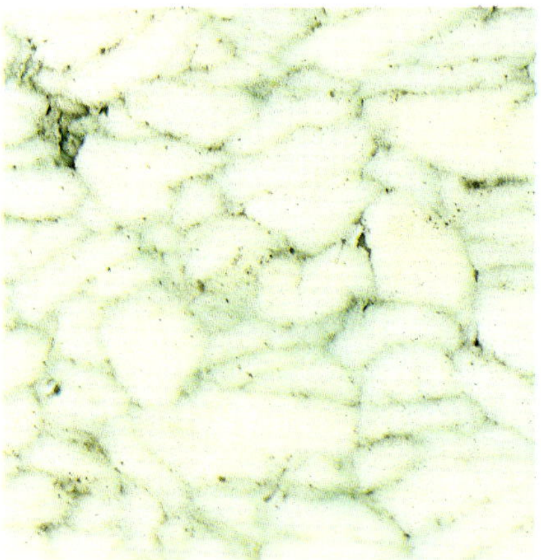

Links Der Anblick eines Sage Derby. Das einzigartige Muster dieses Käses rührt nicht von der Äderung, sondern von grünen Salbeiblättern her, die man dem Bruch beimischt.

Links Wie fühlt sich ein reifer Brie an? In seiner Bestform fließt der weiche, glänzende Teig fast aus der Rinde heraus.

Aroma und Geschmack

Ist das Prüfgerät herausgezogen oder der Käse angeschnitten, beginnt die nächste Sinneserfahrung. Nun entfaltet sich das Aroma. Man unterscheidet sechs Grundaromen: fruchtig, blumig, harzig, würzig, faulig und rauchig. Der Fachmann bedient sich allerdings kaum solch phantasievoller Benennungen, er hat seinen eigenen Fachjargon und findet das Aroma gut, frisch, süßlich oder sauer; manchmal auch schimmlig, gas- oder ammoniakartig, was keinesfalls heißen will, daß dieser Käse dem Standard nicht genügt – es könnte durchaus das Merkmal der betreffenden Käsesorte sein. Eines aber muß vorhanden sein: der spezifische Duft der verwendeten Milchart. Kuh-, Ziegen- und Schafmilch – jede hat ihr eigenes, unverkennbares Aroma.

Das volle Aroma kommt aber nur bei der richtigen Raumtemperatur zur Geltung. Der Konsument ist also gegenüber dem Käseprüfer im Vorteil. Letzterer testet den Käse meist im Kühlraum und kann daher das Aroma nur zur Hälfte wahrnehmen. Er muß sich bei der Beurteilung auf seinen verfeinerten und erprobten Geruchssinn verlassen.

Auf die Geruchsprobe folgt die Geschmacksprobe. Es ist die Kombination dieser beiden Faktoren, die die Gaumenempfindung auslöst. Man unterscheidet vier Geschmacksarten: süß, salzig, sauer und bitter. Erst auf der Zunge verspürt man das volle Geschmacksaroma. Und die Erfahrung bleibt im Gedächtnis haften, wird beim nächsten Kosten wiederbelebt, bewirkt Zustimmung oder Ablehnung, d.h. ein ganz persönliches Urteil des Konsumenten.

Weichkäsesorten beurteilt man zunächst danach, wie sie sich anfühlen. Man prüft durch Fingerdruck ihre Elastizität. So kann der Käufer vor dem Kauf feststellen, ob der Käse fest oder geschmeidig und weich, ob er unreif oder reif ist. Läßt sich Teig eines Weichkäses aus der Rinde herauspressen, ist er von vorzüglicher Qualität.

Um zu gewährleisten, daß der Konsument das Gewünschte erhält, wurden in den meisten Ländern Qualitätsnormen festgelegt. Die Käse werden nach Kategorien eingestuft und mit einem Vermerk über Ursprung, Fettgehalt und Artzugehörigkeit versehen. Ihre Qualität wird sorgfältig überprüft.

Käse ist kein lebloses Ding

Es sind die Sinneswahrnehmungen, die uns die Welt erleben lassen. Auch was wir essen und trinken, begutachten wir zuerst mit unsern fünf Sinnen. Käse, ein Naturprodukt, entstanden aus besonderen organischen Prozessen und handwerklichem Können, bedarf wie der Wein unserer besonderen Aufmerksamkeit. Gewisse, wenn auch rudimentäre Kenntnisse sind unerläßlich, will man einen Käse richtig einstufen und würdigen.

Um das Metier des Käseprüfers ausüben zu können, braucht man Jahre der Übung und Erfahrung. Um sich als Laie gut auszukennen, genügt eine natürliche Vorliebe für dieses Produkt, verbunden mit ein wenig Entdeckerfreude und Lust an neuen Sinneseindrücken.

Links und rechts; unten links und rechts Mit dem Prüfgerät oder Käseeisen wird dem Käse eine Probe entnommen und geprüft. Struktur, Farbe, Vorkommen und Anordnung der Löcher, Stadium des Reifeprozesses usw. werden sorgfältig kontrolliert.

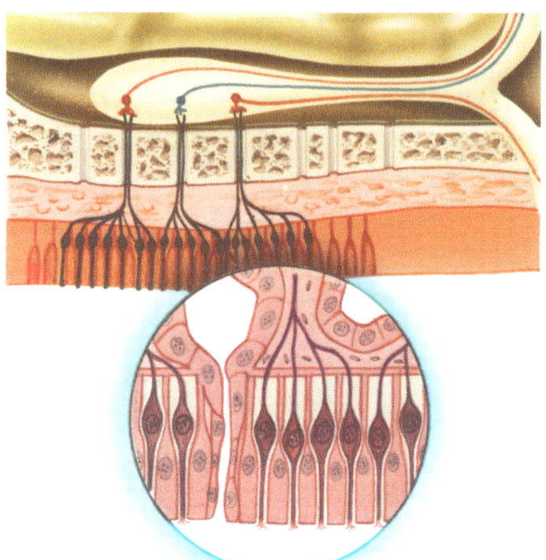

Links Die Nasenschleimhäute mit ihren Geruchszellen (Detail unten) nehmen den Geruch wahr und tragen das Ihre zur Geschmacksempfindung bei.

Rechts Die Teigprobe wird auf ihren Geruch geprüft.

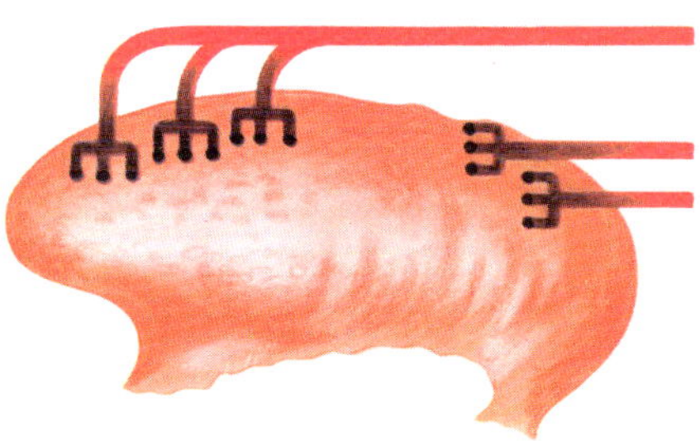

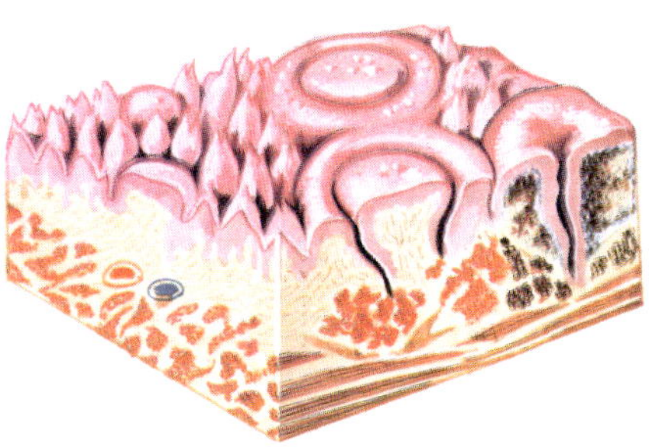

Ganz links Die Zunge leitet Geschmacksreize ins Gehirn weiter.

Links Detail der verschiedenförmigen Zungenpapillen.

Rechts Zuletzt kostet der Experte die Käseprobe. Er besitzt einen äußerst feinen Geschmackssinn und vermag aufgrund seiner langjährigen Erfahrung kleinste Details zu erkennen, die dem Laien entgehen.

Qualitätskontrolle

In fast allen Ländern mit einer bedeutenden Käseproduktion gelten für diese gesetzliche Bestimmungen und Kontrollvorschriften. Käse wird in exakten Begriffen definiert und die Herstellung der verschiedenen Sorten reglementiert, wobei die Regelungen von Land zu Land stark variieren.

In den meisten Ländern umfaßt die Produktion mehrere Käsesorten mit unterschiedlichem Fettgehalt. So gibt es in Deutschland beispielsweise acht Klassen von Käse, deren Fettgehalt von weniger als 10 bis 60 Prozent reicht. Für viele Käsesorten gibt es Minimalansätze für den Fettgehalt, und dieser muß auf der Käserinde oder der Verpackung vermerkt werden.

Was die Herstellung anbetrifft, beschränken sich die meisten Staaten auf allgemeine Verordnungen in bezug auf den erforderlichen Fett- und Feuchtigkeitsgrad einer bestimmten Sorte. In einigen wenigen Ländern sind zudem spezielle Herstellungsverfahren vorgeschrieben.

Überall schenkt man den Zusätzen besondere Beachtung. Startkulturen und Labe werden regelmäßig auf Mikroorganismen untersucht. Mancherorts darf nur Lab aus Kälbermägen verwendet werden, während anderswo auch weitere, genau bezeichnete Labe zugelassen sind. Auch Kräuter- und Gewürzzusätze unterliegen manchmal bestimmten Vorschriften, die besagen, bei welchen Käsesorten solche Zusätze zulässig sind. In jedem Land gibt es Normen für die Art und Menge verwendeter Chemikalien. Auch den Umhüllungen, wie Wachs, Paraffin, Plastik und Ölen, wird besonderes Augenmerk geschenkt. Auch für die Räumlichkeiten, in denen die Käseherstellung erfolgt, gelten Vorschriften, und zwar in bezug auf Größe, technische Einrichtungen, Reinhaltung usw. Das Personal muß sich ebenfalls an eine strikte Hausordnung hinsichtlich Gesundheit und Hygiene halten. Für den Reifungsprozeß sind ebenfalls vielerorts Vorschriften in Kraft: In Kanada z. B. sind Minimalzeit und Reifetemperatur festgesetzt. Vorderhand bestehen nur in den Niederlanden Normen für in Folie gereiften Käse und in Frankreich für vorverpackten Käse.

Oben Die Qualitätstests erfolgen im Herstellungsbetrieb selbst. Hier prüft der Besitzer einer Fabrik in Melbourne, Australien, einen Pecorino-Käse.

Nebst dem Käse im allgemeinen werden auch bestimmte Käsegruppen durch gesetzlich festgelegte Normen eingegrenzt, z. B. Hartkäse, Halbhartkäse, Weichkäse, Frischkäse usw. In der Regel gilt der Wassergehalt der fettfreien Käsemasse als Standardmaß. Auch für Spezialitäten wie Sauermilchkäse oder Molkekäse gelten gesetzliche Bestimmungen.

Mit der Stresa-Konvention von 1951 (siehe folgende Seite) wurden zwischen neun Ländern erstmals internationale Vereinbarungen getroffen. Die Namen einzelner Käsesorten wurden unter Schutz gestellt und ihr Erzeugungsgebiet festgelegt. Dadurch wurde es schwierig, Imitationen als Originalkäse zu verkaufen. So wurden zum Beispiel für den Roquefort die Herstellungsgemeinden ebenso festgesetzt wie für den Bleu des Haut Jura, der nur in über 800 Meter ü. M. liegenden Gebieten produziert werden darf. Comté darf nur in der Provinz Comté und ausschließlich aus der Milch der Pie-rouge-de-l'Estdrasse oder Montbéliard hergestellt werden, wobei die Milch dieser Tiere nach jedem Melkprozeß abzuliefern ist. Auch für Cantal müssen die Weiden in 800 Meter Höhe liegen, und Parmigiano, dessen Herstellungsgebiet ebenfalls genau abgegrenz wird, darf nur in der Zeit vom 15. April bis 11. November produziert werden und muß mindestens zwei Sommer hindurch reifen. Pecorino Siciliano darf nur von Oktober bis Juni auf Sizilien aus frischer Schafmilch bereitet werden.

1967 wurde dank der FAO (Organisation für Ernährung und Landwirtschaft) und der WHO (Weltgesundheitsorganisation) für die jährlich von 33 Ländern produzierten 5,3 Millionen Tonnen Käse ein Kodex für Standardqualitäten festgelegt. Es gibt darunter Länder, die weniger als 100 000 Tonnen Käse herstellen, aber 17 dieser 33 Länder bestreiten 87 Prozent der gesamten Käseproduktion der Welt. Der von den erwähnten Organisationen aufgestellte «Prinzipien-Kodex» bezweckt ein Verbot des Gebrauchs irreführender Namen und Beschriftungen für andere Produkte, damit diese nicht fälschlicherweise für Molkereiprodukte gehalten werden können. Er fixiert auch internationale Standards für Käse im allgemeinen sowie für eine Reihe spezifischer Käsesorten. Diese Empfehlungen wurden zum Teil von den Regierungen der betreffenden Länder bereits akzeptiert.

Sinn und Zweck dieser Maßnahmen ist der Schutz des Käsehandels und des Konsumenten vor bewußter Irreführung. Mögen Gesetze und Vorschriften oft auch auf Ablehnung stoßen, in diesem Fall dienen sie dazu, dem Kunden die Gewähr für Qualitätsprodukte zu bieten.

Unten Bevor eine Ladung Gouda-Käse nach Übersee verschifft wird, nimmt ein von Amts wegen eingesetzter Inspektor eine Stichprobe vor.

Die Stresa-Konvention

Auf Verlangen Belgiens, Dänemarks, Frankreichs, Italiens, der Niederlande, Norwegens, Österreichs, Schwedens und der Schweiz wurde 1951 ein Abkommen über den internationalen Schutz der Namen wohlbekannter Käsesorten getroffen. Es wurden folgende Gruppen festgelegt:

Gruppe A: Die Markennamen Roquefort (Frankreich) sowie Pecorino Romano, Gorgonzola und Parmigiano Reggiano (Italien) dürfen nur für die in den Ursprungsländern gemäß den verfügten Regelungen hergestellten Käse verwendet werden. Für einen andern Käse sind diese Bezeichnungen unzulässig.

Gruppe B: Die Namen Camembert, Brie, St-Paulin (Frankreich); Fontina, Fiero Sardo, Asiago, Provolone, Caciocavallo (Italien); Emmentaler, Sbrinz, Greyerzer (Schweiz); Gudbrandsdalsost, Nökkelost (Norwegen); Samsø, Maribo, Danbo, Fynbo, Elbo, Tybo, Havarti, Danablu, Marmora (Dänemark), Svecia, Herrgardsost (Schweden); Pinzgauer Bergkäse (Österreich); Gouda, Edamer, Friese und Leiden (Niederlande) dürfen für Nachahmungen in andern Ländern verwendet werden, unter der Voraussetzung, daß zusätzlich das Erzeugungsland vermerkt wird (z. B. norwegischer Gouda).

Französische Käse und französische Gesetzgebung

Schließlich mag es nützlich sein, die französischen Käse aufzuzählen, deren Namen durch französisches Gesetz geschützt sind. Dies bedeutet, daß sie im Ausland nachgeahmt werden dürfen, daß aber jeder, der einen Käse dieses Namens kauft, sicher sein kann, einen ursprünglichen, echten und nach entsprechenden Vorschriften produzierten Käse zu erhalten. Die wichtigsten dieser Käsesorten sind: Beaufort, Bleu des Causses, Bleu du Haut Jura, Cantal, Chaource, Gruyère de Comté, Fourme du Cantal, Maroilles, Munster, Neufchâtel, Pont-l'Evêque, Reblochon, Roquefort, Saint-Nectaire.

Links Einige der neueren und älteren Etiketts, die für die Kennzeichnung verschiedener unter Qualitätskontrolle stehender Käse verwendet werden. Unsere Auswahl umfaßt unter anderem folgende Markenzeichen: die offizielle belgische Kontrollmarke; das Etikett für Roquefort sowie Livarot-Käse vom Pays d'Auge; den Stempel des original-französischen Klosterkäses Port-Salut (Mitte, links unten); das Käse-Etikett für holländischen Farmerhaus-Gouda und das Spezialetikett für Camembert aus der Normandie V.C.N.

Käse – weltweit

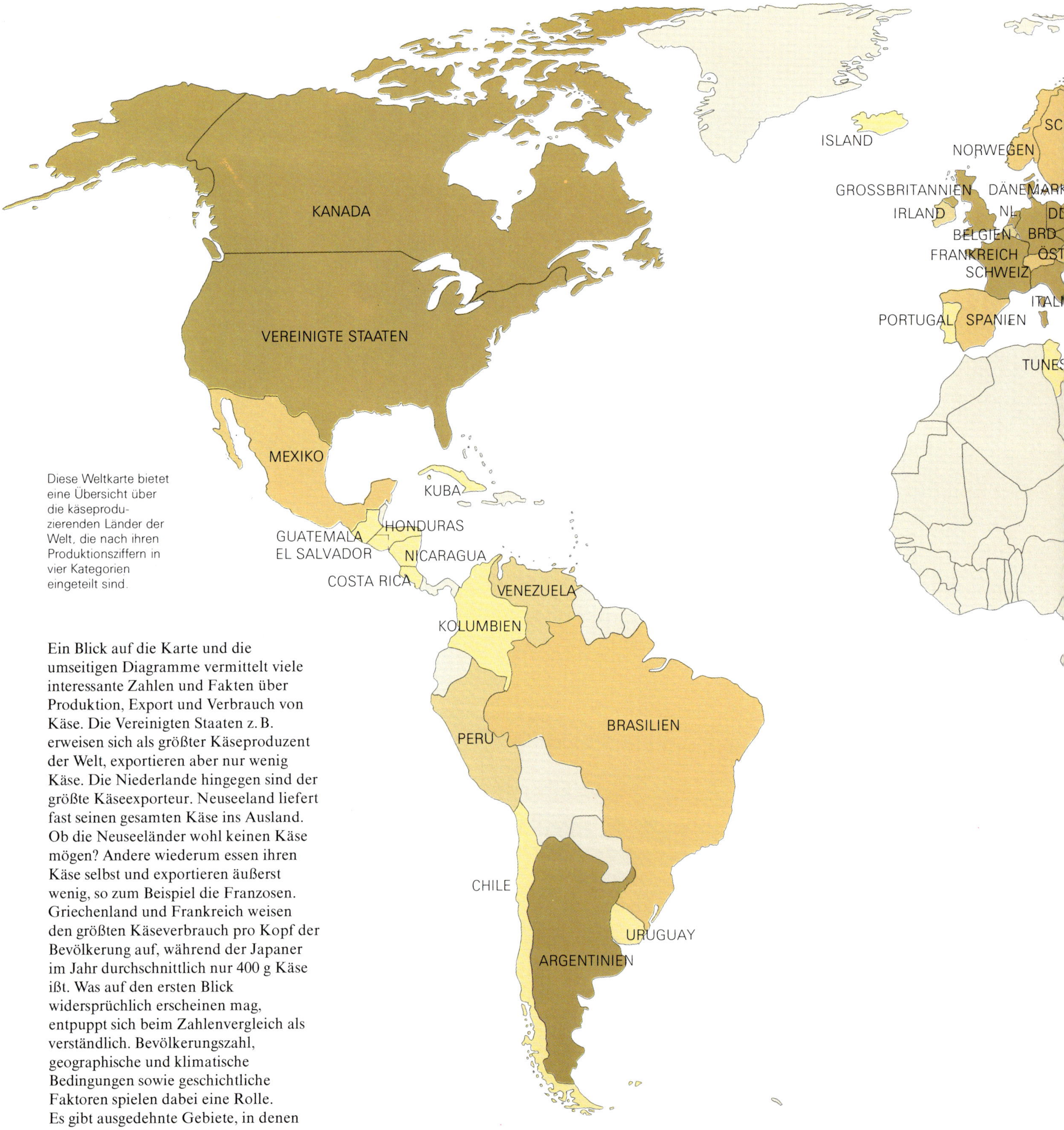

Diese Weltkarte bietet eine Übersicht über die käseproduzierenden Länder der Welt, die nach ihren Produktionsziffern in vier Kategorien eingeteilt sind.

Ein Blick auf die Karte und die umseitigen Diagramme vermittelt viele interessante Zahlen und Fakten über Produktion, Export und Verbrauch von Käse. Die Vereinigten Staaten z. B. erweisen sich als größter Käseproduzent der Welt, exportieren aber nur wenig Käse. Die Niederlande hingegen sind der größte Käseexporteur. Neuseeland liefert fast seinen gesamten Käse ins Ausland. Ob die Neuseeländer wohl keinen Käse mögen? Andere wiederum essen ihren Käse selbst und exportieren äußerst wenig, so zum Beispiel die Franzosen. Griechenland und Frankreich weisen den größten Käseverbrauch pro Kopf der Bevölkerung auf, während der Japaner im Jahr durchschnittlich nur 400 g Käse ißt. Was auf den ersten Blick widersprüchlich erscheinen mag, entpuppt sich beim Zahlenvergleich als verständlich. Bevölkerungszahl, geographische und klimatische Bedingungen sowie geschichtliche Faktoren spielen dabei eine Rolle.
Es gibt ausgedehnte Gebiete, in denen gar kein Käse hergestellt wird.
Im Kapitel über die Geschichte der Käseherstellung sind wir diesen Fragen nachgegangen.

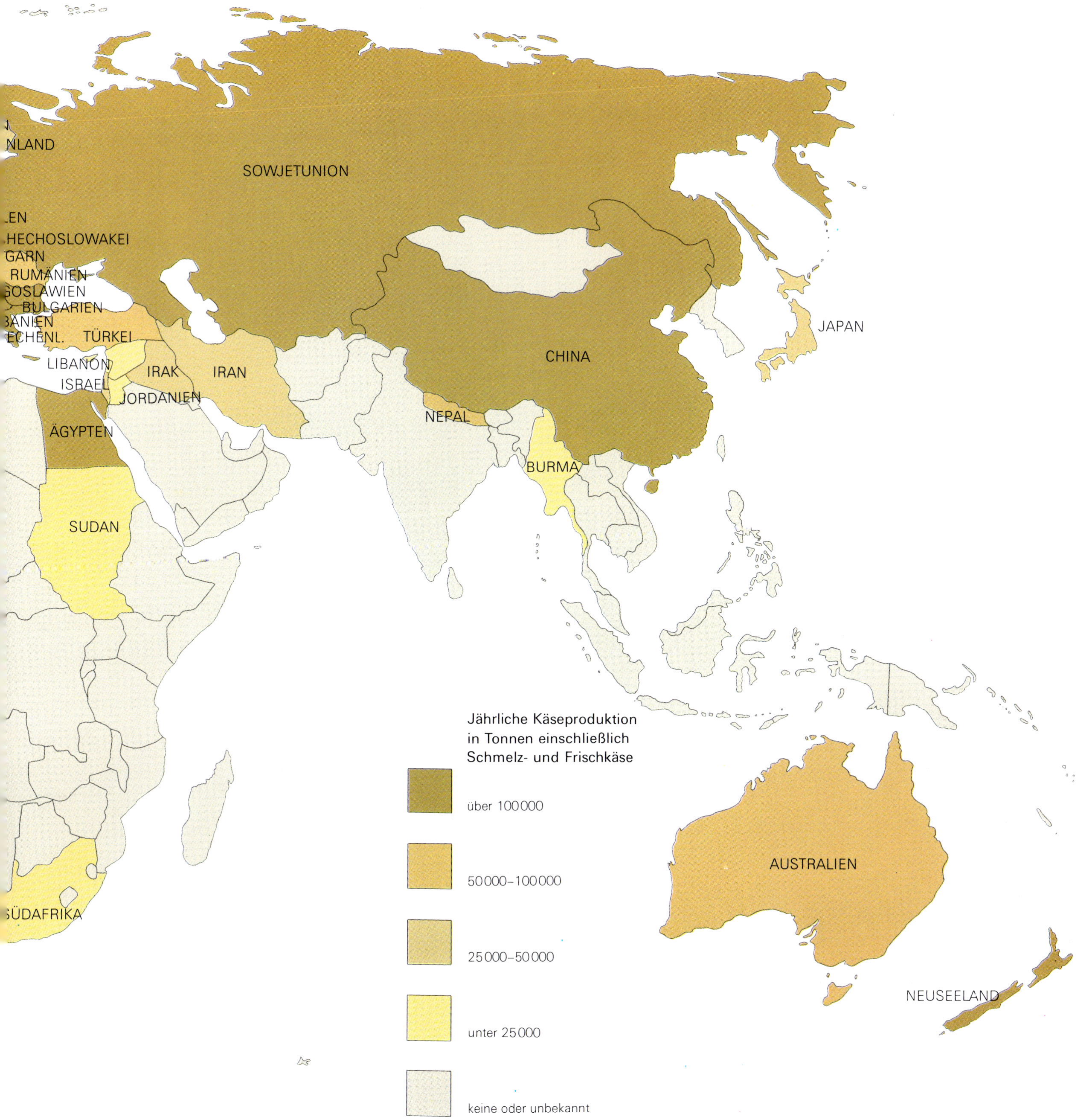
SOWJETUNION
TÜRKEI
LIBANON
ISRAEL
IRAK
IRAN
JORDANIEN
ÄGYPTEN
SUDAN
CHINA
JAPAN
NEPAL
BURMA
AUSTRALIEN
NEUSEELAND
Jährliche Käseproduktion in Tonnen einschließlich Schmelz- und Frischkäse
über 100000
50000–100000
25000–50000
unter 25000
keine oder unbekannt

Pro-Kopf-Verbrauch im Jahr 1977 (in Kilo)

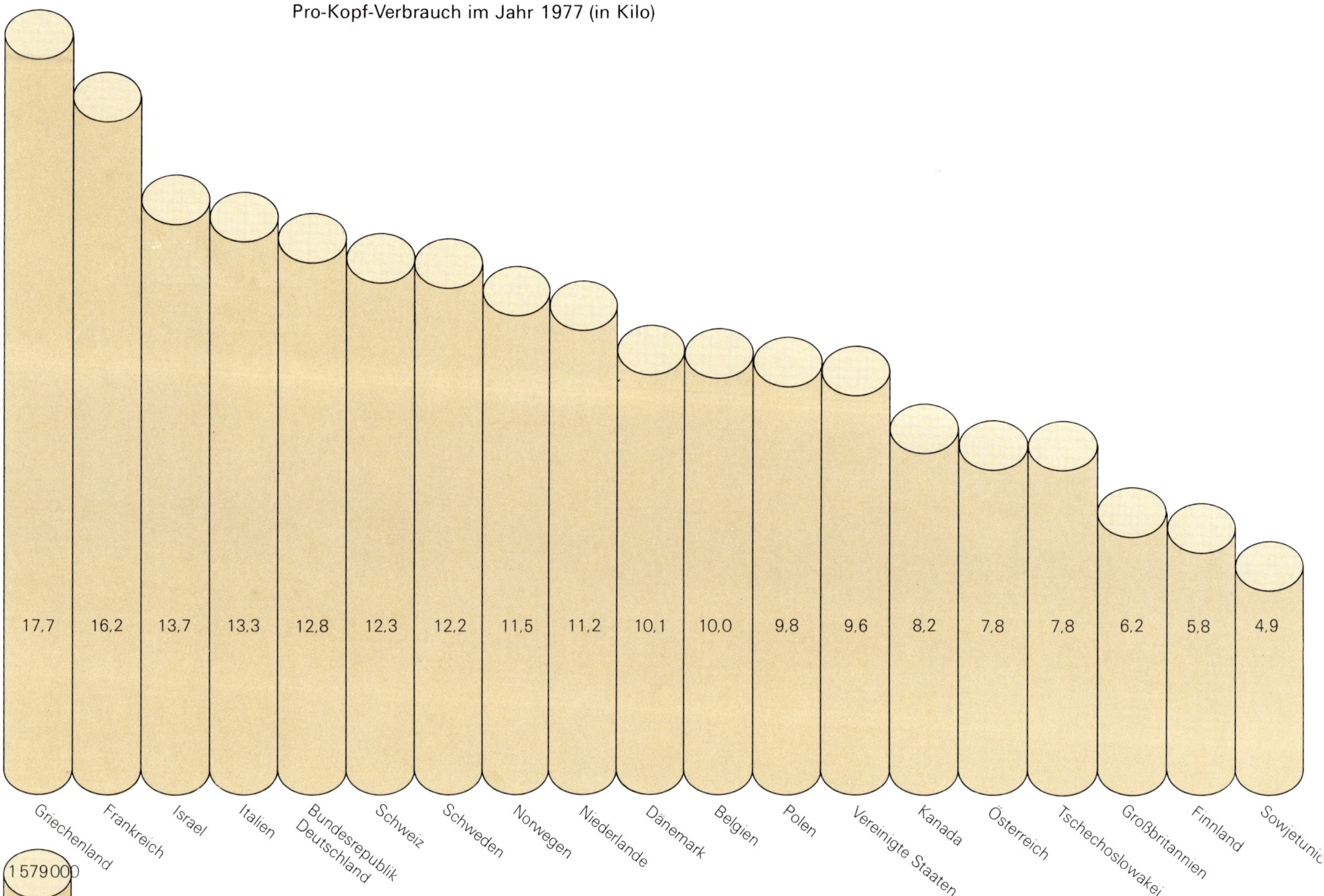

Gesamtkäseproduktion (ganze Säulenhöhe) und Export (unterer Säulenabschnitt), einschließlich Frischkäse, im Jahre 1977 (in Tonnen)

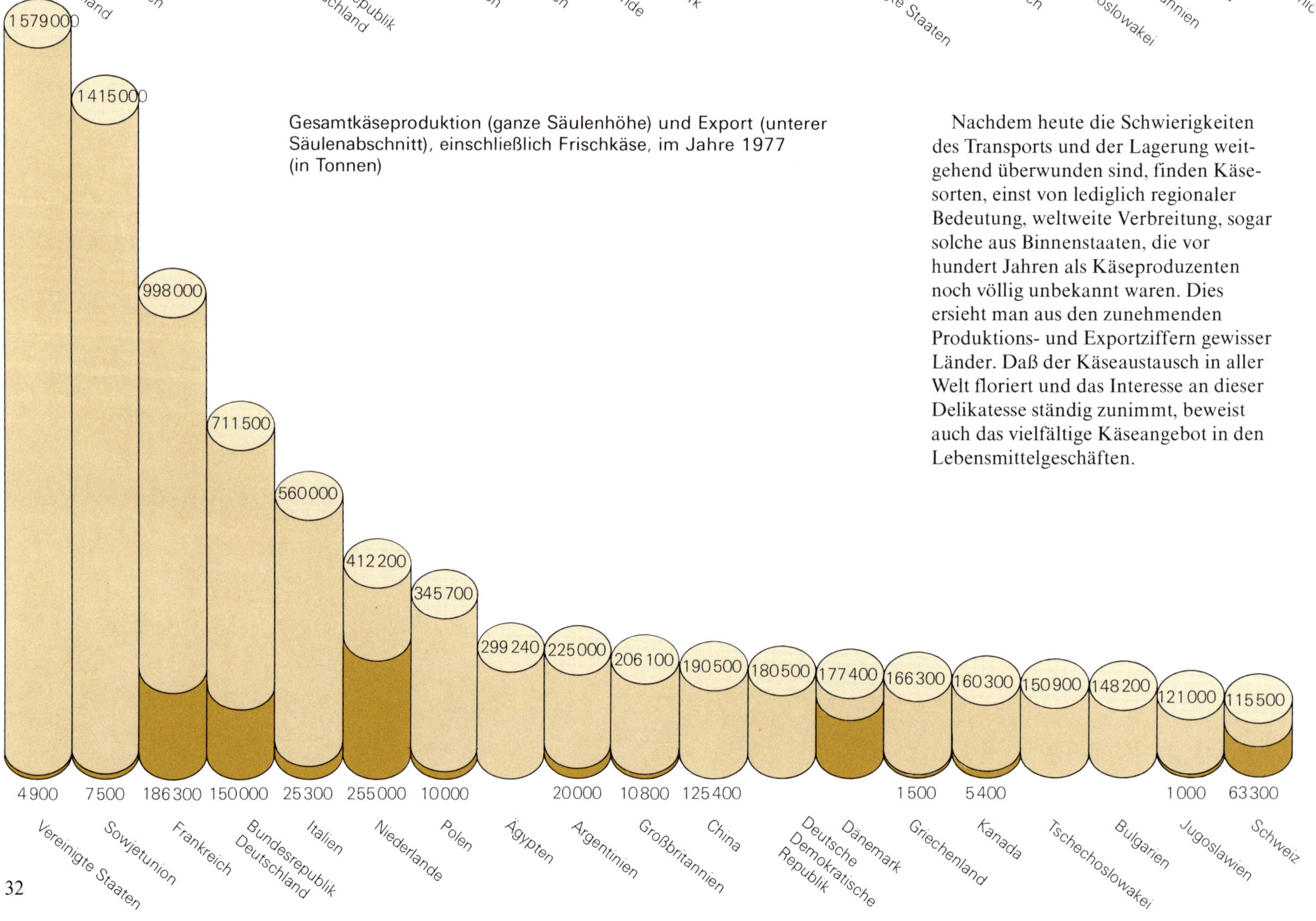

Nachdem heute die Schwierigkeiten des Transports und der Lagerung weitgehend überwunden sind, finden Käsesorten, einst von lediglich regionaler Bedeutung, weltweite Verbreitung, sogar solche aus Binnenstaaten, die vor hundert Jahren als Käseproduzenten noch völlig unbekannt waren. Dies ersieht man aus den zunehmenden Produktions- und Exportziffern gewisser Länder. Daß der Käseaustausch in aller Welt floriert und das Interesse an dieser Delikatesse ständig zunimmt, beweist auch das vielfältige Käseangebot in den Lebensmittelgeschäften.

Europa

Robustes schwarzweißbuntes Vieh auf saftiger Weide verheißt viel gute Milch, aus der man vorzüglichen Käse herstellen kann.

Erklärung der Zeichen auf den Länderkarten

Auf den Karten Großbritanniens, der Niederlande, Frankreichs, der Schweiz und Italiens sind Erzeugungsgebiete der wichtigster landeseigenen Käsesorten jeweils durch ein entsprechendes Formsymbol kenntlich gemacht.

Die verschiedenen Käseformen wurden wie folgt gruppiert:

- Kugelform: eine perfekte oder – in den meisten Fällen – abgeflachte Kugel.
- Großer Flachzylinder (wagenradförmiger schwerer Käse.)
- Kleiner Flachzylinder (Gewicht unter I Kilo).
- Zylinder: von unterschiedlicher Höhe und Durchmesser.
- Mittlerer Flachzylinder.
- Hochzylinder.
- Ovalform.
- Rechteckform.
- Würfel- oder ähnliche Form.
- Stumpfer Kegel, Pyramide oder Stöckchen.
- Barren.
- Backsteinform.
- Käse im Körbchen.
- Käse in Dose, Becher, Topf, Tasche.
- Dreieckform: Käseportionen.

Erklärung der Zeichen in den Tabellen

Milch

- Kuhmilch
- Ziegenmilch
- Schafmilch
- ✳ Verweis auf Fußnote

Eine Kombination verschiedener Symbole bedeutet, daß mehr als eine Art Milch verwendet wird, sei es abwechselnd oder in Mischung. Die Symbolfolge ist ohne Belang.

Art

- ○ Frischkäse
- ● Weichkäse
- Halbhartkäse
- ■ Hartkäse

Rinde

- — Keine oder wenig Rinde
- □ Trockene Rinde
- Weiße Rindenflora
- Orangeroter Rindenbelag, Rotschmierebelag («gewaschener Käse»)
- Blaugeäderter Käse

Form
Diese wird in den oben vermerkten Begriffen beschrieben, nötigenfalls mit einigen Ergänzungen. Wird ein Käse gewöhnlich in vielen verschiedenen Formen und nicht nur in einer einzigen typischen Form hergestellt, wird der Ausdruck «variiert» verwendet.

Gewicht
Die Durchschnittsgewichte der üblichen Formen, in denen ein Käse hergestellt wird, werden angeführt. Wechselt das Gewicht sehr stark, steht dafür ebenfalls das Wort «variiert».

Fettgehalt
Der erforderliche Minimalprozentsatz an Fettgehalt der Trockenmasse ist angegeben; wo keine offiziellen Vorschriften bestehen, wird der Durchschnitt bezeichnet. Sind zwei Zahlen angegeben, kann der Käse mit einem Fettgehalt hergestellt werden, der zwischen beiden variiert. Wenn keine verläßliche Information vorliegt, steht ein Fragezeichen.

Bemerkungen
Für eine detailliertere Erklärung der in dieser Klassifizierung verwendeten Begriffe verweisen wir auf Seite 24–25.

Bitte beachten Sie, daß die Käsesorten in erster Linie im Kapitel desjenigen Landes besprochen werden, in dem sie ursprünglich hergestellt werden, ungeachtet dessen, ob sie nun auch in andern Ländern auf großer Basis produziert werden. Sie wurden vorwiegend nach Originalität und Bedeutung ausgewählt. Die Liste der bei den verschiedenen Ländern aufgeführten Käsesorten ist nicht vollständig.

Text und Tabellenangaben illustrieren die üblichen und typischen Formen der einzelnen Käsesorten. Dabei gibt es stets individuelle Abweichungen, denn Käse wird von vielen verschiedenen Produzenten mit eigenen Methoden und nach eigenen Rezepten erzeugt.

Landeskarten
Großbritannien: Seite 53
Niederlande: Seite 65
Frankreich: Seite 77
Schweiz: Seite 103
Italien: Seite 117

Unten Milchwirtschaftsgebiete in Europa. In Südeuropa sind Viehhaltung für Fleischproduktion und Viehhaltung für Milchverwertung nicht überall klar gegeneinander abgegrenzt; die Viehzucht für beide Produktionszweige ist weniger intensiv als in Westeuropa. In Südeuropa überwiegt oft die Schaf- und Ziegenmilchproduktion.

FINNLAND
Helsinki
Stockholm
BALTISCHES MEER
SCHWEDEN
Kopenhagen
SOWJETUNION
Moskau
POLEN
Warschau
CHE
RATISCHE
LIK
Prag
SCHECHOSLOWAKEI
Wien
ERREICH
Budapest
UNGARN
RUMÄNIEN
Belgrad
Bukarest
JUGOSLAWIEN
BULGARIEN
Sofia
Tirana
ALBANIEN
Istanbul
TÜRKEI
GRIECHENLAND
Athen
SCHWARZES MEER
KASPISCHES MEER

Norwegen

Wollte man Skandinavien mit einem Stück Käse vergleichen, so wäre Norwegen die Rinde – eine harte, unregelmäßige, abbröckelnde Kruste. Langgezogen und relativ schmal, besteht Norwegen größtenteils aus einem imposanten, aber unwirtlichen Felsplateau, das zu 70 Prozent über der Baumgrenze liegt. Seit über einer Million Jahren schrammt das Meer gegen die norwegische Küste und begrenzt das Land von allen Seiten, ausgenommen im Osten. Die See ist tief in die Fjorde und Buchten eingedrungen, die einstmals beim Rückzug der Gletscher während der letzten Eiszeit entstanden sind.

Schon seit alters wissen die Norweger aus der Not eine Tugend zu machen und suchen ihren Lebensunterhalt im Meer. Die See bot ihnen ergiebige Fischgründe, und an der zerklüfteten Küste fanden ihre in den Bootswerften von Meisterhand erbauten Schiffe den nötigen Schutz. Der Fischfang bildet einen wichtigen Zweig der norwegischen Wirtschaft, dagegen wird nur ein Bruchteil des Bodens bebaut. Seit den Tagen der Wikinger ist das Land daher auf den Außenhandel angewiesen. Oslo, Bergen, Stavanger und Trondheim stellten schon im Mittelalter wichtige Handelszentren dar. Norwegen exportierte Zinn und Fische, die heimkehrenden Schiffe brachten unter anderem auch Käseprodukte. In Norwegen bereitet man seit alters den halbharten, würzigen *Nøkkelost*, der dem niederländischen Leidener Käse ähnlich ist. Das Markenzeichen des Nøkkelost sind die gekreuzten Schlüssel Petri, das Wappen der Stadt Leiden, daher auch sein Name: *nøkkel* bedeutet im Nordwegischen «Schlüssel».

Bauernkäse von einst

Nur 3 Prozent der Bodenfläche Norwegens lassen sich bewirtschaften, obschon der warme Golfstrom das Klima günstig beeinflußt. Bis zu den weit im Norden gelegenen Regionen der Lofoten kann mildes Wetter vorherrschen und saftiges Gras gedeihen. Vor der Einführung der Elektrizität zu Beginn des 20. Jahrhunderts war Norwegen fast ausschließlich ein Agrarland. Als relativ billige Kraftquelle brachte die Elektrizität die Entwicklung von Industrien, besonders von Papier-, Holzverarbeitungs- und Konservenfabriken mit sich.

Obgleich flächenmäßig begrenzt, bescheren Norwegens Weiden dem Vieh saftiges Gras. Die Bauern der Frühzeit lernten schon bald, ihre Molkereiprodukte auf einträgliche Weise zu verwerten. Sie fanden heraus, daß die bei der Butterherstellung zurückbleibende Magermilch einen köstlichen Käse ergab. Die Käser verwendeten schön geschnitzte und verzierte Käseformen und transportierten Käse und Butter in der traditionellen *tine,* einem elegant geformten Holzbehälter. Eine Darstellung dieses Behälters in den norwegischen Nationalfarben Rot, Weiß, Blau dient der heutigen Molkereiindustrie Norwegens als Markenzeichen (s. a. S. 28).

Oben Norwegen ist nur spärlich bevölkert, die meisten Bewohner leben im Süden. Diese einsame Kirche steht an der Nordküste.

Unten Bergbauernhäuser auf dem Plateau von Geiranger zwischen Bergen und Trondheim. Hier wird sicherlich noch Ziegenkäse hergestellt.

Norwegen ist zwar reich an Bauernhöfen, doch zählen diese zu den kleinsten Landwirtschaftsbetrieben in Europa. In vergangenen Zeiten produzierte eine Bauernfamilie meist sehr wenig Käse – er war für den Hausgebrauch bestimmt und wurde sofort gegessen. *Pultost,* ein aus saurer, entrahmter Milch hergestellter Weichkäse, war schon weit verbreitet, als es noch keine Großkäseproduktion gab. Er wird überall in Norwegen hergestellt, und zwar in zahllosen Varianten, deren Rezepte nur sehr wenig voneinander abweichen. Manche Pultost-Käse werden mit Kümmel gewürzt, andere mit Rahm angereichert. Pultost ist, je nach Herkunftsort, auch unter den Namen *Ramost* und *Knaost* bekannt.

Angesichts des gebirgigen Geländes überrascht es keineswegs, daß in Norwegen Ziegenmilch einst ebenso beliebt, wenn nicht sogar beliebter war als Kuhmilch. Die beiden Milcharten wurden häufig auch vermischt verarbeitet, um den Käsegeschmack zu variieren. Die Norweger haben nach wie vor eine Vorliebe für scharfen und würzigen Käse, und es wird auch heute noch hier und da auf Bauernhöfen Ziegenkäse hergestellt.

Genossenschaftsbetriebe

Es gibt immer noch Bauern, die lediglich für den Eigenbedarf Käse herstellen. Für den Verkauf aber wird der Käse schon seit langem in Großbetrieben produziert. Der Beginn dieser Entwicklung datiert aus dem Jahre 1856, als die Bauern einer norwegischen Talschaft auf den Bergweiden, wo sie des Sommers ihr Vieh hielten, eine erste Genossenschaftsmolkerei errichteten. Hier wurde nun die äußerst reichhaltige Sommermilch verarbeitet. Dieser erste Genossenschaftsbetrieb in Nordeuropa fand bald weithin Nachahmung, und heute gibt es rund zweihundert solcher

Links Der Fjord von Geiranger. Tiefe und enge, beim Rückzug der Gletscher entstandene Meeresbuchten sind charakteristisch für die norwegische Landschaft. Hier und dort gibt es an den Steilhängen der zur Küste abfallenden Berge Weideplätze.

Unternehmen. Um sich dem Fortschritt auf dem Gebiet der Milchwirtschaft und Käsebereitung in jeder Weise anzupassen, verbesserte man die Straßenverbindungen. Man baute Zugangsstraßen zu den Bauernhöfen, auch zu abgelegenen Berggehöften, damit die Milch auf schnellstem Wege in den Käsereibetrieb gebracht werden konnte. Die bewährte Tradition der Käsebereitung schuf das Fundament für Qualitätskäse, der Genossenschaftsbetrieb ebnete der Massenproduktion den Weg. In norwegischen Käsefabriken werden heute nicht nur inländische Standardkäse, sondern auch neue Sorten, einschließlich *Norbo, Ridder* (ein ähnliches Produkt wie St-Paulin) und der leichtschmelzende, rindenlose, zum Kochen sehr beliebte *Norvegia* hergestellt, darüber hinaus aber auch blauer *Normanna,* norwegischer *Gouda, Edamer, Tilsiter, Port-Salut, Camembert, Brie, Emmentaler* und die berühmten Rahmkäse *Crème Château* und *Château bleu,* um nur einige aufzuzählen. Die Überwachung der Käseproduktion und des Käsehandels im In- und Ausland obliegt der *Norske Meierier,* die mit dem Landwirtschaftsministerium zusammenarbeitet.

Käsevorräte für die langen Winter

Neben Frischkäse pflegten die Bauern im Sommer aus dem Milchüberschuß auch Magerkäse herzustellen und bis in den Winter zu lagern. Möglicherweise verdankt der einzige, *Gammelost* genannte Braunkäse seinen Namen der langen Haltbarkeit. *Gammel* ist das norwegische Wort für «alt», und *ost* bedeutet «Käse». Nach einer andern Erklärung soll *Gammelost* ein nach einem uralten Rezept bereiteter Käse sein. Vielleicht erhielt dieser Käse seinen Namen aber ganz einfach wegen seiner grünlichbraunen Farbe. Er entwickelt zudem einen Schimmelpilz. Wie es auch immer um seinen Ursprung bestellt sein mag, der heutige, industriell hergestellte Gammelost kann innerhalb von vier oder fünf Wochen konsumiert werden und gehört zu den frischesten Käsesorten Norwegens.

Die Schimmelpilzkultur verleiht dem Gammelost ein köstliches Aroma. Bevor man in der Käseherstellung die Geräte zu desinfizieren begann, pflegte sich beim Bauernkäse von selbst eine Schimmelpilzflora zu entwickeln. In den Holzgefäßen und Behältern, in denen der Käse produziert wurde, waren stets Rückstände der vorherigen Käsemasse vorhanden, und Schimmelpilzsporen sind bekanntlich äußerst produktiv. Solche Methoden gelten vom modernen Standpunkt aus als unhygienisch und sind bei den heutigen Herstellungsverfahren verpönt. Eine spontane Entwicklung von Schimmelpilz kommt nicht mehr in Frage, doch wäre der weiche und glatte Gammelost kein Gammelost ohne sein einzigartiges Aroma: scharf und würzig. Man impft ihn in den Käsereibetrieben deshalb mit Schimmelpilzen, die im Laboratorium gezüchtet werden. Diese bedecken den Käse nach und nach mit einem pelzartigen, flaumigen Belag, der von Hand in die Käsemasse gepreßt wird, damit sich die Flora im ganzen Teig ausbreitet und ihm allmählich seinen braunen Farbton verleiht.

Oben Gammelost-Käse im Reifungsraum. Der Schimmelpilz wird regelmäßig von Hand in den Käseteig hineingepreßt. Der Gammelost mit seinem unverkennbaren, beißenden Aroma ist ein wertvoller Beitrag zur Welt-Käse-Palette.

Links Ein Stück Jarlsberg-Käse. Jarlsberg ist ein relativ großer, fester Vollrahmkäse mit zahlreichen regelmäßigen Löchern.

Oben Lagerhäuser im alten Hafen von Trondheim. An einem Fjord gelegen, ist Trondheim einer der vielen natürlichen Häfen Norwegens.

Links *Landgang* («Fallreep»), das norwegische Riesensandwich – eine Vollmahlzeit.

Renaissance eines Käses

Ein weiterer Veteran unter den norwegischen Käsesorten ist der *Jarlsberg*, dessen Name sich von einer alten Siedlung am Westufer des Osloer Fjords im Süden herleitet, wo einst die Wikinger hausten. Die Bauern dieser Gegend stellten einen großen Vollrahmkäse mit Löchern her, der mit dem Aufkommen der umfangreicheren Molkereiproduktion mehr oder weniger in Vergessenheit geriet. Später bemühte man sich an der landwirtschaftlichen Universität von Ås, dem alten Rezept mittels Laborversuchen wieder auf die Spur zu kommen. Und da die Norweger ihrem Geschmack über die Jahrhunderte hinweg treu geblieben waren und nach wie vor scharfen Käse bevorzugten, entpuppte sich der Jarlsberg erneut als begehrte Delikatesse, die im Inland, aber auch im Ausland reißenden Absatz fand. Sein Aroma läßt sich irgendwo zwischen demjenigen des Gouda und des Emmentalers einordnen – mild, nußartig, mit leicht süßlichem Nachgeschmack.

Name	Milch	Art	Rinde	Form	Gewicht	Fettgehalt i. d. Trockenmasse in %
Crème Château	△	●	–	flache Scheibe	1,5 kg	60
Gammelost	△	◖	□	Zylinder	2-3 kg	0,5-3
Jarlsberg	△	◖	□	Flachzylinder	10 kg	45
Mysost	△▲	◖	–	Laib	1,5 kg	10-33
Nøkkelost	△	◖	□	Großer Flachzylinder	12-15 kg	45
Norbo	△	◖	□	Zylinder	4 kg	45
Norvegia	△	◖	□	Laib	4,5 kg	45
Pultost	△	○	–	Behälter	variiert	variiert
Ridder	△	◖	✤	Flachzylinder	1,5-2 kg	60

Zeichenerklärung auf Seite 34

Ein guter Tag beginnt mit Mysost

Der beliebteste einheimische Käse ist in Norwegen zweifellos der *Mysost*, ein Molkenkäse. *Myse* ist die norwegische Bezeichnung für «Molke». Ohne eine Scheibe Mysost wäre das norwegische Frühstück unvollständig. Mehr als 30 Prozent der Käseproduktion entfallen auf die verschiedenen Varianten dieses braunen Molkenkäses.

Molken- und Magerkäse waren ursprünglich bloße Verwertungserzeugnisse, doch in Norwegen und in andern skandinavischen Ländern wurden sie schon bald zu vollwertigen Produkten. Die Molkenkäse wurden ursprünglich aus Ziegenmilch bereitet, weil man aus Kuhmilch Butter herstellte und die Molke demnach kein Butterfett mehr enthielt. Ziegenmilch hingegen pflegte man zu trinken oder zur Käseproduktion zu verwenden. Daher nannte man die Molkenkäse auch *Gjetost; Gjet* heißt auf norwegisch «Ziege».

Mysost wird heute entweder aus Ziegen- oder aus Kuhmilch oder einer Mischung von beiden produziert. Das

Rechts Altes Etikett eines Gammelost-Käses. Die Herstellung dieses Käses ist seit alters auf norwegischen Bauernhöfen Tradition. Der Käse soll schon zur Zeit der Wikinger bereitet worden sein.

Unten Diese schön-verzierten, kunstvoll geschnitzten hölzernen Molkereiutensilien wurden einst für die Butter- und Käseherstellung verwendet. Im Vordergrund sieht man eine für den Transport von Butter und Käse bestimmte *tine*.

aus reiner Ziegenmilch bereitete Produkt wird als *Ekte* (echter) *Gjetost* bezeichnet. Für die Butterherstellung wird der Rahm abgeschöpft und die Milch zu Käse verarbeitet. Die Molke wird langsam erhitzt, bis das Wasser verdampft ist und der Milchzucker eine braune, karamelisierte Masse, die *prim* bildet. In diesem Stadium wird oft Milch oder Rahm beigemischt, wodurch sich der Fettgehalt des Endprodukts erhöht. Die bräunliche Farbe, das etwas süßliche Aroma und die feste Konsistenz sind für alle Mysost-Varianten charakteristisch.

Mysost ist genaugenommen kein Käse, denn diesen definiert man als gepreßten Bruch. Im Molkereibetrieb hergestellter Mysost, die kommerzielle Variante, besitzt immer noch die Qualität des ursprünglich in den Bergbauernhöfen bereiteten Produkts, das einst ein wahrer Champion unter den norwegischen Käsen gewesen sein muß. Es wird sogar berichtet, daß die Wikinger auf ihren Raubzügen diesen Käse als Proviant mit sich führten. Er soll ihnen besonderen Mut und Ausdauer verliehen haben. Ob dies nun zutrifft oder nicht, ihre Nachfahren betrachten jedenfalls ein Frühstück mit Mysost immer noch als vielversprechenden Tagesbeginn.

Kost für Menschen mit gesegnetem Appetit

Jahrhundertelang zwangen die geographischen Verhältnisse die Norweger zu einer eigenständigen, also vom Ausland unabhängigen Lebensmittelversorgung. Man war auf Nahrungsmittel angewiesen, die sich den ganzen langen Winter über aufbewahren ließen. Dies traf vor allem für die abgelegenen Bergbauernhöfe zu. Viele traditionelle norwegische Verpflegungsmittel sind daher geräuchert oder salzkonserviert – gepökeltes Lamm, gepökelter Schinken oder Fisch. Die norwegische Küche macht Durst, daher die Vorliebe für Bier und Aquavit. Natürlich ist der heutige norwegische Speisezettel auch gespickt mit vielen importierten Lebensmitteln, doch blieb die Nahrung des Norwegers kräftig und einfach. Mit Fisch als wichtigstem Lebensmittel weist die nationale Speisekarte Lieblingsgerichte der Norweger wie Fischsuppe, Hering, Pökelfisch (Salm ist eine besondere Delikatesse) usw. auf. Doch man ißt auch viel Lamm- oder Kalbsbraten, Gemüse, knuspriges Flachbrot, Kartoffelkuchen, Früchte, Rahm, Buttermilch und – natürlich – Käse. Dieser wird auch für Saucen oder die berühmten offenen Sandwiches verwendet.

Unten Ein Sortiment norwegischer Käse: ganz links die Hälfte eines runden, gesprenkelten, würzigen Nøkkelost. Darauf ist neben einem norwegischen Edamer ein weißer Gjetost, ein Ziegen-Molkekäse, zu sehen. Im Vordergrund fällt ein brauner, runder Gammelost auf; rechts daneben ein halber Jarlsberg mit seinen charakteristischen großen Löchern; ganz vorn Cheddar, blauer Normanna und Port-Salut. Ganz rechts außen liegt ein oranger Ridderost, flankiert von Gouda und Tilsiter. Vorn sieht man zwei dreieckige Portionen von Crème Château. Der Käse, auf dem die Paprika liegt, ist Norvegia; links davon eine Schweizer Käsesorte. Auch andere ausländische Käsesorten sind darunter.

Schweden

Ganz oben Obschon nur 9 Prozent der Bodenfläche Schwedens landwirtschaftlich nutzbar sind, weist das Land einen Viehbestand von 2,5 Millionen Tieren auf. Ein Großteil der Milch wird zu Käse verarbeitet, der auf dem schwedischen Speisezettel einen wichtigen Platz einnimmt.

Oben Ein hölzerner Kirchturm in Trono, Ålsingland, ein prächtiges Beispiel der traditionellen Architektur des Landes.

Schwedens geographische Lage – Norwegen im Westen, die Ostsee im Osten – hat seine Kontakte mit andern Ländern in keiner Weise beeinträchtigt. Wie ihre abenteuerlustigen seefahrenden Nachbarn waren auch die Schweden Kaufleute, die regen Handel trieben und, wie eine alte, in Stein gemeißelte Runeninschrift in Rännarebanan besagt, «in kühner Fahrt zum Gold im Westen segelten und im Osten die Adler fütterten».

Die Hafenstadt Visby, einst Hanseniederlassung auf der Ostseeinsel Gotland, war im Mittelalter ein Schnittpunkt der Seehandelsrouten zwischen Rußland und dem Westen. Schon in frühester Zeit produzierten und exportierten die Bauern, die Milchwirtschaft betrieben, Butter, aber keinen oder nur sehr wenig Käse, sondern bezogen ihn aus andern Ländern – Schweden war der Hauptimporteur holländischen Käses bis ins 19. Jahrhundert. Man weiß jedoch mit Bestimmtheit, daß an beiden Ufern des Vättersees schon vor über tausend Jahren Käse hergestellt wurde: *Götaost* (Gotland-Käse) in Westgotland und Ziegenmilchkäse in Ostgotland.

Des Pfarrers Käse

Käse war als Tauschobjekt im 16. Jahrhundert im protestantischen Schweden sehr geschätzt. In Gegenden, wo die Kirche Weideland besaß, mußten die Pfarrkinder, die das ganze Land bewirtschafteten, dem Vikar ihrer Gemeinde Pachtzins in Form von Milch- und Käselieferungen entrichten. Der Vikar oder seine Frau pflegten aus der Milch Käse zu bereiten, der dann gegen andere lebensnotwendige Dinge wie Fleisch, Butter, Eier oder Fisch getauscht wurde. Der Name *Prästost,* wörtlich: «Pfarrers Käse», erinnert an diese alte Sitte. Solche Käse hatten oft einen sehr hohen Tauschwert. *Småland-Prästost* zum Beispiel, dessen Name sich von einem an fruchtbaren Weiden reichen Distrikt in Südschweden herleitet, war weit über die Grenzen seines Erzeugungsgebietes hinaus berühmt. Er ist ein beliebter ländlicher Käse geblieben, wird aber heute in Großbetrieben aus einer Mischung frischer und pasteurisierter Milch hergestellt. Die frische Milch verleiht ihm ein besonders feines Aroma. Das Käsetuch, in dem er gepreßt wird, beläßt man ihm als Hülle.

Käse in kaltem Klima

Lappernas Renost, der von den z. T. noch als Halbnomaden lebenden Lappen aus Rentiermilch produziert wird, kann kaum als eine der bekanntesten Käsesorten Schwedens bezeichnet werden, doch handelt es sich dabei um den nördlichsten Käse der Welt. Die Lappen bereiten diesen Käse in kleinen Mengen für den Eigenverbrauch. Sie essen ihn manchmal zum Kaffee, in den sie die Käsestücke tauchen. Rentiermilch zeichnet sich durch einen äußerst hohen Fettgehalt aus, doch bildet sie eine ausgesprochene Rarität, denn ein Tier gibt im Jahr nur etwa 25 Liter Milch. Somit ist die Herstellung von Rentierkäse äußerst beschränkt, und sein Genuß bleibt den Lappen vorbehalten.

Schwedens scharfe und würzige Käse

Sehr begehrt und einer der meistverkauften schwedischen Käse ist der große und runde *Hushållsost* («Haushaltkäse»). Hushållsost ist ein traditioneller Bauernkäse, der jahrhundertelang von den Bauern Südschwedens aus Vollmilch bereitet wurde. Jetzt ein Industrieprodukt, wird er in zahlreichen Formen und mit unterschiedlichem Fettgehalt angeboten. Auch der Name variiert: *Boxholms Gräddost, Liliput* oder *Smålands Gräddost,* wobei sich letzterer durch viele kleine Löcher auszeichnet. Der Käse schmeckt sehr milde und benötigt zur Reifung nur ein bis zwei Monate.

Eine weit längere Reifungszeit braucht der sehr beliebte *Svecia*-Käse, bis er seine Bestform erreicht hat. Svecia ist eine echt schwedische Spezialität. Er weist eine große Zahl unregelmäßiger Löcher und eine glatte Fläche auf. Wie der Hushållsost kommt er in verschiedenen Varianten auf den Markt. Es gibt ihn in allen Nuancen, vom ganz milden bis zum herrlich pikanten Svecia. Ein voll ausgereifter, d. h. zwölf Monate lang gelagerter Svecia ist eine Delikatesse und besitzt ein reines, frisches und doch prägnantes Aroma. Eine Svecia-Sorte wird mit Kümmelkörnern und Gewürznelken gespickt und kann nach nur zwei Monaten Reifungszeit gegessen werden. Ein anderer Käse mit Kümmel und Gewürznelken ist der *Kryddost*. Dieser benötigt eine weitaus längere Reifungszeit. Erst nach einem Jahr bekommt er seinen charakteristischen, äußerst scharfen und würzigen Geschmack.

Oben In Stein gehauene Runeninschriften und Zeichen der Wikinger. Runen spielten in der Weissagung eine wichtige Rolle. Man glaubte, daß sie das Wetter sowie das Gedeihen von Korn und Vieh beeinflussen könnten.

Rechts Kryddost-Käse, gewürzt mit Kümmel und Gewürznelken. Gut ausgereift, ist er ein pikanter Halbhartkäse mit zahlreichen kleinen Löchern.

Rechts Dieses alte Käseetikett zeigt den mit Geschenken beladenen heiligen Nikolaus. Weihnachten essen die Schweden gern den speziellen Festkäse God Julost.

Noch größer und schwerer als Svecia, mit dem man ihn vergleichen kann, ist der *Västerbotten*-Käse. Ursprünglich Burträsk-Käse genannt, wurde er in der Mitte des vergangenen Jahrhunderts zuerst nur im alten Dorf Burträst hergestellt, dann aber weithin nachgeahmt und erhielt schließlich den nun eingetragenen Namen Västerbotten. Heute darf nur ein Käse aus der Gegend von Västerbotten diese Bezeichnung tragen. Jeder Käse wird nach genauer Kontrolle der vorgeschriebenen Herstellungsnormen mit einem W markiert. Ein Västerbotten-Käse wiegt rund 20 Kilo und weist normalerweise einen Fettgehalt von 50 Prozent auf. Nach einem Reifungsprozeß von zwölf Monaten besitzt der Käse eine relativ krümelige Struktur und ein sehr ausgeprägtes Aroma.

Käse für Smörgåsbord

In den vergangenen zwanzig Jahren hat die schwedische Käseindustrie sich nicht nur auf die Herstellung traditioneller Sorten beschränkt, sondern das Käsesortiment des Landes auch um neue Käsesorten erweitert. Heute stellt man sowohl einheimische als auch Nachahmungen ausländischen Käses her. Ein Käsefabrikant hat zahlreiche Möglichkeiten, sein Angebot zu erweitern. Die einfachste Methode besteht darin, eine bestimmte Käsesorte mit verschiedenem Fettgehalt herzustellen. Ferner kann er neue Formen und Größen produzieren, oder er kann mit unterschiedlichen Schimmelpilzkulturen operieren. Die Dauer der Reifungszeit beeinflußt zudem das Aussehen und den Geschmack eines Käses, und auch die im Reifungsraum herrschenden Bedingungen spielen eine wichtige Rolle. Wird der Käse beispielsweise in feuchter Luft gelagert, entwickelt sich der Rindenbelag weit intensiver. Schließlich bringen technische und Markteinflüsse neue Verfahrensweisen mit sich, so die Herstellung vorverpackten Käses, der in der Folie heranreift.

Ganz oben Inspektoren bei ihrem Kontrollgang in einem modernen Käselagerraum. Sie entnehmen dem Käse Proben, um Reife- und Entwicklungsgrad festzustellen.

Oben Eine Auswahl schwedischer Käsesorten. Der große Keil mit den imposanten Löchern ist ein Grevé. Ein Stück tilsiterähnlichen Käses liegt auf einem Kryddost. Der trommelförmige Käse mit dem Käseschneider ist ein schwedischer Cheddar, dahinter eine Portion Västgötaost. Ganz rechts sieht man ein Viertel eines rotrindigen Fontina und ganz links einen schwedischen Camembert.

Schwedens tränender Käse

Einer der wichtigsten in der Folie reifenden Käse ist der *Riddarost*, der mit einem Fettgehalt von 30 oder 40 Prozent und mit oder ohne spezielle Gewürze verkauft wird. Er besitzt keine sichtbare Rinde. Manche Exemplare dieses Käses sind Schaustücke besonderer Art: Für spezielle Festlichkeiten kann man in der Fabrik von Götene einen Riesenkäse von 500 Kilo Gewicht und einem Kubikmeter Größe bestellen. Zwei Angestellte der Fabrik liefern den Käse, um ihn in Gegenwart des Kunden zu zerschneiden, was immer eine kleine Sensation auslöst. Danach werden die großen Stücke von rund einem Kilo Gewicht in normale Portionen aufgeteilt.

Eine andere wichtige Käsesorte mit 30 oder 40 Prozent Fettgehalt ist der beliebte *Herrgårdost*. Mit zunehmender Reife entwickelt dieser ein mildes, nußartiges Aroma. Lagert man ihn ein Jahr oder noch länger, beginnen seine Augen zu «tränen», d.h. die Löcher werden glänzend und feucht. Er schmilzt leicht, wenn man ihn erhitzt, und ist deshalb ein idealer Kochkäse. Eine Variante des Herrgårdsost ist der in der Folie gereifte *Drabant*, der wegen seines milden Aromas als Frühstückskäse sehr beliebt ist. Eine noch mürbere Variante ist der *Billinge*.

Einer der köstlichsten schwedischen Käse ist der *Grevé*, der dem Emmentaler gleicht, jedoch mit einer besonderen Schimmelpilzkultur heranreift und daher etwas weniger trocken ist. Nach mehr als zehn Monaten Reifung hat der Grevé dieselben feuchtglänzenden Augen wie der Schweizer Emmentaler. Er gleicht diesem auch in Aroma und Geschmack.

Viele der weniger bekannten Käsesorten Schwedens wurden aus regionalen Arten entwickelt, so der *Västgötaost* von Västergötland, der *Hälsingeost* von Hälsingland und der *Buost* und der *Vålåloffen* von Jämtland. Der Buost ist ein länglicher, flacher, rechteckiger Magerkäse, den man nach dem Salzbad feucht hält. Der Hälsingeost ist weich und glatt, jedoch relativ scharf und etwas bitter im Geschmack. Er wird aus einer Mischung von 90 Prozent Kuhmilch und 10 Prozent Ziegenmilch hergestellt.

Von den Runen überliefert

Bei gewissen andern Sorten läßt sich das bäuerliche Erbe weniger leicht nachweisen. *Fontina* und *Scandia* haben beide einen Fettgehalt von 45 Prozent und werden in der Form eines großen Flachzylinders mit scharfen Kanten hergestellt. Der Fontina ist rot paraffiniert.

Jedes Land, das eine in ständiger Weiterentwicklung begriffene Molkereiindustrie besitzt, wie dies in Schweden der Fall ist, und in dem eine große Nachfrage nach ausländischen Käsesorten besteht, bemüht sich, gute, konkurrenzfähige Imitationen zu produzieren. Es überrascht daher nicht, daß eine ganze Reihe schwedischer Käse von fremdländischen Sorten abgeleitet oder deren Imitationen sind: *Tilci, Havarti, Ambrosia* (vom Tilsiter Käse), schwedischer *Cheddar, Gouda, Edamer, Port-Salut, Brie, Camembert, Party* (der zwischen Brie und Camembert einzuordnen ist), *Stilton, Stockkumla dessertost* (wie Stilton, aber ohne die charakteristische Rinde), *Ädelost* (nach Art des Roquefort, aber aus Kuh-, nicht aus Ziegenmilch hergestellt), Vollrahmkäse wie *Crème Chantilly, Crème Château, Crème Noisette* und verschiedene Varianten des *Färskost* (Quark- und Frischkäse).

Der weitaus größte Teil der schwedischen Käseproduktion kommt in kleinen Portionenpackungen unter der neuen Markenbezeichnung «Ostmästeren» in den Handel. Alle Käse werden einer offiziellen Kontrolle unterzogen, und die zum Verkauf zugelassenen erhalten den Stempel *runmärkt* («Runenmarke»). Die Schweden sind in der Regel Experten in der Käsebereitung, und die Qualität ist ausgezeichnet. Die in einem Käsetuch gepreßten und eingebundenen Käse werden zusätzlich mit einer Paraffin-

Name	Milch	Art	Rinde	Form	Gewicht	Fettgehalt i. d. Trockenmasse in %
Getost	[Ziegen-Symbol]	◗	—	Würfel	200-500 g	30
Grevé	[Kuh-Symbol]	◗	□	Großer Flachzylinder	12-14 kg	30-45
Herrgardsost	[Kuh-Symbol]	■	□	Großer Flachzylinder	12,20 kg	30-45
Hushallsost	[Kuh-Symbol]	◗	□	Zylinder	2 kg	45-60
Mesost	[Kuh-Symbol] [Ziegen-Symbol]	◗	—	Rechteck	1,5 kg	10-30
Prästost	[Kuh-Symbol]	◗	□	Zylinder	12-15 kg	50
Riddarost	[Kuh-Symbol]	◗	—	Rechteck	1 kg	30-45
Svecia	[Kuh-Symbol]	◗	□	Großer Flachzylinder	12-24 kg	30-55
Västerbotten	[Kuh-Symbol]	◗	□	Großer Flachzylinder	20 kg	30-50

Zeichenerklärung siehe Seite 34

schutzhülle umgeben, die die schwedischen Käsehersteller wegen des Reifungsprozesses der Plastikhülle vorziehen. Beim Paraffinieren muß der Bruch trocken verarbeitet werden. Gesalzen wird nur wenig – der Salzgehalt der meisten schwedischen Käse ist denn auch entsprechend gering.

Schwedischer Bauernkäse

Trotz der neuentwickelten Methoden und der weitverbreiteten Industriekäse hat sich die Tradition der bäuerlichen Käseherstellung erhalten. Im Norden des Landes wird in den Sommerwirtschaften stets ein bestimmtes Quantum *Getost* aus roher Ziegenmilch hergestellt.
In beschränktem Ausmaß wurde die Produktion dieses Käses aus pasteurisierter Milch neuerdings auch von kleinen Molkereien aufgenommen. Getost kann schon nach einem Monat gegessen werden. Die Schweden servieren ihn gern auf *tunnbröd* (sehr dünn geschnittenes Brot), oft zusammen mit einem Stück braunen Molkenkäses namens *Mesost.* Mesost – für die Norweger Mysost – ist eine aus eingedickter Molke gewonnene, karamelartige Substanz, die von dem präparierten Bruch getrennt wurde. Erwähnenswert ist auch der *Getmesost,* ein früher in eisernen Töpfen bereiteter Molkenkäse aus Ziegenmilch, der vom Behälter einen relativ hohen Eisengehalt übernahm.

Oben Molkenkäse sind eine echte skandinavische Spezialität. Sie sind oft von fester Konsistenz (Mesost), können vielfach aber auch aufs Brot gestrichen werden.

Unten Ein charakteristisches, auf Pfosten errichtetes Haus in Dalarna, Zentralschweden.

Rechts Ein Lappland-Nomade in seinem Zelt aus Rentierhäuten. Der seltene Rentierkäse ist steinhart, flach und rund. Die Lappen tauchen die Käsestückchen gern in den Kaffee ein.

Der schwedische Speisezettel

In seiner vollendetsten Form ist das schwedische *smörgåsbord* eine bewundernswert reiche Auswahl von Speisen aller Art, ein reichhaltiges Buffet mit vielen warmen und kalten Fleisch- und Fischgerichten, Salaten, Saucen und den verschiedensten Käse- und Brotsorten. Die ländliche Mahlzeit, von der es herstammt, umfaßt gesalzenen Fisch, Käse, Brot und Butter – *smörgåsbord* bedeutet «Brot- und Butter-Mahlzeit». Dazu trinkt man Aquavit. Viele Schweden beginnen ihre *smörgåsbord*-Mahlzeit mit Knäckebrot und hauchdünnen Schnitten Hartroggenbrot mit *Potkäs* oder Topfkäse – eine Mischung aus geriebenem Käse, Butter, Brandy und verschiedenen Kräutern.
Camembert ißt man in Schweden nach eigener Fasson. Der Käse wird in Stücke aufgeteilt, dann mit Brot zerkrümelt und gebraten. Man serviert dazu Kompott aus *hjortron,* gelben, murmelgroßen Beeren aus den Sumpfgebieten Nordschwedens mit einem sehr feinen, himbeerartigen Aroma.

Des Käsers Kuchen

Eine süße schwedische Delikatesse besonderer Art ist der traditionelle, festlichen Anlässen vorbehaltene *ostkaka,* ein fast wie ein Käse hergestellter Kuchen. Man braucht dazu ein großes Quantum mit Rahm vermischter Milch. Diese wird durch Zusatz von Lab zum Gerinnen gebracht, bevor die übrigen Zutaten dazugefügt werden: Eier, Zucker, Mehl und Aromen. Die Mischung wird in eine Kupferform gefüllt und gebacken.

Finnland

Das Land der tausend Seen und der zahllosen Inseln, das waldreichste Land Europas, ist von atemberaubender Schönheit, eignet sich aber kaum für eine Agrarwirtschaft in großem Stil.
Im Norden reicht Finnland über den nördlichen Polarkreis hinaus. In diesem Gebiet herrscht Tundravegetation vor. Aber auch im Herzen des Landes erlaubt die Bodenbeschaffenheit keine intensive Viehhaltung. Der Hauptteil der Bevölkerung lebt daher im Süden, wo Acker- und Weideland noch vom warmen Golfstrom begünstigt werden. Doch auch hier gibt es zum Teil felsiges, unbebaubares Gelände, das sich bis zum Meer erstreckt. Der Sommer ist kurz und mäßig warm, der Winter lang, kalt und niederschlagsreich: Mindestens fünf Monate im Jahr ist der Boden mit Schnee bedeckt. Der Winter beginnt in der Regel im November, Flüsse und Seen sind bis in den April und Mai hinein gefroren. Finnlands Gewässer, seine Kanäle und Häfen sind vom Eis blockiert, alle Verkehrsverbindungen zu Wasser sind unterbunden. Zieht man dazu in Betracht, daß nur etwa 10 Prozent der Landoberfläche Finnlands bebaut werden, so muß man sich wundern, wie es die Finnen fertigbringen, beträchtliche Mengen Molkereiprodukte zu exportieren und Getreide und Obstbäume anzupflanzen.

Die Kühe brauchen einen warmen Stall

Seit sich dem Finnen moderne, attraktive Erwerbszweige erschlossen haben, ist der Beruf des Landwirts nicht mehr so beliebt. In der Vergangenheit aber vollbrachten die finnischen Bauern bewundernswerte Leistungen, und das gilt auch heute noch für diejenigen, die dem Bauernberuf die Treue halten. Finnland kann den Eigenbedarf an Milch selbst decken, obschon seine Bauernbetriebe sehr klein sind. Wegen der knapp bemessenen Nutzfläche kann der einzelne Bauer höchstens ein halbes Dutzend Kühe halten. Diese müssen im Stall überwintern, weshalb ein Großteil des Ernteertrages für die Winterfütterung der Tiere verwendet wird.

Im Laufe der letzten Jahrzehnte vermochten die finnischen Landwirte die Milchleistung ihrer Kühe erheblich zu steigern. Die Erträge decken heute den Bedarf der Finnen, die sehr gerne Milch trinken. Ein Teil davon kann zudem für die Käsebereitung verwendet werden, wobei die Erzeugnisse sowohl im In- als auch im Ausland verkauft werden.

Bauernkäse

Bis vor etwa einem Jahrhundert stellten die finnischen Bauern nur für den Eigenverbrauch Käse her. Auch heute werden noch hier und dort kleinere Mengen solchen Bauernkäses produziert, und zwar vielfach noch nach althergebrachten Spezialrezepten. Beim *Ilves*-Käse zum Beispiel mischt man dem frischen Bruch ein Ei bei. Die Oberfläche des *Juustoleipä,* einer Spezialität Zentralfinnlands, hingegen wird über einem offenen Feuer auf einem Rost oder im Ofen gebraten. Dann läßt man ihn reifen; in wenigen Tagen kann der Käse gegessen werden. Solche bäuerlichen Käse sind nur schwer zu bekommen, sogar dort, wo sie an Ort und Stelle bereitet werden. Juustoleipä kann man jedoch in Sotkamo kaufen, das eine Käsefabrik besitzt. Wer Glück hat, stößt vielleicht auf einen *Kutunjuusto,* wenn er nach Tampere im Westen des Landes kommt. Diese kleinen Käse werden in jener Gegend nach wie vor in einzelnen Landwirtschaftsbetrieben hergestellt. Dies ist die einzige finnische Käsesorte, die aus Ziegenmilch gewonnen wird. Der köstliche, weiche und cremige *Turunmaa,* der ursprünglich aus dem Südwesten

Links Finnlands Landschaftsbild wird geprägt durch Seen und Wälder. In den Wäldern leben Bären, und die Seen sind überreich an Langusten.

Rechts Auf diesem alten Stich sieht man, wie einst in der Küche des Bauernhauses der Juustoleipä-Käse am offenen Feuer geröstet wurde.

Unten Die kurzen Sommer und die langen, bitterkalten Winter sind nicht gerade ideal für die Milchwirtschaft. Nur 13 Prozent Finnlands sind Nutzfläche, wobei die südlichen Küstengegenden das wärmste Klima und die höchste Fruchtbarkeit aufweisen.

Finnlands stammt, wird heute daselbst und andernorts fast nur noch fabrikmäßig hergestellt.

Der schweizerische Einfluß

Um die Mitte des letzten Jahrhunderts gewann die finnische Käseindustrie zusehends einen mehr professionellen und fachmännischen Anstrich. Ein weitblickender Gutsbesitzer ließ einen Schweizer Käser namens Rudolf Klössner auf sein Gut kommen, damit dieser an Ort und Stelle ein Quantum Emmentaler herstellte. Der Versuch verlief so erfolgreich, daß die Nachfrage nach Schweizern wuchs und eine ganze Reihe schweizerischer Käser nach Finnland lockte.

Die Ankunft der Schweizer leitete die Periode der genossenschaftlichen Käseproduktion ein. Zunächst in kleinem Rahmen begonnen, erreichte sie in den ersten Jahren des 20. Jahrhunderts einen beträchtlichen Umfang. Die Hauptentwicklung der finnischen Käseindustrie datiert hingegen aus der Zeit nach dem Zweiten Weltkrieg. 1952 hatte das Land seine Kriegsschulden bezahlt und begann sich langsam zu erholen. Von Valio, dem finnischen Molkereigenossenschaftsverband, gefördert, wurden die finnischen Käsefabriken zu ultramodernen, den Großunternehmen in andern Ländern technisch ebenbürtigen Betrieben. Die heute übliche Qualitätskontrolle ist sehr streng, und jeder für den Inlandsverbrauch bestimmte Käse ist mit einem Etikett versehen, das Fettgehalt, Preiskategorie und Herstellungsfirma angibt.

Begabte Imitatoren

Finnland produziert eine ganze Reihe von Käsen, die entweder Imitationen ausländischer Käse darstellen oder von Fremdprodukten inspiriert wurden: *Kartano* (Gouda-Art), *Kesti* und *Kreivi* (Tilsiter-Art), *Juhla* (Cheddar-Art), *Luostari* (Port-Salut-Art), *Kappeli* (Remoudou-Art) und *Aura* (ein blaugeäderter Käse). Auf dem einheimischen Markt hält der finnische *Edamer* die Spitze. Sein Aroma ist demjenigen des berühmten holländischen Rundkäses sehr ähnlich, seine Form ist entweder rund oder länglich-rechteckig.

Der weitaus wichtigste Exportkäse ist der finnische Emmentaler, obschon seine Herstellung heute stark von der durch Rudolf Klössner eingeführten Methode differiert. Statt der traditionellen Rohmilch wird in riesigen rostfreien Stahlbottichen pasteurisierte Milch verarbeitet. Ein solcher Bottich liefert zwölf 80 Kilo schwere Emmentaler Käse auf einmal. Man arbeitet auch nicht mehr manuell: Die Käse werden automatisch gewendet, gewaschen und verpackt. Die Konsistenz ist etwas weniger trocken und süß als beim ursprünglichen Emmentaler, aber die Qualität wurde dadurch nicht beeinträchtigt.

Rechts Ein Ilves-Käse, verpackt und etikettiert. Ilves ist einer der kleinen, heute auch fabrikmäßig hergestellten Bauernkäse.

Oben Das Käsekessel-Denkmal zu Ehren Rudolf Klössners, des Schweizer Käsers, der 1856 den finnischen Emmentaler einführte. Diese Sorte bildet heute einen wichtigen Bestandteil der finnischen Käseproduktion.

Name	Milch	Art	Rinde	Form	Gewicht	Fettgehalt i. d. Trockenmasse in %
Ilves	Δ	○	—	flache Scheibe	1 kg	40
Juustoleipä	Δ	○	—	Rechteck	250 g	40
Kutunjuusto	◬	○	—	Rechteck	200 g	30
Turunmaa	Δ	●	□	Zylinder	6,5 kg	50

Zeichenerklärung Seite 34

Dänemark

Die Produktion von Qualitätskäse in großem Stil und reicher Vielfalt setzt das Vorhandensein umfangreicher Viehbestände und damit ausgedehnter saftiger Weiden in einem gemäßigten Klima voraus. Aus diesem Grund ist Dänemark von allen skandinavischen Ländern der weitaus wichtigste Käseproduzent. Es weist keine rauhen, gebirgigen Landstriche auf wie Norwegen und Schweden. Sein höchster Punkt liegt auf 170 Meter ü. M., und im ganzen Lande gibt es fruchtbare Wiesen und Äcker. Der mäßig kalte Winter wird jäh von einem milden Frühling mit Sonnenschein und wohltuendem Regen abgelöst – man kann sich für den Ackerbau und die Viehzucht kaum ein günstigeres Klima denken.

Dänemarks landwirtschaftliche Prosperität beruht auf zwei Faktoren. Dank intensiver Kultivierung der sandigen Heiden und der Moorlandschaft gewann man schließlich fruchtbare Weiden – Ausgleich für den Mangel an Mineralvorkommen und industriellen Rohstoffen. Dazu kommt Dänemarks große verkehrspolitische Bedeutung als Brücke zwischen Deutschland und Skandinavien und Schranke zwischen Nord- und Ostsee. Heute sind etwa 95 Prozent der Bodenfläche bebaut, und das reichgegliederte Genossenschaftssystem wie auch das landwirtschaftliche Bildungswesen gelten als vorbildlich. Dänemark ist zu einem der wichtigsten und bedeutendsten Speck-, Butter-, Getreide-, Fleisch- und Käseproduzenten der ganzen Welt geworden.

Käse aus prähistorischer Zeit

Zu den frühesten Siedlern in Dänemark gehörten primitive Stämme aus Finnland und Lappland, die dort vor mehr als viertausend Jahren seßhaft wurden. Die archäologischen Funde zeigen, daß sie Ziegen, Schafe und Kühe hielten, weshalb Käse sicher einen wichtigen Bestandteil ihrer Kost bildete. Die Dänen wurden zu geschickten Käseherstellern und übernahmen auch von andern Ländern spezielle Produktionsmethoden, die dann durch die seefahrenden Wikinger weiterverbreitet wurden. Dänemark war die Urheimat dieser wilden Krieger, und man darf annehmen, daß die Bewohner jener Gegenden, wo die Wikinger sich ansiedelten, mit dänischen und andern europäischen Käsesorten vertraut wurden, die die Wikinger auf ihren Schiffen mitbrachten.

Links Der Reichtum Dänemarks. Ein an Weiden, wohlgenährten Kühen und Milchwirtschaftsfarmen reiches Land – einige der wichtigsten Posten des Nationaleinkommens.

Unten Ein prächtiges altes Bauernhaus mit kupfergeschmückten Fenstern. Die gewölbten Fensterscheiben bieten den Bewohnern einen weiteren Blickwinkel, als dies bei flachen Scheiben der Fall wäre.

Im Mittelalter wurde die Käseproduktion in Dänemark durch die Zisterziensermönche beeinflußt, die neue Herstellungsmethoden entwickelten und sie an die Bauern und Gutsbesitzer in der Nähe ihrer Klöster weitergaben.
Es scheint durchaus verständlich, daß die ersten einfachen Molkereibetriebe vor allem in Klöstern eingerichtet wurden. Die Zisterzienser aßen kein Fleisch und fanden so einen nährreichen Ersatz.

Da sie auf Lab als Gerinnungsfaktor verzichten mußten, stellten sie alle möglichen Versuche an und fanden heraus, daß die Blätter gewisser fleischfressender Pflanzen, vermutlich von der Gattung *Drosera* (zum Beispiel der Venusfliegenfalle, des Sonnentaus), anstelle von Lab verwendet werden konnten. Der von diesen Pflanzen zur Verdauung gefangener Insekten abgesonderte Saft enthält dieselben Enzyme wie Lab.

Geräucherter Käse, ein Status-Symbol

Die Skandinavier entwickelten eine Vorliebe für geräucherte Nahrungsmittel. Um ihre Fische haltbar zu machen, mußten sie sie räuchern. Von da war es nur ein kleiner Schritt zum Räuchern von Käse. In Finnland pflegte man den frischen Käse über einem Stroh- oder Heufeuer im Freien zu räuchern. Ein solcher Käse ist der *Fynsk Rygeost.* Ursprünglich ein bäuerlicher Käse, wird er heute vorwiegend in der Fabrik hergestellt, wo der Bruch in Aluminiumbehältern in eine Rauchkammer gebracht wird. Anschließend wird noch Kümmel zugefügt, sei es, indem die Körner darübergestreut oder mit der Käsemasse vermischt werden. Diesen Käse läßt man nicht reifen, er ist nur wenige Tage haltbar.

Ursprünglich stellten die Bauern Käse für den Eigenverbrauch her. Sie verwendeten ihn auch als Zahlungsmittel für die von der Kirche erhobenen Steuern.

Mit dem Anwachsen der Städte nahm die Nachfrage nach Käse zu, und die Produktion hielt Schritt. Als besondere Experten in der Käsebereitung galten die Bewohner der Insel Samsø, die später den dänischen Käse weltberühmt machen sollten. Die jährliche Produktion dänischer Butter und dänischen Käses betrug schon in der ersten Hälfte des 13. Jahrhunderts beinahe 60 000 Kilo. In der Provinz Thy in Nordjütland, wo der *Tybo*-Käse herstammt, wurde der

Oben Meereslandschaft mit Kühen. Das Bild stammt von den im Atlantischen Ozean, zwischen Großbritannien und Island gelegenen dänischen Faeröes-Inseln.

Unten Der Hafen von Arhus, Dänemarks zweitgrößter Stadt und Sitz der dänischen Käse-Export-Behörde.

Ganz unten Havarti ist ein Halbhartkäse von der Art des Tilsiters. Er trägt den Namen des Landwirtschaftsbetriebes von Hanne Nielsen. Im 19. Jahrhundert experimentierte sie mit fremden und lokalen Käsesorten.

Käse zu einer Art Statussymbol – je schwerer der Käse, um so größer das professionelle Geschick der Käsebereiter, und davon hing wiederum der Wohlstand der Gegend ab. Manche Käse erreichten solch riesenhafte Ausmaße, daß mehrere Männer sie nur mit Mühe hochheben konnten.

Käse und königliche Lizenz

Anfang des 16. Jahrhunderts, unter König Christian II., verbot die Kirche, während der Fastenzeit Käse zu essen. König Christians Haltung war nicht ganz eindeutig – einerseits war er ein Verfechter der Religion, andererseits aber ein ausgesprochener Käseliebhaber. Diejenigen seiner Landsleute, die sich darum bemühten, konnten sich vom König gegen einen entsprechenden Betrag einen «Ablaß» erkaufen, durch den Käsegenuß und Religiosität auf einen Nenner gebracht wurden.

Christian II. ist es zu verdanken, daß der Käse und andere Molkereiprodukte qualitativ verbessert wurden. Da er fand, daß die Käseindustrie ausländischer Experten bedürfe, ließ er holländische Bauern und Käser aus der Gegend um Edam nach Dänemark kommen und siedelte sie auf der Insel Amager in der Nähe von Kopenhagen an. Während die Finnen sich Kenntnisse der schweizerischen Käseherstellung zunutze machten, lassen sich in der dänischen Käseindustrie heute noch deutlich holländische Einflüsse nachweisen.

Der erste Exportmarkt

Die holländischen Fachleute gaben der dänischen Käseindustrie neue Impulse. Viele dänische Gutsherren, die sich früher nur für Pferde interessiert hatten, wandten sich nun der Milchwirtschaft zu. Gutsbesitzer und Großbauern richteten im Keller Molkereien ein, in denen das ganze Jahr über eine gleichmäßige Temperatur herrschte. In den Kellern begannen sich die reifen Käse zu häufen, so daß das Angebot die Nachfrage übertraf, wie groß letztere auch immer sein mochte. Es galt neue Absatzmärkte zu finden. Einer der frühesten Exportkäse war der *Tybo,* der schon vor dem 19. Jahrhundert nach England geliefert wurde und dort wegen seines würzigen Aromas sehr geschätzt war. *Ejdersted* und *Tyrstrup* wurden aus Schleswig-Holstein (damals ein Teil Dänemarks) exportiert, wenn auch nur in kleinen Mengen. Die dänischen Käse jener Zeit waren von Gegend zu Gegend verschieden – es gab feste und weiche, würzige und natürliche Käse. Im Laufe der Weiterentwicklung sind zahlreiche Sorten wieder verschwunden.

Die Käsepioniere

Gleich vielen europäischen Käseherstellern unternahm man Versuche, um ausländische Käsesorten für den Inlandsmarkt herzustellen. Um 1800 lud Constantin Bruun, Gutsherr von Antvorskov, schweizerische Käsefachleute ein, auf sein Gut zu kommen und aus dem gesamten Milchertrag seiner Kühe Emmentaler Käse zu produzieren. Das Unternehmen erwies sich als erfolgreich. Der dänische Emmentaler entwickelte sich aber allmählich zu einem etwas kleineren Käse mit eigenem Charakter, dem heutigen *Samsø*.

Baron Selby führte auf seinem Landgut britische Käsebereitungsmethoden ein. Der Käse wurde nun nicht mehr wie üblich mittels Steinen gepreßt, sondern mit Hilfe einer Schraubenpresse. Der junge Ingenieur Jorgenson of Knabstrup wurde berühmt, weil er es verstand, holländischen, schweizerischen, Parmesan- und Cheddar-Käse in verblüffender Weise nachzuahmen. Er machte kein Hehl aus seinen Herstellungsverfahren, was jedermann erstaunte, denn eine solch freimütige Informationspolitik hatte es seit den Tagen der mittelalterlichen Mönche im Käsegeschäft nicht mehr gegeben.

Wohl die berühmteste Käsepionierin war die Bäuerin Hanne Nielsen. Die 1829 geborene Frau kaufte ihrem Gatten den Landwirtschaftsbetrieb Havarthi ab, um dort einen Käsereibetrieb einzurichten. Ohne irgendwelche Fremdsprachenkenntnisse reiste sie ins Ausland, um die verschiedenen Käseproduktionsverfahren kennenzulernen. Wieder daheim, begann sie mit der Herstellung norwegischen Ziegenkäses, englischen Cheddars, holländischen Edamers und Goudas, französischen Camemberts und Roqueforts, ostpreußischen Tilsiters und schweizerischen Emmentalers. Sie produzierte auf ihrem Betrieb Havarthi – daher der Name *Havarti*-Käse – schon bald enorme Mengen an Käse, wovon ein Teil an den königlichen Hof verkauft wurde. Frau Nielsen erteilte Bäuerinnen Unterricht in der Käseherstellung, und diese wiederum gaben ihre Kenntnisse an andere weiter. Die stetig zunehmende Heimindustrie wurde schließlich zu einem wichtigen Kapitel in der Agrargeschichte des Landes.

Links Fabrikmäßige Produktion für den Export bestimmten Cheddar-Käses.

Links Frisch geschnittene Bruchportionen werden gesalzen.

Oben Fabrikarbeiterinnen beim Verpacken der berühmten blaugeäderten Käse. Die dreieckigen Käsestücke werden in runde Schachteln verpackt und jede Portion mit einem Etikett versehen. Das abgebildete Etikett von dänischem Blaukäse stammt von einer ähnlichen Käsesorte wie der, die oben verpackt wird.

Die Gründung von Genossenschaften

Um das Jahr 1880 existierten in Dänemark drei Kategorien von Molkereibetrieben: die kleinen Bauernhöfe, die Gutsbetriebe, in denen die ortseigene Milch zu Butter und Käse verarbeitet wurde, und die kleinen Käsefabriken, die die Milch der angeschlossenen Bauernbetriebe verarbeiteten. Ursprünglich stammten die besten Käse von den Gutsbetrieben. Die meisten Bauern zogen es vor, sich auf den Getreideanbau zu beschränken, und manche pflanzten zu Exportzwecken Weizen an. Gegen Ende des 19. Jahrhunderts jedoch hatten die Exporte der größten Weizenlieferanten der Welt – Nordamerika, Australien und Argentinien – derart enorme Ausmaße angenommen, daß die Preise auf dem Weltmarkt um 40 Prozent sanken. Die dänischen Landwirte waren gezwungen, sich auf Milchwirtschaft und Fleischproduktion umzustellen, um die Krise zu meistern. Um konkurrenzfähige Preise zu gewährleisten, galt es eng zusammenzuarbeiten.

1882 wurde in Hjedding im Südwesten Jütlands der erste genossenschaftliche Molkereibetrieb eröffnet. Sechs Jahre später gab es in Dänemark bereits 215 solcher Betriebe.

Dänemarks weltweite Exporte

Schon vor dem 19. Jahrhundert war Dänemarks Milchwirtschaft weltberühmt, doch war es mehr die dänische Butter denn der Käse, der die Käufer anzog. Man schenkte der Käseproduktion keine besondere Aufmerksamkeit, sie diente nur zur Deckung des Eigenbedarfs. Käse war zwar in vielfältiger Qualität, aber nicht in großen Mengen vorhanden. So blieb es bis nach dem Zweiten Weltkrieg. Dann wurde die Milchproduktion durch Güterzusammenlegungen, Fortschritte in der Tierkrankheitsbekämpfung und die Errichtung von Genossenschaftsstallungen, die über vierhundert Kühen Platz bieten, trotz auch hier einsetzender Landflucht, drastisch gesteigert. Die Bauern, die ihrem Beruf treu blieben, konzentrierten sich auf die Viehhaltung,

die ihnen sowohl Milch als auch Fleisch sicherte. Sie züchteten vor allem die schwarzweiße friesische Rasse, ausgezeichnete Milch- und Zuchttiere, und in geringerem Maße auch die Jersey-Kuh, die die für die Butterproduktion benötigte fettreiche Milch gibt. Die Tiere der Jersey-Rasse sind relativ klein und brauchen wenig Futter. Heute ist die Käseproduktion vollständig an Molkerei-Großbetriebe übergegangen. Die Milch wird mit Kühltankwagen bei den Bauern abgeholt. Dänemark ist inzwischen – gleich hinter Holland und Neuseeland – zum drittgrößten Käseexporteur der Welt aufgerückt.

Stolz auf Eigenständigkeit

Um hinsichtlich des Ursprungs der Käsesorten klare Verhältnisse zu schaffen, verfügten die dänischen Behörden Namensänderungen, vor allem bei Bezeichnungen, die auf fremde Herkunft hinwiesen oder Anlaß zu Verwechslungen gaben. So wurde der dänische Emmentaler nach der Insel im Kattegat in Samsø umbenannt. Aus Port-du-Salut wurde – gemäß dem Herstellungsort – Esrom. Alle Varianten des Samsø, die in verschiedenen Städten und Distrikten produziert wurden, zum Beispiel Mols, Thy und Fyn, erhielten den ergänzenden Zusatz «bo». Fynbo heißt nun also «von der Insel Fyn» (Fyn oder Fünen war übrigens die Heimat von Hans Christian Andersen), analog dazu Molbo, Elbo und Tybo; ferner Maribo, nach der Stadt auf der Insel Lolland benannt. Die meisten dänischen Käse besitzen daher ihren eigenen, durch die Konvention von Stresa anerkannten Namen.

Oben Viehzucht ist in Dänemark viel wichtiger als Getreideanbau, der in der Regel ebenfalls der Viehwirtschaft dient. Friesen-Vieh eignet sich ausgezeichnet für die Zucht und die Milchproduktion.

Unten Große, runde Samsø-Käse im Salzbad. Das links abgebildete Etikett ist für Exportkäse bestimmt.

«Probiere mich, und du kommt wieder»

Samsø, der dänische Käse schweizerischen Ursprungs, ist rund wie ein Wagenrad und hat scharfe Kanten.
Er wiegt annähernd 14 Kilo. Er ist ein Vollfettkäse: die Käsemasse ist fest, aber nicht hart; die Farbe ist blaßgelb.
Er weist glänzende, kirschgroße Löcher oder «Augen» und ein nußartiges, süßliches bis scharfes Aroma auf, das je nach der Reifungszeit variiert. Manche essen ihn am liebsten kurz nach der Fertigstellung, wenn er noch süß und mild ist. Anderen schmeckt er besser nach längerer Reifezeit. Ein sechs Monate alter Samsø, in angemessene Portionen zerteilt, besitzt ein besonders volles und reiches Aroma und könnte mit Fug und Recht den Werbeslogan tragen: «Probiere mich, und du kommst wieder!»

Die Samsø-Familie

Samsø wurde zum Ahnen aller dänischen Käsesorten. Trotz seiner schweizerischen Abstammung ist er typisch skandinavisch. Obschon er nicht zu den wirklich berühmten Käsen zählt, ist er äußerst vielseitig und hat auf eine ganze Reihe von Abkömmlingen seine Merkmale übertragen. Der *Danbo* unterscheidet sich vom Samsø in der Form, denn er ist quadratisch statt rund und enthält oft Kümmelsamen. Gut ausgereifter (bis zwei Jahre alter), gewürzter Danbo erhält den Namen *Gammelost* und gilt als Spezialität. *Fynbo* ist rund wie Samsø, aber kleiner und ohne scharfe Kanten. Er wird auf der Insel Fyn produziert und besitzt etwas kleinere Augen als der Originalsamsø. Der milde und aromatische *Elbo* mit seinem festen Teig wird rechteckförmig hergestellt und hat weniger Löcher. *Tybo,* das am solidesten aussehende Familienmitglied, ist nur halb so groß wie der Elbo. *Molbo* ist der letzte des Klans, ein runder Käse mit roter Rinde. Sobald man ihn anschneidet, macht sich sein deutlich nußartiges Aroma bemerkbar.

Oben Ein pittoresker alter Bauernhof auf der Insel Fyn. Es ist zur Hälfte ein Fachwerkhaus, und der First des Strohdachs ist mit Holz verstärkt.

Sehr würzig und in viele Länder exportiert, hat der Molbo eine festere Konsistenz als die andern Samsø-Käse. Der Fettgehalt variiert in der Regel zwischen 20 und 45 Prozent. Alle Samsø-Varianten eignen sich gut zum Kochen.

Esrom und andere halbharte Arten

Die Samsøs sind nicht die einzigen halbharten Käsesorten Dänemarks. Der dem Gouda ähnliche *Maribo* ist entweder flach und rund oder viereckig. Der Bruch wird zerkrümelt, geknetet und gesalzen, der fertige Käse weist zahllose winzige Löcher auf. Maribo besitzt eine rotparaffinierte Rinde und kommt mit einem Fettgehalt von 20, 30 und 45 Prozent in den Handel. Sein Teig ist gelb bis rötlichgelb und besonders würzig, mit einem ausgeprägten Nachgeschmack. *Havarti*, einer der meistexportierten dänischen Käse, ist rechteckig oder zylinderförmig und gleicht dem Tilsiter. Seine Rinde ist teils trocken, teils gewaschen. Mit zunehmendem Alter verleiht die gewaschene Rinde diesem ursprünglich frischen und leicht sauren Käse ein relativ scharfes Aroma.

In der Klosterstadt Esrom stellten einst die Mönche einen ausgezeichneten, später in Vergessenheit geratenen Käse her. Das Kloster ist heute eine Ruine, aber das dänische Molkereiforschungsinstitut hat den Esrom wiederentdeckt. Dieser Vollrahmkäse, der heute vermutlich in feinerer und reichhaltigerer Form hergestellt wird als das Originalprodukt, hat ein köstliches, leicht süßliches Aroma, einen goldgelben Teig und kleine Löcher. Die gewaschene Rinde verleiht dem Käse so viel Würze, daß Esrom-Liebhaber dazu raten, die Rinde nicht wegzuschneiden, sondern sie mitzuessen.

Blaugeäderte Spezialitäten

In Dänemark wird eine Auswahl blaugeäderter Käse hergestellt, deren Ursprünge sehr stark von Roquefort und Gorgonzola beeinflußt sind. Der berühmteste unter ihnen ist der dänische Blaukäse oder *Danablu*, ein ausgezeichneter und dank geschickter marktwirtschaftlicher Maßnahmen weltberühmt gewordener Käse. Man ißt beispielsweise in England weit mehr dänischen Blaukäse als Stilton oder Blauen Cheshire.

Danablu war erstmals vor dem Ersten Weltkrieg produziert worden, als dänische Käsebereiter mit verschiedenen

Oben Dänische Sagengestalten in modernem Gewand. Diese Plastik, Ymerbronden genannt, schmückt einen Brunnen auf dem Marktplatz von Fåborg auf der Insel Fyn. Nach der Sage waren der skandinavische Riese Ymir und die Kuh, die ihn ernährte, die ersten Geschöpfe. Ymir, auch Frost-Riese genannt, war die Verkörperung des Urchaos; er wurde schließlich von Odin erschlagen, der die Welt aus Ymirs Körper erschuf. Die Statue wurde 1913 von Kai Nielsen geschaffen und 1964 in Bronze gegossen.

Schimmelpilzkulturen experimentierten. Als er konstatierte, daß der Schimmelpilz im Käse demjenigen von verdorbenem Brot glich, mischte der dänische Käsebereiter Marius Boel einem Vollfettkäse aus homogenisierter Milch Brotschimmelpilz bei. So erfand er den dänischen Blaukäse, und angesichts des großen Erfolges dieses Produkts sollte man seinem Erfinder wahrhaftig ein Denkmal setzen.

Danablu gibt es in verschiedenen Varianten: zylindrisch, rechteckig oder quadratisch, mit Fettgehalten von 50 bis 60 Prozent. Der Teig reift rasch, ist milchweiß und von feinen, blaugrünen Adern durchzogen. Danablu läßt sich relativ gut schneiden, weit besser, als man normalerweise bei einem solch weichen Käse annehmen würde. Manchmal ist er allerdings etwas bröcklig. Sein Aroma ist pikant, oft ausgesprochen scharf. Wer ihn als zu salzig empfindet, kann ihn zerkrümeln und mit Butter oder Rahm vermischen. So läßt er sich auch leicht aufs Brot streichen. Auch zu Fleisch wird er gern gegessen.

Mycella ist ein größerer, milder schmeckender, gelber Käse mit mehr grünlichen als bläulichen Adern. Er enthält eine andere Schimmelpilzstruktur als der Danablu. Sie heißt Mycelium und gibt dem Käse den Namen. Er hat vieles mit dem Gorgonzola gemeinsam. Neben der Produktion nationaler Käsesorten fährt man in Dänemark fort, ausländische Produkte wie *Camembert, Brie, Emmentaler, Saint-Paulin, Mozzarella,* verschiedene Molkenkäse, *Hytteost* (Quarkkäse) und *Flödeost* (Rahmkäse) nachzuahmen.

Smørrebród

Die Dänen vollbringen Rekordleistungen im Käsekonsum. Sie essen jährlich im Durchschnitt rund 10 Kilo Käse pro Person, und zwar vor allem auf offenen Sandwiches – den berühmten Smørrebród.

Smørrebród und das schwedische Smörgåsbord sind irgendwie verwandt. Das erstere bedeutet «mit Butter bestrichenes Brot», das andere «Brot- und Butter-Tafel». Bei beiden wird eine Vielfalt an Speisen – Fisch, Fleisch, Eier und Käse – gleichzeitig und in möglichst ansprechender Form angeboten. Die Ursprünge des Smørrebród sind unbekannt. Man nimmt an, daß es aus dem 16. Jahrhundert oder einer noch früheren Zeit datiert. Vielleicht war es einfach ein Mittel, Wohlstand und Überfluß zur Schau zu stellen, Gastfreundschaft zu bekunden, denn das Smørrebród wurde damals zweifellos ausschließlich von wohlhabenden Kaufleuten und in adeligen Kreisen angeboten. Man muß sich auch vor Augen halten, daß im 16. Jahrhundet eine Folge verschiedener Speisegänge wie auch Gabeln und Tischtücher unbekannt waren. Was die Tischsitten anbetrifft, so gehörten die Skandinavier zu den zivilisiertesten Völkern. Vielleicht ist dies einer der Gründe, warum heute das berühmte offene Sandwich mit Messer und Gabel gegessen wird.

Käse ist ein sehr beliebter Belag dieser Sandwiches und kann mit andern Zutaten wie feingehackten Eiern, Muscheln, Speckstreifen, Garnelen oder geräuchertem Fisch kombiniert werden. All dies wird mit viel Geschick auf einem gut gebutterten Brot – meist Roggen- oder Weißbrot – appetitlich angeordnet.

Botschafter Dänemarks

Die Nachfrage nach Käse hat derart zugenommen, daß ein Großteil der Produkte vorverpackt verkauft wird. Zu diesem Zweck stellt man den Käse etwas trockener als üblich her und läßt ihn in der Verpackung reifen, so daß keine Rinde entsteht. Die Feuchtigkeit bleibt erhalten, aber die Gase können entweichen.

Alle für den Export bestimmten Käse werden mit dem *lur*-Etikett versehen, das besagt, daß der Käse kontrolliert wurde. Das Symbol zeigt vier miteinander verbundene Hörner oder *lurs,* die in der Bronzezeit ein bei Zeremonien gespieltes Instrument bildeten. Dazu werden auf dem Etikett der Fettgehalt und das Herstellungsdatum des Käses angegeben. Das Etikett wird zu einem Bestandteil der Rinde. Vor Erteilung der definitiven Exportbewilligung wird der Käse nochmals inspiziert, diesmal an der Grenze. Ein dänischer Käse ist schließlich eine Art Botschafter in fremdem Land.

Links Ein Riesenplakat, das die Vorzüge der Milch anpreist – «Milch ist gesund». Dieser Slogan verhallt hier sicher nicht ungehört, konsumiert doch der Däne im Durchschnitt 123 Liter Milch und 10 Kilo Käse im Jahr.

Rechts Das dänische Smørrebród ist zu Recht berühmt. Zusätzlich zum stattlichen Angebot von Fleisch, Fisch und Salaten gehört zur Zubereitung offener Sandwiches auch eine Auswahl an Käsesorten.

Name	Milch	Art	Rinde	Form	Gewicht	Fettgehalt i. d. Trockenmasse in %
Danablu	△	◼	⌘	Zylinder	2,7-3,2 kg	50-60
Danbo	△	◼	□	rechteckig	6 kg	10-45
Elbo	△	◼	□	rechteckig	5-6 kg	20-45
Esrom	△	◼	✤	rechteckig	0,5-1,5 kg	45-60
Fynbo	△	◼	□	Großer Flachzylinder	7-8 kg	30-45
Fynsk Rygeost	△	○	–	Behälter	100-600 g	5-45
Havarti	△	◼	□ ✤	rechteckig Zylinder	4-5 kg	30-60
Maribo	△	◼	□	Großer Flachzylinder rechteckig	13-15 kg	20-45
Molbo	△	◼	□	Kugel	1-3 kg	40-45
Mycella	△	◼	⌘	Zylinder	5-9 kg	50
Samsø	△	◼	□	Großer Flachzylinder	14 kg	30-45
Tybo	△	◼	□	rechteckig	2 kg	20-45

Zeichenerklärung siehe Seite 34

Island

Der nördlichste Punkt Islands liegt auf dem Polarkreis, jenseits davon dauern Tag und Nacht je ein halbes Jahr, und die dunklen Wintermeere sind mit driftenden Eisschollen bedeckt. Die Insel ist ein Plateau mit über hundert Vulkanen, deren Gipfel zum Teil das ganze Jahr über Eiskappen tragen. Weite Gebiete der Insel sind mit verfestigter Lava und riesigen Gletschern bedeckt. Wildschäumende Flüsse stürzen als tosende Wasserfälle über die Randstufen, und heiße Springquellen speien – z. T. bis zum heutigen Tag – Gestein in die Luft.

Jahrhundertelang blieben die Bewohner Islands – das Land stand zuerst unter norwegischer, dann unter dänischer Herrschaft – völlig sich selbst überlassen. Sie gingen auf Fischfang, betrieben Ackerbau und Viehzucht. Während der 120 bis 130 frostfreien Tage des Jahres gewannen sie den fruchtbarsten Bodenflächen die notwendigen Nahrungsmittel für Mensch und Tier ab. Im Winter waren die kleinen Gemeinschaften völlig voneinander isoliert, und jede Familie war auf Selbstversorgung angewiesen. Sie hing hinsichtlich Lebensunterhalt ganz von ihren Schafen ab, die von jeher harten Lebensbedingungen besser trotzen konnten als das Rindvieh. Die Schafe lieferten Fleisch, Milch und Wolle, also das Lebensnotwendige für die Bauernfamilie. Sie sind auch heute noch praktisch auf jedem Bauernhof zu finden.

Erste Hinweise auf isländischen Käse findet man in den alten Sagen, in denen von *Skyr*, einem frischen Schafmilchkäse, die Rede ist, der auf allen isländischen Bauernhöfen hergestellt wurde.
In späteren Jahrhunderten vermochten die Bauern die Haltbarkeit ihres Käses mit Hilfe von Lab zu verbessern. Molkenkäse – der norwegische *Mysost* – ist nach wie vor eine sowohl im Bauernhaus wie auch im Großbetrieb produzierte Standardsorte.

Skyr wird in der Regel aus Magermilch, die bei der Butterherstellung übrigbleibt, produziert. Mittels Skyr vom Vortag läßt man die lauwarme Milch gerinnen, schneidet sie sofort und stellt sie für etwa eine Stunde beiseite, damit die Molke abfließen kann. Nachdem man am folgenden Tag noch die restliche Molke abgeschüttet hat, kann der weiche, frische Molkenkäse gegessen werden. Mit Milch schaumig geschlagen und mit reichlich Zucker überstreut wird Skyr – vor allem von Kindern – mit Hochgenuß in großen Mengen verspeist.

Oben Solch einfache, turfbedeckte Bauernhäuser gehören im wahrsten Sinn des Wortes zur isländischen Landschaft.

Name	Δ Milch	O Art	I Rinde	Form	Gewicht	Fettgehalt i. d. Trockenmasse in %
Skyr	Δ	O	–	Behälter	200-500 g	0,2

Zeichenerklärung siehe Seite 34

Da sich die Molkereiproduktion inzwischen zu einer Industrie entwickelt hat, wird auch der Skyr heute vor allem in Fabriken hergestellt. Die ersten landwirtschaftlichen Genossenschaften wurden 1882 gegründet. Heute gibt es in Island neunzehn Molkereifabriken, in denen die Milch der hochleistungsfähigen isländischen Kühe verarbeitet wird. Seit dem 19. Jahrhundert grasen Viehherden dänischer und norwegischer Herkunft auf den Weiden Islands. Klein, rauhhaarig und widerstandsfähig, hat sich das heutige isländische Vieh vollkommen an die gegebenen Lebensbedingungen angepaßt. Die Kühe erbringen eine sehr hohe Milchleistung.

Islands Molkereiunternehmen stellen verschiedene Sorten her, unter anderem *Tilsiter, Gouda, Maribo, Odalsost* («Schweizer Baby»), *Gradaost* (Blaukäse), *Camembert, Port-Salut* und *Mysingur* (brauner Weichkäse), alle von erstklassiger Qualität. Doch der wichtigste Beitrag Islands zur internationalen Käsetafel ist und bleibt der einfache traditionelle Skyr.

Links Der frische Molkenkäse mit tausendjähriger Tradition – isländischer Skyr.

Oben Kulturland gibt es nur auf einem schmalen, zwischen Gebirge und Küste gelegenen Landstrich.

Der Fischfang ist für die Isländer weit wichtiger als Ackerbau und Viehwirtschaft.

Großbritannien

Für Generationen englischer Dichter reichte die Sprache nie aus, um die vielfältige englische Landschaft zu beschreiben, die nicht nur von einer Grafschaft zur andern, sondern von Meile zu Meile ihr Gesicht ändert.
Im Osten, wo das Land topfeben, die Erde braunschwarz ist, wo sich schnurgerade Straßen durch das Moorland dahinziehen, beginnt sich schon bald ein zunehmendes Gewirr von Hügeln, Wäldern, Wiesen, Dörfern und Städten auszubreiten. Doch achte man nicht auf die Großstädte, sondern folge weiterhin den Straßen, die sich hügelan zu winden beginnen und einen zu den Bergen und Tälern von Wales oder entlang den Pennine-Hügelketten – der Wirbelsäule Englands – nördlich ins felsige und wilde schottische Hochland führen. Hier ist die Küste in tiefe und enge Flußmündungen, sogenannte Förden zerklüftet, ein schroffer Gegensatz zu den breiten, ruhig dahinströmenden Flüssen Englands. Von den englischen Seehäfen brachen einst Seefahrer und Entdecker in die weite Welt auf, und wohin sie auch immer gelangten, sie ließen in der Fremde ein Stück England – vielleicht auch ein oder zwei Käserezepte – zurück.

England ist reich an Traditionen, und seine Institutionen, von der parlamentarischen Demokratie bis zu Fisch und Chips, sind in der ganzen Welt bekannt geworden. Die Briten gehörten auch zu denen, die neue Entwicklungen einleiteten. Dazu zählt in erster Linie die Industrielle Revolution, die im 18. Jahrhundert ihren Anfang nahm, als die Landarbeiter in die Städte abwanderten, um der Armut auf dem Lande zu entfliehen. Doch statt Arbeit fanden sie städtisches Elend. Zu Tausenden verließen sie die ländlichen Gegenden, und die Städte begannen sich auszudehnen. Doch ungeachtet der daraus resultierenden Verstädterung und Industrialisierung blieb ein großer Teil Englands ländlich. Die englische Landwirtschaft ist reich an Vieh- und Schafherden, und das englische Klima ist maritim: milde Winter und kühle Sommer – die idealen Bedingungen für Milchwirtschaft. Es erstaunt daher keineswegs, daß England mehrere einzigartige Käsesorten von ausgezeichneter Qualität anzubieten hat. Da die Briten viel Milch trinken, reichen die jährlich produzierten 199 000 Tonnen inländischen Käses, von dem nur 3 Prozent ins Ausland geliefert werden, nicht aus, um den beträchtlichen Käsebedarf zu decken. Daher werden im Jahr durch-

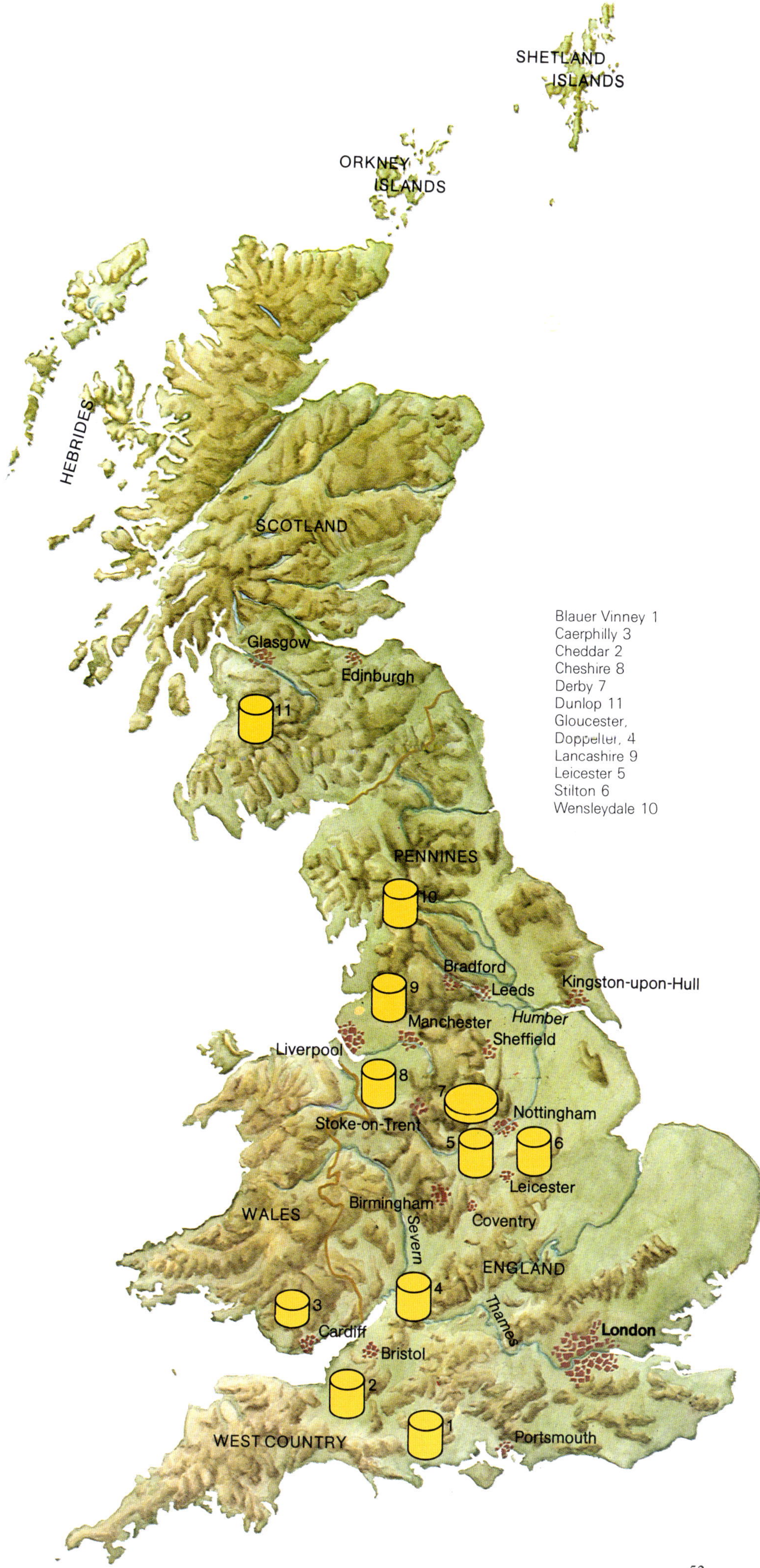

schnittlich 130 000 Tonnen Käse importiert. In Großbritannien ißt jedermann, ob reich oder arm, Käse. Dieser war neben Brot, Speck und Bier länger als ein Jahrtausend ein Haupterzeugnis.

Es gibt fast ein Dutzend englische Käse, die alle Wechselfälle der Zeit überdauert und sich einen Platz unter den berühmtesten Käsesorten der Welt erobert haben. Der beliebteste und am weitesten verbreitete britische Käse ist zweifellos der *Cheddar* aus der Grafschaft Somerset in West Country. In dieser Landschaft gab es seit Jahrhunderten saftige Weiden für Kühe, aus deren Milch man Käse herstellte. Somerset liefert zusammen mit dem südlich benachbarten Dorset über ein Viertel aller in England und Wales produzierten Käse. Die liebliche Landschaft von Somerset steigt im Nordosten abrupt an bis zur Höhe der Mendip Hills, wo man durch die Cheddar Gorge mit ihren Tropfsteinhöhlen und steilen Klüften in das kleine Dorf Cheddar gelangt. Das Dörfchen mit seinen Souvenirläden macht keinen besonders nachhaltigen Eindruck auf den Touristen, doch es ist die Wiege eines weltberühmten Käses, der ursprünglich nur dort und auf den zahlreichen Bauernhöfen der angrenzenden Gemeinden hergestellt wurde.

Die Geschichte des englischen Käses

Im Mittelalter waren der Bauer und seine Familie Selbstversorger. Sie lebten hauptsächlich von den landwirtschaftlichen Erzeugnissen, unter anderem von Buttermilch, Butter, Molke und Käse. Ob der von ihnen bereitete Cheddar mit dem heutigen identisch war, bleibt eine offene Frage. Sicher ist, daß schon zur Zeit Elisabeths I. Nachfrage

Oben Obschon es in England dichtbevölkerte Industriezentren gibt, findet man dort noch ausgedehnte abgelegene Gebiete mit ausgesprochen ländlichem Charakter. Manche Dörfer und Bräuche haben sich seit dem 18. Jahrhundert fast unverändert bewahrt, und manche Käsesorten aus alten Tagen sind erhalten geblieben.

Rechts In den frühen Tagen der ländlichen Käseherstellung, als ein dralles Molkereimädchen sein ganzes Gewicht einsetzen mußte, um die Molke aus dem Bruch zu drücken, preßte man den Käse mit einem schweren Stein. Später verwendete man eine Schrauben- oder Flaschenzugpresse. Stählerne Käsepressen, die ebenfalls auf dem Schraubensystem basieren, datieren aus dem frühen 19. Jahrhundert und sind auf vereinzelten Farmen noch heute in Gebrauch.

Oben Herkömmliche Milchkannen. Der englische Käse wird vorwiegend in Großbetrieben hergestellt. Die Milch wird in großen Tankwagen täglich dorthin transportiert.

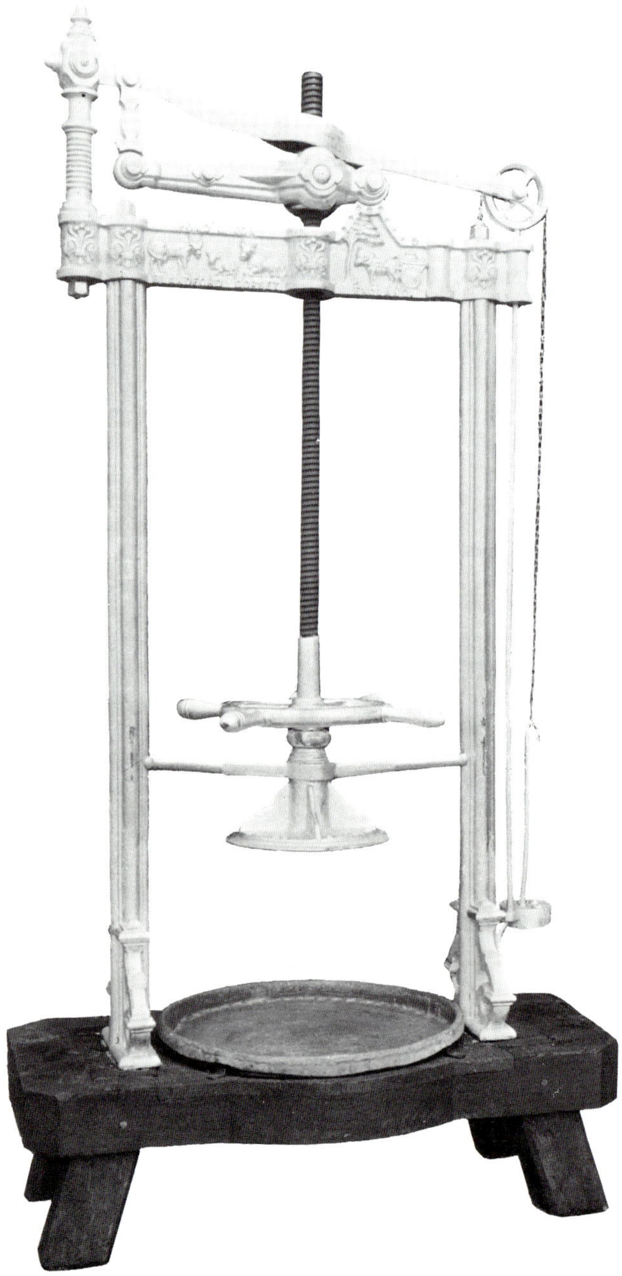

nach Cheddar bestand, der als ausgezeichneter Käse mit köstlichem Geschmack beschrieben wurde. Man stellte damals sowohl aus Schafmilch als auch aus Kuhmilch Käse her, doch begann man schon im 17. Jahrhundert ganz allgemein Kuhmilch zu bevorzugen. Traditionsgemäß produzierte der Bauer oder Landarbeiter für seinen Eigenverbrauch «gewöhnlichen Käse», einen mageren Molkenkäse, der sehr hart und krümelig wurde. Aber manche stellten auch Vollmilchkäse her, sogenannte «reiche Käse», eine üppige, goldgelbe Sorte, die den ortsansässigen Schloßherren oder auf dem Markt verkauft wurde. Man stellte sie aus vollfetter, frischer Morgenmilch her, vermischt mit geronnenem Rahm vom Vorabend. Kein Wunder also, daß dieser «Vollmilch-» oder «Morgenkäse» schon 1655 als der beste von ganz England beschrieben wurde.

Natürlich versuchte man ihn in billigerer Ausführung zu kopieren. Bauern und Händler begannen ihre einfachen Molkenkäse zu färben, um ihnen das Aussehen einer reichhaltigeren Sorte zu verleihen. In gewissen Gegenden des West Country färbte man die Käse mit Safran und seine Farbe haltbarer war Speisewürze und Garnfärbemittel angepflanzt wurde. Im 18. Jahrhundert entdeckte man, daß der Extrakt eines westindischen Baumes, *Bixa orellana,* im Gebrauch billiger zu stehen kam als Safran und dessen Farbe haltbarer war als Rübensaft. Dieses Färbemittel, genannt *anatta* oder *anatto,* ist nach wie vor das geeignetste Mittel zum Färben von Käse. Die berühmtesten Beispiele dafür sind der leuchtendorange *Leicester* und gewisse Varianten des *Scottish Cheddar.*

Oben Mitten im Lande des Cheddar-Käses befindet sich die Kathedralenstadt Wells, wo die Käse klassiert werden.

Links Milchmädchen mit einer Schultertrage. Der alte Reim «Wo willst du hin, mein hübsches Kind? Dorthin, mein Herr, wo meine Kühe sind» vergißt, daß eine Milchmaid nicht unbedingt hübsch, dafür aber stämmig und widerstandsfähig sein mußte. Eine Geschichte erzählt von einem Dorf, wo die Mädchen aufgefordert wurden, mit einer Hand den schweren Deckel eines alten Behälters hochzuheben. Wer versagte, verpaßte die Chance, einen Bauern zu heiraten, denn dieser brauchte eine Partnerin, die bei der Arbeit ihr Gewicht voll einsetzen konnte.

Oben Der Geburtsort des CheddarKäses. Die Legende besagt, daß die Höhlen, die ein charakteristisches Merkmal von Cheddar Gorge, Somerset, sind, einst als Reifungsstätte für Käse dienten.

«Je draller die Maid, desto besser der Käse»

In den guten alten Tagen der Käseherstellung, als England noch ausschließlich Agrarland war, wurden die meisten Käse von einer strammen, rosigwangigen Molkereimaid bereitet. Es gab auch Milchmädchen, wie man aus Volksliedern weiß, die etwa die gleichen Eigenschaften besaßen. In Wirklichkeit war ihr Leben hart und voller Arbeit. Wenn keine Milchmaid zur Verfügung stand, mußte die Molkereimaid die Kühe morgens und abends selbst melken. Sie war verantwortlich für die Instandhaltung der Molkerei und deren Einrichtung – falls es eine gab –, und man erwartete von ihr perfekte Kenntnisse in der Kunst der Käseproduktion: wie man die Milch behandelt, den Bruch präpariert und den Käse preßt. Bevor man mit dem Pressen beginnen konnte, mußte der Behälter ganz gefüllt sein. Deshalb kletterte die Jungfer auf den Deckel des Käsebehälters und preßte mit den Händen, ihr ganzes Gewicht einsetzend, den Bruch nach unten, bis der Hauptteil der Molke abgeflossen war. Dieses vorherige Pressen war unumgänglich, da die damaligen primitiven Pressen den feuchten Bruch nicht zu bewältigen vermochten. Daher auch das alte englische Sprichwort: «Je draller die Maid, desto besser der Käse.»

In der spärlich bemessenen Zwischenzeit mußte das Mädchen das den Kälbermägen entnommene Lab präparieren, die Butter stampfen und den Reifungsprozeß des Käses überwachen. Infolge dieser Arbeitsüberlastung gab es oft Mißgeschicke mit dem Reifungsprozeß. Dann galt jeweils die Regel: «Rette, was zu retten ist!» Da die Käsebereiter damals mit kritischen Temperaturen, Säure- und Feuchtigkeitsgehalt kaum Bescheid wußten, mußten Käse ebenso oft gerettet werden, wie man solche herstellte.

Schon im 17. Jahrhundert begannen die in der Umgebung des Cheddar-Distrikts ansässigen Bauern auf mehr oder weniger genossenschaftlicher Basis zu arbeiten. Ihr gemeinsamer Milchertrag wurde zu einer Genossenschaftsmolkerei gebracht, und dort stellte man Käse von etwa 9 bis 55 Kilo her. Je nach Größe hielten sie zwei bis fünf Jahre. Gegen Ende des 17. Jahrhunderts hatte sich im Inland und mit dem Ausland ein lebhafter Käsehandel entwickelt, der den Käse produzierenden Distrikten erklecklichen Gewinn einbrachte.

Cheddar, der Weltreisende

Der traditionelle bäuerliche Cheddar wurde jeweils zwischen April und November hergestellt, heute produziert man ihn das ganze Jahr hindurch.
Er wird in der Regel aus der Milch einer besonderen Rinderrasse, der Shorthorn, bereitet. Er sollte eine feste, elastische Konsistenz und einen leicht nußartigen Geschmack aufweisen, er darf nicht zu süßlich und nicht zu sauer sein. Man läßt ihn mindestens sechs, am besten aber zwölf oder mehr Monate reifen. Der Cheddar-Kenner ißt den reifen Cheddar zusammen mit frischem dunklem oder weißem Brot oder Crackers, Butter, süßen Pickles oder Gewürzgurken, Wirsing oder Sellerie und zu einem Glas Most. Cheddar paßt auch ausgezeichnet zu englischem Bier oder einem Glas Burgunder – er paßt eigentlich zu allem.

Seit der Mitte des letzten Jahrhunderts wird Cheddar in allen Teilen Englands in Käsefabriken, auch «Creameries» genannt, hergestellt, deren es heute über dreißig gibt. Der in diesen Betrieben bereitete Cheddar wird in weniger reifem Zustand gegessen als das bäuerliche Erzeugnis, d. h. in der Regel etwa nach sechs bis acht Monaten. Sein Aroma ist relativ mild, er schmilzt leicht und wird daher gern für die Zubereitung walisischer Käseschnitten verwendet. Man kocht den Käse mit Bier zu einer dickflüssigen Sauce, streicht diese auf gebutterten Toast und grilliert das Ganze. Cheddar wird von allen englischen Käsesorten am häufigsten produziert, verkauft und gegessen, wie die Statistik beweist. Sein Ruhm reicht schon lange weit über die Grenzen seiner engeren Heimat hinaus. Er gelangte mit Auswanderern in andere Breiten, wo man die Cheddar-Produktion übernahm.

Unten Eine Milchprobe wird im Laboratorium geprüft. Für alle Käseprodukte ist reine, hygienisch verarbeitete und transportierte Milch die erste Voraussetzung.

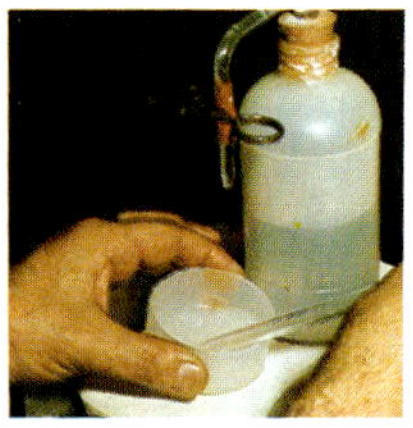

Unten Die Schaufeln dieses mechanischen Schneiders rühren und schneiden den Bruch in großen Wannen.

Unten Das Mahlen der festen, entwässerten Bruchmasse. Die Fotos zeigen das sogenannte horizontale System, bei dem der Bruch in langen, meist offenen Käsewannen verarbeitet wird. Das modernste System ist unten skizziert; bei diesem verwendet man einen horizontalen Turm.

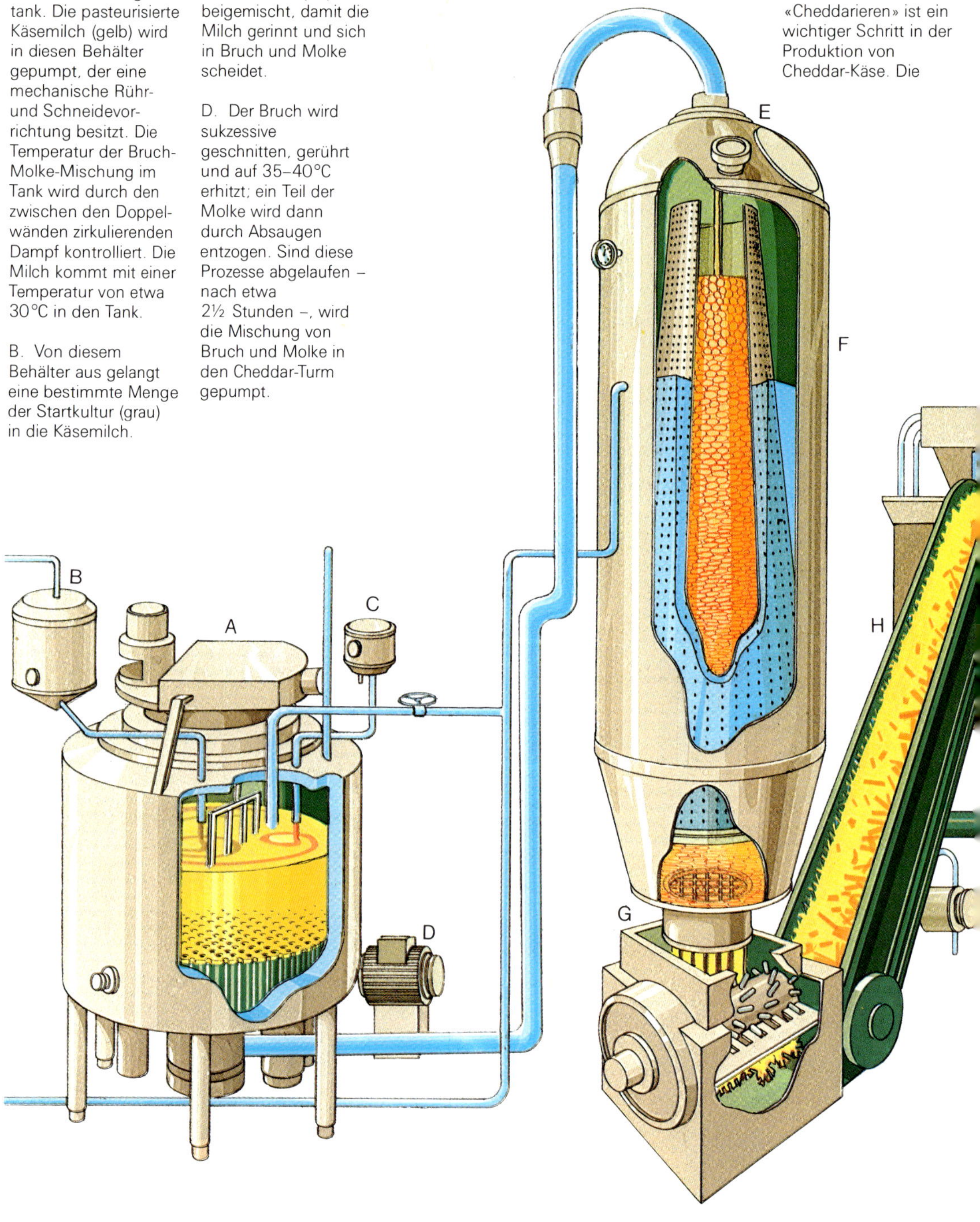

A. Käsebereitungstank. Die pasteurisierte Käsemilch (gelb) wird in diesen Behälter gepumpt, der eine mechanische Rühr- und Schneidevorrichtung besitzt. Die Temperatur der Bruch-Molke-Mischung im Tank wird durch den zwischen den Doppelwänden zirkulierenden Dampf kontrolliert. Die Milch kommt mit einer Temperatur von etwa 30°C in den Tank.

B. Von diesem Behälter aus gelangt eine bestimmte Menge der Startkultur (grau) in die Käsemilch.

C. Auch Lab (rot) wird beigemischt, damit die Milch gerinnt und sich in Bruch und Molke scheidet.

D. Der Bruch wird sukzessive geschnitten, gerührt und auf 35–40°C erhitzt; ein Teil der Molke wird dann durch Absaugen entzogen. Sind diese Prozesse abgelaufen – nach etwa 2½ Stunden –, wird die Mischung von Bruch und Molke in den Cheddar-Turm gepumpt.

E. Der Cheddar-Turm. «Cheddarieren» ist ein wichtiger Schritt in der Produktion von Cheddar-Käse. Die

Unten Dem gemahlenen Bruch wird Salz zugefügt, sei es wie hier von Hand, sei es automatisch im Laufe des kontinuierlichen Produktionsprozesses.

Unten Das Einfüllen in die Formen. In vergangenen Zeiten mußte das Molkereimädchen den Käse mit einem Rock und einer Mütze aus Musselin bekleiden. Die Käse werden nun maschinell eingebunden und kommen fertig aus den Kübeln.

Unten Cheddars werden in Trommel- und Blockform hergestellt. Blöcke lassen sich besser zerschneiden und vorverpacken.

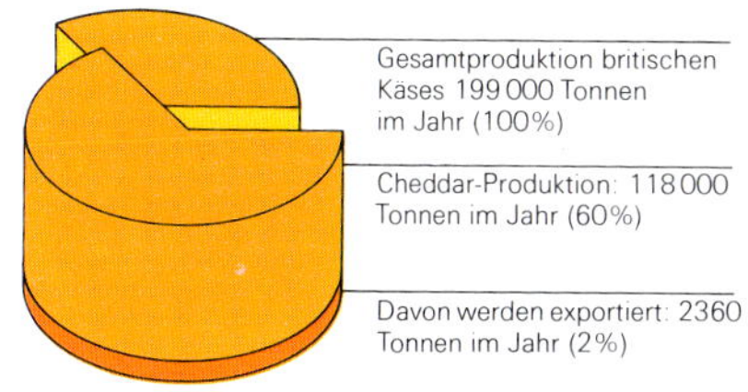

Handmethode besteht darin, Blöcke warmen Bruchs aufeinanderzuschichten, bis die Bruchpartikeln sich miteinander verbinden und eine fibröse Masse bilden. Gleichzeitig wird Feuchtigkeit entzogen, und die Säure des Bruchs nimmt zu. Im Cheddar-Turm wurde dieser Prozeß mit Erfolg mechanisiert. Der Käse wird gleichsam durch sein eigenes Gewicht «cheddariert».

F. Im Turm bewegt sich die Bruchmasse langsam nach unten und hat am Ende ihres Weges die richtige fibröse Struktur erreicht. Die Molke (blau) wird vom Bruch durch die perforierte Auskleidung getrennt und fließt teilweise ab. Die Temperatur im Turm beträgt 32–38°C.

G. Im Sockel des Cheddar-Turmes wird die Bruchmasse in lange Streifen geschnitten und in fingergroße Stücke gemahlen.

H. Ein Förderband transportiert den gemahlenen Bruch in eine Rotationstrommel, wo er mit der erforderlichen Salzdosis durchmengt wird.

J. Der Bruch wird in Fäßchen oder Formen gefüllt, und eine automatische Waage gewährleistet das richtige Gewicht des Inhalts jedes Fäßchens.

K. Die Formen gelangen über das Förderband zur Einfüllmaschine und von da zu den Pressen. Jeder Behälter ist innen mit einem Käsetuch ausgekleidet.

L. Eine horizontale Käsepresse, in der die Käse in ihren Formen 12 bis 24 Stunden lang stark gepreßt werden. Nach dem Preßvorgang kommen sie in klimatisierte Reifungsräume, während die Formen gereinigt werden und wieder in den Produktionsablauf gelangen.

M. Bei einem modernen Produktionsablauf wie dem hier gezeigten geschieht die Käsebereitung praktisch vollautomatisch. Die Produktionskapazität ist sehr groß und kontinuierlich. Das Endprodukt ist einheitlich, meist von guter Qualität, jedoch Massenware. Man schätzt, daß der Cheddar-Turm allein schon die Arbeit von fünf geschickten Käsebereitern aufwiegt und daß sich die Laborkosten um mehr als die Hälfte reduzieren. Andererseits sind die Investitionen beträchtlich. Dies ist ein weiterer Faktor, der die Käsefabriken zu ständigem Ausbau zwingt.

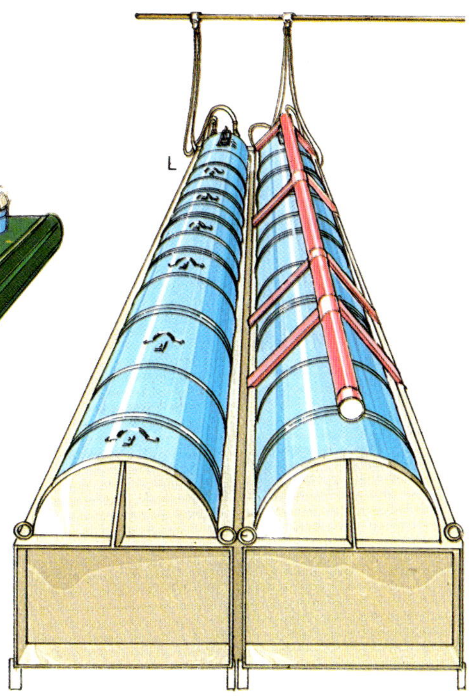

Britischer Greyerzer

Ein weiterer Grund für die Beliebtheit von Cheddar ist der Umstand, daß er sich vorzüglich zur Weiterverarbeitung als Schmelzkäse eignet. Eine ganze Reihe von Schmelzkäsen basiert auf Cheddar und verdankt ihm ihre Stabilität und den guten Geschmack – Eigenschaften, die der Cheddar mit dem Greyerzer Käse, einem andern begehrten Ausgangserzeugnis, gemeinsam hat.

Cheddar war von jeher ein Käse, der schon wegen seiner langen Reifeperiode viel Aufwand an Zeit und Geld verlangt. Es liegt daher auf der Hand, daß Cheddar wie so mancher andere regionale Käse für immer verschwunden wäre – ein Opfer des technischen Fortschritts und des Gesetzes der Wirtschaftlichkeit –, wenn die Vorsehung es nicht anders gewollt hätte: Der dem Untergang geweihte Cheddar fand einen Retter, einen Frischkäse aus Wales – *Caerphilly.* Hundert Jahre früher pflegte man auf jedem Bauernhof zweimal täglich schneeweißen Caerphilly-Käse zu produzieren. Entgegen der üblichen Praxis wurde die Morgen- und Abendmilch bei der Käsebereitung niemals vermischt. Man aß diesen Käse fast ausschließlich selbst, und der Rest wurde in und um Cardiff verkauft. Caerphilly war bei den Bergwerksarbeitern sehr beliebt, denn er war sehr gut verdaulich, blieb frisch und trocknete nicht aus.

Wie der Caerphilly den Cheddar rettete

Verglichen mit andern britischen Käsesorten ist der Caerphilly ein relativ junger Käse. Er ist nur etwa 160 Jahre alt. Man benannte ihn nach dem Dorf Caerphilly, wo er zuerst hergestellt wurde. Der Käse wurde bald so beliebt und die Nachfrage so groß, daß die Bauern sich im 19. Jahrhundert an ihre jenseits des Bristolkanals lebenden Nachbarn, die Cheddar-Käsebereiter, wandten. So kam es, daß auf manchem Bauernhof in Somerset zwei verschiedene Käsesorten produziert wurden: der herkömmliche Cheddar, der viel Arbeit und eine lange Reifeperiode verlangte, und der Caerphilly, der weniger Milch brauchte (ein Cheddar erfordert das Zehnfache seines Gewichts an Milch; beim Caerphilly ist das Verhältnis 1:1) und rasch eßbar war. Ein Caerphilly konnte schon nach fünf Tagen verkauft werden. Die Cheddar-Käsebereiter konnten demnach ihren Cheddar ruhig reifen lassen.

Caerphilly ist ein weicher Frischkäse mit einem milden, leicht säuerlichen Aroma, das an Buttermilch erinnert. Er läßt sich leicht in Scheiben schneiden und paßt gut zu Salat, Brot, Butter und Sellerie.

Einfacher und Doppelter Gloucester

In den Tälern von Gloucester und Berkeley stellt man seit alters Gloucester-Käse her, möglicherweise schon seit über tausend Jahren. Man kannte die dort bereiteten Käse unter dem Namen Gloucester- oder Berkeley-Käse, vermutlich entsprechend dem Distrikt, in dem sie produziert wurden. Es gab sie in zwei Varianten: der eine war der aromatische vollreife *Doppelte Gloucester,* der andere der dünnere und mildere *Einfache Gloucester.* Von den beiden blieb nur der Doppelte Gloucester erhalten, wahrscheinlich weil die Käsebereiter, die den Export im Auge hatten, seine Dimensionen und seine Haltbarkeit schätzten. Ein Doppelter Gloucester wird zudem niemals scharf, ungeachtet seiner langen Reifezeit von sechs bis zwölf Monaten.

Obschon es sich beim Gloucester um althergebrachte Sorten handelt, wurden sie erst zu Beginn des 18. Jahrhunderts populär, und zwar infolge der besonderen Behandlung der Rinde. Der Boden des Raumes, in dem man den Käse lagerte, wurde regelmäßig mit Bohnen- und Kartoffelwasser geschrubbt, wodurch ein schwarzer Belag zurückblieb. Man legte die Gloucester-Käse darauf und wendete sie zweimal die Woche. Dadurch wurde die Rinde hart wie Leder und verlieh dem Käse eine lange Haltbarkeit. Darauf folgte die weitverbreitete Methode, Käse mit Rübensaft zu färben. Man hoffte, dem Käufer weiszumachen: Je rosiger der Käse, desto größer der Milchgehalt. Später begannen die Käsebereiter ihre Produkte noch auffälliger zu gestalten, indem sie die Rinden anstelle der üblichen Schwarztönung mit Ocker färbten und dem Pigment manchmal auch Bier zufügten.

Oben Das Schloß Caerphilly in der Grafschaft Glamorgan in Wales liegt mitten in dem Gebiet, wo der frische, weiße Caerphilly produziert wird.

Oben Doppelter Gloucester-Käse. Der im Großbetrieb hergestellte Käse links ist kleiner als der traditionelle Gloucester. Rechts ein reifer Bauernkäse.

Rechts Käserollen auf dem Coopers Hill unweit der Stadt Gloucester. Der Mann mit dem weißen Mantel und dem hohen Hut ist der Zeremonienmeister. Der geschmückte Käse rollt, von einer Schar Kinder verfolgt, den Abhang hinunter. Früher feierte man diesen alten Brauch am Johannistag, heute dagegen am Pfingstmontag.

Cheshire-Käse ist des Cheddars großer Rivale. Manche bezeichnen ihn als den ältesten Käse Englands. Daß es sich dabei um einen berühmten althergebrachten Käse handelt, beweist seine Erwähnung im sog. Reichsgrundbuch Wilhelms des Eroberers (1086). Er war also schon damals bekannt. Die Soldaten der XX. römischen Legion, die in der Stadt Chester stationiert waren, haben diesen gesalzenen, mürben, aus Kuhmilch hergestellten Käse sicherlich gern gegessen. Die Kühe begannen damals mehr und mehr die struppigen Ziegen zu ersetzen, die jahrhundertelang auf diesen Weiden gegrast hatten.

Der Name Cheshire leitet sich von der gleichnamigen Grafschaft her. Die Franzosen, die diesen Käse schon seit langem schätzen, nennen ihn *Chester* nach der gleichnamigen Stadt, vielleicht weil dort regelmäßig ein großer Käsemarkt stattfand, wo Käse für den Export verkauft wurde. Cheshire-Käse schmeckt nicht nur wegen der besonderen Präparierungs- und Reifungsmethoden so köstlich und aromatisch, sondern auch dank der saftigen Weiden in diesem Gebiet. Die dort ansässigen Bauern behaupten, daß ihre Wiesen die besten in ganz England seien, und zwar wegen der im Boden unter Nantwich und Middlewich gefundenen Salzablagerungen, die aus einer Zeit stammen, als die prähistorischen Meere die Gegend bedeckten.

Das Vieh, das auf den Weiden von Cheshire grast, ist bekannt für den hohen Salzgehalt seiner Milch, die dem Käse

Oben Chester, die Hauptstadt der Grafschaft Cheshire, woher der berühmte und seit alters bereitete Käse stammt. Bis vor siebzig Jahren wurden in Chester und in Whitchurch, Shropshire, dem Zentrum der Käseindustrie, große Käsemärkte abgehalten.

das charakteristische Aroma verleiht, so daß man ihn außerhalb von Cheshire nirgends nachahmen kann. Der Käse reift nur langsam und besitzt einen Fettgehalt von 48 Prozent.

Bis zum Zweiten Weltkrieg wurde der Cheshire vorwiegend auf den Bauernhöfen produziert. Es gibt immer noch rund zwanzig Bauernhöfe, auf denen eigener Käse hergestellt wird, und glücklicherweise scheint sich ihre Zahl neuerdings wieder zu mehren. Cheshire wird in drei Varianten – rot, weiß und blau – hergestellt und ist daher, wie man sagt, von Haus aus der Zuneigung der Union-Jack-Patrioten sicher. Weißer Cheshire ist ein schnellreifendes Produkt, bei dem eingangs eine größere Menge Lab verwendet wird; seine Farbe ist blaßcreme und sein Aroma äußerst mild. Der rote, halbreife Käse wird von Mai bis Oktober bereitet, besitzt ein mildes, nußartiges Aroma und kann nach etwa sechs Wochen verkauft werden. Man färbt ihn mit Anatto-Farbe orange.

Der blaue Cheshire ist ein ganz andersartiger Käse, einer der berühmtesten «Blauen» der Welt. Die Ausbreitung des blauen Schimmelpilzes ist immer zufallsbedingt, wobei auch ein wenig nachgeholfen wird. Der Käsebereiter mengt keine Schimmelpilzkultur bei, wählt aber sicheren Blicks diejenigen Käseexemplare aus, die zur Blaufärbung tendieren. Er bringt diese Käse in einen sehr feuchten Keller und durchlöchert sie von Zeit zu Zeit, damit sich der Pilz in den Luftkanälen entwickelt. Breitet sich der Schimmelpilz aus, ist der Käsebereiter höchst zufrieden, denn dieser großartige, dem Stilton ähnliche Blaukäse ist eher selten geworden und erzielt hohe Preise.

Dank seinem spezifischen Aussehen – orangefarben und blaue Adern – ist der blaue Cheshire-Käse nicht zu verkennen. Vom gewöhnlichen, krümeligen Erzeugnis hat er sich zu einem butterfeinen Käse mit einzigartigem Aroma gewandelt. Man ißt ihn zu frischem, knusprigem Brot mit Landbutter und trinkt ein Glas Bier oder Burgunder dazu.

Der schmackhafte Käse von Mrs. Paulet

Zum Glück gibt es für Liebhaber von Blaukäse genügend *Stilton*. Dies ist aber nicht so zu verstehen, daß die Wahl normalerweise zuerst auf blauen Cheshire fiele. Stilton ist für die Mehrheit der Engländer *der* Blaukäse, er ist seit über 300 Jahren bei den Adeligen als Beigabe zu Portwein beliebt. Stilton wird in großen zylindrischen Formen im Gewicht von 3 bis 6 Kilo hergestellt. Er datiert aus dem 17. Jahrhundert und ist zusammen mit Cheddar und Cheshire einer der berühmtesten englischen Käse. Manche nehmen an, daß Stilton von Ziegen- oder Schafmilchkäsen abstammt, die wie der Roquefort «blaugeädert» waren und im Mittelalter im Tal von Belvoir bereitet wurden.

Im Volk erzählt man sich, daß Stilton ursprünglich in Quenby Hall, Leicestershire, dem Landsitz von Lady Beaumont, hergestellt worden sei. Deren Haushälterin, Mrs.Paulet, hatte einen Schwager, der Besitzer des Gasthauses Bell Inn im kleinen Dorf Stilton war. Sie lieferte ihm den überschüssigen hausgemachten Käse.

Der Gasthof war eine Postkutschenstation an der Straße in den hohen Norden, und der Käse wurde schon bald als «Mrs. Paulets Käse» bekannt. Der Schriftsteller Daniel Defoe wiederum berichtet, daß er schon zehn Jahre vor der Ankuft Mrs. Paulets im Gasthaus Bell Stilton gegessen habe. Zudem beanspruchen noch andere die Urheberrechte an diesem Käse, vor allem Mrs. Orton aus Little Dalby unweit von Melton Mowbray. Der tatsächliche Ursprung des Stilton wird demnach ein Geheimnis bleiben, doch fand Mrs. Paulets kompliziertes Rezept noch bis in dieses Jahrhundert, d.h. bis der Stilton industriell produziert wurde, Verwendung.

Links Mitte Ein bäuerlicher Cheshire-Käse. Bis weit ins 19. Jahrhundert hinein zahlten die Bauern ihren Pachtzins in Form von Cheshire-Käse.

Oben Vorzüglich, selten und sehr teuer – ein blauer Cheshire-Käse. In den durch die Löcher entstandenen Kanälen kann sich der Schimmelpilz entwickeln – Glückssache, aber auch Erfahrungssache.

Links Käsebereitung in Wensleydale, Yorkshire. Bruch und Molke werden getrennt und der Bruch gut entwässert.

Er wird aus reicher Vollmilch hergestellt. Nach dem Gerinnungsprozeß, dem Schneiden und Umrühren wird die Molke vom Bruch getrennt, der dann gesalzen und in tiefe hölzerne Fässer abgefüllt wird. Durch regelmäßiges Wenden wird der Bruch entwässert. Der Stilton wird nicht gepreßt. Nach etwa einer Woche wird der Bruch aus dem Faß herausgenommen, in Kattun eingebunden und für eine weitere Woche in einem kühlen und feuchten Raum gelagert. In dieser Zeit beginnt sich die charakteristische braune Rinde zu formen, und der Käse wird allmählich so fest, daß er seine Form auch ohne Tuch beibehält.

Man stellt auch einen frischen, weißen Stilton her. Er ist sehr mürbe und besitzt ein mildes, leicht säuerliches Aroma. Der blaue Schimmelpilz entwickelt sich nur in den kühlen und feuchten Reifungskellern. Man sticht mit feinen Stahlspießen oder Nadeln in den Käse, wonach sich der blaue Schimmelpilz in den feinen Luftkanälchen zu entwickeln beginnt und schließlich den ganzen Käse durchzieht. Der Stilton braucht für seine Reifung vier bis sechs Monate. Leider wird er manchmal in zu frischem Zustand verkauft und ist dann hart, weiß, kalkartig und schmeckt leicht säuerlich.

Wie die Firma Hutchinson in Whitchurch, Shropshire, lagert auch die weltberühmte Käseabteilung von Fortnum & Mason in London ihren Stilton selbst, bis er ausgreift ist. In den Kellern unter den Geschäftsgebäuden werden die Käse von Angestellten täglich gewendet und die Rinde regelmäßig gebürstet, um Pilze und Milben fernzuhalten.

Im 17. und 18. Jahrhundert wurden keine solchen Vorkehrungen getroffen. Man lagerte die Käse in dunstigen und schmutzigen Kellern, und interessanterweise betrachteten Kenner einen Käse manchmal erst als reif, wenn er voller Milben war. Angesichts des Mangels an Hygiene, der sogar in den Molkereien der damaligen Zeit zu verzeichnen war, scheint es kaum verwunderlich, daß der Käse blaugeädert wurde, und es war vor allem der Blaukäse, der die Milben anzog. Heute stellt man den Stilton und andere englische Blaukäse aus bester Milch her und läßt sie in einer streng kontrollierten Umgebung reifen.

Reifer Stilton sollte eine gekräuselte, braune Rinde, eine blasse Farbe sowie eine leicht flockige Struktur haben. Sein Aroma ist milder als dasjenige anderer Blaukäse. Der blaugrüne Schimmelpilz sollte gleichmäßig verteilt sein,

Oben Heute führt eine Autostraße am historischen, jetzt geschlossenen Gasthof Bell in Stilton, Leicestershire, vorbei. Hier wurde im 17. Jahrhundert Stilton-Käse verkauft.

Rechts Ein kleiner Doppelter Gloucester neben einem Topf mit blauem Stilton von Fortnum & Mason. Im Hintergrund ein weißer Stilton.

konzentriert sich aber meist gegen die Mitte zu. Sind die Kanten braun, ist der Käse ausgereift, und obschon man Stilton das ganze Jahr über kaufen kann, schmeckt derjenige von November bis April am besten. Besonders beliebt ist er zur Weihnachtszeit.

Man schneidet den Stilton am besten in horizontale Scheiben. Die andere Methode, ihn vom Zentrum her mit dem Löffel auszustechen, läßt den Käse trocken und krümelig werden. Dem wird gelegentlich dadurch abgeholfen, daß man Portwein in die Höhlung gießt, doch dadurch wird die Sache nicht besser. Es empfiehlt sich, eine kleine Scheibe abzuschneiden und sie zusammen mit einigen trockenen Biskuits und einem Selleriestengel vielleicht zu einem oder zwei Glas Portwein zu genießen.

Apfelkuchen und Käse

Ein anderer britischer Blauer, der wie der Stilton auch als weißeVariante produziert wird, ist der *Wensleydale*, ein Käse aus Yorkshire. Er ist älteren Datums und soll ursprünglich von den Zisterziensermönchen der heute verfallenen Klöster von Jervaulx und Fountains nach einem normannischen Originalrezept hergestellt worden sein. Dies könnte bedeuten, daß der Wensleydale ein Vorfahre des normannischen Bleu de Bresse ist, doch ist er in mancher Hinsicht eher ein enger Verwandter des Roquefort – oder war es zumindest, da er ursprünglich aus Schafmilch (wie der berühmte französische Käse) oder hier und da auch aus Ziegenmilch hergestellt wurde.

Links Ein Prachtexemplar eines vollreifen, königlichen Stilton-Käses. Früchte und Nüsse gehören nicht notwendigerweise dazu. Alles, was man braucht, ist ein Biskuit oder eine Scheibe knuspriges Brot und ein oder zwei Glas Portwein oder Burgunder. Man kann Stilton das ganze Jahr hindurch kaufen, doch soll dieser Käse um die Weihnachtszeit am besten sein.

Jahrhundertelang hatten die Mönche Landwirtschaft – Viehzucht und Milchwirtschaft – betrieben. Nach Auflösung der Klöster durch Heinrich VIII. im 16. Jahrhundert brachten sie ihre Methoden der Käsebereitung den ortsansässigen Bäuerinnen bei.

Irgendwann im Laufe des 17. Jahrhunderts begannen die Bauern Vollmilch zu verwenden. In jenen Tagen aß man in den Talfarmen blauen Wensleydale zusammen mit dem berühmten York-Schinken und Haferbrot, dem sog. *havercake,* das leider verschwunden ist. Ein lokaler Konkurrent des Wensleydale-Käses war der Cotherstone-Käse, der im Dorf gleichen Namens in Teesdale produziert wurde. Man kannte ihn auch unter der Bezeichnung «Yorkshire Stilton», und falls er noch immer produziert wird, ist es ein streng gehütetes Geheimnis.

Die Charakterisierung als «blauer» Wensleydale weist darauf hin, daß auch ein weißer existiert. Dies ist tatsächlich der Fall, und letzterer wird weit häufiger verkauft, und zwar oft in sehr jungem Zustand. Er hat ein säuerliches, buttermilchähnliches Aroma.

Die Herstellung von Wensleydale-Käse ist recht heikel. Das Geheimnis besteht darin, daß der Bruch nicht sauer werden darf, und dies hängt von der Frische und Süße der Milch, der Labmenge und der langsamen Entwässerung des Bruches ab. Der Bruch wird scheibenweise in Kattuntücher gehüllt und auf Entwässerungsgefäßen plaziert. Man wendet die Scheiben alle zwanzig Minuten. Ist die Molke abgeflossen, wird der Bruch gesalzen und in Bottiche gefüllt, in denen er über Nacht bleibt, ohne gepreßt zu werden. Am nächsten Morgen bindet man ihn in Tücher ein und preßt ihn einige Stunden. Der Abdruck des Stoffbandes ist später auf dem Käse gut sichtbar.

Unten Hebden Bridge in den Pennines, unweit des industriellen Zentrums von Yorkshire.
Hier findet man neben Industriegebieten wilde Moore und saftige Weiden.

Oben Blauer Wensleydale, der Käse aus Yorkshire, der es mit dem berühmten Stilton aufnehmen kann. Manche wollen sogar wissen (die Leute aus Yorkshire natürlich), daß der Stilton nur eine Variante des ursprünglichen blauen Wensleydale sei.

Während des Reifungsprozesses wird der Käse, der immer noch sehr weich ist, in den ersten Wochen täglich, später alle zwei Tage gewendet. Unter den auf dem Markt angebotenen Wensleydale-Käsesorten sind die weißen, wenig gereiften Erzeugnisse am stärksten vertreten. Blaugeäderter Wensleydale ist fast schon eine Rarität. Man kann ihn wie Butter aufs Brot streichen. Er hat ein mildes, rahmähnliches Aroma. Ein gefährlicher Konkurrent des Stilton, hat er praktisch die gleiche Form und das gleiche Gewicht, besitzt aber eine grauweiße Rinde.

Im Norden Englands sind Apfelkuchen und weißer Wensleydale eine beliebte Kombination. Ein Sprichwort besagt: «Apfelkuchen ohne Käse ist wie ein Kuß ohne Umarmung.» Ein anderer Spruch lautet: «Wenn ich des Abends mein Kleid auszieh', dank' ich Gott, daß er mir Kuchen und Käs' verlieh.»
Vor Jahrhunderten, als in den meisten Bauernhäusern noch eigener Käse hergestellt wurde, gab es in England eine Vielfalt an Käsesorten. Man sagt, daß die Eisenbahnen dieser Vielfalt ein Ende machten, da man nun die Milch in ganzen Ladungen in die Molkerei transportieren konnte und sich regionale Käsesorten entwickelten. Während man in einigen wenigen Bauernhäusern nach wie vor seinen eigenen Käse produziert, sind örtliche Spezialitäten wie Bath-, Oxford- und Suffolk-Käse (er soll der härteste Käse der Welt gewesen sein) sowie Essex-Käse, blauer Cottenham aus Cambridge, Daventry- und Lincoln-Käse für immer verschwunden. Nur die besten Käse überlebten.

Die Qualität des *Leicester* scheint von jeher besonders geschützt worden zu sein. Dies beweist die Tatsache, daß die städtischen Ausrufer von Leicester jeweils eine ganze Reihe von Geldbußen und andern Strafen für das Verderben oder Verfälschen von Käse verkünden mußten. In seiner krümeligen Struktur gleicht er dem Cheshire-Käse, erhält aber eine weit größere Dosis von Anatto-Färbung, damit er die bekannte Orangefärbung annimmt. Auf der Käseplatte ergibt er einen hübschen Kontrast zu den andern Sorten. Leicester ist einer der mildesten englischen Käse, er erreicht nach etwa sechs bis neun Monaten seine höchste Qualität. Da er leicht schmilzt, benutzt man ihn gern zur Bereitung von Käseschnitten.

In den Küchen und Kellern der über die Hügel von Lancashire verstreuten Bauernhäuser produziert man weißen Lancashire-Käse immer noch aus einer Mischung des Bruchs von zwei verschiedenen Tagen, wie es seit alters Brauch ist. Der Bruch wird zwei Wochen aufbewahrt, in deren Verlauf sich Säure entwickelt, der der Käse seine weiße Farbe verdankt. Ist der Bruch gemahlen, wird der Lancashire gesalzen und gepreßt. Gegenwärtig werden auf den Farmen pro Woche insgesamt 150 Käse produziert, der Rest kommt aus den Großbetrieben. Lancashire ist nach zwei oder drei Monaten ausgereift und sollte dann sogleich gegessen werden. Als Weichkäse läßt sich der Lancashire auch nach drei Monaten Reifezeit noch wie Butter aufs Brot streichen, besitzt aber ein schärferes Aroma als Cheddar oder Cheshire. Wie Leicester schmilzt er leicht und wurde aus diesem Grunde nach der unweit von Manchester gelegenen Stadt Leigh «Leigh Toaster» genannt.

Derby-Käse ähnelt sehr stark dem Cheddar, was sich zu seinen Ungunsten auswirkt – die meisten Leute ziehen den Cheddar vor. Die Herstellung ist begrenzt, und der Käse unterliegt weniger strengen Qualitätsabstufungen als der Cheddar. Derby-Käse ist mild im Aroma und hat eine solide, festgepreßte Struktur sowie einen hohen Feuchtigkeitsgehalt. Er wird teilweise schon nach sechswöchiger Lagerung verkauft, also in relativ unreifem Zustand. Es lohnt sich aber, Derby ausreifen zu lassen.

Eine besonders würzige Variante dieses Produkts ist der *Sage Derby*, der im Laufe der Zeit etliche Abwandlungen erfuhr. Ursprünglich mischte man dem Bruch gehackte, frische Salbeiblätter bei. Dann ging man dazu über, die Blätter zu mahlen und Spinatsaft beizumengen, wodurch der Käse einen glänzenden, grünen Mittelstreifen bekam, fast wie ein Sandwich. Dann gab man dem Käse ein gesprenkeltes Aussehen – seine heutige Form. Man stellt heute auch die ursprüngliche Qualität wieder her, aber nur in ganz bescheidenem Ausmaß.

Die drei Grafschaften, in denen nach wie vor bäuerlicher Käse produziert wird, haben sich zum «Golden Cheese Hoard of Farmhouse Cheddar, Cheshire and Lancashire» zusammengeschlossen. Das Amt für Milchverwertung organisiert die Produktion und fördert zusammen mit dem Country Cheese Council sowohl die Herstellung von Bauern- als auch von Fabrikkäse in England und Wales.

Oben In einer alten, noch in Betrieb stehenden Käsefabrik wird Dunlop gepreßt. Dieser wird oft mit Doppeltem Gloucester und mit Cheddar, dem in Schottland meistverkauften Käse, verglichen.

Oben rechts Die Landschaft von Skye in den Hebriden. Die Inseln sind zwar vor allem wegen ihres Whiskeys berühmt, produzieren aber zum Teil auch eigenen Käse.

Links unten Lancashire-Käse und ein Glas gutes Bier – eine gute Mischung.

Es werden noch einige andere Sorten produziert, die jedoch nur in der betreffenden Gegend von Bedeutung sind. Man findet sie manchmal auch in den Lebensmittelgeschäften der großen Städte.

Regionale Spezialitäten

Mehr eine Kuriosität als eine Spezialität ist der *Dorset Blue,* auch unter dem Namen *Blue Vinney* bekannt. Die Bezeichnung *Vinney* soll sich vom altenglischen Wort *fyniz,* Schimmelpilz, herleiten. Es handelt sich dabei um einen blaugeäderten Hartkäse, der einst auf fast jedem Bauernhof in Dorset aus von Hand entrahmter Milch bereitet wurde. Er war daher fettarm, und seine kalkartige, lose Konsistenz erwies sich dank der vorhandenen Luftlöcher als sehr günstig für die Entwicklung von Schimmelpilz. Dazu kommen noch zwei weitere Faktoren. Früher war die Milch oft verunreinigt und der Zustand der Molkerei unhygienisch. Man lagerte die Käse mit Vorliebe in einem Schuppen, wo man auch das Lederzeug für die Pferde und die Stiefel verstaute – ideale Bedingungen für die Bildung von Schimmelpilz. Blaue Adern entwickeln sich weitaus eher bei einem Vollfettkäse, und zwar mit willkommeneren Folgen. Die spontane Schimmelpilzentwicklung beim Dorset-Käse war daher eine seltene Ausnahme – doch auch dann brauchte der Käse achtzehn Monate zur Reifung.

Blue Vinney gibt es heute kaum mehr, und Versuche, ihn wieder einzuführen, schlugen fehl. Es mag Verkaufsläden geben, wo man «Blue Vinney» anbietet, aber es handelt sich dabei vermutlich um zweit- oder drittklassigen Stilton.

In letzter Zeit erschien eine Anzahl neuer Käse – gute und schlechte – auf dem Markt. Da gibt es den Neuling *Red Windsor* (ein mit Wein bereicherter Cheddar) und einen mit Walnüssen

Rechts Eine prächtige Sammlung britischer Käsesorten, aufgenommen in Wells Stores, Streatley. Neben dem Stilton links auf dem obersten Regal liegen ein blauer Wensleydale und drei Leicester-Käse. Darunter ein kleiner Doppelter Gloucester auf zwei Cheddars; zwischen diesen und der Hälfte eines großen Gloucesters stehen einige Baby-Cheshires. Auf dem untersten Gestell sieht man (ganz links) einen weißen Lancashire neben einem weißen Wensleydale und verschiedenen schottischen Käsen (die kleinen runden Exemplare ganz hinten stammen aus Islay und den Orkneys). Vorn erkennt man einen großen Derby-Käse, zwei Gloucester und ein Stück Sage Derby.

Oben Das Etikett eines Caithness-Käses, der im Norden Schottlands produziert wird.

gespickten Stilton. Beide sind nicht ernst zu nehmen. Ein sehr angenehmer Debütant ist *Caboc*, ein zylindrischer Vollrahmkäse, der in Hafermehl gewendet wird. Er stammt aus Schottland und hat einen leicht säuerlichen und, vom Hafermehl, einen nußartigen Geschmack. Es existiert auch eine Anzahl kleinerer Weichkäse, die im Norden Schottlands hergestellt werden: *Caithness* und *Orkney* sowie *Islay* von der gleichnamigen Hebrideninsel. Der berühmteste dieser Schotten ist der *Dunlop* aus Ayrshire. In der Laktationsperiode beträgt die Milchleistung der Ayrshire-Kühe fast 40 Liter im Tag. Man sagt, daß der Dunlop auf eine Flüchtlingsfrau namens Barbara Gilmour zurückgeht, die im 17. Jahrhundert nach Ayr kam und nach einem irischen Rezept Käse herstellte. Der Dunlop gleicht dem Cheddar, ist aber heller und feuchter. Er schmeckt relativ mild, auch wenn er voll ausgereift ist. Dunlop wird in der Regel jung – d.h. nach wenigen Monaten – gegessen. Er paßt gut zu gebuttertem Haferbrot und schottischem Bier.

Die jüngere Generation der Schotten scheint den mit Anatto gefärbten schottischen Cheddar zu bevorzugen, während die älteren Leute immer noch mit Vorliebe solch urtümliche Sorten wie den namenlosen «Bauernkäse» mit Kümmelkörnern aus Aberdeenshire genießen. Dann sei auch noch der *Crowdie* erwähnt, ein frischer Vollrahmkäse, den man auf den Bauernhöfen durch Einlaben kuhwarmer Milch bereitet. Gleich nachdem sich der Bruch gebildet hat, wird er in ein mit einem Käsetuch bespanntes Sieb gefüllt, damit die Molke ablaufen kann. Nach einigen Stunden kommt er in ein Becken und wird mit Rahm und etwas Salz vermischt.

Man könnte nun fälschlicherweise annehmen, daß überall im Lande die Bäuerinnen auch heute noch Weißkäse und Käse im Topf produzieren. Manche Frauen mögen dies wohl noch tun, speziell zur Sommerszeit, wenn die Milch rasch sauer wird, aber die Mehrzahl kauft wohl im örtlichen Supermarkt Cheddar-Schmelzkäse.

Die Engländer sind gewöhnlich in Dingen der täglichen Kost sehr konservativ. Obschon sie «Hamburger» adoptiert haben wie auch Spaghetti (sie stellen sie sogar selbst her und exportieren sie nach Italien), werden in Großbritannien nur einheimische Käse hergestellt. Man findet im Käsesortiment keinen, der deutliche Zeichen fremden Ursprungs aufweist. In diesem Sinne sind alle in Großbritannien produzierten Käse englische Sorten, die meist auf eine alte Tradition zurückgehen. Damit ist ein gewisses Maß an Ahnenstolz und Vorurteilen verbunden – die Briten scheinen ihren eigenen Käse allen andern vorzuziehen.

Name	Milch	Art	Rinde	Form	Gewicht	Fettgehalt i. d. Trockenmasse in %
Blue Vinny	△	◗	⌘	Zylinder	6-7 kg	15-45
Caerphilly	△	●	□	Flachzylinder	3,6 kg	48
Cheddar	△	■	□	Zylinder, Würfel	18-27 kg	48
Cheshire	△	■	□⌘	Zylinder	22 kg	48
Derby	△	■	□	Großer Flachzylinder	13-14 kg	48
Dunlop	△	■	□	Zylinder	27 kg	48
Doppelter Gloucester	△	■	□	Zylinder	28 kg	48
Lancashire	△	●	□	Zylinder, rechteckig	22,5 kg, 4,5-5,5 kg	48
Leicester	△	◗	□	Zylinder	13-18 kg	48
Stilton	△	◗	⌘	Zylinder	6,4-8,2 kg	48
Wensleydale	△	◗	□⌘	Zylinder	4,5-5,5 kg	48

Zeichenerklärung siehe Seite 34

Irland

Reichliche, aber sanfte Niederschläge und milde Winter gehören zur Landesnatur Irlands. Die schüsselförmige, nur wenig dränierte Insel ist reich an Flüssen, Seen und Mooren. Die «Grüne Insel» eignet sich denn auch weniger für Ackerbau als für Milchwirtschaft und Viehzucht. Das ganze Jahr über können die Herden im Freien weiden. Die Cork-Rindviehrasse ist berühmt; auch die Schafe von Galway, Cork und Tipperary sind weltbekannt.

Irlands Küsten gegen den Atlantik zu galten einst als Grenzbereich einer unbewohnbaren Welt. Für viele westlich davon beheimatete Völker war die Insel Endstation ihrer Wanderschaft. In der Eisenzeit bevölkerten die Kelten die Insel, und die Einflüsse ihrer Kultur haben sich zum Teil bis heute erhalten. Sehr viel später kamen die christlichen Mönche – die römischen Legionäre hatten von der Insel keine Notiz genommen –, dann drangen die Wikinger ein, und seit Jahrhunderten sind auch die Engländer dort ansässig.

All diese fremden Einwirkungen, insbesondere diejenigen der Engländer, haben der traditionellen Kultur Irlands ihren Stempel aufgedrückt. Die Irländer haben, obschon sie am äußersten Rand des europäischen Kontinents zu Hause sind, gewisse Ernährungsgewohnheiten anderer Nationen übernommen.
So stellte man hier wie überall in der Welt seit urdenklicher Zeit Frischkäse her. Dann lernte man von den Wikingern, wie Käse haltbar gemacht wird.

Nach dem Untergang des Römischen Reiches und dem Anbruch einer Zeit der Barbarei lag die Zivilisation Europas in Trümmern. In Irland hingegen blieb sie erhalten, denn Irland bot der anderswo geschändeten Kultur Zuflucht. Von irländischen Klöstern aus begaben sich Mönche zurück auf den Kontinent, um dort das Evangelium zu verkünden und verbesserte Ackerbau- und Milchwirtschaftsmethoden zu lehren.

Ein Gefährte für Guinness

Der Durchschnittsirländer liebt eine einfache, gesunde Mahlzeit mit Milch, Butter, Geflügel, Brot, Kartoffeln, gelegentlich etwas Fleisch, häufiger Fisch (hier wird der Einfluß des katholischen Glaubens spürbar), während der Großteil von Irlands berühmten Hummern und Schalentieren nach Übersee exportiert wird. Von den alten irländischen Käsespezialitäten ist nur sehr wenig übriggeblieben. Als bodenständiger Begleiter von Guinness wäre nur *Blarney* zu erwähnen, ein vollfetter Halbhartkäse mit 48 Prozent Fettgehalt, kleinen, runden Löchern und einem milden Aroma, der dem dänischen Samsø gleicht.

Das völlige Verschwinden etlicher einheimischer Originalsorten bedeutet aber nicht, daß man in Irland keinen Käse mehr bereitet. Im Gegenteil, die Produktion in der Molkereiindustrie nimmt sprunghaft zu: sie hat sich im letzten Jahrzehnt mindestens verzehnfacht. Die Fabriken produzieren über dreißigtausend Tonnen Käse im Jahr. Die meisten davon sind englische Käse, der wichtigste darunter der *Cheddar,* wovon 90 Prozent exportiert werden. Ein anderer, dem Cheddar ähnlicher Käse, der *Killarney,* wird speziell für den Export nach Kanada produziert. Das Sortiment umfaßt unter anderem auch *Cheshire, Wensleydale, Caerphilly, Leicester, Doppelten Gloucester, Wexford* (eine Variante von Cheshire, die erstmals 1964 bereitet wurde), *Blue, Gouda, Edamer, Emmentaler, Greyerzer, Brie, Camembert, Port-Salut, Pont-l'Evêque, Weißkäse* und andere Frisch- und Streichkäse.

Oben links In abgelegenen Gegenden Südwestirlands, wie hier in Ring of Kerry, spricht man zum Teil immer noch Gälisch.

Oben rechts Die Iren exportieren einen Großteil ihrer Landesspezialitäten, insbesondere Käse, Hummer und Schalentiere. Zum bodenständigen altirischen Blarney-Käse gehören ein Glas starkes Bier eine Scheibe knuspriges Brot und Butter.

Links Viehmarkt in Ballymote, Sligo. Die Irländer sind berühmt für ihre Tierprämierungen, vor allem ihre Pferdeschauen.

Name	Milch	Art	Rinde	Form	Gewicht	Fettgehalt i. d. Trockenmasse in %
Blarney	△	●	□	Großer Flachzylinder	11 kg	48

Zeichenerklärung siehe Seite 34

Niederlande

Das Meer würde einen beachtlichen Teil Hollands bedecken, wäre es nicht daran gehindert worden: Die Nord- und Westprovinzen des Landes liegen z. T. unter dem Meeresspiegel. Sie verdanken ihre Existenz einem endlosen Kampf zwischen Mensch und Naturgewalten. Das topfebene Land – mit Ausnahme des eng begrenzten Hügellands im Süden der Provinz Limburg – erweckt den Eindruck unendlicher Weite; Land, Meer und Himmel scheinen sich zu vereinen.

Schon bevor man die Deiche baute, um die Bewohner vor dem Meer zu schützen, gab es in den Niederlanden ausgedehnte fruchtbare Weiden, dank denen man eine blühende Milchwirtschaft aufbauen konnte. In alten fränkischen Siedlungen aus dem 4. Jahrhundert n. Chr. hat man runde Backsteinbehälter mit durchlöchertem Boden entdeckt, die als Käseformen gedient haben dürften. Berichten aus dem 9. Jahrhundert ist zu entnehmen, daß die Friesen für den Hof Karls des Großen Butter und Käse herstellten. Im Mittelalter brachten die vereinten Bemühungen der Bauern von ganz Holland die Milchwirtschaft auf einen hohen Stand. Man führte Käsemärkte durch und errichtete das *kaaswaag* (ein Haus, in dem Käse gewogen wurden), wo Käse aus Kuh-, Ziegen- und Schafmilch einer gründlichen Gewichts- und Qualitätsprobe unterzogen wurden. In Haarlem gab es schon 1266 ein Käsehandelszentrum, in Leiden 1303, und Leeuwarden und Friesland erhielten 1386 ihr Käsewaaghaus. Gleichzeitig entwickelte sich der Käseexport, zunächst im Binnenland, via Rhein nach Deutschland (auch heute noch Hauptimporteur von holländischen Käsen), und später, als die Holländer die «Spediteure» Europas wurden, übers Meer bis in die fernsten Länder des baltischen und des Mittelmeerraums.

Heute grasen die Herden des schwarzbunten Friesenviehs und des robusten Groningenviehs auf Marschweiden, die dem Meer entrissen wurden. Gegen das Landesinnere zu sieht man entlang der Maas, des Rheins und der Ijssel überall Vieh, mit dessen Milch man die blitzsauberen Molkereien beliefert. Über ein Drittel der Nutzfläche dient heute der Milchwirtschaft und Viehzucht. Die Niederlande gehören gegenwärtig zu den größten Käseexporteuren der Welt.

Die städtischen Gebiete, einschließlich Amsterdams, Den Haags, Rotterdams und Utrechts, bilden das industrielle Zentrum der Niederlande, und

Oben Auf diesem Sonderpoststempel von 1918 ist zu lesen: «Gouda-Käse- und Schweinemarkt; Markttag Donnerstag.» Der Markt findet auch heute noch jeden Donnerstag auf dem dreieckigen Marktplatz statt.

Edamer 3
Friese Nagelkaas 1
Gouda 5
Kernhem 2
Leidener 4

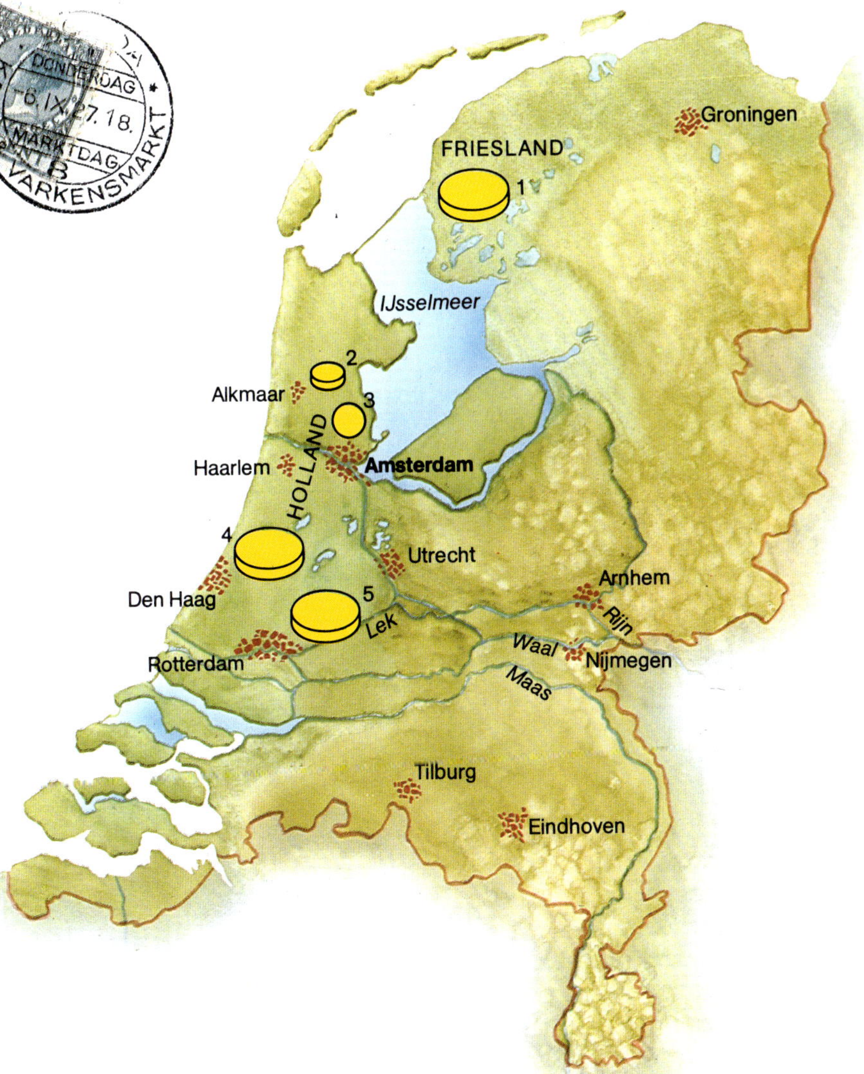

Links Melkzeit auf einem holländischen Bauernbetrieb unweit von Volendam. Im Sommer werden die Kühe zweimal am Tag im Freien gemolken. Im Winter steht das Vieh im Stall und wird dort gemolken.

Oben links Das alte Käse-Waaghaus in Gouda, die 1668 von P. Post entworfene und gebaute Kaaswaag. Über dem Eingang zeigt ein prächtiges Relief, wie der Käse gewogen wird.

Oben rechts Diese Aufnahme wurde in der Zeit zwischen den beiden Weltkriegen gemacht. Sie zeigt den Käsemarkt in Gouda. Damals kamen die Bauern noch mit ihren Pferdefuhrwerken zum Markt. Obschon holländischer Gouda nun vorwiegend in Großbetrieben hergestellt wird, findet man noch überall Bauernkäse.

Unten Ein typisch holländisches Bauernhaus in der Nähe von Haastrecht. Der Käsereiraum befindet sich im Anbau des Hauses ganz links.

Oben Ein Stapel *Boerenkaas*-Gouda / (Boeren heißt «Bauer»). Nur der in der Fabrik hergestellte Käse ist auf der Rinde als «Gouda» gekennzeichnet.

dazwischen liegt, in grüne Wiesen gebettet, Gouda, der Geburtsort des *Gouda*-Käses. Auch heute noch gibt es rund tausend Gouda-Käsefarmen in den Provinzen von Südholland und Utrecht. Die Legende besagt, daß der erste Gouda im nahegelegenen Dorf Stolwijk hergestellt wurde. Der Name Stolwijk bürgt immer noch für eine äußerst würzige Gouda-Qualität.

Mit Handschlag besiegelt

Zwischen dem berühmten Rathaus von Gouda und der aus dem Jahre 1668 stammenden öffentlichen Käsewaage mit dem Marmorrelief über dem Eingang, das das alte Gewerbe des Waagemeisters darstellt, verkaufen die Bauern noch heute nach altem Brauch ihren Käse. Jeden Donnerstagmorgen inspizieren die Käufer die mit Segeltuch bespannten und mit Käse beladenen Wagen und machen ihre Offerte, oder, besser gesagt, der Käufer nennt einen Preis, und der Bauer lehnt automatisch ab. Der Käufer kehrt etwas später wieder zurück und nennt abermals einen Preis – das alles gehört zum Ritual –, und der Bauer verlangt eine höhere Summe. Der Käufer entfernt sich wieder, doch beim dritten Mal werden sie bestimmt handelseinig. Der Kauf wird mit einem Handschlag besiegelt, und der Bauer fährt mit seinem Wagen zum Waaghaus.

Die Zahl der Käsefarmen hat im Laufe der Jahre abgenommen, so daß die Zunahme der Produktion auf den höheren Marktwert von Bauerngouda zurückgeführt werden muß, aber auch auf die modernen Produktionsmethoden. Seit der Installation von Kühlsystemen muß der Milchertrag nicht mehr wie früher zweimal am Tag verarbeitet werden. Jetzt wird «Tageskäse» aus frischer Morgenmilch und aufgewärmter Milch vom Vorabend bereitet.

Moderne bäuerliche Methoden

Das Schaustück der modernen hygienischen bäuerlichen Käsebereitung ist der Käsebottich aus Teakholz mit dem rostfreien Stahleinsatzstück, hinter dem entweder heißes oder kaltes Wasser zirkulieren kann. Der Bottich ist mit

Links Käsebereitung im Bauernhaus. Nachdem die Milch geronnen, der Bruch geschnitten und ausgereift ist, wird er in einen hölzernen Behälter gefüllt.

einem elektrischen Rühr- und Schneidemechanismus zum Bearbeiten des Bruchs versehen und faßt 1500 Liter. Eine Herde von 30 Kühen erbringt in der Hochsaison pro Melkvorgang 600 Liter Milch, und für einen Käse von 1 Kilo braucht man rund 10 Liter Milch.

Der Gouda wird meist von der Bäuerin und deren Tochter bereitet, und sie beginnen damit um sechs Uhr morgens. Aus langer Erfahrung wissen sie genau, wieviel Lab und wieviel Bakterienkultur sie einem gegebenen Quantum Milch im Bottich zufügen müssen und bei welcher Temperatur. Die Käseformen werden je nach Bedarf ausgewählt: zum Beispiel für 400 Liter Milch werden vier 10-Kilo-Formen oder fünf 8-Kilo-Formen benötigt. Die geronnene Milch wird umgerührt, dann eine Weile stehen gelassen, erwärmt und wieder gerührt. Wenn die Frauen finden, daß die Bruchstücke die richtige Größe und Konsistenz haben, füllen sie sie in die Holzformen.

Das Einfüllen erfolgt auf zwei Arten. Entweder wird der Bruch in große Blöcke aufgeteilt, die dann in die Formen gefüllt werden, oder er wird zerbröckelt in die Holzeimer geleert. Dieser zerbröckelte Bruch ergibt infolge der eingedrungenen Luft im Käse später zahllose kleine Löcher. Der sogenannte «Ein-Stück-Käse» hingegen weist nur ein paar große und regelmäßig angeordnete Löcher auf.

Links Der Bruch wird mit einem Käsetuch herausgenommen.

Ein Käse mit besonderem Charakter

Wenn der Bruch in die Formen gefüllt ist, wird der Käse gepreßt, mit dem behördlichen Markenzeichen für Bauernhauskäse versehen, in ein sauberes Tuch gewickelt und nochmals gepreßt. Dann läßt man den Käse eine Zeitlang in einem Salzbad, das die notwendige Salzmenge enthält. Während der Reifung entwickelt der Gouda seinen charakteristischen Geschmack und sein unverkennbares Aroma: ein bäuerlicher, aus roher Vollmilch hergestellter Käse hat ein köstliches Aroma, das man sofort wahrnimmt, wenn man ihn anschneidet – ein leicht süßlicher, voller, manchmal recht ausgeprägter Geschmack. Der Käse bleibt auch, wenn er älter wird, sehr weich. Erfahrene Käseprüfer können auf die Gegend, wenn nicht gar die Farm schließen, von der der Käse stammt. Aber auch ohne besonders feinen Geschmackssinn spürt man den Unterschied zwischen einem jungen und einem vollreifen Gouda, der etwa zwölf bis vierzehn Monate gelagert wurde. Die Rinde kann so hart werden, daß man einer Säge bedarf, bevor man den Käse mit einem Stahldraht oder Messer anschneiden kann. Der Teig wird sehr fest, ähnlich wie der des Greyerzer Käses, das Aroma ist leicht salzig und reich. Man merkt ihm, wie der Käseprüfer zu sagen pflegt, «die gute Kinderstube» an.

Links Man hängt das Käsebündel auf, damit die Molke abfließen kann. Dann füllt man den Bruch in einen mit einem Tuch ausgelegten Behälter. Er wird gleichmäßig verteilt und gepreßt.

Unten Die Holzform wird mit einem in den inneren Rand passenden Deckel verschlossen. Darin wird der Käse gepreßt, bevor er ins Salzbad kommt.

Kaasdoop, das holländische Fondue

Die Bauernfamilie behält stets ein bestimmtes Quantum Käse für sich. Man belegt Sandwiches mit größeren Gouda-Scheiben oder schmort etwas Rinde mit Kartoffeln oder Eintopfgerichten. Eine traditionelle, höchst einfache und nützliche, insbesondere aber im Hinblick auf den ausgefüllten Tagesplan der Bäuerin praktische Mahlzeit war der Gouda-Kaasdoop. Man pflegte dabei den Käse zusammen mit Milch aufzukochen und wie das Schweizer Fondue mit Brot oder mit Pellkartoffeln zu essen. Dieses ausgesprochen ländliche Gericht wurde später von den Städtern übernommen und auf etwas elegantere Weise serviert. Man ißt dazu nun Pariser Brot und benützt einen feuerfesten Topf auf einer Wärmeplatte. Den Bauern paßte das städtische «Plagiat» ihres Käsefondues, das nun zudem von allen Beteiligten aus dem gleichen Topf gegessen wurde – ihrer Meinung nach eine unhygienische Manier –, nicht mehr, und sie strichen es von ihrem Speisezettel.

Die einzigartigen und typischen Eigenschaften des Bauerngouda fehlen dem in der Fabrik hergestellten Produkt. Dies heißt nicht, daß der Fabrikkäse nicht ausgezeichnet schmeckt. Im Gegenteil, er wird in alle Welt exportiert und überall sehr geschätzt. Aber dem Fabrikkäse mangelt das gewisse Etwas, das der Kenner am Bauernkäse liebt: das Überraschungsmoment.

Ein zuverlässiges Produkt

Da der Fabriksgouda in einem ausgedehnten Gebiet produziert wird, also nicht aus einer bestimmten Gegend stammt, und die Präparierung des Bruchs im großen Stil vor sich geht – man verarbeitet 10 000 Liter Milch auf einmal –, ist der Mangel an Individualität nicht verwunderlich. Dazu stammt die Milch, die manchmal aus einem weiten Umkreis geliefert wird, von vielen verschiedenen Bauernhöfen. Um mögliche Bakterienherde zu

Links Das offizielle Etikett für in der Fabrik hergestellten Gouda. Die verschlüsselten Angaben betreffen das Produktionsdatum und den Hersteller.

zerstören, wird sie pasteurisiert, wodurch gleichzeitig auch die Mikroorganismen, die dem bäuerlichen Käse den besonderen Charakter verleihen, verschwinden. Die Standardisierung hat jedenfalls den Vorteil, daß sich der Käufer auf die Qualität des Käses verlassen kann. Es stehen drei Sorten zur Wahl: ganz milder, junger Gouda, eine reifere, aromatischere Variante und der vollreife, alte und sehr pikante Gouda. *Lunchkaas* oder *Baby Gouda* ist ein verkleinertes Gouda-Modell und wird stets jung und frisch gegessen. Bei *Amsterdam*-Käse handelt es sich um eine weiche und aromatische Gouda-Variante mit etwas mehr Feuchtigkeitsgehalt. Der mit Kümmelsamen gewürzte Gouda wird ebenfalls in jungem Stadium gegessen. Er hat ein pikantes Aroma und eine weichflüssige Struktur und schmeckt ausgezeichnet auf einem Stück Schwarzbrot oder auf Toast.

Gouda in der Küche

Da sich seine Konsistenz mit dem Alter ändert, läßt sich Gouda in der Küche auf verschiedene Weise verwenden. Ob er aus dem Bauernhaus oder aus der Fabrik stammt, Gouda ist zu jeder Art von Brot eine Delikatesse. Soll der Käse beim Kochen schmelzen, verwendet man vorzugsweise einen jungen Gouda. Bringt man ihn aber ganz auf den Tisch oder soll er im gekochten Gericht sichtbar bleiben, beispielsweise im Käseragout, in Speisen mit Käsewürfeln oder bei Käseschnitzeln, nimmt man einen reifen Gouda. Auch zum Gratinieren nimmt man einen alten Käse.

Gouda kann für viele Rezepte, die einen festen oder Bratkäse verlangen, Verwendung finden, eine Eigenschaft, die er mit dem Greyerzer und dem Cheddar gemeinsam hat. Er kann für Saucen von der Art der Mornay-Sauce gebraucht werden; für Zwiebel- oder holländische Käsesuppe (siehe Kapitel Rezepte), in Soufflés und in Fischgerichten, bei denen man eine Scheibe Käse auf dem Fisch schmelzen läßt. Er ist auch gut für Käseomelettes und den bereits erwähnten Kaasdoop.

Links In einer modernen Käsefabrik wird Milch angeliefert. Ein Angestellter überwacht den vollmechanisierten Prozeß.

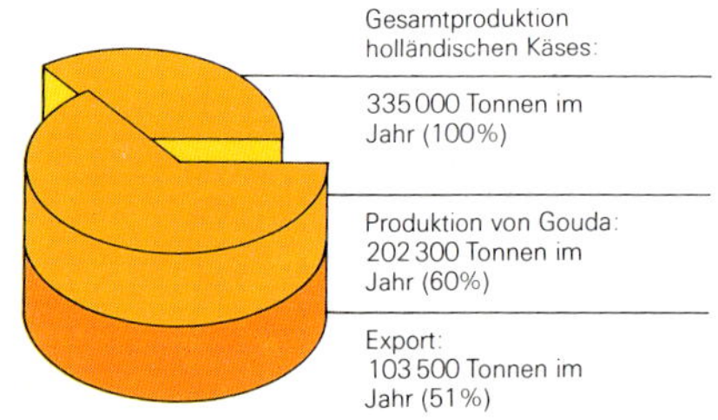

A. Im Käsebereitungstank werden die Bakterienkultur und das Lab in die pasteurisierte Milch (gelb) gegeben, die in etwa 20 bis 30 Minuten gerinnt. Der Bruch wird nach einem vorgegebenen Programm automatisch geschnitten und gerührt. Ein Teil der Molke fließt ab. Während dieser 1½ bis 2 Stunden dauernden Behandlung wird die Temperatur von 30 °C auf 35 °C erhöht.

B. Ist der Bruch bereit, kommt er in einen Puffertank, und aus der Mischung fließt noch mehr Molke ab.

C. Der nasse Bruch wird in einen Einfüllapparat gepumpt. Die Formen (heute meist aus Stahl oder Plastik, nicht mehr aus Holz) werden mit den genau abgemessenen Mengen aufgefüllt. Die Behälter gleiten auf einem Förderband zum Apparat und weiter zur Presse, mit deren Hilfe dem Bruch noch mehr Molke entzogen wird.

D. Die gefüllten Käseformen gleiten zur Presse.

E. Sie werden 1 bis 8 Stunden unter einer hydraulischen Presse gepreßt. Man neigt heute dazu, einen stärkeren Druck für kürzere Zeit einwirken zu lassen, da dies einen kontinuierlichen Ablauf des Verarbeitungsprozesses erlaubt.

F. Nach dem Pressen werden die Käse – immer noch in ihren Formen – aufgestapelt. Diese «Wartezeit» zwischen dem Pressen und Salzen verbessert die Qualität des Käses.

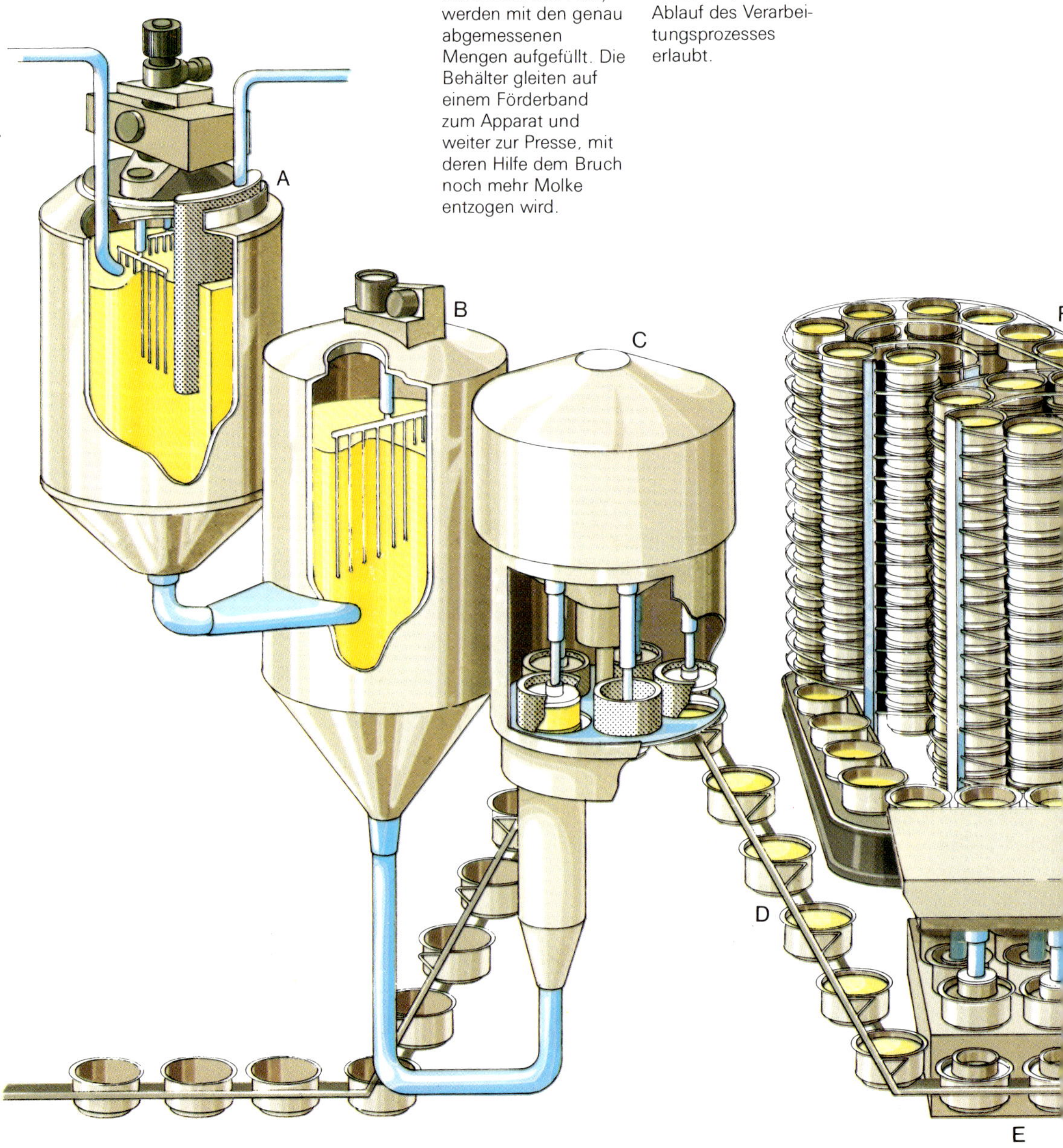

Links Käseblöcke werden maschinell ins Salzbad getaucht und wieder herausgefischt.

Links Jeder fertige Käse erhält einen Wachs- oder Plastikmantel. Dadurch braucht er während der Lagerung bei weitem nicht so oft abgerieben und gereinigt zu werden und ist auf dem Transport besser geschützt.

G. Man nimmt sie aus den Formen – und die Käse sind ganz fest. Sie haben eine Rinde entwickelt und den Großteil der Feuchtigkeit verloren. Sie sind jetzt für das Salzbad bereit.

H. Große, mit Käse beladene Behälter werden ins Salzbad getaucht und nach ein bis zwei Tagen wieder herausgenommen.

J. Dieses Salzbad erfüllt mehrere Funktionen: Es verbessert das Aroma und die Struktur des Käses; es macht den Käse haltbar; es fördert die Bildung einer harten und trockenen Rinde.

K. Schließlich kommen die Käse in den Reifungsraum. Manchmal werden die eben fertiggestellten Käse vom Grossisten gekauft. Gouda kommt in verschiedenen Reifestadien auf den Markt: «Junger» Gouda ist nur drei Wochen, «halbreifer» Gouda zwei bis sieben Monate, der pikante und mürbe vollreife Gouda mindestens zehn bis zwölf Monate alt.

L. Die Zusammensetzung einer modernen Käseform aus Polyäthylen. Von oben nach unten: oberster Verschluß, innerer Deckel, Siebeinsatz (ersetzt Käsetuch), der den Bruch enthält, Formboden. Plastikformen erwiesen sich im Vergleich zu Stahlformen als praktischer, da der Käse sich in letzteren zu rasch abkühlt. Die herkömmlichen hölzernen Formen sind aber immer noch die besten: Aroma und Geschmack des Käses entwickeln sich während des Reifens besser, doch ist der Unterschied nicht so groß. Bei vollautomatisierter Käsebereitung sind die hölzernen Gefäße zu schwer und recht unhandlich, weshalb man sie durch andere Arten ersetzt hat.

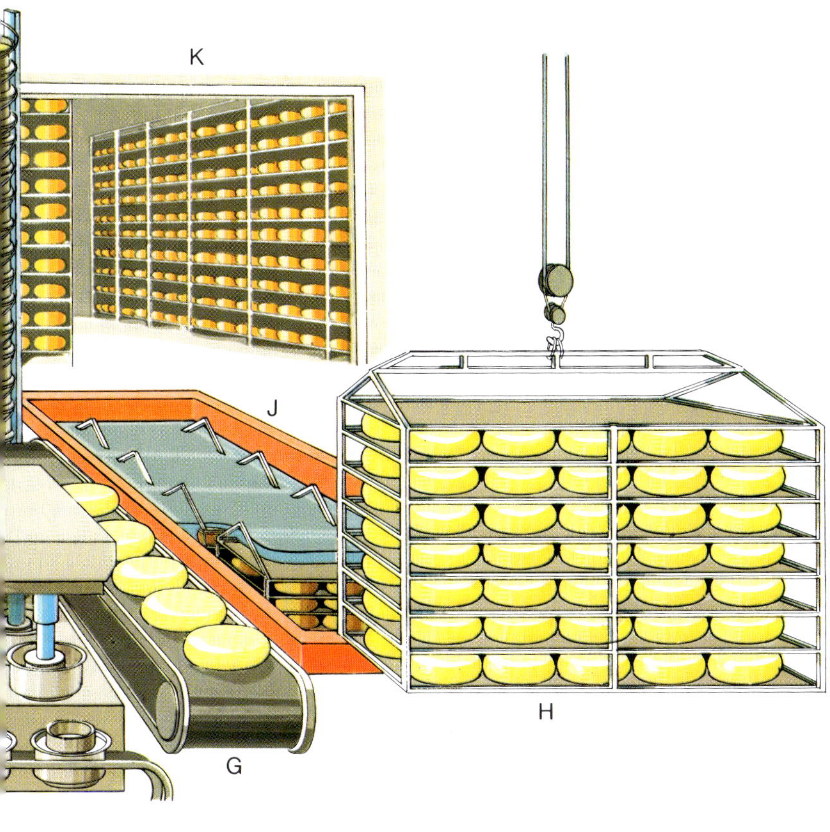

Gouda wird nicht nur in der traditionellen Form eines großen Flachzylinders hergestellt, sondern auch rechteckig und laibförmig wie der Edamer Käse, der normalerweise in Kugeln produziert wird. Man kann den Unterschied an dem offiziellen Etikett ablesen: 48% bedeutet Vollfett-Gouda, während 40% für Edamer, der einen niedrigeren Fettgehalt aufweist, steht. Der Edamer verdankt seinen Namen dem alten Hafen am Ijsselmeer, nördlich von Amsterdam, im Zentrum der Provinz Nordholland, wo friesischer Edamer zuerst auf den Markt gebracht und ins Ausland verschifft wurde. Der Edamer ist mit seinem Fettgehalt von 40 Prozent etwas weniger weich und cremig als der Gouda und hat im jungen Stadium einen leicht säuerlichen Geschmack. Dies ist beim Edamer eines der Konsumprobleme – er wird oft verkauft, bevor sich sein herrliches, reifes Aroma entfalten konnte. Der Edamer weist einen etwas niedrigeren Fettgehalt auf, weil er zum Teil aus entrahmter Milch hergestellt wird. Der Gouda mit seinem höheren Fettgehalt wird aus Vollmilch produziert.

In aller Welt erkennt man den Edamer sofort an seiner hochroten oder gelben wachsartigen Rinde und an seiner Kugelform. Für den heimischen Markt wird der Edamer nur selten mit einer Paraffinschicht überzogen. Diese Ausrüstung erhält nur der für den Export bestimmte Käse, da sie besseren Schutz gewährleistet.

Zentrum der Käseindustrie ist aber nicht Edam, sondern Alkmaar. Hier bildet der jeden Freitagmorgen stattfindende Käsemarkt eine internationale Touristenattraktion. Mitglieder der Käseträgergilde – der letzten mittelalterlichen Zunft – tragen ihre traditionellen weißen Kleider und Hüte in unterschiedlichen Farben, die bekunden, welche Großhandelsfirma sie vertreten. Die goldenen Edamer-Kugeln oder die Gouda-Flachzylinder sind auf japanisch anmutenden Transportschlitten aufgeschichtet, die von Käseträgern über das graue Backsteinpflaster des Marktplatzes geschoben werden.

Edamer Käse erwies sich von jeher als gewinnbringendes Produkt – schon im 13. Jahrhundert existierte auf dem Markt ein Waaghaus –, und Amsterdamer Kaufleute waren denn auch bereit, die Gewinnung von Meeresboden mitzufinanzieren, damit mehr Weidefläche zur Verfügung stand. Der ursprüngliche, aus Vollmilch produzierte Edamer wurde mehr oder weniger in derselben Weise bereitet wie der Bauerngouda. Seine kugelförmige, leicht zu transportierende Form, die einer großen Grapefruit ähnelt, hängt mit der Form des Edamers, dem *kaaskop,* dem «Käsekopf» zusammen. Dieser wurde bei Raufereien oft als Schutzhelm benutzt, weshalb die Holländer in manchen Ländern mit diesem Spitznamen bedacht wurden. Die Kugelform des Edamers ist einzigartig und kommt bei Käse nur ganz selten vor. Sie wird durch die Tendenz der Bruchmasse, in einem Frühstadium der Verarbeitung fest zu werden, begünstigt.

Käse für Polarforscher

Seit dem 19. Jahrhundert wird Edamer Käse sowohl auf Bauernhöfen als auch in Fabriken aus einer Mischung morgendlicher Vollmilch und entrahmter Vorabendmilch hergestellt. In den modernen Käsefabriken wurden die alten hölzernen Käsebehälter, die *kaaskop*-Formen, durch Plastikbehälter ersetzt. Man verwendet auch keine Käsetücher mehr.

Oben Die Käseträger auf dem berühmten Käsemarkt von Alkmaar fallen durch ihre weißen Anzüge und farbigen Hüte (Erkennungszeichen des betreffenden Lagerhauses) sofort auf. Die Käsetransportschlitten sind ähnlich gefärbt. Der Markt findet im Sommer jeden Freitag statt.

Links Die kleine alte Stadt Edam mit ihrem Glockenturm aus dem 15. Jahrhundert. Nach dieser Stadt wurde der berühmteste aller holländischen Käse benannt. Im Vordergrund eine typische Zugbrücke über einen der zahllosen kleinen Kanäle.

Rechts Das Aussortieren von Käse auf dem Käsemarkt von Alkmaar. Die vorderen Erzeugnisse sind Gouda, die hinteren Edamer Käse. Die für den Export bestimmten Exemplare des Edamers werden rot und gelb gefärbt, die für den heimischen Markt bestimmten in der Regel nicht.

Im Gegensatz zum Gouda wird Edamer auf den Bauernhöfen nicht mehr bereitet. Die kleinste Variante, der *Baby-Edamer,* wiegt rund 1 Kilo und wird in jungem Stadium gegessen. Er schmeckt weniger aromatisch als der etwas größere, 1,7 Kilo schwere Edamer. Noch umfangreicher ist der *Commissekaas* (in Frankreich *Mimolette* genannt und zu Verkaufszwecken mit Anatto rot gefärbt), und der allergrößte ist *Middelbare.* Der hübsche *Broodkaas* wird weniger gesalzen als der reguläre Edamer und in einer andern Form hergestellt. Manche Edamer Käse werden auch mit Kümmel gewürzt.

Die Haltbarkeit des Edamers ist ausgezeichnet: 1956 fand man bei einer Expedition zum Südpol eine Konservenbüchse mit Rohmilch-Edamer, die die Scott-Expedition im Jahre 1912 dort zurückgelassen hatte. Nach 44 Jahren natürlicher Eiweiß- und Fettdesintegration war der Käse scharf, aber nicht verdorben.

Leidener Käse wird auf einer Anzahl Großbauernhöfen entlang des Rheins in der Nähe von Leiden produziert.

Es handelt sich dabei um einen würzigen, pikanten Käse, der zum Teil aus entrahmter, zum Teil aus Buttermilch bereitet wird. Früher wurde die frische Milch in ovale Bottiche gegossen, die in kaltem fließendem Wasser standen. Man ließ sie dort, bis sich Rahm gebildet hatte. Heute beläßt man die Milch nach dem Abkühlen zum Entrahmen im gleichen Behälter, in dem der Käse hergestellt wird. In 12 bis 24 Stunden ist der Rahm abgeschöpft. Man läßt ihn

Unten Die alte Methode des Tretens bei der Bereitung des Leidener Käses. Es wurde nie festgestellt, wer mehr zu leiden hatte – des Bauern Füße oder der Käse! Die moderne Methode erfordert auch heute noch eine intensive Bearbeitung des Bruchs.

Oben In dieser typischen Presse sind Bauernleidener aufeinandergeschichtet.

einen Tag stehen, bis er sauer ist, und verarbeitet ihn zu Landbutter. Der Käser wärmt in der Zwischenzeit eine Portion der entrahmten, vorgereiften Milch auf und bringt mit deren Hilfe die restliche Milch auf Gerinnungstemperatur. Dann fügt man die Buttermilch und Lab zu, der Bruch wird gerührt und geschnitten, und die Molke fließt ab. Nun wird ein Teil des Bruchs vom Rest getrennt, dem nun Kümmelsamen beigemengt werden, eine Behandlung, die den Bruch trockener werden läßt.

Die früher übliche Art des Knetens, bei der der Bauer zuerst seine Füße in der Molke wusch und dann den Bruch festtrat, wird heute als unhygienisch abgelehnt. Freilich ging mit der Abschaffung dieser Methode auch die charakteristische Struktur des Leidener Käses verloren. Der würzige, geknetete Bruch wird zwischen zwei Lagen des ungewürzten Bruchs eingeklemmt, in ein Käsetuch gebunden und in einer Form plaziert. Der Käse wird 20 bis 24 Stunden gepreßt, dann wird er aus der Form und aus dem Tuch herausgenommen und nochmals gepreßt. Die Seiten des Käses werden nun schön rund, und man bringt die spezielle Markierung an – die zwei sich überkreuzenden Schlüssel der Stadt Leiden, den Namen *Boerenleidse* und die Fettgehaltzahl 30+ (über 30%).

Bestrafung durch Biestmilch

Der Bauernleidener bedarf einer langen Reifezeit. Im Endstadium der Reifung wird die Rinde gefärbt, indem sie fest mit Anatto eingerieben wird. Diese Behandlung hat die altmodische Methode der Rindenbearbeitung mit einer Mischung von Färbemittel und Biestmilch weitgehend ersetzt. Biestmilch – die erste, nach dem Kalben von der Kuh gelieferte Milch – ist viel dicker und reichhaltiger als die gewöhnliche Milch und weist einen ungewöhnlich hohen Eiweißgehalt auf. Eine Mischung von Biestmilch und Anatto verlieh der Rinde einen feinen, glänzenden, mahagonifarbenen Belag. Diese Methode gleicht der von den Gloucester-Käse-Bereitern angewandten Technik, bei der Gemüsebestandteile mit der Rinde verarbeitet wurden. Man pflegte die Biestmilch, die nur zu bestimmten Zeiten gewonnen werden konnte, in einem Topf aufzubewahren, und nach einigen Wochen roch sie nicht gerade sehr angenehm. Manche Bauern straften ungehorsame Kinder, indem sie ihnen befahlen, neben dem Biestmilchtopf zu sitzen – eine Maßnahme, die sicher nicht dazu geeignet war, den Konsum und die Beliebtheit des Leidener Käses auf den Bauernhöfen zu fördern.

Ein vollreifer Leidener weist – ungeachtet der Behandlung mit Biestmilch – ein würziges und scharfes Aroma auf. Er hat eine trockene, aber elastische Struktur. Der Fettgehalt variiert zwischen 32 und 36 Prozent. Die Angabe von 20+ auf der behördlichen Käsemarkierung ist zu niedrig, obschon sie vom Gesetz vorgeschrieben ist. Die Bauern kümmern sich nicht darum und bringen ihre eigene Kennzeichnung, 30+, auf ihren Produkten an. Von dem in der Fabrik hergestellten Leidener gibt es zwei Arten: eine mit 20 und eine mit 40 Prozent Fettgehalt. Die erstere wird jung, die letztere in reiferem Zustand gegessen. Der Fabrikskäse hat einen würzigen, aber weniger scharfen Geschmack als das bäuerliche Produkt.

Das schöne schwarzweiße Friesenvieh ist eine der besten Milchrassen der Welt. Trotz dieses einheimischen Kapitals ist Friesland nicht für seinen Käse bekannt, denn dort hatte stets die Butterherstellung Vorrang. Der magere, aus entrahmter Milch produzierte *Friese*

Links Man leert die Milch in die im Vordergrund sichtbaren Metalleimer. Die Maschine im Hintergrund pumpt kaltes Wasser in die Bodenmulde, damit die Milch sich abkühlt. Auf diese Weise findet ein natürlicher Entrahmungsprozeß statt: der Rahm sammelt sich an der Oberfläche und kann abgeschöpft werden. Man stellt daraus meistens Butter her. Die verbleibende, Milch wird zu Bauernleidener verarbeitet.

Oben Der entwässerte Bruch wird mit Kümmelsamen vermischt, ein spezielles Merkmal des Leidener Käses. Andere Käsesorten enthalten ebenfalls Kümmel, weisen aber nicht den einzigartigen scharfen und trockenen Geschmack des Leideners auf.

Kanterkaas und *Friese Nagelkaas* konnten mit dem Bauernleidener und dem *Delfter* Käse nur schwer konkurrieren. Auch der Delfter Käse hatte einen schweren Stand und ist heute verschwunden. Die friesischen Käse überlebten hingegen, wobei bei deren Bereitung die beigemischte Menge Bakterienkultur die entscheidende Rolle spielt. Dazu fallen aber auch die beigemengte Buttermilch, das Mahlen des Bruchs und das heiße Wasserbad ins Gewicht. Die Käse werden lange gepreßt und zugedeckt zur Reifung gelagert. Der Reifungsprozeß gleicht dem des englischen Cheddar.

Kümmel ist eine beliebte Beigabe zu Roggenbrot. Solches Brot wurde in Nordeuropa schon zur Römerzeit gebacken. Man verwendet Kümmel auch zur Würzung etlicher skandinavischer und holländischer Käsesorten. Vielleicht beschlossen einst die Bäcker, die gleichzeitig auch Käse herstellten, eines Tages, nicht nur dem Brot, sondern auch dem Käse Gewürze zuzufügen – und damit war der Würzkäse geboren.

Nagelkaas ist ein solcher gewürzter Käse. Man mengt ihm Kümmel und Gewürznelken bei, daher sein Name – *nagel* bezieht sich auf die Form der Gewürznelke. Man ißt diesen Käse gern zu einem Glas Gewürztraminer. Der ungewürzte *Kanterkaas* ist ein Produkt der Schmelzkäseindustrie. Der mit Kümmel gewürzte Kanter gleicht dem in der Fabrik hergestellten Leidener Käse so stark, daß er genauso klassiert wird. Er ist nach 12 Monaten voll ausgereift. Bei beiden Käsesorten gibt es zwei Varianten – eine mit 40 Prozent und eine mit 20 Prozent Fettgehalt, wobei die letztere einen höheren Feuchtigkeitsgrad aufweist. Dies bewirkt die Weichheit des Käses, ungeachtet seines niedrigen Fettgehalts.

Durch Schaden wird man klug

Zu einer Zeit, da man noch keine besondere Lagerungsmethoden kannte, passierte es manchmal, daß in nassen Wintern die in den Lagerhäusern gestapelten Käse in sich zusammenfielen und sich zu stark riechenden, flachen Scheiben mit einer orangeverfärbten Rindenflora von Coryne-Bakterien verformten, deren Teig beim Anschneiden am Messer klebte. Die Bauern fanden jedoch, daß diese «Messerkleber» eine Delikatesse seien. Das niederländische Institut für milchwirtschaftliche Forschungen experimentierte mit diesem Zufallsprodukt und entwickelte daraus den *Kernheim*-Käse, ein ganz neues Produkt mit einem rahmigen Geschmack.

Seit 1906 unterliegt der holländische Käse einer strengen Qualitätskontrolle. Die behördlich genehmigten Erzeugnisse werden mit einer Kennzeichnung versehen, die das Ursprungsland (Holland), den Produzenten, das kodifizierte Herstellungsdatum und, in den meisten Fällen, den Käsenamen und den Fettgehalt angibt. Exportkäse ist sogar noch strengeren Kontrollvorschriften unterworfen. Es ist schade, daß Käse in der holländischen Küche so wenig Verwendung findet. Man braucht ihn für belegte Brote und Snacks, doch kaum für Gerichte, abgesehen von einigen wenigen Speisen in der Art von Kaasdoop-Fondue und Houtsnip (eine Scheibe Käse zwischen einer Scheibe Weiß- und einer Scheibe Roggenbrot, in Streifen geschnitten), die mit Gouda zubereitet werden.

Links Drei hübsche alte Käseetiketts. Von oben nach unten: ein Selbstporträt Rembrandts; eine holländische Landschaft (für Exportkäse bestimmt); zwei wohlbekannte holländische Produkte – Käse und Tulpen.

Unten Ein Druck aus dem 19. Jahrhundert, der einen Käsebereitungsraum aus früherer Zeit zeigt. Links steht die Käsepresse; rechts die Käsemühle. In der Mitte wird unter einem Stein Käse vorgepreßt.

Name	Milch	Art	Rinde	Form	Gewicht	Fettgehalt i. d. Trockenmasse in %
Edamer	△	◼	□	Kugel	1-6,5 kg	40
Friese Nagelkaas	△	◼	□	Großer Flachzylinder	7-8 kg	20-40
Gouda	△	◼	□	Großer Flachzylinder	2,5-20 kg	48
Kernheimer	△	●	❖	Kleiner Flachzylinder	1,8 kg	60
Leidener	△	◼	□	Großer Flachzylinder	7-8 kg	20-40

Zeichenerklärung siehe Seite 34

Oben Die Rinde des Leidener Käses wird durch Einreiben mit Anatto rot gefärbt. Früher pflegte man das Färbemittel mit Biestmilch, der von der Kuh unmittelbar nach dem Kalben abgegebene Milch, zu vermischen.

Belgien und Luxemburg

Im Mittelalter hielten die südlichen Niederlande einen Großteil des heutigen Belgiens besetzt, das damals ein wichtiges Handelszentrum war. Die meisten internationalen Verbindungswege führten zu jener Zeit über Brügge. Erst gegen Ende des 14. Jahrhunderts wurde diese Stadt immer mehr von Antwerpen verdrängt. Antwerpen entwickelte sich zu einem wichtigen Handelshafen für spanische und englische Wolle, französischen Wein, portugiesische Gewürze, holländische Butter und Käse, Holz und Fisch aus Skandinavien sowie Flachs aus den umliegenden Gebieten.

In den südlichen Provinzen der Tiefebenen entlang der Nordsee wurden keine bedeutenden Milchprodukte hergestellt, obschon der Boden fruchtbar war. Man verdiente mehr Geld durch Ackerbau und Getreidehandel.
Im Gegensatz zu Schaf und Ziege stand die Kuh als Milchtier nicht besonders hoch im Kurs. Man spannte sie vor den Pflug und düngte die Felder mit Kuhmist. Es ging in der Landwirtschaft in erster Linie um Wirtschaftlichkeit. Milchverarbeitung diente nur für den Hausgebrauch.

Der Käse als Produkt der Krisenzeit

Ende des 19. Jahrhunderts sah man sich in der Agrarwirtschaft ernsten Problemen gegenüber, in der belgischen Landwirtschaft kam es zu drastischen Umstellungen. Nachdem die Getreidepreise stark gesunken waren, mußte man sich nach andern Einnahmequellen umsehen. Die Bauern wandten sich stärker der Viehzucht und Milchwirtschaft zu. Der Marktwert von Fleisch, Milch und Molkereiprodukten erhöhte sich merklich, und die Kühe erwiesen sich schon bald als weit wirtschaftlicher denn Schafe und Ziegen. Obschon die belgischen Bauern ihre Ackerbautradition aufrechterhielten, schenkten sie nun der Viehzucht besondere Aufmerksamkeit. Dank guter Fütterung erzielten sie sehr bald hohe Milcherträge. Noch vor 1900 wurden die ersten Molkerei-Großbetriebe eingerichtet, vor allem zur Butterherstellung. Nach dem Zweiten Weltkrieg errichtete man weitere Fabriken und begann mit der Käseproduktion. Um der steigenden Nachfrage gerecht zu werden, wurden neue Unternehmen gegründet und die bestehenden erweitert.

Oben Kühe auf einer Weide in den belgischen Ardennen. Diese Art Vieh findet man neben der Friesenrasse überall in Zentral- und Südbelgien. Der hellen Rasse gehört etwa die Hälfte aller Viehbestände des Landes an.

Oben Eine philatelistische Seltenheit – eine belgische Briefmarke aus der Zeit vor dem Zweiten Weltkrieg, kombiniert mit einer offiziellen holländischen Kontrollmarke für Käse.

Bis Mitte der sechziger Jahre konzentrierte man sich in der belgischen Käseindustrie auf die Herstellung von Halbhartkäse in der Art des Gouda und Saint-Paulin. Später haben die Belgier offenbar ihren Geschmack etwas geändert, und die einheimischen Originalkäse wurden rehabilitiert.

Das Comeback des bäuerlichen Käses

Der berühmteste belgische Käse ist – oder vielmehr war – der *Limburger.* Er zeichnet sich durch ein aufdringlich beißendes Aroma aus. Zunächst produzierte man ihn in der Gegend von Liège (Lüttich) und verkaufte ihn in Limburg. Mit der Zeit wurde er in Belgien von den *Herve*-Käsen fast gänzlich verdrängt, dagegen schon bald von den Deutschen adoptiert, die ihn heute in großen Mengen herstellen.

Für den Limburger gab es in seiner alten Heimat kein Comeback, doch zeichnete sich im übrigen eine echte Renaissance bäuerlicher Käse – *Remoudou, Brusselsekaas, Fromage en panier* und *Plattekaas* (Quarkkäse) – ab. Herve stammt aus der Weidegegend gleichen Namens im Norden der Provinz von Liège, ein Landstrich zwischen Weser und Maas. Herve ist der Gattungsname einer Reihe verschiedener Sorten, von denen Remoudou die beliebteste ist. Der Name leitet sich vom wallonischen Wort *remoud* = «Nachmilch» her.

«Stinkkäse»

Die Herstellung von Herve beginnt damit, daß man warme Rohmilch in einen Metalleimer, eine *tine* (ein in Holland und Norwegen gebräuchlicher Ausdruck), gießt, wo sie mit Hilfe von Lab binnen 1½ Stunden gerinnt. Nach einer Ruhepause plaziert man einen mit einem Sieb versehenen Topf auf dem Bruch, der sich mit Molke füllt, die dann abgeschöpft wird. Der entwässerte Bruch kommt auf die traditionelle *spantafel,* einen großen Entwässerungstisch, zu liegen, der einen etwa 15 Zentimeter hohen Rand und rinnenbildende Längsplanken aufweist, durch welche die Molke fließen und am Tischende durch Löcher abrinnen kann. Die ganze Vorrichtung wird von ortsansässigen Handwerkern auf einem Gestell in Schräglage fixiert.

Der Käsebereiter gießt den nassen Bruch aus dem Becken rasch und gleichmäßig in die Rinnen, bis sie ganz gefüllt sind. Die Bruchstreifen werden

Oben Auf dieser Abbildung ist die herkömmliche Methode der Bereitung von bäuerlichem Remoudou dargestellt. Das Mädchen auf der linken Seite schneidet den Bruch mittels einer Bruchharfe. In der Mitte sieht man einen *tine* genannten Metalleimer, gefüllt mit Bruch, auf dem ein kleines Sieb schwimmt. Das Sieb füllt sich mit Molke, die dann abgeschöpft wird. Ist der Hauptteil der Molke eliminiert, wird der Bruch auf den langen Tisch, *spantafel* genannt, gegossen, wo er zwischen den Längsplanken noch gänzlich entwässert wird. Der Mann wendet die langen Bruchstreifen zwischen den Brettern. Sind die Streifen trocken und fest, werden sie in Würfel geschnitten und auf einem andern Tisch (rechts) plaziert. Hier werden sie vom Käser 48 Stunden hindurch regelmäßig gewendet. Dann werden sie von Hand auf dem Salztisch gesalzen und zum Trocknen auf dem Tisch liegen gelassen. Während der anschließenden sechswöchigen Reifungsperiode dreht und wäscht man die Käse regelmäßig in lauwarmem Salzwasser, wie dies die Frau zur Rechten tut. Dies begünstigt die Entwicklung der rötlichen Bakterienflora, die dem Käse sein ungewöhnlich pikantes und scharfes Aroma verleiht.

entwässert und um 90 Grad gewendet, damit weitere Molke abfließen kann. Dieser Prozeß wird dreimal wiederholt. Dann werden die Streifen in Würfel geteilt und wieder auf der *spantafel* plaziert, deren Bretter nun rechteckige Abteile bilden. In den fogenden 48 Stunden werden die einzelnen Käse regelmäßig von Hand gewendet.

Früher pflegte der Käsebereiter die Käse auf einem Gestell nahe nebeneinander anzuordnen und sie mit Salz zu bestreuen. Heute benützt man dazu den Salztisch. Die noch unreifen Käse werden vom sogenannten *affineur* abgeholt und in dessen Spezialbetrieb gebracht, wo sie gewaschen und mit Salz und lauwarmem Salzwasser behandelt werden. Dank diesem Verfahren und der feuchten Luft im Raum wird der ursprünglich kalkweiße und harte Käse weich und glatt, während die sich entwickelnden Bakterien auf der rötlichbraunen Rinde dem Käse ein starkes und durchdringendes Aroma verleihen, vor allem beim Remoudou, auch «Stinkkäse» genannt.

Der Käse wird in Würfeln von 6×6 Zentimeter verpackt. Der in der Fabrik hergestellte Remoudou wird wie die meisten Massenerzeugnisse aus pasteurisierter und nicht aus roher Milch gewonnen, und der Verfeinerungsprozeß erfolgt in der Fabrik oder in den Räumlichkeiten des *affineur.*

Die ursprünglichen Herstellungsmethoden sind im Käse-Museum von Remoudou, das von der Seigneurerie Folklorique de Remoudou errichtet wurde, dargestellt. Es handelt sich dabei um die Reifungskeller einer alten Käsefabrik in Battice unweit der Stadt Herve, östlich von Liège. Der Ruhm des alten Remoudou bleibt dadurch in mehr als einem Sinne erhalten, denn der Geruch des «Stinkkäses» nistet in den Mauern des Museums.

Käse aus Flandern und dem Süden

Eine Variante gewaschenen Käses ist der Plateau-Käse, dessen Konsistenz zwischen weich und halbhart einzuordnen ist. Während des Reifungsprozesses erhält man die Rinde feucht, indem man sie regelmäßig mit frischem Wasser benetzt. In Flandern wird *Plattekaas* (Frischkäse) in zahlreichen Sorten von unterschiedlichem Fettgehalt – je nach dem beigemengten Rahm – hergestellt. Der aus entrahmter Milch bereitete Käse enthält 20% Fett;

Rechts Remoudou ist eine Sonderart von Herve-Käse, die dem heute vorwiegend in Deutschland hergestellten Limburger Käse ähnelt.

Links Einst eine Käserei im Dorf Battice, heute ein der Geschichte des Remoudou gewidmetes Museum.

die halbfette Variante 20–35%; der Vollfettkäse 35–45%; Rahmkäse 45% (Trockenmasse).

Im französischsprachigen Teil des Landes wird eigener Frischkäse produziert: *Fromage en panier* und *Fromage en cassette.* Diese Sorten werden in begrenzten Mengen in Südbelgien immer noch hergestellt, sei es aus Buttermilch, aus entrahmter Milch oder aus Vollmilch. Man verkauft sie in kleinen, mit Walnußblättern bedeckten Körbchen. Oft wird der Bruch mit Pfeffer gewürzt. Die Belgier essen diesen Käse auf Toastbrot, mit einer Lage Butter über dem Käse – eine Delikatesse.

Ein Bild, wie von Breughel selbst gemalt, bietet sich dem Besucher alle drei Jahre in der Stadt Wynghene, südlich von Brügge . Die Einwohner gedenken des berühmten Malers, indem sie sich in die Kostüme jener Zeit kleiden, und die Mitglieder der verschiedenen Zünfte – Bäcker, Metzger, Bierbrauer und Käser – bieten zur Freude aller ihre Produkte an.

Andere Käsesorten aus Belgien und Luxemburg

Der typischste belgische Käse ist der *Brusselsekaas* (Brüßler Käse) oder

Name	Milch	Art	Rinde	Form	Gewicht	Fettgehalt i. d. Trockenmasse in %
Brusselsekaas	△ △	●	I	Flachzylinder	950 g	1
Herve	△	●	❖	Würfel	50-200 g	45
Plateau	△	●	❖	Flachzylinder	2,5 kg	45

Zeichenerklärung siehe Seite 34

Links Im Kloster von Leff verkaufen Mönche den dort produzierten Käse. Es handelt sich dabei um eine ähnliche Sorte wie Saint-Paulin, der seit alters in den Klöstern bereitet wurde.

Oben Die Verpackung für den im Kloster von Leff, unweit von Dinant, erzeugten Käse.

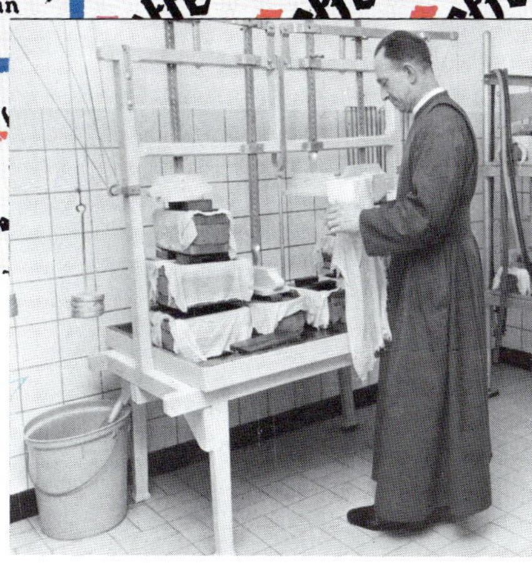

Links Mönch in Leff beim Pressen des Käses.

Hettekaas. Er wird in zwei Phasen aus pasteurisierter, entrahmter Milch hergestellt. Die geronnene Masse wird in kleine Blöcke geschnitten, die sich in den nachfolgenden 12 Stunden zusammenziehen, entwässert und angesäuert werden. Anschließend wird dieser frische Bruch in Säcke gefüllt und auf einem Rost getrocknet. Nun wird der Bruch gemahlen, gesalzen und in Metallbehältern geformt, und später legt man die Käse zuerst auf Brettern, dann auf Binsenmatten zum Trocknen aus. In der zweiten Phase des komplizierten Prozesses läßt man die Käse in einem feuchten Raum zwei Monate reifen. Jeden Tag taucht man sie in lauwarmes Wasser und zuletzt in ein Salzbad. Nun wird der Käse in Stücke geschnitten und in Cellophan verpackt. Nach einer weiteren Behandlung – Baden und Trocknen – füllt man ihn in Schachteln oder Plastikbehälter. Das Endprodukt ist sehr feucht und salzhaltig, wie es dem nationalen Geschmack entspricht.

Schließlich werden in Belgien auch zahlreiche Imitationen ausländischer Käse hergestellt, unter anderem *Gouda, Edamer, Emmentaler* und für den Export *Cheddar, Camembert, Brie* und *Saint-Paulin.*

In Luxemburg beschränkt man sich in der Käseindustrie vor allem auf die Produktion von Frischkäsen wie *Fromage blanc, Cottage cheese* aus entrahmter Milch und *Kachke's Fromage cuit,* ein Käse, der sich mit dem Concaillotte aus der Franche Comté vergleichen läßt.

Die Qualität der belgischen Hartkäsesorten wird durch regelmäßige offizielle Kontrollen überprüft. Bei zwei positiven Bewertungen von insgesamt drei erhält der Käse ein Zeichen, das die Qualität bestätigt, ein Stempel mit roter Tinte kommt auf die Rinde. Dazu wird der Käse mit einem Etikett, das den Ursprung bezeugt, versehen – ein Bild von Breughel, zwei Käseträger darstellend.

Frankreich

Frankreich ist berühmt für seinen erstklassigen Käse. In keinem andern Land findet man einen solchen Reichtum verschiedenster Sorten, von denen einzelne in aller Welt nachgeahmt werden. Die Franzosen sind ausgesprochene Käseliebhaber und essen im Durchschnitt jährlich 16,2 kg Käse pro Person. In puncto Käsekonsum nimmt Frankreich, weltweit gesehen, gleich hinter Griechenland den zweiten Platz ein. Wie der französische Wein, dessen beliebter Gefährte er ist, stellt auch der Käse den Stolz der Herkunftsgegend und des ganzen Landes dar.

Es wäre ein unmögliches Unterfangen, in diesem Buch alle Sorten aufführen zu wollen. Wir schlagen statt dessen eine regelrechte Erkundungstour durch ganz Frankreich vor, wobei wir neben bescheidenem Dorfkäse auch die Aristokraten des französischen Käsesortiments, die Gruyères, Camemberts, Bries und Roqueforts – alles Weltberühmtheiten, die manche Kenner für die besten Käse der Welt halten – in Augenschein nehmen.

Duft und Aroma der Provence

Mit ihrem milden Mittelmeerklima ist die Provence eine der anziehendsten Provinzen Frankreichs. Von der italienischen Grenze bis zur wilden Camargue reichend, bietet die Landschaft abwechselnd das Bild trockener und rauher oder lieblicher und üppiger Vegetation. Im Gebirge, in den Schluchten und Tälern gedeihen reichlich Früchte und Blumen. Vielfältig wie der Charakter von Land und Leuten ist auch die Küche der Provence. Man kocht reichhaltig, scharf und mit Öl. Eigenartigerweise hat die Provence keinen berühmten regionalen Käse aufzuweisen, sondern eher kleinformatige, anspruchslose Erzeugnisse, nach denen man geradezu fahnden muß, um sie zu entdecken: *Cachat* zum Beispiel, ein Schafmilchkäse, den man entweder ganz frisch oder in einer Marinade von Branntwei, Essig, Kräutern und Gewürzen verzehrt. Ferner der *Banon* mit seinem ungewöhnlichen, stark nußartigen Aroma, umrandet mit Bohnenkraut und in Kastanienblätter gehüllt. Den Banon benetzt man mit Branntwein oder Weißwein und bewahrt ihn zwecks Gärung fünf Wochen lang in einem gut verschlossenen irdenen Topf auf. *Poivre d'Ane*, ein einfacher *chèvre* (Ziegenkäse), wird mit Bohnenkraut und Rosmarin gewürzt, die ihm einen echt provenzalischen Duft verleihen.

Oben Ein Sortiment französischer Originalkäse. Nirgends auf der Welt findet man ein so reichhaltiges Angebot wie in Frankreich.

Unten Châteaurenard unweit von Avignon, eine typische südfranzösische Stadt in einer lieblichen Landschaft.

Im Norden der Gegend stößt man eher auf örtliche Spezialitäten – *Picardon* in der Gegend von Drôme und *Pelardon* jenseits der Rhone sind kleine, weiße Ziegenmilchkäse. *Saint-Marcellin* aus Isère ist ein Kräuterkäse, den man unverzüglich konsumiert oder in Kastanienblättern ausreifen läßt. Weiter oben im Gebirge, am Fuß des Montblanc, ist die Urheimat des *Bossons Macérés*, eines speziellen *chèvre*, der in Alkohol, Olivenöl und wohlriechenden Kräutern ausreift, wodurch er ein sehr pikantes Aroma erhält. Hier in den Französischen Alpen treffen wir auch auf die ersten berühmten, in Frankreich hergestellten Käse, die Gruyères.

Der Gruyère-Käse stammt ursprünglich aus dem französisch-schweizerischen Grenzgebiet, das auf französischer Seite Hochsavoyen und die Gegend der Franche-Comté, auf schweizerischer Seite die Kantone Freiburg, Waadt und Neuenburg umfaßt. In diesen Gebieten gleichen sich Sprache und Landschaft,doch das Recht, den Namen Gruyère zu verwenden, war lange ein Zankapfel zwischen den beiden Ländern. Durch die Konvention von Stresa wurde es beiden Ländern zugebilligt.

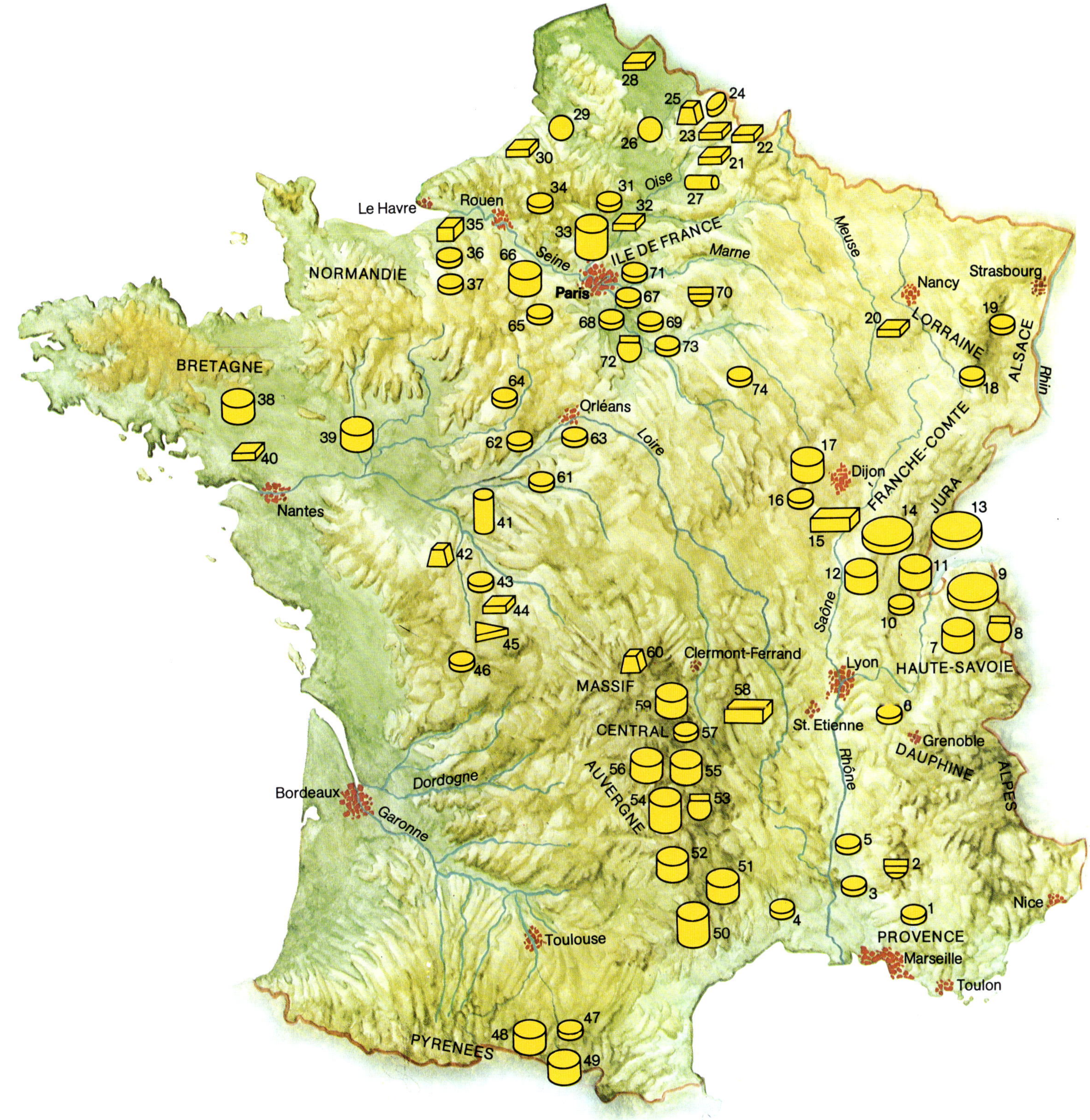

Aunis 45
Baguette 27
Banon 3
Beaufort 14
Bethmale 49
Bleu d'Auvergne 55
Bleu d'Aveyron 52
Bleu de Bresse 12
Bleu de Corse 79
Bleu de Gex, de Septmoncel, du Haute Jura 11
Bleu de Laqueuille 58
Bleu des Causses 51
Bleu de Thiézac 56
Boulette d'Avesnes 25
Boulette de Cambrai 26
Bossons Macérés 8
Boursin 66
Brie de Coulommiers 67
Brie de Meaux 71
Brei de Melun 68
Brie de Montereau 73
Bruccio 78
Cachat 2
Camembert 37
Cantal 54
Carré de l'Est 20
Carré de Saint-Cyr 44
Castillon 47
Cendré de Brie 69
Chabichou 42
Chaource 74
Chèvreton d'Ambert 59
Chevrotin 60
Dauphin 24
Demisel 32
Emmental 9
Fontainebleau 72
Fromage «à la Pie» 70
Fromage de Dreux 65
Fromage d'Epoisses 17
Fromage de la Mothe 43
Fromage de Ruffec 46
Fromage Nantais 40
Géromé 18
Gournay 34
Gruyère de Comté 13
Laumes 15
Livarot 36
Manicamp 22
Maroilles 23
Maroilles Gris 28
Mimolette 29
Monceau 21
Munster 19
Neufchatel 30
Niolo 75
Olivet 63
Orrys 48
Pelardon 4
Petit Suisse 33
Picardon 5
Poivre d'Ane 1
Pont-l'Evêque 35
Port-du-Salut 39
Reblochon 10
Rollot 31
Roquefort 50
Sainte-Maure 41
Saint-Marcellin 6
Saint-Nectaire 17
Saint-Paulin 38
Sartenais 77
Selles-sur-Cher 61
Tomme au Marc de Raisin 16
Tomme d'Aligot 53
Tomme de Savoie 7
Venaco 76
Vendôme 64
Villebarou 62

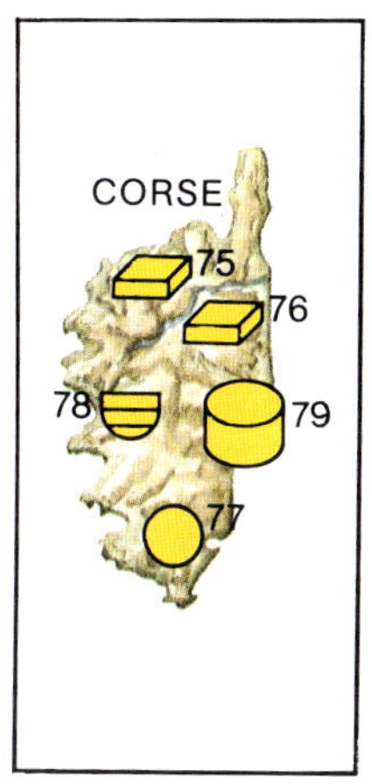

Das französische Grenzland umfaßt hohe Berge und tiefe Täler mit vielen Wasserfällen und Flüssen. Das Klima ist oft rauh und weist ziemlich abrupte jahreszeitliche Wechsel auf. Die Gegend hat ihren ausgeprägten ländlichen Charakter bewahrt, die dort ansässigen Bauern leben auch heute noch meist weitab von den Marktzentren, wodurch sich gewisse Transportprobleme ergeben. Daher waren die Bauern dieser Region schon im Mittelalter gezwungen, einen lange haltbaren Käse zu bereiten, und so wurde der Gruyère geboren. Die Schwierigkeit beim Gruyère liegt darin, daß man für einen einzigen Käse 500 bis 1000 Liter Milch benötigt, was die Leistungsfähigkeit eines einzelnen Bauernhofs übersteigt. Man schloß sich deshalb zu Genossenschaften zusammen. Der Käse wurde in kleinen Hütten, *fruitières* (etwa: Verarbeitungsstätten der Früchte gemeinsamer Anstrengungen) genannt, aus der Gemeindemilch produziert. Die ersten *fruitières* bestanden schon im Mittelalter. 1267 bereiteten die Bauern eines kleinen Juradorfes den *Vachelin*-Käse, einen Vorläufer des Gruyère. In alten Chroniken wird auch von kleinen Ziegenkäsen, sogenannten *Chevrets* berichtet.

Die Kunst der Käsebereitung

Man kennt heute zwei Hauptarten französischen Gruyère-Käses, den *Comté* und den *Beaufort*. In diesem Zusammenhang muß auch der französische Emmentaler erwähnt werden, der in Frankreich früher, im Gegensatz zu heute, als Variante des Gruyère galt.

Sowohl der Gruyère als auch der Emmentaler sind weltberühmt, weil sie vielfältigen Ansprüchen gerecht werden. Aus bescheidenen Anfangsprodukten haben sie sich zu Erzeugnissen gewandelt, die heute nach allen Regeln der Kunst hergestellt werden: der Emmentaler mit großlöchriger Struktur und riesigen Dimensionen; der Gruyère etwas kleiner im Format, aber nicht im Charakter. Sie haben sehr vieles gemeinsam, doch bestehen – vor allem auch im Aussehen – manche Unterschiede. Der Emmentaler zeichnet sich durch große «Augen» aus, während bestimmte Gruyère-Sorten eine geschlossene, manchmal nur durch wenige Risse unterbrochene Struktur aufweisen. Aber es gibt auch Gruyère mit großen Löchern, zum Beispiel den Gruyère de Comté, der ausgeprägte ellipsenförmige Löcher hat, wie die Abbildung auf der nächsten Seite zeigt. Der fürstliche Beaufort besitzt ganz wenige kleine Löcher oder gar keine.

Oben Saint-Claude im Französischen Jura, wo kräuterreiche Alpweiden die Bereitung köstlichen Käses ermöglichen.

Links Saint-Véran in den Französischen Alpen ist das höchstgelegene, ganzjährig bewohnte Dorf Europas.

Diese Käsesorten stellen eine herrliche Bereicherung der Käseplatte dar. In der Küche werden sie auf jegliche Art und Weise verwendet. Nur wenige andere Käsesorten eignen sich so gut für das Repertoire der französischen Küche. Dieser Meinung sind sowohl renommierte Küchenchefs als auch biedere Hausfrauen.

Comté – der Liebling der Franzosen

Wie beim Champagner ist Frankreich auch für den *Gruyère de Comté* sein eigener bester Kunde. Der Käse hat eine leicht feuchte und mürbe Rinde: die Konsistenz ist fest, aber sehr elastisch, und die Löcher – oder «Augen» – sind nußgroß. Dank dem sich auf der Rinde entwickelnden Schimmelpilz sind Aroma und Geschmack des Gruyère de Comté ausgeprägter als beim Emmentaler. Comté wird aus Abendmilch hergestellt, die in hölzernen oder metallenen Gefäßen aufbewahrt wird, bis sich Rahm gebildet hat. Die entrahmte Milch wird mit Morgenmilch vermischt, beide zusammen werden roh verarbeitet und nicht der beim schweizerischen Greyerzer üblichen Hitzebehandlung unterzogen. Dies beinflußt den langsamen Reifungsprozeß – er dauert mindestens sechs Monate und erfordert eine konstante Temperatur von 18 bis 20° C. Der Käse muß wegen der Entwicklung des Rinden-Schimmelpilzes ständig überwacht werden. Er wird nicht gebürstet, wie dies beim Beaufort der Fall ist, sondern mit einem in Salzwasser getränkten Tuch abgewischt. In den Kellern der Käsehütten reicht der Platz nicht aus, um die Käse sechs Monate zu lagern, während die Produktion ihren Fortgang nimmt. Die unreifen *Comté Blanc* werden daher an *affineurs* verkauft, die die Käse in ihren geräumigen Kellern lagern und ausreifen lassen, bevor sie sie auf den Markt bringen. Bauern, Käser und *affineurs* sind im *Syndicat du Véritable Gruyère de Comté* zusammengeschlossen, das strenge Produktionsvorschriften erlassen hat, um die Qualität des Käses zu garantieren.

Beaufort, Prinz der Gruyères

In Vergleich zum Comté ist der *Beaufort* (de Montagne) fast «blind», wie die Experten zu sagen pflegen: er darf keine Augen, d.h. keine Löcher haben. Seine

Konsistenz ist weich und rahmartig, sein Aroma fruchtig, und seine Form liegt irgendwo zwischen dem gradseitigen Comté und dem konvexseitigen Emmentaler. Der Beaufort wiegt normalerweise 30 bis 60 Kilo. Der französische Schriftsteller Brillat-Savarin, einer der berühmtesten Feinschmecker des frühen 19. Jahrhunderts, hat den Beaufort «Prinz der Gruyères» genannt.

Seine Berühmtheit ist vor allem auf die Verwendung von äußerst reichhaltiger Milch zurückzuführen, die aus den 1500 bis 2500 Meter hoch gelegenen Tälern von Tatentaise und Maurienne stammt, wo die Kühe im Sommer auf saftigen Alpweiden grasen. Die Milch wird nach althergebrachten, von Generation zu Generation überlieferten Rezepten zu Käse verarbeitet. Die Käse reifen im Keller der Genossenschaft, im Cave de Gruyère de Beaufort, bei einer Temperatur von 10 bis 12° C.In den ersten zwei Monaten werden sie am Morgen gesalzen, am Nachmittag gebürstet und am nächsten Tag gewendet. Später erfolgt diese Prozedur nur noch alle drei Tage. Die Produktion des Beaufort de Montagne ist relativ begrenzt, obschon in den Tälern im Winter auch kleinere Mengen *Beaufort d'Hiver* oder *Laitier* produziert werden.

Oben Hier in der Haute-Savoie ist die Heimat des französischen Gruyère: Comté und Beaufort.

Links Ein französischer Gruyère mit seinen charakteristischen großen Löchern. Der Hauptteil des Gruyère wird im Lande selbst konsumiert.

Unten Darstellung einer französischen Gruyère-Käsefabrik aus dem späten 19. Jahrhundert. Das Verfahren mag uns heute primitiv vorkommen, doch es bedeutete den Beginn der Massenproduktion. In der Mitte steht der große Käsekessel. Darüber hängt in einem Tuch der Bruch. Der Mann rechts davon überwacht das Feuer, das unter anderem dazu dient, den Käse wieder aufzuwärmen. Im Vordergrund sieht man eine Doppelpresse.

Emmentaler, ein arbeitssparender Riese

Der französische Emmentaler ist ein Abkömmling des berühmten Schweizer Käses aus dem Emmental im Kanton Bern, doch in Frankreich wird er als eine der ursprünglichen Arten des französischen Gruyère betrachtet. Heute ist der französische Emmentaler beiden ebenbürtig. Er ist der Stolz von Haute Savoie, Haute Marne, Haute Saône und Côte d'Or. Nirgends auf der Welt wird soviel Emmentaler produziert wie in Frankreich, das mehr davon herstellt als seine größten Konkurrenten: die Vereinigten Staaten, Deutschland, Österreich, Finnland, ja sogar das Ursprungsland Schweiz. Trotzdem wird, wie die Franzosen betonen, der Käse nicht für den Export produziert. Fast der gesamte Emmentaler wird von den Franzosen selbst konsumiert, ja die Nachfrage ist derart groß, daß noch zusätzlich Emmentaler aus seinem Ursprungsland importiert wird – keine sehr weite Reise für den Emmentaler aus der Schweiz, da man rund um den Genfer See sehr viel Käse produziert.

Der französische Emmentaler, ein riesiges Käserad, hat in der Regel einen Durchmesser von einem Meter. Man erkennt ihn an dem roten Ursprungszeichen. Das milde, ein wenig süßliche Aroma erinnert an frische Nüsse. Die Konsistenz ist weicher als diejenige des Greyerzer, und der Emmentaler hat zahlreiche große Löcher. Im Laufe des Reifungsprozesses wird die harte Rinde dunkelgelb oder hellbraun. Dieser Riesenkäse wird auf vollautomatische Weise in großen Käsefabriken produziert. Sogar das Bürsten, Polieren und Wenden wird ausschließlich von Maschinen besorgt. Der Automationsprozeß ist technisch so hoch entwickelt, daß man in einer modernen Emmentaler-Käse-Fabrik nur relativ wenige Arbeitskräfte benötigt.

Neben den Gruyère- und Emmentaler- Hartkäsen werden an den Abhängen entlang der Schweizer Grenze verschiedene Weichkäsesorten produziert. In Savoyen nennt man diese im allgemeinen *Tommes,* wobei der *Tomme de Savoie* eine der bekanntesten Varianten ist. Wenn diese Käse nach althergebrachter bäuerlicher Methode bereitet werden, läßt man sie im Keller reifen. Manchmal behandelt man sie mit Branntwein und bürstet sie, manchmal bedeckt man sie mit Traubentrester. Dies ist beispielsweise beim *Tomme au raisin* der Fall. Beim Wenden preßt der Käser den Schimmelpilz von Hand in die Rinde. Die sich nach und nach entwickelnde Kruste bekommt graue, weiße, gelbe und rote Flecken und wird sehr trocken. Der moderne Herstellungsprozeß verlangt, daß die Käse in vereinfachter Weise präpariert werden, um die charakteristische Rinde zu entwickeln. Der elfenbeinfarbige bis gelbliche Käse weist einen Fettgehalt von 10 bis 30 Prozent auf und hat ein frisches und ausgeprägtes, manchmal leicht bitteres oder säuerliches Aroma. *Reblochon* ist ein anderer Bergkäse, der wie der Tomme zur Reifung im Keller gelagert wird. Es handelt sich dabei um einen Halbhartkäse mit einer dunkelgelblichen gewaschenen Rinde. Die reichhaltige Vollmilch wird unverzüglich, das heißt in noch kuhwarmem Zustand, verarbeitet. Dies verleiht dem Reblochon sein charakteristisch mildes, rahmartiges und wohlschmeckendes Aroma.

Im Haut Jura, in Gex und Septmoncel, findet man zwei köstliche Blaukäse, die beide offiziell als *Bleu du Haut Jura* bezeichnet werden dürfen. Genaugenommen heißt der eine *Bleu de Gex,* der andere *Bleu de Septmoncel.* Wie bei dem Tomme handelt es sich um eine altüberlieferte Sorte, die einst in den hoch oben auf den Bergen gelegenen Hütten bereitet wurde, heute aber in kleinen zentralen Molkereibetrieben produziert wird.

Hocharomatischer Käse

Der *Bleu de Bresse,* der aus dem Gebiet der saftigen Weiden zwischen der Saône und dem Jura stammt, ist weitaus haltbarer und widerstandsfähiger als der erwähnte Blaukäse. Obschon kleiner im Format, hat er vieles mit dem Gorgonzola gemeinsam, ist aber milder im Aroma. *Cancoillotte* (oder Cancaillotte) ist ein junger Frischkäse, ein größtenteils hausgemachtes Produkt aus der Umgebung von Besançon. Zwecks Gärung bewahrt man diesen Käse an einem warmen Ort in der Küche auf, wo er ein unverkennbares und starkes Aroma entwickelt. Dann wärmt man ihn mit Milch oder mit Butter und weißem Wein auf, je nach dem Familienrezept. Der geschmolzene Käse, der *fromage fondu,* wird in ein Gefäß gegossen und stehen gelassen, bis er eine dicke Paste bildet, die mit verschiedenen Gerichten kombiniert werden kann: mit einer pikanten Torte, mit Kartoffeln und Spiegeleiern usw. Heißer Cancoillotte wird als Snack mit frischem Brot oder Toast gegessen.

Oben Das Elsaß ist berühmt für seinen Käse und seinen Wein – zwei ausgezeichnete Partner. Hier ein Bild der berühmten Weinstadt Riquewihr mit ihren malerischen Häusern.

Links Traubentrester bedecken die Rinde eines Fondu au Raisin.

Unten Käse im Keller eines gut assortierten Käsegeschäfts. Links oben sieht man Langres, darunter Carré de l'Est. Zuunterst befinden sich herzförmige Rollots und rechts Rahmkäse.

Eine ganze Anzahl dieser regionalen bäuerlichen Käse werden speziell behandelt, damit sie ein pikanteres Aroma erhalten. Man mengt ihnen Kräuter bei oder taucht sie in Wein, Branntwein oder gar Kaffee, wie den *Laumes*-Käse.

In der burgundischen Côte-d'Or, etwas westlich von Dijon, liegt das kleine Dorf Epoisses, wo der *Fromage d'Epoisses* aus einer Mischung gekühlter Abendmilch und frischer Morgenmilch produziert wird. Sobald sich der Schimmelpilz gebildet hat, taucht man den Käse ins Wasser oder in *Eau de vie* (Branntwein), das aus Traubentrester gebrannt und *Marc de Bourgogne* genannt wird. Kurz bevor sie verkauft werden, taucht man sie nochmals in Marc, der durch einen guten weißen Burgunder verstärkt wurde. Die solchermaßen behandelten Käse werden als *Epoisses confits au vin blanc* oder *confits au Marc* bezeichnet. Eine Variante des *Tomme au Raisin* ist der *Tomme au Marc de Raisin,* der mit Traubentrester überzogen und gelagert wird, bis er eine harte Kruste bildet. Der *Fondu au Marc de Raisin* gleicht ihm, wird aber aus pasteurisierter Milch hergestellt. Die Körnchen, eine Herausforderung für starke Zähne und robuste Mägen, läßt man bei beiden Sorten am besten auf dem Teller, auch wenn die Hersteller es anders empfehlen!

Erbgut aus Finnland

Wo Frankreich im Nordosten an Deutschland grenzt, gehen die saftigen Weiden und sanften Hügel in die bewaldeten Bergzüge der Vogesen über. Vogesen – das bedeutet Mineralquellen und Kurorte, leichter und köstlicher Wein, Dialekte, in denen sich Französisch und Deutsch vermischen, Würste, Bier und – bäuerliche Käsesorten. Man ißt den Käse mit feingehackter Zwiebel, Kümmel und knusprigem Brot und trinkt dazu ein Glas Bier oder aromatischen weißen Gewürztraminer. Hier in Elsaß-Lothringen ist der bekannteste Käse der *Munster.*

Oben und rechts Munster-Käse-Etiketts. Es gibt nur noch wenige Bauernhöfe, auf denen immer noch bäuerlicher Munster produziert wird. Man findet sie entlang der *Route de Fromage* in den Vogesen westlich der kleinen Stadt Munster.

Der runde Munster soll zuerst von irischen Mönchen bereitet worden sein, die sich im 7. Jahrhundert in den Vogesen ansiedelten. Der gelbfarbene Käse zeichnet sich durch seine orangerote Rinde, seine weiche Konsistenz und sein ausgeprägtes Aroma aus. Der echte bäuerliche Munster wird aber immer seltener und daher auch immer teurer. Da die kleinen frischen Munster-Käse im Freien getrocknet werden, sind die wenigen Bauernhöfe, auf denen sie noch hergestellt werden, unschwer zu finden. Man läßt die Käse eine Woche im Freien, bevor sie im Keller gelagert werden, wo sie zwei Monate lang auf Strohlagen neben bereits vollentwickelten Käsen heranreifen, von denen sie die Rindenflora übernehmen. Fabriken in den Vogesen und anderswo in Frankreich sowie im Ausland wenden diese Methoden ebenfalls an. Sie produzieren unter anderem auch einen großen, *Géromé* oder mit Spitznamen «Rotkopf» genannten Munster, der ursprünglich in den Berghütten von Gerardmer an den östlichen Hängen bereitet wurde.

Ebenfalls aus den Vogesen und andern nordöstlichen Provinzen stammt der quadratische *Carré de l'Est* mit seinem fleckenlos weißen Schimmelpilz. Der *Carré* reift auf Drahtgittern, sein Teig ist homogen und weist einen Fettgehalt von 40 bis 60 Prozent auf. Der Käse ist nur wenig gesalzen, sein Aroma gleicht demjenigen des Camembert, des berühmten Käses aus der Normandie, für den der Carré de l'Est ein respektabler Konkurrent geworden ist.

Links «Guter Käse aus Maroilles, wer kauft meinen guten Maroilles», ruft der Straßenverkäufer. Nach einem Druck von Carle Vernet, 1815.

Ein königlicher Favorit

Der äußerste Nordosten Frankreichs entlang der belgischen Grenze ist reich an saftigen Weiden. Die in dieser Gegend produzierten Käsesorten sind sehr aromatisch. Der berühmteste ist der nach der Stadt Maroilles benannte Käse. *Maroilles* ist die berühmte Spezialität der Region, in der Käse dieser Art seit über tausend Jahren bereitet wird.
Im 16. Jahrhundert war der Ruhm dieser Käse bereits bis an den spanischen Hof gedrungen, der sich diese Erzeugnisse kommen ließ. Manchmal wurde der Käse auf Bestellung produziert:
Im 12. Jahrhundert mußten gewisse Dörfer für die Abtei von Maroilles, deren Schutzpatron St. Johannes war, für den Geburtstag Johannes des Täufers am 24. Juni aus ihrer Milch Käse herstellen. Die Maroilles-Käse brauchen zur Reifung mehrere Monate, in denen sie jeweils sorgfältig gewaschen und regelmäßig gewendet werden. Es sind quadratische, blaßfarbene, weiche und leicht gesalzene Käse mit rötlicher Rinde und einem delikaten, starken und vollen Aroma. Ein Käse wiegt ungefähr 800 Gramm, die etwas kleinere Variante, der *Sorbais,* 600, der nächstkleinere,der *Mignon,* 400, und der allerkleinste, der *Quart,* nur 200 Gramm. Zu den Maroilles-Sorten gehören unter anderem auch der *Manicamp* und der *Monceau,* der französiche, laibförmige *Baguette* und der zweimal gesalzene *Maroilles Gris* oder *Vieux Lille* mit seiner graugetönten Rinde. Letzterer wird fünf oder sechs Monate lang in sehr feuchten Kellern gelagert, wonach er flüssig geworden ist und als überreif betrachtet werden könnte. Er hat ein äußerst scharfes, durch einen deutlichen Ammoniakgeruch gekennzeichnetes Aroma. Ein Großteil der verschiedenen Maroilles-Sorten wird nach wie vor auf den Bauernhöfen hergestellt.

Nach der Legende soll Ludwig XIV. und dem Dauphin anläßlich ihres Besuches in Nordfrankreich junger, mit Gartenkräutern gewürzter Maroilles dargereicht worden sein. Der Käse fand bei den Majestäten solch großen Anklang, daß er von da an den Namen *Dauphin* tragen durfte. Jedenfalls wird heute noch ein mit Kräutern und

Gewürznelken angereicherter Maroilles, der drei Monate in Formen ausreift, so bezeichnet. Das Aroma dieses Käses gleicht demjenigen des *Boulette d'Avesnes,* eines kleinen bäuerlichen Käses aus Avesnes und Umgebung, der aus Buttermilchbruch produziert wird, dem man feingehackte Kräuter beimischt. Nach einer dreimonatigen Reifezeit haben die abgeflachten Kegel eine rötlichgelbe Oberfläche, eine krümelige Konsistenz und ein scharfes Aroma. Auch der *Rollot,* ein schmaler und flacher, rundlicher oder herzförmiger, völlig harmlos aussehender Rahmkäse aus der Picardie zeichnet sich durch ein überraschend pikantes Aroma aus. Ein anderer lokaler Boulette stammt aus Cambrai. Der *Boulette de Cambrai* wird mit Kräutern und Gewürzen schmackhaft gemacht und frisch gegessen.

Nicht alle aus dem Norden stammenden Käse stellen aber solch scharfe Kost dar. *Mimolette* zum Beispiel ist ein sehr milder, orangegefärbter, etwa 3 Kilo schwerer Käse mit einer grauen Rinde. Er gleicht dem holländischen Commissie, einer großformatigen Edamer-Sorte. Die Niederländer nennen denn auch ihre Exportvariante Mimolette, während der französische Käse den Spitznamen «alter Holländer» erhielt. Der Mimolette wird auch noch andernorts in Frankreich, vor allem in der Bretagne, hergestellt.

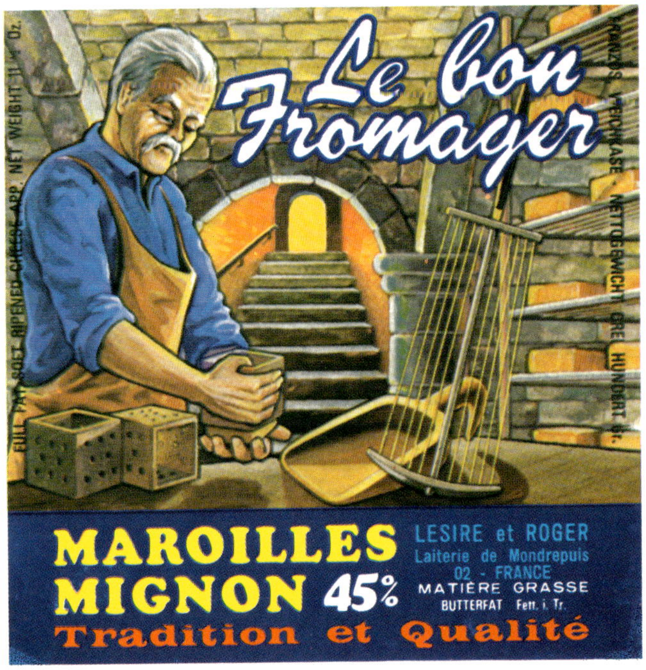

Oben Das Etikett für einen kleinen, nur 300 g schweren Maroilles. Dieser Käse wird in Thiérache in Nordfrankreich vorwiegend aus Milch der Pie-Noir-Kühe bereitet.

Unten Der stark gesalzene Maroilles Gris oder Vieux Lille. Man läßt ihn sehr lange reifen, wodurch er eine graue Kruste erhält.

Ganz unten Die saftigen Weiden der Normandie reichen hier in Etretat, unweit von Le Havre, bis zum Meer. Weiter südlich produziert man einige berühmte Käse: Pont-l'Evêque, Livarot, Camembert.

Französischer Käse mit Schweizer Pfiff

Um die Mitte des vorigen Jahrhunderts lieferte eine Bäuerin aus dem Departement Oise unweit von Paris fast jeden Tag frischen Käse nach Paris. Ein Schweizer Knecht, der auf dem Landwirtschaftsbetrieb der Familie Héroult arbeitete , schlug der Bäuerin vor, dem Frischkäse ein wenig Rahm beizumischen, wie dies in seiner Heimat üblich war. Der Erfolg war so groß, daß Madame Héroult sehr bald Mühe hatte, der Nachfrage gerecht zu werden. So wurde der *Petit-Suisse* geboren. Zusammen mit ihrem Partner Charles Gervais gründete Madame Héroult die Gervais-Käsefabrik, heute eines der bedeutendsten Unternehmen dieser Art in Frankreich. Seiner rahmartigen, weichen Konsistenz wegen wird der Petit-Suisse in Plastik- oder Kartonbehälter verpackt. Er besitzt einen Fettgehalt von 60 Prozent, schmeckt frisch, etwas säuerlich und nußartig. Er ist vor allem als Dessert sehr beliebt. Das gleiche gilt auch für den ihm nah verwandten «halbgesalzenen» *Demi-sel.*

Einstmals eine Weihnachtsspezialität

An den Ufern der Epte in der Gegend der Stadt Gournay findet man die saftigsten Weiden zwischen Paris und dem Meer. Dieses Gebiet, dessen Kühe reichlich Milch geben, aus der feinste Butter und Käse bereitet werden, heißt Pays de Bray. Der berühmteste Käse dieser Region ist der *Neufchâtel.*
Im 15. Jahrhundert kamen englische Kaufleute über Dieppe in das Pays de Bray und kauften dort für den heimatlichen Weihnachtsmarkt unter anderem auch Käse, der von dem heutigen bestimmt nicht sehr verschieden war: klein, etwa 100 Gramm schwer. Kauft man ihn in frischem Zustand, kommt die weiße Flora gerade ein wenig zum Vorschein. Manchmal läßt man den Käse aber auch reifer werden. Neufchâtel hat ein erfrischendes Aroma, ist leicht gesalzen und weich. Er wird in verschiedenen Formen hergestellt, die unterschiedlich benannt werden: der bekannteste ist der zylindrische *Bonde* oder *Bondon;* dann gibt es den quadratischen *Carré,* den rechteckigen *Briquette* und den herzförmigen *Cœur.*

Der Camembert hat seinen Namen von dem Dorf Camembert im Departement Orne in der Normandie. Die Legende besagt, daß dieser Käse im Jahre 1791 erstmals von Marie Harel bereitet wurde, die ihr Rezept später an ihre Tochter Marie weitergab. Diese verkaufte zusammen mit ihrem Mann Victor Paynel den Käse auf dem lokalen Markt, und er wurde so berühmt, daß seiner Erfinderin, der älteren Marie, im nahegelegenen Vimoutiers ein Denkmal errichtet wurde.

Doch wie so oft, steckt auch hinter der Legende des Camembert mehr Phantasie als Wahrheit. Marie Harel erfand weder den Camembert, noch lebte sie in Camembert. Schon in einem Lexikon aus dem 17. Jahrhundert wird der Camembert als köstlicher Käse geschildert, der wie der ausgezeichnete *Livarot* auf dem Markt von Vimoutiers zum Verkauf angeboten wurde. Möglicherweise genoß schon Wilhelm der Eroberer Käsesorten von der Art des Camembert, die allerdings damals als *Augelot,* heute ein Lokalname für den berühmten Pont-l'Evêque, bezeichnet wurden. Augelot-Käse stammte aus dem Pays d'Auge, wo Camembert, Livarot und Pont-l'Evêque seit Jahrhunderten produziert werden.

In früherer Zeit überließ man das Reifen des Camembert der Natur. In einem bestimmten Stadium hatte er eine rote Rinde, später bildete sich eine blaue Kruste, da der Käse für die Entwicklung unerwünschter Schimmelpilze sehr anfällig war. Marie Harel hatte als erste Käsebereiterin eine reguläre Schimmelpilzflora beim Camembert erzielt und kann deshalb als die Erfinderin des *modernen* Camembert gelten.

Seit Ende des letzten Jahrhunderts wird Camembert auch fabriksmäßig hergestellt. Mit der Einführung des weißen, dem Käse eingeimpften Schimmelpilzes *Penicillium candidum* konnte das Produkt erheblich verbessert werden. Leider ist der Käse oft etwas zu stark gesalzen.

Der echte Camembert hat eine feine, sehr weiche Konsistenz und ein ausgeprägtes, pilzartiges Aroma. All diese Eigenheiten bewogen den surrealistischen Dichter Léon-Paul Fargue, den Camembert «pieds de Dieu», «Füße Gottes» zu nennen. Als auch außerhalb der Normandie Camembert-Fabriken errichtet wurden, gründete man das Syndicat des Fabricants du Véritable Camembert de Normandie, um den Käse der Ursprungsregion zu schützen. Man erließ auch Sondervorschriften für den Gournay, den kleineren Camembert, sowie andere ähnliche Sorten.

Links Die bekannte Spanholzschachtel für Camembert löste die Strohverpackung ab. 1890 patentiert, schützte die Schachtel den Käse gut und eignete sich vorzüglich für den Export.

Ganz links Auf dem alten Stich ist die traditionelle Bereitung des Camembert dargestellt. Noch ganz feucht wird der Bruch dem Gefäß entnommen und in kleine Formen geschöpft. Die Kunst besteht darin, die Töpfe mit einer Anzahl übereinanderliegender Schichten zu füllen. Der Käse wird durch sein eigenes Gewicht weiter entwässert, indem die Molke durch die Löcher abläuft.

Unten Die Bauern der Normandie produzieren seit über tausend Jahren Butter, Rahm, Käse und Most. Diese Produkte haben den Speisezettel des Gebiets nachhaltig beeinflußt.

Links Ein Gutshof in der Normandie. Die Gegend weist neben Weideland auch reiche Obstbaumbestände auf. Aus den Äpfeln stellt man Most und Calvados, den Branntwein der Normandie, her.

Unten Das idyllische Tal des Risle, eines kleinen Flusses, der sich durch die Gegend von Camembert in Richtung Seine schlängelt.

Links Die Gestellbretter mit den Formen werden kontinuierlich aufeinandergeschichtet und gewendet. Man beachte den nassen Bruch in den hohen Formen; er wird sich schließlich zu dem vertrauten, runden Camembert entwickeln.

Oben Betriebsraum der Milchgenossenschaft von Vicq, Frankreich. Die Käsebereitungswannen im Vordergrund sind erheblich kleiner als die auf der Zeichnung unten. Rechts sind Arbeiter damit beschäftigt, Verteilerplatten zu entfernen und Gestellbretter mit Formen aufeinanderzuschichten.

Oben Die erforderliche Menge nassen Bruchs wird auf die Verteilerplatten geschichtet. Es ist wichtig, daß jede Form gleichmäßig gefüllt wird.

A. Dieser Tank enthält pasteurisierte Käsemilch. Nach Beifügen einer Bakterienkultur wird die Milch in eine oder mehrere Käsebereitungswannen gepumpt. Ihre Temperatur sollte bei 31 bis 32 °C liegen.

B. Die Käseherstellungswannen sind breit und offen, ähnlich wie die traditionelle Art. Man fügt der Milch Lab zu und – beim modernen Produktionsverfahren (wie hier dargestellt) – auch gleich den Camembert-Schimmelpilz. Die Milch in der Wanne braucht etwa eine Stunde, um zu gerinnen. Von rechts nach links sind die aufeinanderfolgenden Stadien wiedergegeben: die erste Wanne ist mit Milch gefüllt; in der zweiten Wanne gerinnt die Milch; in der dritten Wanne bildet sich der Bruch; aus der vierten Wanne wird der Bruch in die Formen gefüllt; die letzte Wanne ist leer und bereit, wieder präparierte Milch aufzunehmen.

C. Diese alles andere als traditionelle Vorrichtung ist das Rührwerk. In irgendeine der Wannen gesenkt, mischt und rührt dieses den Bruch sorgfältig, indem es langsam rotiert. Dieser Phase geht das Schneiden der geronnenen Masse, sei es von Hand, sei es mechanisch, voraus. Die Bruchschicht sollte etwa 1,5 bis 3 Zentimeter messen. In der Zwischenzeit kann etwas Molke ablaufen.

D. Ist der Bruch bereit, wird diese Einfüllschraube in die Wanne getaucht, der sie voll angepaßt ist. Sie dreht sich langsam und befördert die Bruch-Molke-Mischung durch die Öffnung am Ende der Wanne in die Formen. Bei einer vollen Umdrehung der Schraube wird genug Bruch durchgetrieben, um die Formen auf einem Gestellbrett zu füllen.

E. Die Formen stehen auf Gestellbrettern. Über diesen befindet sich eine Verteilerplatte mit Öffnungen, wodurch die richtige Füllung der Formen gewährleistet wird.

Links Ursprünglich gedieh der weiße Schimmelpilz allmählich von selbst auf dem Käse. Bei der modernen Käsefabrikation werden die Käse mit *Penicillium candidum* besprengt, während sie im Gärraum trocknen und heranreifen.

Links Frische Camemberts im Gärraum. Auf einigen beginnt sich schon der weiße Schimmelpilz zu entwickeln.

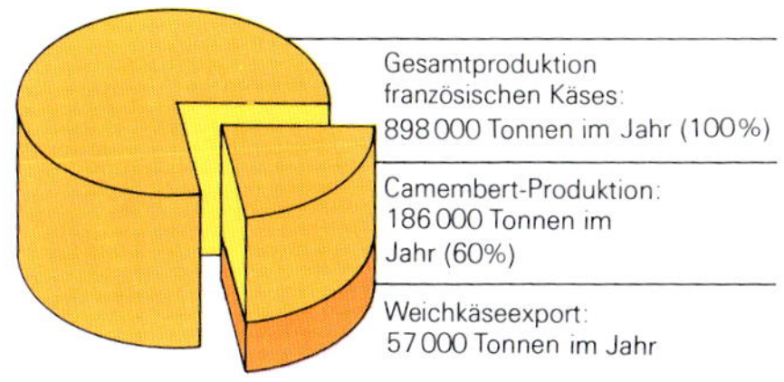

Unten Camembert wird in den herkömmlichen hohen Formen (links oben) bereitet. Andere Weichkäse werden in einer Vielfalt von Formen produziert. Man beachte die Löcher, durch die die Molke abfließen kann. Aus demselben Grunde haben manche Formen überhaupt keinen Boden.

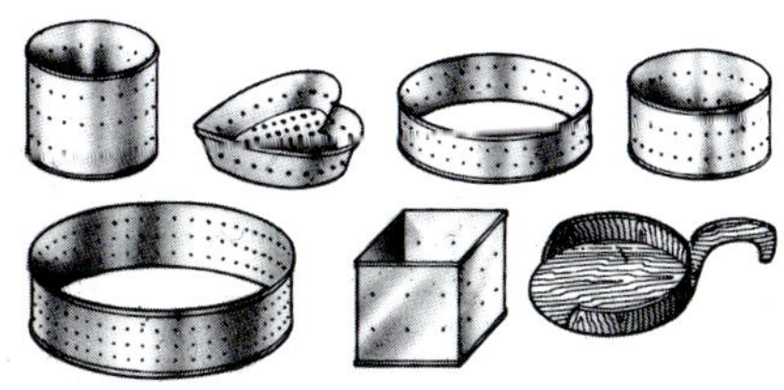

F. Am Ende des Förderbandes werden die Gestellbretter mit den Formen gestapelt. Dadurch fließt ziemlich viel Molke ab, da die Käse gleichsam durch ihr eigenes Gewicht gepreßt werden, und der Bruch vermindert sich.

G. Nach etwa 24 Stunden werden die Käse aus der Form genommen und gesalzen, in der Regel mittels eines Salzbads. Große, mit dem jungen Käse gefüllte Behälter werden in eine Salzlösung getaucht.

H. Der Käse wird getrocknet und in den sehr feuchten Gärraum gebracht. Bei einer Temperatur von 13 bis 15°C beginnt sich der charakteristische weiße Schimmelpilzbelag zu bilden. Nach 7 bis 12 Tagen werden die Käse verpackt und verteilt. Der Käse besitzt nun einen gleichmäßigen, reinweißen Schimmelpilzbelag, doch im Innern hat die Reifung eben erst begonnen, und es bedarf einer weiteren Periode, bis der Käse «à point» ist. Während des Transportes und der Lagerung im Ladengeschäft nimmt die Reifung ihren Fortgang.

Zahlreiche Weißkäse mit oder ohne Schimmelpilzbelag werden auf solche Weise produziert, unter anderem auch der Brie und der Carré de l'Est. Zwei Drittel der Weichkäseproduktion Frankreichs stellt jedoch der Camembert.

Camembert, Pont-l'Evêque und Livarot, drei weltberühmte Käsesorten aus dem Pays d'Auge, werden durch Markierung des Syndicat de la Marque d'Origine Pays d'Auge als Originalerzeugnisse gekennzeichnet. Wie die meisten in größeren Mengen verkauften Käse wird auch der Pont-l'Evèque vorwiegend in Fabriken hergestellt, und zwar aus sehr frischer Milch. Man läßt die kleinen Käse vier bis fünf Wochen trocknen, dann werden sie gewaschen, wodurch die Rinde eine gelbe Farbe und der Käse ein stärkeres Aroma erhält. Nichtgewaschener Käse bekommt eine graue Rinde und Risse im Teig. Der blaßgelbe Käse weist eine weiche und elastische Konsistenz auf. Varianten des Pont-l'Evèque sind *Trouville* und der weitaus größere *Pavé de Moyaux*.

Livarot – es existiert auch eine lokale Variante, der *Lisieux* – wird heute aus einer Mischung entrahmter Abendmilch und frischer morgendlicher Vollmilch produziert. Man lagert den Käse zum Reifen nicht auf dem Bauernhof, sondern verkauft ihn auf den Märkten von Livarot oder Vimoutiers als *Livarot Blanc* an die *affineurs,* die in der Normandie *cavistes* (Kellermeister) genannt werden.

«Der Käse ist da»

Gegen Süden zu, wo sich der Fluß Mayenne träge durch die Normandie in Richtung Loire windet, liegt Entrammes mit seiner 1233 erbauten Abtei von Notre Dame de Port-du-Salut. Nach dem Ende der Napoleonischen Herrschaft kehrten Trappistenmönche mit etwa einem Dutzend Kühen aus dem Exil ins Kloster zurück. Sie begannen einen herrlich mundenden Käse herzustellen, zuerst allerdings nur für den Eigenverbrauch. Später erhöhten sie ihre Produktion und verarbeiteten auch die von den ortsansässigen Bauern gelieferte Milch, und schon bald gelangte der Port-du-Salut auf den Pariser Markt. Ein Käsehändler namens Mouquet, der in der Seinestadt schon vor über hundert Jahren Käse verkaufte, pflegte beim Eintreffen jeder neuen Käselieferung ein Schild mit der Aufschrift «Der Käse ist da» aufzuhängen – und binnen einer Stunde war alles ausverkauft. Die noch immer nach althergebrachtem Rezept ablaufende Produktion erbringt etwa 200 000 Käse im Jahr. Port-du-Salut ist ein lange haltbarer, flacher, zylindrischer Halbhartkäse mit blaßgelber Rinde und mildem Aroma.

Links Nicht weniger als 22 Goldmedaillen zeugen von dem hohen handwerklichen Standard, der die Produktion dieser Marke von Pont-l'Evêque auszeichnet.

Links Livarot, einer der drei berühmten Käse aus dem Pays d'Auge. Er besitzt eine elastische Struktur mit kleinen Löchern, einen frischen, milden Geschmack und ein überraschend kräftiges Aroma.

Ganz links Kleine Camemberts in den Kellerräumen eines Käsehändlers.

Links Dieser Trappistenmönch wäscht die kleinen, von ihm und seinen Ordensbrüdern in der Abtei von Notre Dame de Port-du-Salut in Entrammes hergestellten Käse.

Unten Die kleinen, delikaten, Sainte-Maure genannten Ziegenkäse (chèvres) erkennt man an den längs im Käse steckenden Hölzchen. Böse Zungen behaupten, daß ohne sie der Käse auseinanderfallen würde! Es handelt sich dabei um einen ungewöhnlich zarten und aromatischen Käse aus der Touraine, dem «Garten Frankreichs». Der Sainte-Maure ist in jener Gegend sehr beliebt und schmeckt mit einem kühlen, trockenen Loirewein wie Muscadet besonders gut.

Links Auf der Insel Korsika werden zahlreiche Ziegenmilchkäse hergestellt. Sie sind ausgesprochen scharf und wie die Bewohner Korsikas von sehr individuellem Charakter.

Andere Trappistenklöster folgten dem Beispiel und produzierten einen Käse «nach Art des Port-du-Salut». 1878 wurde der Name des ursprünglichen Abteikäses unter gesetzlichen Schutz gestellt. 1909 beteiligten sich die Mönche von Entrammes an der Errichtung einer ultramodernen, weitab von der Abtei gelegenen kommerziell betriebenen Fabrik, wo der Käse unter der Bezeichnung *Port-Salut* hergestellt wird. Der überall in Frankreich bereitete *Saint-Paulin* darf als naher Verwandter des Port-Salut gelten, obschon er nicht auf genau gleiche Weise produziert wird.

Seltene und würzige Käse aus dem Herzen Frankreichs

Zwischen Tours und Poitiers liegt ein durch die Zuflüsse der Loire bewässerter, überaus fruchtbarer Landstrich, «Garten Frankreichs» genannt, die Touraine. Die Bauern der Touraine produzieren einen hellglänzenden, sehr beliebten Ziegenkäse, den *Sainte-Maure,* dessen Bereitung und Reifungsverfahren vom Rezept des Camembert beeinflußt sind.

Westlich der Touraine, an der Küste des Atlantischen Ozeans, liegt das Departement Vendée. Hier empfiehlt es sich, den *Fromage Nantais,* auch *Fromage de Curé* genannt, zu kosten, einen kleinen, quadratischen Käse, der erstmals im Jahre 1890 von einem ortsansässigen Curé produziert wurde. Damals kannte man ihn unter dem Namen *Petit Breton.* Nach dem Eintreffen eines belgischen Käsers stieg die Käseherstellung sprunghaft an. Das Ganze erhielt nun einen mehr professionellen Anstrich. Der Käser modifizierte das Rezept und paßte es einigermaßen dem Geschmack seiner eigenen Landsleute an. Deshalb gleicht der Käse ein wenig dem Remoudou. Fromage de Curé wird auch in Großbritannien produziert. Reisen wir von der Vendée aus weiter gegen Südosten nach Vienne, Deux-Sèvres und Charente, kommen wir in eine Gegend, wo die Bauern dafür berühmt sind, daß sie Dutzende verschiedener Käsesorten, meist junge Molkenkäse und *chèvres,* Ziegenmilchkäse, herstellen, die nur kurze Zeit reifen und außerhalb des Herstellungsdistrikts nicht zu finden sind. Da gibt es zum Beispiel den *Fromage de la Mothe,* den man etwa zwei Wochen zwischen Reben- oder Platanenblättern reifen läßt; den *Chabichou,* den *Carré de Saint-Cyr* und den *Fromage de Ruffec;* schließlich noch eine seltene Sorte für den Kenner: einen dreieckigen Schafkäse namens *l'Aunis.*

Unten In den Pyrenäen, wo man würzige Käse nach spanischer Art bereitet, verarbeitet man einen Großteil der Schafmilch zu Frischkäse, der dann nach Roquefort gesandt wird. Dort kommt er zur Reifung in die berühmten Keller, wo er den unnachahmlichen blaugrünen Schimmelpilz entwickelt.

Vielleicht entschädigen Eigenart und Seltenheitswert dieser kleinen Käse den Kenner für das spärliche Angebot im südlichen Bordeaux. Man findet keinen einheimischen Käse im Weinland – die Rebberge lassen wenig Platz für Weiden. Jenseits des Département des Landes bieten die Hügel am Fuße der Pyrenäen gutes Weideland für das Vieh. Unter dem Einfluß der spanischen Küche bereiten die Alphirten ihren eigenen Frischkäse, den sie mit Pfeffer und Piment würzen, vor allem im Baskenland. Solche Produkte sind der *Orrys* und der *Castillon.* Im Winter, wenn das Vieh im Stall bleiben muß, wird *Bethmale*-Käse (auch als *Aulus* oder *Oustet* bekannt) bereitet, eine harte, würzige Sorte, die sich sehr gut als Reibkäse eignet. Einige Käse aus diesem Gebiet in den Pyrenäen werden aus der Milch von Mutterschafen gewonnen und unbehandelt nach Roquefort gesandt, damit sie dort in den einzigartigen heimatlichen Höhlen des berühmten Blaukäses reifen.

Die ländlichen Käse Korsikas

Korsikas wilde, gebirgige Landschaft mit ihren Pinienwäldern, ihren Wasserfällen, ihren eiskalten Flüssen, Schründen und Klüften ist ein ausgesprochenes Schaf- und Ziegenland. Die Alphirten stellen aus der Milch beider Tierarten, manchmal aus einer Mischung, Käse her. Aus dem Norden und der Mitte der Insel stammen der quadratische und rahmartige *Niolo* und der etwas stärker gesalzene *Venaco,* den man drei Monate lang ausreifen läßt. Im Süden produziert man *Sartenais* und *Bruccio,* einen Frischkäse, der manchmal gesalzen und für den Winter aufbewahrt wird. Die meisten Käse Korsikas sind kräftig, rauh und «ziegenartig», wie es den Erwartungen entspricht. Auf der Insel wird aber auch ein Blaukäse, der *Bleu de Corse* bereitet, der dem Roquefort gleicht. Der Hauptteil der Schafmilch wird aber zu «weißem» Roquefort verarbeitet und zur Reifung «nach Hause» in die Roquefort-Keller gesandt.

Ein Wunderkäse

Käsekenner geraten angesichts eines Roquefort in helles Entzücken. Sie rühmen ihn als köstlichen, vornehmen, delikat geäderten und marmorierten Käse mit blaugrüner Schimmelpilzflora. Manche würden darauf schwören, daß der Roquefort einmalig, daß er der beste Käse der Welt sei.

Links Eine Schafherde an der Tränke an einem der spärlichen Weiher auf dem ausgedehnten, trockenen Plateau von Larzac.

Links Roquefort-Käse. Die Legende besagt, daß einst ein Hirte ein Stück frischen Quarkkäse in den Höhlen von Roquefort zurückließ. Als er ihn holte, war der Käse schimmlig geworden, schmeckte aber so aromatisch, daß die Bauern beschlossen, all ihre Käse auf solche Art reifen zu lassen.

Rechts Die großen, runden Formen werden mit Bruch gefüllt.

Oben Proben von Käse und Schimmelpilzkulturen werden in modernen Laboratorien ständig überprüft.

Rechts Die Käse reifen langsam in den kühlen Kellern, in die immer frische Luft eindringt, die die Sporen von *Penicillium glaucum Roqueforti* überall in den Gewölben verteilt. Dem verdankt der Roquefort seinen einzigartigen Charakter.

Der Roquefort-Käse stammt aus einer südlich des Zentralmassivs und südwestlich der malerischen Gorges du Tarn gelegenen Gegend mit spärlichem Weideland. Das Dorf Roquefort-sur-Soulzon steht auf den Überresten eines Berges, des Combalou. In prähistorischer Zeit drang Wasser durch den porösen Kalkstein,und es entstand ein gigantisches unterirdisches Wasserreservoir, das die Fundamente des Combalou schließlich so stark untergrub, daß eines Tages der ganze Berg einstürzte.

Durch den Einsturz und die dadurch bewirkten Verlagerungen entstanden Spalten, *fleurines* genannt, die natürliche Kamine und Luftschächte bilden. In den unterirdischen Höhlen zirkuliert stets frische Luft, die die Feuchtigkeit gleichmäßig verteilt. Der Berg atmet. Kondensation und Verdampfung halten sich die Waage, Luftdruck und -temperatur sind ebenfalls im Gleichgewicht, und das Mikroklima ist ungewöhnlich rein. Hier entwickelt sich *Penicillium roqueforti,* Schimmelpilzkulturen, die auf organischen Substanzen gedeihen.

Der kärgliche Boden der trockenen Hochebenen, der *causses,* erlaubt nur eine bescheidene landwirtschaftliche Nutzung. Doch trotz des mageren Graswuchses gedeihen die Schafe ausgezeichnet. Dies bewog die Bewohner, aus der Schafmilch den Roquefort herzustellen, ein Erzeugnis, das der Gegend viel Ruhm und Wohlstand bescheren sollte. Es liegt nicht an der Milch der Lacaune-Schafe; erst während seiner Reifung im Herzen des Combalou erhält der Käse dank *Penicillium roqueforti* seine grünlichblauen Adern und sein einzigartiges Aroma.

Ein Roquefort gedeiht zu einem wahren Wunder an Blaukäse, wenn man ihn kunstgerecht behandelt, d.h. zunächst mit einer dünnen Salzschicht überdeckt, bürstet, einsticht und in den Höhlen so lagert, daß er voll und ganz von der feuchten Luft profitiert. Einige Wochen später wird er in Folie eingewickelt, in der er weiterreift. Der zylinderförmige Roquefort wiegt rund 2,7 Kilo, wird aber auch in kleineren, vorverpackten Portionen verkauft. Sein weißer, von blaugrünen Adern durchzogener Teig ist recht mürbe. Geschmack und Aroma dieses Schafkäses, der als einziger seiner Gattung Weltruhm erlangte, sind recht pikant, doch in diskret-vornehmer Weise. Für den Export wird er mit einem Garantiezeichen versehen.

Eine vulkanische Gebirgslandschaft mit Mineralquellen, auf Felsterrassen erbauten Städten und Dörfern, kräuterreichen Weiden und hohen Pässen, gab das Departement Cantal einem vermutlich schon im Altertum hergestellten Käse seinen Namen. Plinius der Ältere schildert einen aus der Nähe von Lozère und Gévaudan stammenden Käse, der in mancher Hinsicht dem heutigen Cantal ähnelt. In der von d'Alembert und Diderot 1751–1780 herausgegebenen Enzyklopädie figuriert ein Käse namens *Fourme de Cantal,* wobei eine Illustration die für dessen Herstellung erforderlichen Geräte wiedergibt. Diese riesigen, trommelförmigen Käse wurden in der Haute Auvergne und in Cantal schon seit Jahrhunderten verkauft. Der *Cantal Fermier* wird nach wie vor nach althergebrachter Methode wie folgt bereitet:

Von Mitte Mai bis Anfang Oktober halten die Hirten das Vieh auf den Alpweiden. Es sind größtenteils Tiere der mahagonifarbenen Salers- oder der etwas kleinwüchsigeren Gebirgsrasse der Aubracs, wobei eine Herde rund 50 bis

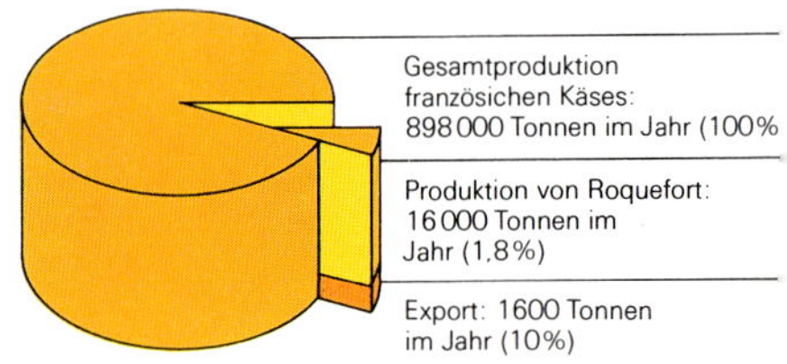

60 Stück zählt. In ihren alten, oft baufälligen Steinhütten bereiten die Hirten aus der täglich anfallenden Milch mittels eines recht mühseligen Verfahrens ihren Alpkäse. Nachdem er eine Stunde lang gepreßt wurde, wird der Bruch in Streifen geschnitten und erneut gepreßt. Diese Prozedur wird sechs- bis zehnmal wiederholt. Dann bleibt der Bruch 24 bis 36 Stunden in der Käsepresse. In dieser Zeit beginnt er zu reifen. Er wird erneut gepreßt und in bestimmten Zeitabständen gewendet, wobei jedesmal die Rinde poliert wird. Diese Behandlung wird drei Monate lang alle zwei Tage durchgeführt. Zweimal pro Saison fahren die Hirten zu Tal, um ihre Käse, die manchmal bis zu 45 Kilo wiegen, abzuliefern.

Moderne Herstellungsmethoden

Zu Beginn weist die Rinde des Cantal goldfarbene Flecken auf, die mit zunehmender Reifung verschwinden. Die Rinde wird allmählich immer dunkler, beinahe schwarz. Später färbt sie sich rötlich und zuletzt grauweiß. Der vollrahmige weiche Käse behält den würzigen Kräutergeschmack der Alpweiden. Das Klima, die Höhe, die spezifische Viehrasse – alle tragen das Ihre dazu bei, den Cantal Fermier zu einer Spezialität zu machen. Man bemühte sich deshalb, Gegenden zu finden, wo gleiche Bedingungen herrschen und regionale Käse als Original-Cantal produziert werden können. Solche Regionen sind: das ganze Departement Cantal selbst, acht Gemeinden von Aveyron, fünfundzwanzig Gemeinden von Puy-de-Dôme und eine von Haute-Loire. Die gewichtigsten Käse stammen aus der Gegend von Salers. Wird ein Cantal auf einer Höhe von mindestens 850 Meter ü. M. hergestellt, trägt er die offizielle Zusatzbezeichnung «Haute-Montagne».

Oben Sowohl Viehrasse als auch Weideland sind ausschlaggebend für die Qualität des französischen Molkenkäses. Beliebte Rassen sind: Normandie-, Jersey-, Saler- und Aubracvieh; letzteres eignet sich vorzüglich für Gebirgsgegenden.

Oben Große, trommelförmige Cantal-Käse – *Fourmes de Cantal* – die in einem Keller reifen. Der Cantal ist ein ausgezeichneter, aus dem Massif Central stammender Käse, manchmal auch der «französische Cheddar» genannt. Er hat eine weiche Struktur und ein herrliches Aroma, das an die Wiesen der Auvergne erinnert.

In den Molkereien im Tal, wo nicht mehr die reine Bergluft vorherrscht, wird mittels moderner Einrichtungen ein *Cantal Laitier* aus pasteurisierter Milch hergestellt. Die Bereitungsmethode ist die gleiche wie für den Fermier, aber die Käse reifen höchstens zwei Monate und haben einen weniger würzigen Geschmack. Diese Großbetriebe produzieren auch kleinere Cantal-Käse von 8 bis 10 Kilo Gewicht, die man *Cantalets* nennt. Cantal-Käse darf auch in rechteckiger Form hergestellt werden, vorausgesetzt daß er mindestens zwei Monate ausgereift ist. Schließlich gibt es mehrere zum Teil gereifte Cantals, wie *Tomme d'Aligot* oder *Tomme Fraîche,* die vielfach für die Zubereitung regionaler Gerichte Verwendung finden.

Bleu d'Auvergne

Gebirgswelt und Blaukäse scheinen gut zusammenzupassen. In der Gegend des Massif Central findet man eine ganze Reihe erstklassiger Blaukäse, nicht zuletzt den *Bleu d'Auvergne,* der etwa in derselben Gegend beheimatet ist wie der Cantal. Der flache, zylinderförmige, in der Regel 2 bis 2,5 Kilo schwere Käse soll appetitanregend und verdauungsfördernd sein.

Für die Herstellung dieses relativ kleinen Käses braucht man – der Kargheit des Bodens entsprechend – nicht übermäßig viel Milch. Die zum Teil recht wilde Landschaft ist durchfurcht von tiefen Tälern und Schluchten und nur über enge Gebirgsstraßen zugänglich. Auf den Bauernbetrieben dieser Gegend, die meist einen Viehbestand von 10 bis 15 Stück aufweisen, produziert man seit alters seinen eigenen Käse. Seit 1870 impfen ihn die Bauern mit *Penicillium glaucum.* Obschon die Produktion des Käses heute größtenteils in Käsereibetrieben erfolgt, bereiten in der Region von Thiézac nach wie vor

Oben Das Herstellungsverfahren für Cantal-Käse. Der Bruch wird zunächst in Metallbehältern präpariert.

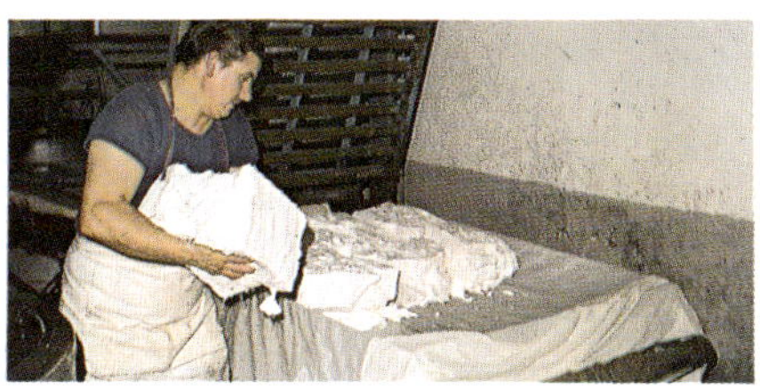

Oben Aus dem Behälter entnommen, wird der in Blöcke geschnittene Bruch zum Pressen auf einen Tisch oder eine Bank gelegt.

Rechts Nach kurzer Zeit wird der Bruch in Streifen geschnitten und nochmals gepreßt.

einige wenige Bauern ihren eigenen, *Bleu de Thiézac Fermier* genannten Blaukäse. Zweimal die Woche liefert der Bauer seine Käse (bis vor kurzem mittels Esel- oder Maultiertransport) dem *affineur* ab, der sie zur Reifung lagert.

Für den *Bleu d'Auvergne* eignet sich nur sorgfältig behandelte, hochwertige Milch, da diese im Rohzustand zu Käse verarbeitet wird. Unmittelbar vor der Verarbeitung wird die tiefgekühlte Vorabendmilch kurz aufgewärmt und mit der frischen Morgenmilch vermischt. Man kann die Schimmelpilzkultur, wiederum *Penicillium glaucum,* schon der Milch beimischen. Meist wird sie aber über den in Formen eingefüllten Bruch verteilt. Nachdem die Käse drei oder vier Tage über regelmäßig gewaschen und gewendet worden sind, werden sie im Salzraum, in dem ständig eine Temperatur von 10° C herrscht, mit trockenem Salz eingerieben. Man durchlöchert die Käse, damit Luft eindringen kann und dadurch die Schimmelpilzentwicklung gefördert wird. Im Laufe einer drei- bis vierwöchigen Lagerung in einem feuchten Raum mit einer Temperatur von 8 bis 10° C kommt dieser Prozeß zum Abschluß. Die zunächst gelblichrote Rinde wird nach und nach weißlichrot mit roten Flecken. Sobald die grünen Adern sichtbar werden, verpackt man den Käse in Metallfolien und läßt ihn zwei weitere Wochen in einem Raum bei 2° C ausreifen.

Durch schimmliges Brot zum Denkmal

Dank der großen Erfahrung und der reichen Kenntnisse der Hersteller gehören die verschiedenen Blaukäse des Massif Central zu den besten ganz Frankreichs. Manche werden nach ihrem Ursprungsort benannt, wie zum Beispiel der *Bleu d'Aveyron,* der *Bleu de Thiézac* (der ein ganz individuelles Aroma aufweist, weil er noch warm gesalzen wird) und der *Bleu de Laqueuille.* Letzterer stammt aus dem Distrikt Laqueuille von Puys-de-Dôme. Er hat eine trockenere Rinde und ein etwas weniger prägnantes Aroma als die vorstehend erwähnten. Er zeichnet sich aber durch eine hübsche Äderung aus, die Antoine Roussel 1850 einführte. Roussel tauchte ein Stück schimmliges Brot in den Käsebruch. Dadurch entwickelte sich ein Blaukäse, der so berühmt werden sollte, daß seinem Erfinder ein Denkmal gesetzt wurde, wie dies auch bei Marie Harel der Fall war.

Links Gebirgslandschaft in der Auvergne, Departement Puys-de-Dôme.

Unten links Der Bleu d'Auvergne ist einer der beliebtesten französischen Blaukäse. Er soll appetitanregend und verdauungsfördernd sein, zwei geschätzte Eigenschaften im gelobten Land der guten Küche.

Oben Im 19. Jahrhundert preßte der Bauer den Käsebruch von Hand. Die Molke lief in ein Holzbecken ab.

Schließlich gilt es, den *Bleu de Causses* zu erwähnen, der wie der Roquefort in Höhlen ausreift, deren es in der Auvergne so viele gibt. Sein Aroma hängt von der Bodenbeschaffenheit und von der Menge der Sonnenstrahlung im Sommer ab.

Mit zarter Hand

Bei diesem kulinarischen Streifzug darf man aber auch den *Saint-Nectaire*-Käse nicht vergessen. Er kann neben dem berühmten Roquefort und dem immer wieder ausgezeichneten Bleu d'Auvergne durchaus bestehen. In Puys-de-Dôme in der unmittelbaren Umgebung von Mont Dore beheimatet, war dieser Käse schon zur Zeit Ludwigs XIV. bekannt.
Es handelt sich dabei um einen zarten, kleinen, aus sorgfältig behandelter Milch von Salers-Kühen bereiteten Käse, der von den Bauern alle vierzehn Tage an private oder Genossenschafts-*affineure* verkauft wird. Man läßt die zylinderförmigen Käse auf Strohlagern in feuchten Kellern – oft ehemalige Weinkeller in Clermont-Ferrand – reifen. Nach drei Monaten ist die Rinde gelblich bis ockerfarben gesprenkelt, und nach sechs Monaten sind die Käse qualitativ am besten, d. h. so weich und zart, daß sie, wie man in Frankreich zu sagen pflegt, «auf die leiseste Berührung von zarter Hand reagieren». Sie werden größtenteils in der Gegend selbst konsumiert. Den bäuerlichen Käse erkennt man an seinem ovalen, mit einem grünen Garantiestempel versehenen Etikett. Der in der Fabrik produzierte Käse hat ein rechteckiges Etikett.

Einer der traditionellen Weihnachtssuppen wird mit Saint-Nectaire zubereitet. Man gibt in eine mit Brotstückchen angereicherte Fleischbrühe einige Käsescheiben. Vor dem Servieren wird der Suppe oft auch noch etwas Sahne beigemengt.

Es gibt in Frankreich kaum eine Gegend, die sich nicht der Herstellung eines *chèvre* rühmen könnte, und das Massif Central bildet darin keine Ausnahme. Hier findet man eine ganze Anzahl kleiner charakteristischer Ziegenkäse. Der bekannteste ist der *Chèvreton d'Ambert* oder *Brique de Forez,* der manchmal ausnahmsweise auch aus einer Mischung von Ziegen- und Kuhmilch bereitet wird und dadurch ein weniger scharfes Aroma erhält. Im Laufe einer fünfzehntägigen Reifungsperiode auf einem Roggenstrohlager entwickelt

sich der *Chèvreton* zu einem rahmartigen Weichkäse mit einer relativ festen Konsistenz. Ein anderer lokaler Käse ist der *Chevrotin,* der meist frisch gegessen wird, manchmal unter Zugabe von Doppelrahm und Zucker oder von Salz und Knoblauch. Läßt man diese Käse reifen, lagert man sie in einer Art Taubenschlag auf hohen, im Schatten der Bäume angebrachten Pfählen, wo sie dem Wind, aber nicht den Sonnenstrahlen ausgesetzt sind, die eine rasche Fermentierung und damit eine Beeinträchtigung des besonderen Aromas bewirken würden.

Oben Das auf einem Felsvorsprung erbaute Roque-Sainte-Marguerite im Distrikt Aveyron, wo eine Variante des Bleu d'Auvergne produziert wird.

Links Mahlzeit im Kreise der Familie im Garten des Schlosses von Montmelas, Beaujeu. Bei solchen Gelegenheiten wird den einheimischen Käse- und Weinsorten besonders eifrig zugesprochen.

Alle Wege führen nach Paris

In der Landeshauptstadt und ihrer Umgebung beenden wir unsere kulinarische Entdeckungsfahrt durch Frankreich. Seit Jahrhunderten bildet Paris das politische, administrative und kulturelle Zentrum Frankreichs. Hier entstanden die großen Traditionen der *Haute Cuisine.* In früheren Zeiten wurden die ländlichen Produkte einschließlich mannigfaltiger Käsesorten nach Les Halles, dem Pariser Markt, gebracht. Hier gelangten die Käse zu nationaler Bedeutung, ja zu Weltruhm. Wenden wir uns deshalb dem Brie, dem «König der Käse»zu, dessen Schicksal so eng mit Paris verknüpft ist.

Paris bildet den Mittelpunkt einer Mulde, in der die verschiedenen Erdschichten schüsselförmig ineinanderliegen. Der Wechsel von härteren und weicheren Schichten hatte die Herausbildung ringförmiger Ausfurchungsstufen zur Folge, die nach außen zu steil abfallen. Im Seine-Becken liegen die Île-de-France – die unmittelbar östlich der Hauptstadt gelegene Gegend – und die Champagne, fruchtbare Distrikte mit saftigen Weiden. Hier ist die Heimat des breiten, scheibenförmigen Brie-Käses, des «Juwels der Île-de-France».

Brie wurde gleichsam über Nacht weltberühmt. Als 1814 und 1815 auf dem Wiener Kongreß die Akzente für die nachnapoleonische Zeit gesetzt wurden, fanden zwischen den einzelnen Verhandlungsrunden jeweils festliche Empfänge, Diners und Bankette statt. Während einer solchen Veranstaltung soll es – so wird überliefert – zu einer Auseinandersetzung darüber gekommen sein, welches Land den besten Käse produziere. Da schlug der französische Diplomat Talleyrand vor, die verschiedenen Käsesorten bei einem ausgedehnten Bankett zu probieren und die beste zu erküren. Doch Talleyrand war nicht nur ein gewiegter Diplomat, sondern auch ein Feinschmecker und dazu ein ausgezeichneter Koch, und er hat wohl nie daran gezweifelt, wie die Sache ausgehen würde. Der *Brie de Meaux* erwies sich als der beste unter den rund sechzig Käsesorten und wurde einstimmig zum «König der Käse» erklärt. Der Brie war in der Tat beides: König der Käse und Käse der Könige und Hofleute – Ludwig XII. und Heinrich IV. ließen ihn sich schmecken, ebenso die Gattin Ludwigs XI., Maria Leszczýnska, zu deren Lieblingspastetchen, den *bouchées à la reine,* er verwendet wurde. In seinen Erzählungen von den *Drei Musketieren* ließ Alexandre Dumas seine Helden die Mahlzeit stets mit einem mit Burgunder besprengten Brie beenden.

Der Brie wird erstmals 1217 in den Berichten über den Hof von Champagne erwähnt. Sein Name leitet sich von der Provinz La Brie im Departement Seine-et-Marne her. Bis Mitte des letzten Jahrhunderts wurde Brie ausschließlich auf Bauernhöfen, oft mit einer roten Rindenflora, bereitet. Seit er nun vorwiegend in der Fabrik unter strenger Kontrolle der hygienischen Bedingungen produziert wird, entsteht die so begehrte rote Flora nur noch am Käserand. Man verwendet für den Brie vorgereifte Vorabendmilch, vermischt mit frischer Morgenmilch. Die Kunst liegt darin, den Bruch in sechs aufeinandergeschichteten Lagen in einen früher hölzernen, heute rostfreien stählernen Ring zu schichten und dann die Molke mit einem perforierten Löffel zu eliminieren. Der Käse wird regelmäßig gewendet, und bei jedem Wenden werden an seiner Unter- und Oberseite saubere Schilfmatten angebracht. Nach sechs bis sieben Tagen wird er mit pulverisiertem *Penicillium candidum* übersprüht. Anschließend läßt man ihn ungefähr vier Wochen bei einer Temperatur von 11 bis 12° C reifen. Bei jedem Anstieg oder Rückgang der Raumtemperatur ergeben sich sofort Änderungen der Form, der Farbe und des Aromas. Ein korrekt präparierter Brie muß eine gleichmäßig verteilte Schimmelpilzschicht und einen cremefarbenen, weichen Teig ohne Löcher aufweisen. Sein Aroma variiert, je nach Zubereitung, von mild bis ganz scharf. Nach dem Reifeprozeß werden die Käse in Wachspapier gehüllt, in Spanholzschachteln verpackt und mit einem Etikett versehen, das den Ursprung garantiert.

Oben Ein Stück des delikaten und vornehmen Brie de Melun. Vollreifer Brie hat eine weiche, fast etwas flüssige Konsistenz und eine goldgelbe Farbe. Er darf aber im Innern nicht weiß werden.

Links Brie de Meaux Fermier ist nicht nur der «Brie aller Bries», sondern wurde auch zum «König der Käse» erkoren.

Unten Die Rue de Mouffetard in Paris, unvergeßlich allen Schlemmern, die je hier gewesen. In den Schaufenstern kann man eine Fülle köstlicher Eßwaren und Getränke bewundern: frisches Gemüse aus aller Welt, frische Fische vom Atlantik und vom Mittelmeer, Fleisch, Geflügel und Käse. Jedes Käsegeschäft hat seine eigenen Spezialitäten (rechts).

Name	Milch	Art	Rinde	Form	Gewicht	Fettgehalt i. d. Trockenmasse in %
Aunis	◁	●	□	Dreieckform	250-300 g	45
Baguette	Δ	●	✤	Stabform	500 g	45
Banon	Δ▲	●	–	Flachzylinder	100-150 g	45-50
Beaufort	Δ	■	□	Großer Flachzylinder	14-70 kg	50
Bethmale	Δ	■	□	Flachzylinder	5-7 kg	45
Bleu d'Auvergne	Δ	◓	⌘	Flachzylinder	2-2,5 kg	40
- d'Aveyron	Δ	●	⌘	Flachzylinder	2-2,5 kg	45
- de Laqueuille	Δ	●	⌘	Flachzylinder	2-2,5 kg	45
- des Causses	Δ	●	⌘	Flachzylinder	2-2,5 kg	45
- de Thiézac	Δ	●	⌘	Flachzylinder	2-2,5 kg	45
- de Bresse	Δ	◓	⌘	Flachzylinder	0,1-2 kg	50
- de Corse	◁	●	⌘	Flachzylinder	2 kg	45
- de Gex	Δ	●	⌘	Flachzylinder	5,5-6,5 kg	45
- de Septmoncel	Δ	●	⌘	Flachzylinder	5,5-6,5 kg	45
- du Haut Jura	Δ	●	⌘	Flachzylinder	5,5-6,5 kg	45
Boulette d'Avesnes	Δ	●	✤	stumpfer Kegel	200-300 g	50
- de Cambrai	Δ	○	–	Kugel	250-300 g	45
Bossons Macérés	▲	●	–	Behälter	variiert	45

Früher wurde der Brie häufig noch mit dem Namen des Ursprungsortes gekennzeichnet, und es gibt auch heute noch Varianten, die einen einmaligen, lokalen Charakter aufweisen, so zum Beispiel *Brie de Coulommiers* (auch *Petit Brie* genannt, weil er nur 450 g wiegt). Dieser aus frischer oder pasteurisierter Milch hergestellte Käse wird oft jung gegessen, d.h. bei den ersten Anzeichen des Schimmelpilzes, und besitzt ein besonders mildes und delikates Aroma. Dieses verstärkt sich, wenn man den Käse reifen läßt, so daß es schließlich demjenigen des Camembert ähnelt. Die Einwirkung der Luft auf die Rinde gibt dem Geschmack des kleinen Käses eine besondere Note. Das richige Quantum frischer Luft im Reifungsraum ist ein ausschlaggebender Faktor für die Qualität des Käses. *Fromage «à la Pie»* wird praktisch immer frisch gegessen, *Brie de Melun* hingegen nur in

Unten Marktträger bei einem Gläschen in einem Café. Vor dem Lokal wartet ein Stapel Käse.

ausgereiftem Stadium. Im Gegensatz zu andern Brie-Varianten entwickelt sich bei diesem Käse der Schimmelpilz spontan, man braucht ihm kein *Penicillium candidum* beizufügen. Nach der Reifung hat er eine homogene Struktur, einen rötlichen oder blauweißen Schimmelpilzbelag und ein nußartiges Aroma. Varianten des *Brie de Melun* sind der *Brie de Montereau* oder *Ville Saint-Jaques.* Der *Cendre de Brie* wird mit Asche bestreut und hat eine grauschwarze Rinde. Der Fromage de Dreux – ein Cousin des Brie – wurde gewöhnlich in Kastanienblätter gehüllt.

Abgesehen vom Brie werden in der Umgebung von Paris eine ganze Anzahl von Käsesorten angeboten, von denen manche außerhalb ihres Herstellungsbereiches nur wenig bekannt sind. *Olivet* ist ein Bauernkäse aus Orléans, der in Blätter gehüllt und in der Asche von Rebenranken konserviert wird. Die in der Fabrik hergestellte Variante ist ein recht scharfer, weißer Schimmelpilzkäse, der manchmal mit Heu oder Asche umhüllt wird. Dann gibt es auch den *Olivet Bleu,* den *Vendôme* und den *Villebarou,* recht interessante, aber nur schwer zu findende Käse. Weit besser bekannt ist der Rahmkäse namens *Boursin,* der in Kartonschachteln in alle Welt exportiert wird. Sein mildes Aroma wird oft durch die Beimischung von Knoblauch und Kräutern oder einen Mantel von Pfefferkörnern verstärkt. Der *Selles-sur-Cher* ist ein sehr aromatischer *chèvre,* der mit Salz und Holzkohle bedeckt wird. Der *Fontainebleau* konkurriert mit dem Petit-Suisse. Er ist ein leichter, rahmartiger und poröser Käse, der sich ausgezeichnet für einen süßen Nachtisch eignet und auch als solcher im berühmten Pariser Café *La Coupole* angeboten wird.

Und auch der *Chaource,* ein herrlich weicher, weißschimmliger Käse mit einem köstlich fruchtartigen, manchmal leicht säuerlichen Aroma, mundet ausgezeichnet.

Name	Milch	Art	Rinde	Form	Gewicht	Fettgehalt i. d. Trockenmasse in %
Boursin	Δ	○	—	Flachzylinder	100 g	70
Brie de Coulommiers	Δ	●	❖	Flachzylinder	0,4-3 kg	40-50
- de Meaux	Δ	●	❖	Flachzylinder	0,4-3 kg	40-50
- de Melun	Δ	●	❖	Flachzylinder	0,4-3 kg	40-50
- de Montereau	Δ	●	❖	Flachzylinder	0,4-3 kg	40-50
Bruccio	◁ A	○ ●	— ❖	Korb	500 g	45
Cachat	◁	○	—	Korb	100 g	45-50
Camembert	Δ	●	❖	Flachzylinder	200-300 g	45-55
Cantal	Δ	☗	□	Zylinder	35-45 kg	45-50
Carré de l'Est	Δ	●	❖	rechteckig	100-200 g	40-60
Carré de Saint-Cyr	A	●	□	rechteckig	variiert	45
Castillon	Δ	☗	□	Flachzylinder	0,5-1 kg	45
Cendré de Brie	Δ	●	□	Flachzylinder	250 g	40-50
Chabichou	A	●	□	stumpfer Kegel	100 g	45
Chaource	Δ	●	❖	Flachzylinder	500 g	45-50
Chèvreton d'Ambert	A	●	□	rechteckig	400 g	40-45
Chevrotin	A	○	□	stumpfer Kegel	100 g	45
Dauphin	Δ	●	❖	oval, Stange	200-500 g	50
Demisel	Δ	○	—	rechteckig	75-100 g	40
Emmental	Δ	■	□	Großer Flachzylinder	60-130 kg	45
Fontainebleau	Δ	○	—	Behälter	variiert	60
Fromage «à la Pie»	Δ	○	—	Korb	600-800 g	40-50
- de Dreux	Δ	●	❖	Flachzylinder	150-500 g	30-40
- d'Epoisses	Δ	●	❖	Flachzylinder	250 g	45
- de la Mothe	A	●	❖	Flachzylinder	250 g	45
- de Ruffec	A	●	□	Flachzylinder	250 g	45
- Nantais	Δ	●	❖	rechteckig	300 g	40
Géromé	Δ	●	❖	Flachzylinder	0,3-4,5 kg	40
Gournay	Δ	●	❖	Flachzylinder	100 g	45
Gruyère de Comté	Δ	■	❖	Großer Flachzylinder	20-55 kg	45
Laumes	Δ	●	❖	Laib	0,6-1 kg	45
Livarot	Δ	●	❖	Flachzylinder	300-500 g	40-45
Manicamp	Δ	●	❖	rechteckig	200 g	40-45
Maroilles	Δ	●	❖	rechteckig	200-800 g	40-50
- Gris	Δ	●	❖	rechteckig	200-800 g	40-50
Mimolette	Δ	☗	□	Kugel	2,5-4 kg	40
Monceau	Δ	●	❖	rechteckig	600 g	45
Munster	Δ	●	❖	Flachzylinder	0,3-1,5 kg	40
Neufchâtel	Δ	●	❖	variiert	100 g	40-45
Niolo	◁	○	—	rechteckig/Korb	500 g	45
Olivet	Δ	●	❖	Flachzylinder	300 g	45-50
Orrys	Δ	☗	□	Flachzylinder	10 kg	45
Pelardon	A	○	—	Flachzylinder	80-100 g	45
Petit Suisse	Δ	○	—	Kleinzylinder	30 g	60-75
Picardon	A	○	—	Flachzylinder	75-100 g	45
Poivre d'Ane	Δ A	○	—	Flachzylinder	75-200 g	45
Pont-l'Evêque	Δ	●	❖	Würfel	300 g	50
Port-du-Salut	Δ	☗	❖	Flachzylinder	1,3-2 kg	45-50
Reblochon	Δ	☗	❖	Flachzylinder	600 g	45
Rollot	Δ	●	❖	Flachzylinder	200-300 g	45
Roquefort	◁	☗	⌘	Zylinder	2,7 kg	50-60
Sainte-Maure	A	●	❖	Zylinder	300 g	45
Saint-Marcellin	Δ	●	❖	Flachzylinder	75 g	40-60
Saint-Nectaire	Δ	●	❖	Flachzylinder	1,7 kg	45
Saint-Paulin	Δ	☗	❖	Flachzylinder	1,3-2 kg	45-50
Sartenais	A ◁	☗	□	Kugel	0,5-1 kg	45
Selles-sur-Cher	A	●	□	Flachzylinder	150 g	45
Tomme au Marc de Raisin	Δ	☗	□	Flachzylinder	1,5-2 kg	20-40
- d'Aligot	Δ	○	—	Behälter	variiert	45
- de Savoie	Δ	☗	□ ❖	Flachzylinder	2-3 kg	10-30
Venaco	A ◁	●	□	rechteckig	500 g	45
Vendôme	Δ	●	□	Flachzylinder	250 g	50
Villebarou	Δ	●	❖	Flachzylinder	450 g	45

Zeichenerklärung siehe Seite 34

Unten Ein vielfältiges Käseangebot im Schaufenster einer *fromagerie.* Oberes Regal von links nach rechts: Livarot, Epoisses, Fromage Nantais, herzförmiger Rollot und Bleu de Bresse; unten links: Brie Coulommiers, Fromage de Dreux, Dauphin und eine Anzahl weicher Weißschimmelpilzkäse.

Man produziert in Frankreich auch ausländische Käsesorten, unter anderem *Cheddar, Gouda, Edamer, Gorgonzola* und Schmelzkäse, doch haben diese neben den inländischen Sorten einen schweren Stand.

Paris und die französische Küche

Es sind vor allem drei Faktoren, die Paris zum gastronomischen Zentrum der Welt werden ließen: zunächst einmal des Franzosen Phantasie und Improvisationsgabe, die auch die einfachsten Leute bei der Zubereitung ihrer Mahlzeiten an den Tag legen. Dazu kommt die ehemals so große Wertschätzung einer echten Feinschmeckerküche am französischen Hof. Der Glanz des Hoflebens in Versailles, in unmittelbarer Nachbarschaft der dichtbevölkerten Hauptstadt, und die Wechselwirkung zwischen beiden verflochten sich schließlich zur soliden Tradition der französischen Landesküche. An dritter Stelle darf man auch die weltweite Ausstrahlung französischer Politik und Diplomatie nicht vergessen.

Das Geheimnis der französischen Kochkunst ist aber nicht in komplizierten, besonders üppigen Rezepten zu suchen, sondern in den gekonnt ausgewählten Zutaten und Zubereitungsmethoden. Man ißt auch im kleinsten Pariser Restaurant vorzüglich. Was den Käse anbetrifft, ist jeder Franzose, dank jahrhundertealter Tradition und damit fast intuitiv, ein Käsekenner. In Frankreich beendet kaum jemand eine Mahlzeit ohne Käse, der zu knusprigem Pariser Brot und einem Glas Wein – seinem unentbehrlichen Gefährten – genossen wird.

Bundesrepublik Deutschland

Eine immense Tiefebene prägt das geographische Bild Europas südlich der Ostsee. Von der Sowjetunion erstreckt sie sich über Polen, die Deutsche Demokratische Republik und den Norden der Bundesrepublik bis zu den Niederlanden und den Grenzen Dänemarks. An der deutschen Nordseeküste vereinen sich die Polder und Deiche mit denjenigen der holländischen Tiefebene. Im Mittelalter waren diese Ländereien jahrhundertelang wichtige Handelsplätze mit ideal gelegenen Meereshäfen: Lübeck an der Ostseeküste und Hamburg sowie Bremen an der Elbe bzw. Weser, die beide in die Nordsee münden.

Unter Führung Lübecks hatten sich diese und andere Städte im Mittelalter zum Bund der Hanse zusammengeschlossen, einer Genossenschaft mit Handelsvorrechten, die für die meisten in Europa produzierten Güter das Handelsmonopol besaß. So gelangten vor ihrer Verschiffung auch Käselieferungen in diese Transithäfen. Zudem wird in diesem Raum seit alters Milchwirtschaft betrieben. Ostfriesland, Schleswig-Holstein und Niedersachsen, wo im Gegensatz zu Bayern mit seinem Großgrundbesitz die Bauern ihre eigenen Herren waren, gehören zu den wichtigsten Viehzuchtgebieten. Hier ist die Urheimat der heute in aller Welt heimischen schwarzbunten Friesen-Holsteiner-Rasse. Weiter südlich grenzt die fruchtbare Tiefebene an die ehemals unwirtliche Landschaft der Lüneburger Heide, die für Milchwirtschaftsbetriebe kaum ein Auskommen bot, heute aber Sitz bedeutender Molkereien ist.

Vom Rheinland bis zum Bayrischen Wald durchziehen wasserreiche Flußläufe das mit Weingärten geschmückte und von stolzen Schlössern überragte Hügelland – das Märchenparadies der Brüder Grimm. Auch hier bereiten die Bauern Käse, doch sind ihre Viehbestände kleiner als diejenigen des Nordens.

Weiter gegen Südosten zieht sich ein Zentralplateau bis zu den schwäbischen und bayrischen Höhen hin.

Die Allgäuer Alpen östlich des Bodensees sind für ihre Viehzucht und Milchwirtschaft berühmt. Das Allgäu ist eine typische Gebirgslandschaft mit dunklen Tannenwäldern, wo die Wiesen im Frühling mit Blumen übersät sind und das Glockengeläute der weidenden Braunviehherden ertönt. Als käseproduzierende Gegend haben das Allgäu und ganz Süddeutschland die nördlichen Regionen überflügelt.

Rechts Allgäuer Braunvieh auf dem Weg zu den saftigen Alpweiden.

Oben Drackenstein, ein kleines, von Wäldern und Wiesen umsäumtes Dorf in Baden-Württemberg, der Heimat des seit eh und je urdeutschen Frischkäses. In Württemberg heißt dieser ungereifte Quark «Luckeleskäs», in Baden «Bibbeleskäs», in Hessen «Matte», im Rheinland «Klatschkäs» und in Bayern «Topfen».

Klöster, Kaufleute und Käser

Hausgemachter, durch natürliche Milchsäuerung und ohne Lab bereiteter Käse war schon vor den Kelten und Germanen ein bevorzugtes Nahrungsmittel. Er glich vermutlich sehr stark dem heutigen Sauermilchkäse.

Nachdem man die Kunst der Labgewinnung erlernt hatte, setzte sich die Bereitung eines haltbaren Produktes durch, und die Käseproduktion verbreitete sich von Schleswig-Holstein aus über ganz West- und Ostpreußen. Aus Inventarverzeichnissen einzelner Komtureien geht hervor, daß man schon damals großen Wert auf eine Sortierung der Ware nach ihren Qualitätsmerkmalen legte. So wurde sehr streng nach *Herrenkäse* und dem – qualitativ zweifellos schlechtern – *Gesindekäse* unterschieden. Das Dorf Liebenwerder, ein bekanntes Handels- und Exportzentrum, wurde 1341 in «Käsemarkt» umgetauft, was auf einen besonders regen Käsehandel in der Gegend schließen läßt. Die Käseherstellung erfolgte auf den Höfen und in Klöstern. Erst im 19. Jahrhundert wurde das genossenschaftliche Holsteiner Meiereisystem ins Leben gerufen, die gemeinschaftliche Milchverarbeitung der Bauern.

Trotzdem vermochte die Käseproduktion der inländischen Nachfrage nicht zu genügen, und nach wie vor importierte man über Hamburg, Bremen und Emden Käse. Kaufleute aus Norddeutschland besuchten die Wochenmärkte in Holland, von wo aus auch deutsche Provinzen auf dem Wasserweg, dem Rhein, beliefert wurden. Damals erfand man für den Export die Schutzschicht aus rotem Paraffin für Edamer Käse.

Zahlreiche der in Deutschland bevorzugten Käsearten sind Nachahmungen oder Variationen ausländischer Originalsorten, doch wurden die meisten Sorten dort entwickelt. Mit 700 Arten bietet Deutschland heute die größte Käsevielfalt der Welt. Im Allgäu besteht eine jahrhundertealte Tradition der Herstellung des Hartkäses *Emmentaler*, doch die Qualität war meist recht unterschiedlich. Vergeblich ließ Josef Stadler 1821 zwei Experten aus der Schweiz kommen, um den Fettgehalt, die Temperatur und den Reifungsprozeß unter Kontrolle zu bringen. Die Methoden blieben primitiv: Der Käsekessel hing noch immer über dem offenen Feuer; die Temperatur wurde mit dem Ellbogen gemessen; das

Links Dieses massive Strohdach eines typischen Schwarzwälder Bauernhauses vermag auch winterlichen Schneemassen gut standzuhalten.

Lab war nicht einwandfrei, und das Pressen erfolgte mit Hilfe von Steinen. Durchgreifende Verbesserungen brachte erst die Einführung der Gärkeller und der molkereimäßigen Verarbeitung in den 1870er Jahren, die das Reifungsverfahren erleichterten. Heute ist der Allgäuer Emmentaler ein erstklassiges Qualitätsprodukt und wird wie andere deutsche Sorten in alle Welt exportiert.

Weichkäse-Varianten

Ständig auf der Suche nach neuen Produkten, suchten sich die Deutschen anhand ausländischer Muster zu inspirieren. Sie entlehnten und übernahmen zum Beispiel den Limburger und den Romadur, Belgiens berühmte «Stinkkäse», denen sie den kräftigen Munsterkäse aus dem Elsaß beigesellten.

Zugleich kommen Deutschlands rezente Käse dem nationalen Geschmack an stark gewürztem Wildbret – Wildschwein-, Fasan-, Hasen-, Hirschfleisch usw. – entgegen, und natürlich paßt zu einem scharfen Käse vorzüglich ein Maß guten deutschen Biers.

Emmentaler war nicht der einzige Käse, der in der berühmten Grünlandwirtschaft des Allgäu hergestellt wurde. Seit 1830 fabrizierte Karl Hirnbein, beraten vom belgischen Spezialisten Grosjean, weichen Allgäuer *Limburger*- und *Romadur*-Käse. Hirnbeins Limburger erwies sich als großer Erfolg und ist heute einer der beliebtesten Käse Deutschlands. Es gibt laib- und blockförmigen Limburger in verschiedenen Gewichtskategorien. Fettgehalt und

Unten Die Küstengebiete zählen zu den wichtigsten Viehzucht- und Milchwirtschaftsgebieten Deutschlands. Hier werden Kühe der Friesen-Holsteiner-Rasse mit der Melkmaschine gemolken.

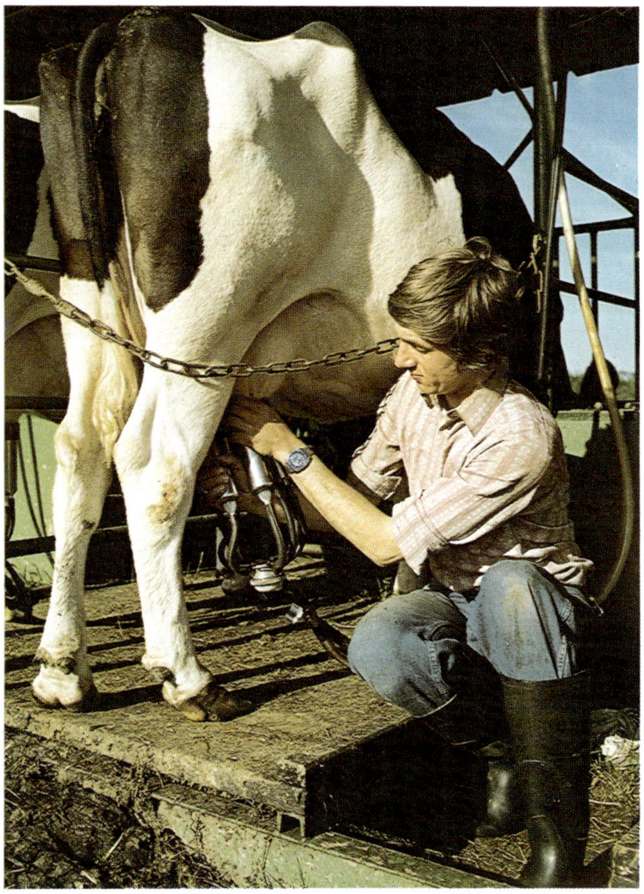

Bezeichnung sind auch hier wie bei allen anderen Käsen gesetzlich genau festgelegt. Die Bezeichnung «Fett i. Tr.» bedeutet keineswegs den absoluten Fettgehalt, sondern lediglich den der Trokkenmasse! Auch die Menge an Trockenmasse ist festgelegt.

Der Limburger ist heikel in der Herstellung, weil der rezente Käse mit seiner rötlichen Bakterienflora auf Temperatur und Feuchtigkeitsgehalt beim Präparieren und Reifen äußerst empfindlich reagiert. Das frühere Verfahren des trockenen Salzens wurde durch das Salzbad ersetzt: 24 Stunden für die großen Limburger, 7–12 Stunden für die kleinen und 2–4 Stunden für den Romadur, je nach Fettgehalt. Während der ersten Reifungsperiode werden die Käse nahe beieinander plaziert; man trennt sie, sobald sich die Flora zu bilden beginnt. Dann werden die Käse maschinell in Coryne-Bakterien gewaschen, und zwar vier- bis achtmal, je nach Größe des Käses. Damit die Flora nicht weggewaschen wird, bewahrt man das Waschwasser und verwendet es erneut.

Nach drei- bis vierwöchiger Reifezeit sollten die Käse eine gelbbraune, rindenlose Oberfläche ohne Risse, aber mit einer klebrigen Flora aufweisen. Der Teig ist weiß bis gelblich, ein wenig krümlig, aber elastisch und im Innern sehr weich. Die Konsistenz variiert mit dem Fettgehalt – Weichkäse mit niedrigem Fettgehalt sind fester, und in der vierwöchigen Reifeperiode werden sie sehr scharf im Geschmack; Romadur-

Oben Ein deutscher Bauer mit seiner Kuh – ein Bild, das auch vor fünfzig Jahren entstanden sein könnte, doch sind die Arbeitsmethoden nicht mehr die gleichen.

Oben Ein kleiner Münsterkäse aus Bayern wird heute in großen Mengen nach Frankreich geliefert.

Käse ist weicher und milder und nach zwei Wochen ausgereift.

Der *Frühstückskäse* ist ein kleiner, runder Limburger, der in der Verpackung reift und fast frisch oder nach ganz kurzer Zeit gegessen werden kann. Aus Bayern stammt eine andere Limburger-Variante, der *Weißlacker Bierkäs.* Er weist eine weiße, wachsartige Flora auf und mundet ausgezeichnet zu einem Glas Bier. Nur 60 Gramm schwer, bleibt dieser kleine Käse 2 bis 3 Tage im Salzbad und reift daher nur langsam, d.h. in 5 bis 6 Monaten. Er kann über ein Jahr gelagert werden. Es handelt sich um einen sehr scharfen Halbhartkäse, der an Speck erinnert.

Das *Allgäuer Gaiskäsle,* früher in zwei Varianten bereitet, war einmal orangefarben, heute ist es weiß. Erstere wurde aus einer Mischung von 60 bis 80% Ziegenmilch und 20 bis 40% pasteurisierter Kuhmilch hergestellt. Sie entwickelte eine dünne, gelb- bis rotbraune Rinde mit einer Coryne-Flora. Der Teig war lehmgelb und weich, das Aroma sehr würzig. Könige der deutschen Weichkäse sind beim Verbraucher der aus Frankreich stammende Camembert und sein naher Verwandter Brie. Sie werden – zum Teil sogar in unbegrenzt haltbarer Form – in vielen Variationen hergestellt, und zwar sowohl in Süddeutschland als auch im Norden. Ein weiterer in Deutschland beliebter Käse ist der *Münster* mit seinem weichen bis halbharten Teig und seiner roten Rindenflora. Der Käse wird in Gewichten von 125, 500, 600 oder 1000 g bereitet, ist zart und mild und besitzt eine geschlossene Struktur, eine weiße bis gelbliche Farbe und eine dünne Haut anstelle einer Rinde.

Wie schon sein Name sagt, erinnert der *Weinkäse* an die fruchtigen Rhein- und Moselweine. Der flache, runde, kleine Käse wiegt nur rund 75 Gramm, besitzt einen weichen, gelben Teig und eine orange Rindenflora. Sein Fettgehalt variiert, er beträgt 30, 40, 45 oder 50 Prozent. Der *Butterkäse* hat eine gelbbraune oder rote, manchmal auch gar keine Rinde. Einst ein echter Weichkäse, wird er heute in festerer Konsistenz hergestellt. Ein guter *Butterkäse* ist elastisch und läßt sich leicht schneiden. Die flache, runde Sorte wiegt 500 Gramm bis 1,5 Kilo, die wurstförmige Variante 2 Kilo.

Oben Der Limburger gleicht dem belgischen Herve-Käse. Er stammt ursprünglich aus Liège (Lüttich), wird aber heute vor allem in Deutschland produziert.

Oben Romadur ist ein Weichkäse mit einem Fettgehalt bis zu 50 Prozent in der Trockenmasse.

Schnittkäse

Ihr milder, leicht säuerlich schmeckender Teig darf nicht pappig oder kalkartig sein und soll auch keine Löcher aufweisen – alles Mängel, die bei dieser Sorte auftreten können. Der typische deutsche Schnittkäse ist der bekannte *Tilsiter.* Er wurde ursprünglich in Tilsit, Ostpreußen (heute Sowjetsk, UdSSR) produziert. Heute produziert man diesen Käse wie auch dessen weniger scharfe Variante *Ansgar* in der Bundesrepublik Deutschland. Da er nicht wie andere Schnittkäsesorten gepreßt wird, unterscheidet er sich in der Lochung, im Geruch und im Geschmack.

Aus dem Grenzgebiet der Marsch, hinter den Deichen Schleswig-Holsteins, stammt der *Wilster Marschkäse,* eine rechteckige, halbharte Sorte mit unregelmäßig angeordneten kleinen Löchern und leicht säuerlichem Aroma, der in mancher Hinsicht dem Tilsiter gleicht. Er läßt sich leicht schneiden und braucht nur eine kurze Reifezeit. Man kennt in vielen Ländern besondere Varianten dieses Produkts. In Deutschland gibt es den *Trappistenkäse.* In großen Mengen werden in Deutschland auch die aus Holland und vom Niederrhein stammenden Schnittkäse Edamer und Gouda hergestellt. Auch der Butterkäse, dem Trappisten sehr ähnlich, findet viele Freunde.

Spezielle Käse

Vermag man einen Käse nicht aufgrund seines Aussehens zu identifizieren, muß man ihn probieren. Kein Käse gleicht einem anderen vollkommen, auch wenn sie sich zum Verwechseln ähnlich sehen oder fast gleichlautende Namen haben.

Oben Eine moderne Käsefabrik im bayrischen Waging. Der Bruch fließt vom Käsebehälter in der oberen Etage durch den drehbaren Förderschacht in den Füllapparat im unteren Stockwerk. Dort werden die Formen mit Käse gefüllt.

So werden beispielsweise sowohl blaugeäderte Käse als auch Käse mit Camembert-Schimmelpilzbelag als *Edelschimmel-* oder *Edelpilzkäse* bezeichnet, unterscheiden sich aber deutlich im Aroma. Letzterer wird aus pasteurisierter Milch hergestellt, der man eine Bakterienkultur und *Penicillium roqueforti* beimengt. Man könnte diesen Bavaria-Blue geradezu als Roquefort bezeichnen, stünde dieser Markenname nicht unter strengen Schutzbestimmungen. Der hellgelbe Käse mit seiner feinen und relativ mürben Konsistenz, seinen regelmäßigen blauen Adern schmeckt recht pikant. Sein Fettgehalt übersteigt meist das erforderliche Minimum von 45 Prozent in der Trockenmasse. Zur gleichen Gruppe zählt auch der kleine, zylinderförmige, aromatische *St. Mauritius,* auf dessen Rinde sich ein weißer oder roter Schimmelpilz entwickelt.

Sehr beliebte deutsche Käsesorten sind auch der *Caramkäse,* ein 1 bis 2 Kilo schweres Produkt in Wurstform mit einer glatten Rinde und einem elastischen, feinstrukturierten Teig, dessen geräucherte Variante besonders würzig schmeckt; ferner der stangenförmige *Tapi*-Käse mit einem gelben und butterartigen, säuerlich schmeckenden Teig. Der milde, etwas pikantere *Parmesello,* ein flachzylindrischer Hartkäse, eignet sich vorzüglich zum Reiben.

Links Bäuerlicher Handkäse, mit Kümmel gewürzt.

Links Eine andere Handkäse-Sorte, der Mainzer Roller, in seiner charakteristischen runden Form.

Links Der kleine Weinkäse paßt ausgezeichnet zu einem Glas Rhein- oder Moselwein, daher der Name.

Frische, ungereifte Käse spielen im deutschen Käsesortiment eine wichtige Rolle. Nirgendwo in der Welt wird mehr Quark gegessen als hier. Der deutsche *Frischkäse* umfaßt folgende Hauptsorten: *Speisequark, Rahmfrischkäse, Doppelrahmfrischkäse, Hüttenkäse, Liptauer* und *Schichtkäse.* Diese Sorten unterscheiden sich durch den Fettgehalt und die Herstellungsart. Je nach Region wird der Frischkäse auch anders benannt. Im Alemannischen heißt er *Zieger,* im Rheinland *Klatschkäs,* in Bayern (wie in Österreich) *Topfen* und im Westmitteldeutschen *Matte.* Frischkäse wird aus pasteurisierter Milch hergestellt.

Für die Bereitung von Frischkäse ist mehr Reinkultur als für andere Käse, dafür weniger Lab, eine niedere Gerinnungstemperatur und eine längere Gerinnungszeit erforderlich. Manchmal werden ihm Kräuter oder Gewürze beigemischt. Alle Varianten, ausgenommen Schichtkäse, zeichnen sich durch eine glatte und weiche Konsistenz aus, haben keine Rinde und ein frisches, mildes Aroma. Da die meisten sehr weich sind, verpackt man sie in Plastikbecher oder -rollen. Die Farbe variiert je nach Fettgehalt von Milchweiß bis Cremegelb, wie bei den anderen Sorten auch: weniger als 10% = *Mager*, 10 bis 20% = *Viertelfett*, 20 bis 30% = *Halbfett*, 30 bis 40% = *Dreiviertelfett*, 40 bis 45% = *Fett*, 45 bis 50% = *Vollfett*, 50 bis 60% = *Rahm* und 60 bis 85% = *Doppelrahm*.

Rahmquark, Speisequark und Schichtkäse

Speisequark weist einen niedrigen Fettgehalt auf, da die verwendete Milch entrahmt wird. In der Molkerei wird die Milch mittels einer Zentrifuge entrahmt, mit der große Mengen kontinuierlich behandelt werden können, was ein besseres Produkt ergibt. Die gesäuerte warme oder kalte Milch wird zunächst eingedickt und danach bei höheren Fettstufen durch die exakt berechnete Menge Rahm angereichert. Speisequark ist wegen seines geringen Fettgehalts bei Diätkuren sehr beliebt. Man ißt auch gerne mit Fruchtpüree vermischten Quark.

Rahmfrischkäse wird durch Beimischung von Rahm zu Speisequark bereitet. Die Mischung ist nicht ganz so homogen, da der Bruch nach der alten Methode gepreßt wird, bevor man den Rahm beifügt (auf diese Weise wird das Fett nicht mit der Molke vermengt). Der Käse wird dadurch rahmartig, doch besteht die Gefahr, daß sich das Aroma verändert, weil das Fett infolge der unvollständigen Kaseinumhüllung stärker der Luft ausgesetzt ist. Die Homogenität ist heute jedoch durch maschinelle Bearbeitung hervorragend geworden.

Schichtkäse wird, wie der Name sagt, in Schichten hergestellt. Eine Lage magerer Frischkäse wird in die Käseform geschöpft, nach einer halben Stunde wird eine Lage fetter Rahmfrischkäse darübergeschichtet und zuoberst eine Lage Frischkäse beigefügt. Heute haben bei einigen Herstellern alle Lagen denselben Fettgehalt. Nach 24 Stunden besitzt der Käse in der Form eine feste, glatte Struktur mit ganz wenigen Löchern. Er schmeckt sehr erfrischend, ein wenig sauer und wird in

Oben Eine charakteristische Poldermühle in Schleswig-Holstein, einem ausgesprochenen Milchwirtschaftsgebiet.

Unten Der «Hirten-Tanz», eine ländliche Volkstradition, findet alljährlich im mittelalterlichen Rothenburg ob der Tauber statt.

Portionenpackungen verkauft. *Fromgap* ist ein flaches, rundes Frischprodukt von 160 bis 190 Gramm, ein weißer bis gelbfarbener Käse, manchmal besonders gewürzt. Hüttenkäse ist ein körniger Frischkäse, der – aus USA kommend – seit zehn Jahren in Deutschland hergestellt wird.

Sauermilchkäse

Dem Sauermilchkäse kommt eine besondere Bedeutung zu. Als *Handkäse* wurde er jahrhundertelang überall in Deutschland auf den Bauernhöfen bereitet. Auch heute noch gibt es zahlreiche Sauermilchkäsereien in Niedersachsen, Hessen und in Westfalen. Als Rohmaterial dient Sauermilchquark, zu dessen Herstellung man – anders als bei Speisequark – nur eine Bakterienkultur, aber kein Lab verwendet. Früher ließ man die entrahmte Milch durch natürliche Säuerung gerinnen, doch heute wird pasteurisierte Milch verwendet, der man eine Milchsäurebakterienkultur zugibt und so Fremdgärungen vermeidet. Manchmal wird die Masse leicht gepreßt. Früher preßte man sie in Fässern fest, um sie lagern und transportieren zu können.

Hausgemachten Sauermilchquark nannte man in der Regel *Zieger* (so heißt er im Allgäu auch heute noch), zu dem auch eine reifere Variante gehörte, doch heute gilt diese Bezeichnung für Albuminkäse. Durch Erhitzen der Molke gerinnt das darin enthaltene Eiweiß, und dieser Bruch wird mit Milch vermischt. Das Eiweiß im Sauermilchquark ist wie bei den meisten Käsesorten Kasein, das des Ziegers hingegen ausschließlich Albumin – d. h. bevor man Milch beimischt.

Sauermilchkäse, der aus gewöhnlichem Sauermilchquark (gelegentlich kombiniert mit Labquark) bereitet wird, wurde im späten 18. Jahrhundert erstmals im Harz produziert. Ein Jahrhundert später nahm man in den Regionen Hildesheim und Mainz die Herstellung dieses Käses auf, die durch die Installation von Mahl- und Formmaschinen erleichtert wurde. Man entwickelte zwei Sorten von Sauermilchkäse mit Oberflächenflora, die sich in ihrer Form oder Farbe oder in beidem

Links Seit Jahrhunderten ist der Rhein Deutschlands wichtigste Wasserstraße, auf der Importgüter aus dem Norden, einschließlich Käse, transportiert werden.

voneinander unterschieden. In Mainz produzierte man *Gelbschmierkäse* oder *Rotschmierkäse,* deren Varianten unter der Bezeichnung *Harzer, Mainzer, Handkäse, Korbkäse, Spitzkäse* und *Stangenkäse* bekannt sind. Man verkauft sie in flacher, runder, Stangen- oder Würfelform. Die Oberfläche dieser Käse variiert von Goldgelb zu Rötlichbraun. Sie ist feucht, der Teig glatt und zusammenhängend. Die Käse schmecken pikant bis scharf, manchen Varianten sind Gewürze beigemischt.

Die Bezeichnungen Hand-, Korb-, Spitz- und Stangenkäse charakterisieren auch die zweite Art von Sauermilchkäse, den *Schimmelkäse,* der im Harz und in anderen Berggebieten hergestellt wird. *Pennicillium camemberti* oder *Pennicillium.* Diese werden – je nach der Region – mit *candidum* geimpft. Der Käse selbst ist hellgelb, der Schimmelpilz entweder blaugrau oder weiß, je nach der verwendeten Kultur. Der glatte und feste Teig hat einen milden, aromatischen Geschmack. Reich an Protein und arm an Fett eignet er sich als Diätkäse. Wird Sauermilchquark gekocht und mit Schmelzsalzen sowie Kümmel angereichert, entsteht der Kochkäse. Enorm ist die Vielfalt der Schmelzkäsesorten.

Oben Ein bäuerlicher Brauch, den auch die Schweiz kennt: die Kühe werden für den Almauftrieb (Alpaufzug) im Frühjahr mit Blumen geschmückt.

Links Ein Küchenchef bei der Anordnung von Sandwiches, wobei der Käse für eine appetitanregende «Brotzeit» niemals fehlen darf.

Buttermilch-, Magermilch- und Biestmilchkäse

Buttermilchquark gehört zur Gruppe der Frischkäse. Er wird in Niedersachsen aus einer Mischung von (saurer) Buttermilch und entrahmter Milch hergestellt, die beim Erhitzen auf 38°C ohne Lab gerinnt. Die Produktion ist relativ gering, hilft aber mit, überschüssige Buttermilch zu verwerten.

Die Bauern in Nordrhein-Westfalen stellten nach einem alten Rezept aus entrahmter, auf natürliche Weise geronnener Milch Käse her. Sie wärmten die geronnene Milch auf, ließen die Molke abfließen und preßten den Bruch. Man läßt den Käse in hölzernen Behältern reifen und knetet danach Kümmel und Salz hinein. In mit Hopfenblättern ausgelegten Behältern gelagert, erhalten die von Hand geformten Käse ein feines Hopfenaroma. Der *Nieheimer Hopfenkäse* ist so trocken, daß er gehobelt werden muß. Er wird auch in Käsereien aus Sauermilchquark hergestellt. Dieser Käse wird gemahlen, vorgereift, mit Salz und Kümmel vermischt, maschinell geformt und zu 1,5 bis 2 Kilo in Behältern – die leider nicht immer mit Hopfenblättern ausgelegt sind – verpackt. Er trocknet rascher und ist weniger hart als die bäuerliche Variante.

Biestkäse oder *Kolostrumkäse* gilt eigentlich nicht als Käse und ist im Handel auch nicht zu finden. Als Biestmilch wird die erste Kuhmilch nach dem Kalben bezeichnet. Sie weist eine andere Zusammensetzung auf als die

Links Eine Auswahl deutscher quarkartiger Frischkäse.

gewöhnliche Milch, ist dickflüssiger, salzhaltiger und dunkler gefärbt als letztere und verfestigt sich beim Erwärmen auf 60° C. Darüber hinaus ist der Albumin- und Globingehalt beträchtlich höher. In der Bauernküche bereitet man zum Selbstverzehr eine Art Brei, indem man die Biestmilch aufwärmt und rührt, bis sie dick wird. Im Allgäu fügt man ihr Salz bei und stellt sie in einer großen Schüssel in den Ofen, bis durch die Wärme das Milchfett an die Oberfläche steigt.

Käse in der deutschen Küche

Der Käse spielt auf dem Speisezettel der Deutschen eine wichtige Rolle. In den großen Städten bieten die Lebensmittelläden eine reiche Auswahl an Käsesorten an. Es gibt Fachgeschäfte mit mehr als 500 Käsesorten. Käse wird nicht nur auf Schwarzbrot und Pumpernickel gegessen, sondern garniert auch Schnitzel mit Schinken: Große Schnitzel werden mit Schinken und Käse gefüllt und mit Speck oder Gehacktem überdeckt. Alle deutschen Frischkäsesorten werden gerne mit Salz, Pfeffer, gehacktem Schnittlauch oder Zwiebeln vermischt gegessen oder als Beigabe zu warmen, gekochten Pellkartoffeln – eine Delikatesse. Frischkäse schmeckt auch sehr gut mit Früchten, Gelee oder Sirup vermischt. Quark wird in Form von Quark Haluschka (Rahmmakkaroni, Quark und gebratener Speck) oder in Form von Quarkschnitten, Quarkkartoffeln, Quarkknödeln und Quarkpfannkuchen konsumiert. Zu Recht berühmt ist die deutsche Quarkpastete, aber auch der einfache Quarkapfelkuchen (Käseapfelkuchen), der verfeinerte Quarkauflauf und die delikate Quarksahnetorte (Käse-[Sahne-] Torte).

In Deutschland ißt man enorm viel Quark. Der Pro-Kopf-Verbrauch beträgt im Jahr durchschnittlich mehr als 6 Kilo, und die neuesten Zahlen zeigen noch eine Zunahme des Konsums. Quark ist «in».

Der tägliche Speisezettel der Deutschen bietet reichlich Gelegenheit für den Genuß zahlreicher Käsesorten. Das Frühstück umfaßt eine Auswahl an Käsen und kaltem Fleisch, und dieser Mahlzeit folgt einige Stunden später das zweite Frühstück, das entweder eine vollwertige Mahlzeit darstellt oder aus einigen Sandwiches besteht.

Käse kann den Abschluß des Mittagessens bilden, wird beim Abendessen aber bestimmt nicht fehlen. Manche Käseliebhaber essen hier und da sogar nachmittags in der Kaffeepause einen oder zwei Käsehappen, wenn sich andere Leute in der Konditorei Kaffee und Kuchen zu Gemüte führen.

Name	Milch	Art	Rinde	Form	Gewicht	Fettgehalt i. d. Trockenmasse in %
Allgäuer Gaiskäsle	Δ Δ	●	❖❖	Flachzylinder	62,5-125 g	50
Butterkäse	Δ	◖	❖	Würfel		
Caramkäse	Δ	◖	□	Flachzylinder	½-2 kg	45-60
Frischkäse (umfaßt:	Δ	○	—	Stange		
Speisequark				Stange, rechteckig	½-2 kg	45
Rahmfrischkäse				Behälter	62,5-500 g	1-85
Doppelrahmfrischkäse						
Schichtkäse						
Limburger	Δ	◖	❖	Würfel, rechteckig	180-1000 g	20-50
Münster	Δ	●	❖	Flachzylinder	125-1000 g	45-50
Nieheimer Hopfenkäse	Δ	■	—	Kugel	115 g	40
Romadur	Δ	●	❖	rechteckig	80-180 g	20-60
St. Mauritius	Δ	●	❖	Stange	125 g	30
Sauermilchkäse (umfaßt:	Δ	◖	❖	variiert	100-250 g	1½-10
Gelbschmierekäse						
Rotschmierekäse						
Harzer						
Mainzer						
Handkäse						
Korbkäse						
Spitzkäse						
Stangenkäse						
Tilsiter	Δ	◖	❖	Großer Flachzylinder	1,5-20 kg	30-50
Trappistenkäse	Δ	◖	❖	Flachzylinder, rechteckig	1,5-2,7 kg	45
Weinkäse	Δ	●	❖	Flachzylinder	75 g	30-50
Weißlacker Bierkäse	Δ	◖	❖	Würfel	60 g	40
Wilster Marschkäse	Δ	◖	❖	rechteckig	6 kg	45-50

Zeichenerklärung siehe Seite 34

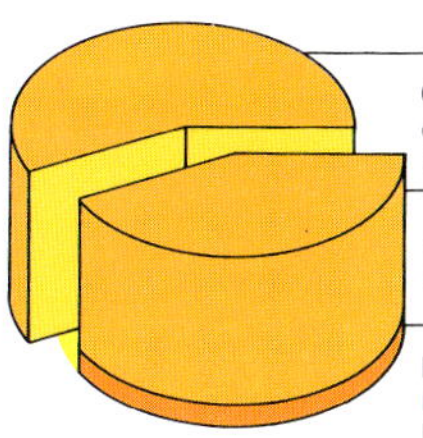

Gesamtproduktion deutschen Käses: 800 000 Tonnen pro Jahr

Speisequarkproduktion: 400 000 Tonnen pro Jahr

Export: 200 000 Tonnen pro Jahr
Import: 250 000 Tonnen
Pro Kopf-Verbrauch: 13 kg

Schweiz

Die Schweizer Landschaft strahlt eine einzigartig erfrischende und belebende Atmosphäre aus, sie erweckt den Eindruck adretter, ländlicher und verläßlicher Ordentlichkeit, dem sich der Besucher nicht zu entziehen vermag. Wiewohl ein fortschrittlicher, zukunftsorientierter Industriestaat, zeichnet sich die Schweiz doch in erster Linie durch eine Fülle landschaftlicher Schönheiten aus. Vielerorts erheben sich trutzige alte Burgen, prächtige Schlösser, ehrwürdige Klöster und mittelalterliche Städte. Flüsse winden sich gemächlich durch liebliche Täler, und im Gebirge stürzen Wildbäche als tosende Wasserfälle in tiefe Schluchten.

Das Landschaftsbild wird beherrscht von den mächtigen Felsmassiven der Alpen, über dem Grün der Tannenwälder und Weiden ragen schneebedeckte Firne in den azurblauen Himmel oder verbergen sich hinter dichten Wolkenschleiern. Meist ist der ausländische Besucher überrascht, jenseits der Alpen, in der Südschweiz, ein mildes Klima und südliche Vegetation mit Palmen und Kamelien vorzufinden.

Mit rund 40 000 Quadratkilometer Bodenfläche ist die Schweiz ein Land der Gegensätze, das weit mehr zu bieten hat als Edelweiß, Uhren, Käse, Höhenkurorte, Wintersportzentren, Jodeln und Alphornblasen. Nebst den großen Städten und Industriezentren, nebst den wohlbekannten Ferienorten gibt es auch heute noch weltentrückte Bergdörfer, in die kaum je ein Fremder seinen Fuß gesetzt hat. Die Bewohner abgelegener Täler sind noch weitgehend ihrem althergebrachten Volkstum, ihren malerischen Landestrachten treu geblieben.
In solchen urwüchsigen Gebirgsgegenden verdienen die Menschen sich mit harter Müh und Arbeit ihr tägliches Brot, da bereitet der Alpsenn mit viel Geduld und Geschick seinen Bergkäse. Diese beiden Eigenschaften – Ausdauer und geschickte Hände –, in Verbindung mit Weitblick und einem gewissen forschen Draufgängertum, haben sicherlich mit dazu beigetragen, die Schweiz zu einem der reichsten Länder der Erde zu machen.

Bereits in früher Zeit entwickelte sich ein reger Handelsverkehr über die unwirtlichen Alpenübergänge. Schon die Römer hatten die geeigneten Durchgangspforten gefunden. Sie waren es auch, die die Alpen als Feriengebiet entdeckten. Außerdem befanden sie sich auf der Suche nach dem helvetischen Käse, der schon damals für seine gute

Oben Seit Jahrhunderten bilden diese Alpweiden die Ernährungsgrundlage für das prächtige Vieh, aus dessen Milch einige der berühmtesten Käse der Welt hergestellt werden.

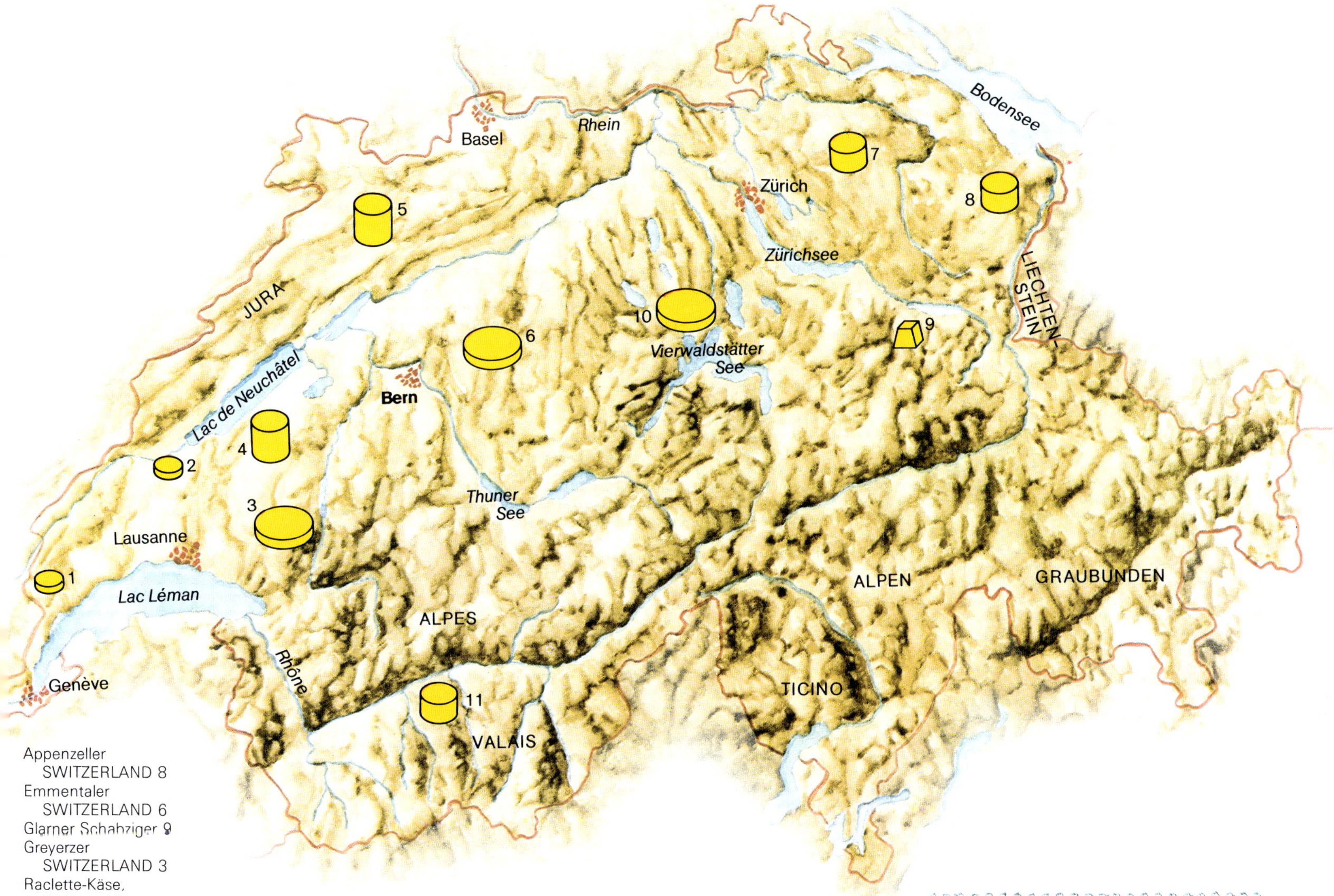

Appenzeller
SWITZERLAND 8
Emmentaler
SWITZERLAND 6
Glarner Schabziger 9
Greyerzer
SWITZERLAND 3
Raclette-Käse,
Walliser 11
Schweizer Tilsiter 7
(Royalp
SWITZERLAND)
Sbrinz
SWITZERLAND 10
Tête de Moine 5
Tomme Vaudoise 2
Vacherin
Fribourgeois 4
Vacherin Mont d'Or 1

Unten Der Alpaufzug (Almauftrieb) im Frühjahr und die Alpabfahrt (Almabtrieb) zu Sommerende werden meist in traditioneller Weise festlich begangen – die Älpler tragen ihre malerische Tracht, und die Kühe sind mit Blumengirlanden geschmückt. Diese Aufnahme stammt aus dem Kanton Appenzell.

Rechts Daß Käse im Schweizer Alltag eine bedeutsame Rolle spielt, beweist diese Briefmarke aus dem Jahre 1946. Hier wird gerade Milch in die «Käsekessi» gegossen.

Qualität bekannt war. Und wie schon früher erwähnt, waren die Römer zweifellos Käsekenner.

Die Schweizer bemühten sich, ihr Ansehen als Käseproduzenten stetig zu erhöhen, und schließlich gelang ihnen der große Wurf: sie schufen einige Spitzenprodukte, die weltberühmt werden sollten und von denen später noch ausführlich die Rede sein wird.

Der große Erfolg des Schweizer Käses bewog andere Staaten, die Schweizer Produkte nachzuahmen, doch haben diese Imitationen vielfach mit dem Original höchstens den Namen gemeinsam. Kein Wunder, daß die Schweizer streng auf die Wahrung ihres guten Rufes als Hersteller von Qualitätskäse bedacht sind. Ein echter Käse aus der Schweiz ist daher nebst der Sortenbezeichnung noch mit der Qualitäts- und Herkunftsgarantie «SWITZERLAND» versehen. Wer also sicher sein will, daß er

einen echten Emmentaler aus der Schweiz ersteht, achte auf die rote Kennzeichnung «Emmentaler SWITZERLAND», die die Echtheit des Produkts verbürgt.
Der berühmte Emmentaler SWITZERLAND verdankt den Namen seiner engeren Heimat, dem Emmental im Kanton Bern. Wie auch andernorts in der Schweiz, stellten hier die Sennen, in Viehzucht und Alpwirtschaft bewanderte Männer, während der sommerlichen Viehhaltung auf den Bergweiden in ihren einfachen Alphütten Käse her. Diese äußerst haltbaren Erzeugnisse transportierten sie auf Maultierrücken zu den Märkten im Tal, manchmal bis nach Basel und Straßburg, wo die Käse guten Absatz fanden. Die Älpler besaßen die saftigsten Weiden und das beste Vieh weit und breit. Damals wiesen ihre Käse allerdings noch nicht das Riesenformat des heutigen Emmentalers, des «Königs

der Käse» auf. Die Flachzylinder wogen etwa 4 bis 12 Kilogramm. Erst im 16. Jahrhundert begann man mit der Herstellung größerer und noch länger haltbarer Käse.

Mit dem Anwachsen der Städte, dem Bau besserer Straßen, der Entwicklung des Transportwesens nahm auch die Nachfrage nach besonders widerstandsfähigem Käse mehr und mehr zu. Der im 13. Jahrhundert gebaute Gotthardpaß öffnete den Eidgenossen den Zugang zu den italienischen Märkten. Doch die Schweizer Käseproduktion erlebte vor allem zur Zeit des Dreißigjährigen Krieges in der ersten Hälfte des 17. Jahrhunderts einen gewaltigen Aufschwung. Nun wurde Käse auf dem Rhein nach Rotterdam, Holland und andern großen Häfen verschifft und dort an Lagerhäuser verkauft.

Schon bald vermochten die Sennen den Bedarf nicht mehr zu decken, und größere Viehbestände bedingten den Kauf zusätzlicher Weiden – eine kostspielige Angelegenheit. Man half sich, indem man auf sogenannten *Gemeinalpen* – jeder einzelne hatte am gemeinsamen Alpbesitz teil – Käse herzustellen begann. Solche Alpgenossenschaften sowie private Landbesitzer stellten Alphirten und Käser ein, denen die Betreuung des Viehs sowie die Herstellung und der Verkauf des Käses oblagen.

Im 18. Jahrhundert zeichnete sich in der Käseproduktion allmählich ein Umschwung ab. Neue Ideen und Experimente brachten es mit sich, daß das Monopol der Alpkäseherstellung abzubröckeln begann. Man war nicht länger der Meinung, daß nur auf der Alp guter Käse bereitet werden könne. Nun wurden auch im Tal Käsereien eingerichtet, die die Milch von manchmal ganzjährig im Stall gehaltenen Kühen verwerteten. Die erste Dorfkäserei für Emmentaler entstand 1815 in Kiesen zwischen Bern und Thun. Sie ist heute als nationales milchwirtschaftliches Museum zu besichtigen. Man gab diesen Tieren eine Mischnahrung aus Heu, Klee und Kraftfutter.

Die Zahl der Dorfkäsereien stieg geradezu sprunghaft an, als es sich herumsprach, daß die Käufer Talkäse nicht von Alpkäse zu unterscheiden vermochten. Heute besitzt praktisch jedes Dorf seine eigene Käserei, wo der Käsermeister, von zwei oder drei Käsern unterstützt, täglich zwei bis vier Emmentaler herstellt. Echter Emmentaler SWITZERLAND wird weit

Unten Die «Fünf Großen Schweizer»: Emmentaler SWITZERLAND (Mitte), Greyerzer SWITZERLAND (rechts, mit Fähnlein), Sbrinz SWITZERLAND (im Vordergrund, mit fein gehobelten Lamellen), Royalp SWITZERLAND (Schweizer Tilsiter, Mitte, mit rotem Etikett) und Appenzeller SWITZERLAND (links außen).

Links In keinem andern Land versteht man sich so gut auf die Herstellung eines Emmentalers oder Greyerzers wie in der Schweiz. Ein traditionelles Handwerk und ein althergebrachtes Produkt lassen sich nicht kopieren. Auf dem Bild sieht man, wie die Käsemasse in einem Käsetuch aus der Molke gezogen wird.

über die Grenzen des Kantons Bern hinaus produziert, und jede Dorfkäserei weist wöchentlich einen durchschnittlichen Ertrag von rund zwei Dutzend Emmentalern auf. Drei Käse im Tag mag auf den ersten Blick relativ bescheiden anmuten, doch ist zu bedenken, daß ein einzelner Emmentaler SWITZERLAND 80 Kilogramm wiegt und zu seiner Herstellung 1000 Liter Milch, d. h. die Leistung von 80 Kühen, benötigt werden. Da man auf einem mittleren Bauernbetrieb in der Regel zehn bis fünfzehn Stück Vieh hält, werden die Milcherträge mehrerer Landwirtschaftsbetriebe zweimal täglich, am Morgen und am Abend, in die Käserei gebracht.

Viel Sorgfalt für einen heiklen Riesen

Emmentaler SWITZERLAND ist eine der wenigen Käsesorten, die ausschließlich aus Rohmilch hergestellt werden. Das Risiko etwaiger Mängel ist daher recht groß, und die Herstellung erfordert viel Geschick und Sorgfalt. Sie erfolgt nach offiziell genau vorgeschriebenen, traditionellen Methoden, deren Einhaltung streng überwacht wird. Nicht nur bei der Fütterung, der Stallhaltung, dem Melken des Viehs, der Milchqualität, sondern auch bei der Lab- und der Käseherstellung können Fehler begangen werden. Darüber hinaus muß der Reifungsvorgang in den Keller- und Gärräumen ordnungsgemäß ablaufen und genau kontrolliert werden.

Oben Die Käsemasse wird in das Järb (Käseform) gebettet und unter die Presse gegeben. Nach dem Pressen, Trocknen und Reifen ist ein feiner, etwa 85 Kilo schwerer Emmentaler Käse von nicht ganz 1 Meter Durchmesser zum Verkauf bereit.

Rechts Eine Sennerin aus dem Rosenlauital im Berner Oberland reinigt vor ihrem Bauernhaus die Milcheimer. Man beachte die Sammlung von Kuhglocken über der Haustür.

A. Der Emmentaler SWITZERLAND wird in relativ kleinen Dorfkäsereien hergestellt. Zweimal täglich wird frische Rohmilch aus den umliegenden Bauerngehöften in die Käserei gebracht, und zwar muß sie von Kühen stammen, die *nicht* mit Silofutter ernährt werden.
B. Die Milch wird auf etwa 33° C erwärmt, dann werden ihr in Wasser aufgelöstes Lab und Bakterienkulturen beigemischt. Nach 30 Minuten gerinnt die Milch. Der Käser zerschneidet den Bruch mit einem mit Draht bespannten Rührinstrument in möglichst gleichmäßige Stücke, bis sie etwa die Größe eines Weizenkorns haben.
C. Dann werden Molke und Käsekörner nochmals innerhalb von 30 Minuten auf etwa 53° C erhitzt und ungefähr 45 Minuten lang gerührt. Dadurch werden die Käsekörner fester und trockener. Erachtet der Käsermeister die Käsemasse als fertig präpariert, wird der Bruch aus der Molke gehoben.
D. Zu diesem Zweck zieht der Käser ein auf einen flexiblen, halbkreisförmigen Halter gespanntes Käsetuch längs der Kessiwandung unter den auf den Boden hinabgesunkenen Käsekörnern durch. Mit seinem Gehilfen löst er das Tuch vom Halter und knüpft es mit den vier Enden an den Flaschenzug. Der Bruch befindet sich im Tuch, und die Molke bleibt im «Käsekessi».

A

B

C

D

E. Wenn die Masse hochgezogen wird, fließt noch mehr Molke ab.
F. Die Käsemasse wird samt dem Tuch in die hölzerne Form (Järb) gebettet und sogleich leicht gepreßt.

E

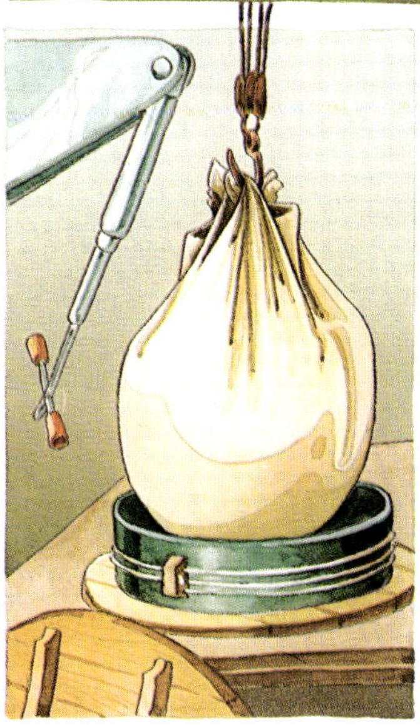

F

G. Im Laufe des Tages wird der Käse mehrmals gewendet und mit zunehmendem Druck gepreßt.
H. Die jungen Käse werden mit Salz bestreut. Nach etwa 20 Stunden Lagerung im Salzkeller werden die Laibe zwei bis drei Tage in ein hochkonzentriertes Salzbad gelegt.
J. Nach dem Salzbad kommen die Käselaibe zurück in den kühlen Salzkeller, wo sie 10 bis 14 Tage bleiben.
K. Im warmen Gärkeller bekommt der Emmentaler durch die Entwicklung von Kohlensäuregas im Käseteig Löcher und erlangt nach und nach sein köstliches Aroma.

G

H

J

K

Oben Entlang der Alpenkette reichen die Gletscher und ihre Moränen oft bis ins Tal hinab, und an den Wasserscheiden bilden sich zahllose Flüsse, die frisches Bergwasser zu den Talweiden führen. Solche Naturgaben spielen bei der Produktion der köstlichen Käse aus der Schweiz eine entscheidende Rolle.

Ein nach allen Regeln der Kunst zubereiteter Emmentaler SWITZERLAND erlangt seine Vollendung im Gärraum. Durch die Einwirkung der richtigen Bakterien gewinnt der Käse sein mildes, haselnußähnliches Aroma, bekommt er seine glänzenden, kirschgroßen Löcher, die sich durch im Teig entstehendes Kohlensäuregas bilden, das nicht entweichen kann. Die Rinde des Emmentalers ist hart, trocken und goldgelbbraun. Ein- oder zweimal in der Woche werden die Käse gewendet und mit einem feuchten Tuch abgerieben. Heute geschieht das Wenden in der Regel maschinell, doch früher pflegte sie der Käser stets von Hand zu wenden.

Ein offiziell als einwandfrei begutachteter Emmentaler wird, wie gesagt, mit der Markierung «SWITZERLAND» und der Angabe des Fettgehalts versehen. Exportkäse weist die von der Mitte wie Radspeichen ausstrahlende Kennzeichnung SWITZERLAND in roter Farbe auf. Emmentaler ist nach fünf Monaten konsumreif, hat aber noch ein sehr mildes Aroma. Es bedarf einer Reifezeit von sieben und mehr Monaten, bis das Aroma ausgeprägt wird und sich in den «Augen» des Käses Tränen zu bilden beginnen. Der Emmentaler eignet sich vorzüglich für belegte Brote. Doch er schmeckt auch kleingeschnitten oder gerieben ausgezeichnet. In warmen Gerichten zieht er allerdings gerne Fäden, doch ist er als Zutat zu Reisspeisen oder Teigwaren unübertroffen.

Links Die im Keller gelagerten schweren Emmentaler-Laibe müssen von Zeit zu Zeit gewendet und gepflegt werden.

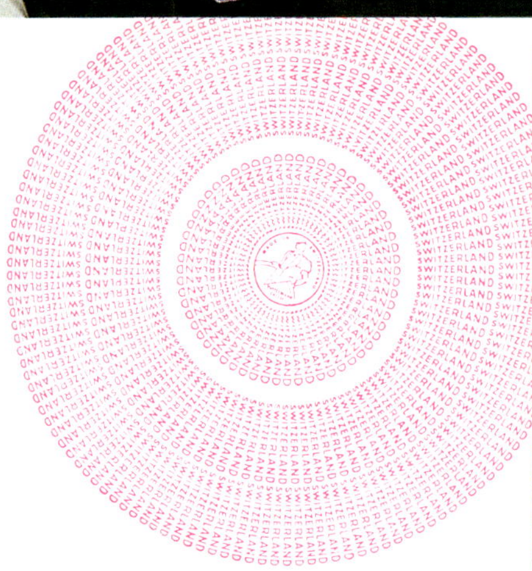

Links unten Der Stempelaufdruck SWITZERLAND schützt das Produkt und den Käufer vor den zahlreichen Imitationen, denen der einzigartige Charakter und die Naturreinheit des Käses aus der Schweiz abgehen.

Oben Die Exportmarkierung SWITZERLAND wird mit dieser Stempelmaschine in roter Farbe auf die Rinde gedruckt.

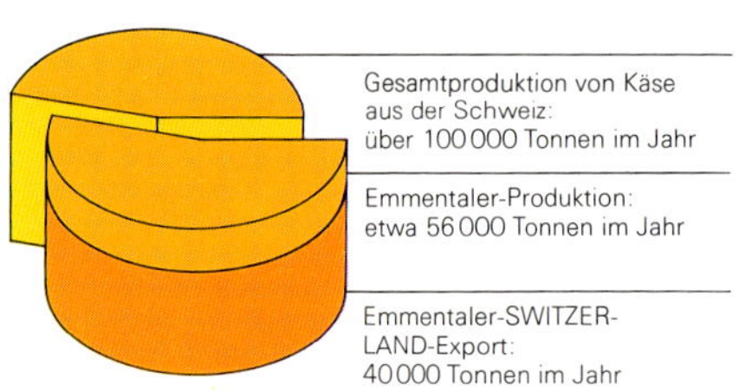

Oben Naive Malerei (Poya genannt) auf der Hauswand der Schaukäserei in Greyerz. Das Leben und Treiben der Bergbauern ist darauf sehr hübsch dargestellt. Oben links ist ein Greyerzer Senn im Begriff, in einem großen «Kessi» Käse herzustellen.

Unten Regale mit Greyerzer Käse im Gärraum.

Links Käseherstellung in einer Alphütte hoch oben auf der Hinterfallenalp im Toggenburg in der Nordostschweiz. Der Senn hat den Bruch in ein Käsetuch gehüllt und zieht das verknotete Tuch samt den Käsekörnern aus der im «Kessi» zurückbleibenden Molke.

Der *Greyerzer* SWITZERLAND oder Gruyère ist der kleinere, berühmte Bruder des Emmentaler Käses. Auch er wird für den Export mit der roten Markierung SWITZERLAND Gruyère gekennzeichnet. Der Greyerzer Käse stammt ursprünglich aus der Gegend von Greyerz oder Gruyère im Kanton Freiburg, wo das Schweizer Schwarzfleckvieh beheimatet ist. 1115 gründete der erste Graf von Greyerz die Abtei Rougemont, an welche die Kirchensteuer in Form von Käse zu entrichten war. Fünf Jahrhunderte später wurde der gleiche Käse über die Alpenpässe nach Turin in Italien und per Schiff auf der Rhone nach Lyon in Frankreich gebracht. Greyerzer SWITZERLAND wird heute nicht nur im Kanton Freiburg, sondern auch in andern Gegenden, vorwiegend der französischsprachigen Schweiz, produziert.

Ein Greyerzer SWITZERLAND wiegt etwa 20 bis 45 Kilogramm, also nicht ganz die Hälfte eines Emmentalers. Auch im Reifungsprozeß unterscheiden sich Greyerzer und Emmentaler. Man lagert den Greyerzer in kühleren Kellern, weshalb sich im Teig nur wenig Gase bilden können. Einzelne kleine, «Gläs» genannte Risse weisen auf einen besonders feinen Teig hin. Der Greyerzer weist auch nur wenige erbsengroße Löcher auf. Während der Reifungsperiode wird die Rinde feucht gehalten, und allmählich bildet sich ein rotbrauner Rindenbelag, der dem Käse ein ausgeprägtes Aroma verleiht. Nach einer zehn- bis zwölfmonatigen Pflege- und Lagerzeit ist der Greyerzer vollreif.

Links Das alte Grafenstädtchen Greyerz, das dem Greyerzer SWITZERLAND den Namen gab. Es war einst die Hauptstadt des Greyerzer Gebiets im Kanton Freiburg.

Das klassische Fondue

Der Teig eines vollreifen Greyerzer SWITZERLAND enthält mehr Feuchtigkeit als derjenige eines Emmentalers. Beim Erhitzen zieht er kaum Fäden und eignet sich daher ausgezeichnet für warme Speisen. Gerieben und gratiniert, überzieht er das Gericht mit einer glatten, nicht zu trockenen Kruste. Greyerzer SWITZERLAND ist der traditionelle Fonduekäse (Fondue siehe Kapitel Rezepte).

Oben Der Sbrinz ist ein extraharter Käse, den man in der Schweiz mit einem scharfen Hobel in feine Lamellen schneidet.

Sbrinz SWITZERLAND ist der Dritte im Bunde der Schweizer Hartkäse. Bei seiner Herstellung wird der feinkörnige Bruch stärker erhitzt als beim Emmentaler oder Greyerzer. Der Sbrinz ist in der Innerschweiz beheimatet, wo während des Sommers das widerstandsfähige Schweizer Braunvieh auf den hochgelegenen Bergweiden gehalten wird. Die zylinderfömigen Käse wiegen 20 bis 40 Kilo.

Der Sbrinz bedarf einer Reifezeit von anderthalb bis zwei Jahren. Nach dem Salzbad werden die Laibe in den *Abschwitzraum* gebracht, wo eine Temperatur von 20° C herrscht. Hier schwitzen sie Fett und Wasser aus. Die Rinde wird regelmäßig abgerieben. Nach einem Jahr stellt man die Laibe aufrecht in besondere Gestelle, damit die Luft einwandfrei zirkulieren kann. Dank der langen Reifungszeit wird der Sbrinz zu einem vollaromatischen und leichtverdaulichen Produkt.

Das Auge des Gesetzes wacht

Die Schweizer genießen den harten und charaktervollen Sbrinz SWITZERLAND auf vielfältige Weise. In Stücke gebrochen und zerkrümelt auf frischgebutterten Brotscheiben gegessen, gilt er als Delikatesse. Gerieben kann man ihn für Suppen, Saucen und gekochte Gerichte wie Käsesoufflé verwenden, da er beim Erhitzen keine Fäden zieht. Ungeachtet seiner Härte schmilzt ein mit dem Käse- oder Gurkenhobel in feine Lamellen geschnittener Sbrinz wie Butter auf der Zunge. Er wird denn auch oft unter der Bezeichnung *Hobelkäse* verkauft.

Nicht nur die Herstellung des Emmentalers und Greyerzers, sondern auch diejenige des Sbrinz wird von der Schweizerischen Käseunion – in der sich Milchproduzenten, Käser und Käsehändler zusammengeschlossen haben – streng kontrolliert. Auch der in- und ausländische Markt wird von dieser Organisation überwacht. Niemand kann dem «Auge des Gesetzes» entgehen.

Oben Selbst in den kleinsten Dörfern der Schweiz leistet man seinen Beitrag zur Käseherstellung. Der Boden eignet sich vielerorts besser für die Viehhaltung als für den Ackerbau.

Käse und Volkstum

Seit eh und je spielen Speise und Trank in der volkstümlichen Symbolik eine bedeutsame Rolle. Im Wallis und im Bernbiet (Berner Oberland) gab man einst den Toten Brot und Käse als Wegzehrung für die Reise ins Jenseits mit ins Grab. In manchen Kantonen pflegte man Käse an die Bedürftigen zu verteilen. Ein althergebrachter Brauch ist der Alpaufzug im Frühjahr und die Alpabfahrt am Sommerende, wobei das mit Blumengirlanden geschmückte Vieh, geführt von den Sennen in ihren malerischen Trachten, unter Glockengebimmel durch die Gegend zieht.
Im Wallis und im Bündnerland finden alljährlich die vielbesuchten Kuhkämpfe statt, eine Abart des spanischen Stierkampfes, die jedoch stets unblutig verlaufen. Es handelt sich dabei um einen Rivalenkampf zwischen den Kühen; die endgültige Siegerin wird zur

Oben Dieser Melkeimerboden, Beispiel schweizerischer Volkskunst, enthält eine Darstellung der Alpabfahrt (Almabtrieb).

Reine, zur Königin, oder zur *Vacca pugnèra,* zur Kampfkuh , erkoren.
Außer den Hartkäsen stellt man in der Schweiz auch zahlreiche Halbhartsorten mit einem höheren Feuchtigkeitsgehalt her. Diese reifen und verderben auch rascher. Der Appenzeller SWITZERLAND hat seinen Namen vom Ostschweizer Kanton Appenzell, der Wiege dieses Käses. Heute produziert man Appenzeller SWITZERLAND auch in den Kantonen St.Gallen, Thurgau und Zürich.
Im Mittelalter erfreute sich dieser Halbhartkäse – vor allem in den Nachbarländern der Schweiz – so großer Beliebtheit, daß auf dem heimischen Markt das Angebot zusehends schrumpfte. Käsehändler erhielten deshalb nur noch eine Exporterlaubnis für Appenzeller, wenn der inländische Bedarf gedeckt war.

Schon bald nach der Herstellung werden die Käse dem Grossisten geliefert, der in seinen großen Kellern den Appenzeller SWITZERLAND bis zur Konsumreife pflegt. Anfangs werden die Käse täglich, später zweimal wöchentlich gewendet und mit einer Mischung aus Wasser, Weißwein, Salz, Pfeffer und Kräutern abgerieben.Die genaue Zusammensetzung dieser Mischung ist jedoch geheim.

Eine Appenzeller Spezialität ist der *Räßkäse* (scharfer Käse), ein fettarmer Verwandter des Appenzeller Käses, von blasser Farbe und sehr rezentem Aroma.

Links Von der geschmolzenen Schnittfläche eines am offenen Feuer erhitzten Käses wird eine Portion abgeschabt und auf einem Teller zusammen mit Pellkartoffeln, Essiggürklein und Perlzwiebelchen serviert. Dieses Schweizer Nationalgericht nennt man Raclette.

Spezialitäten aus dem Wallis

Im Kanton Wallis, den die Rhone auf ihrem Weg zum Genfer See durchfließt, findet man Halbhartkäse wie den *Gomser, Bagnes* und *Orsières,* meist unter dem Kollektivnamen Walliser *Raclette-Käse* bekannt. Das französische Wort «racler» bedeutet deutsch «schaben».
In seiner ursprünglichen Heimat verwendete man den Raclette-Käse für ein beliebtes Gericht mit geschmolzenem Käse, das später überall in der Schweiz Verbreitung fand. Die Schnittfläche eines entzweigeschnittenen Käses wird am offenen Feuer oder mittels eines elektrischen Gerätes erhitzt, bis die oberste Schicht schmilzt. Nun schabt man mit dem Messer eine Portion der feinschmelzenden Masse auf einen Teller, auf dem bereits Pellkartoffeln, Silberzwiebeln und Cornichons (kleine Essiggurken) bereitliegen. Walliser Raclette-Käse sollte leicht und gleichmäßig schmelzen und dabei eine rahmflüssige Konsistenz sowie ein fruchtiges, nicht zu ausgeprägtes Aroma aufweisen. Wie zu Fondue trinkt man auch zu Raclette Weißwein oder Tee.

Sein pikantes, jedoch nicht alles übertönendes Aroma verdankt der Walliser Raclette-Käse der speziellen Qualität der Walliser Alpenmilch. Man verwendet Rohmilch von Eringer-Kühen, einer dunkelbraun bis schwarz gefärbten Viehrasse. Ein Walliser Raclette-Käse wiegt 5 bis 7 Kilo und braucht in der Regel eine vier- bis sechsmonatige Reifungszeit. Wegen seines besonders ausgeprägten Aromas wird siebenmonatiger Käse von Kennern bevorzugt. Da die Käser im Kanton Wallis der großen Nachfrage nicht mehr gerecht werden können, wird Raclette-Käse auch andernorts in der Schweiz – meist aus pasteurisierter Milch – hergestellt.

Links Chästeilet im Justistal im Berner Oberland. Die im Laufe des Sommers in den Berghütten hergestellten und gelagerten Käse werden an die Viehbesitzer verteilt.

Neben Emmentaler SWITZERLAND, Greyerzer SWITZERLAND und Sbrinz SWITZERLAND stellt man in der Schweiz auch noch andere, im Ausland weniger bekannte, von den Schweizern aber sehr geschätzte Käseerzeugnisse her. Dazu gehört unter anderem der *Bergkäse* – ein Sammelbegriff –, der manchmal auch einen der Herkunft entsprechenden Eigennamen wie *Justistaler, Brienzer Mutschli, Nidwaldner Bratkäs* usw. trägt. Diese Käse werden von den Sennen während der sommerlicher Viehhaltung in den hochgelegenen Alphütten bereitet. Später werden sie ins Dorf gebracht, wo sie ein *Salzer* oder *Gäumer* pflegt und zwecks Reifung lagert. Fast jede Alp hat ihren eigenen Käse, in der Regel Hartkäse mit nur spärlichen Löchern und gewaschener Rinde, der in der Herstellungsgegend konsumiert wird. Eine Spezialität besonderer Art sind die kleinen, zylinderförmigen *Formaggini* oder *Agrini* aus dem Kanton Tessin, dessen südlichster Punkt an Como, Italien, grenzt.
Es handelt sich dabei um Käse, der teilweise aus der Milch der auf den südlichen Berghängen grasenden Ziegen hergestellt wird.

Glarner Kräuterkäse (Schabziger)

Der *Glarner Schabziger* ist ein halbharter, fast fettfreier Kräuterkäse aus entrahmter Kuhmilch und nicht, wie oft fälschlich angenommen, aus Ziegenmilch. Man mengt der Milch Milchsäure bei und erhitzt sie bis zum Siedepunkt, damit Kasein und Albumen gerinnen. Dann läßt man die Masse bei 20° C unter Pressung reifen, was eine Milch- und Buttersäuregärung bewirkt. Milchsäure ist ein Konservierungsmittel. Seine grüne Farbe verdankt der Schabziger der beigefügten Kräutermischung, die unter anderem eine eigens zu diesem Zweck angepflanzte Kleesorte enthält. Schabziger wird im Kanton Glarus seit über tausend Jahren produziert, anfangs nur von Mönchen für den Eigenbedarf des Klosters. Sie verabreichten den Käse auch als Heilmittel gegen Magenbeschwerden. Der Klosterkäse enthielt keine Kräuter.

Oben Verlassene, 1607 erbaute Sennhütten. Sie hatten einst als einfache Alpkäsereien gedient.

Unten Am Morgen und am Abend bringen die Bauern die frischgemolkene Milch in die Käserei. Die Milch wird gewogen, filtriert und gekühlt.

Nach einer einwöchigen Reifungszeit wird der Käse fein gemahlen. Nun mischt man der Masse die Kräuter bei und preßt sie zu kleinen, kegelförmigen *Stöckli,* die dann verkauft werden. Schabziger ist würzig und sehr pikant. Eine Prise davon genügt vollauf, um eine Brotscheibe zu würzen, weshalb man das Produkt früher «Armeleutekäse» nannte. Mit Butter oder Rahm vermischt schmeckt Schabziger köstlich zu Pellkartoffeln oder auf Toastschnitten. Man kann ihn auch Salaten, Suppen oder andern Gerichten beifügen. Dank seinem niedrigen Fett- und seinem hohen Eiweißgehalt eignet sich Schabziger bei fettarmer Diät ausgezeichnet als pikante Zugabe.

Links «In memoriam.» Wie zum Teil auch andernorts ist es in Mals im Fürstentum Liechtenstein Brauch, den Tod einer Leitkuh mittels eines hölzernen Symbols zu markieren. Hier hängen eine ganze Reihe solcher Plaketten an einer Stallwand – eine Art Ahnengalerie.

Rechts Nochmals Markierungssymbole in Form alter Käsestempel. Diese wurden von den Käsern und Käsehändlern als persönliche Signete entworfen.

Tête de Moine (Bellelay-Käse)

Der Tête de Moine (Mönchskopf) oder Bellelay-Käse wurde ursprünglich von den Mönchen der Abtei Bellelay (heute Berner Jura) hergestellt. Später stellten die Bauern auf den Pachthöfen des Klosters den Käse her und lieferten ihn als Kirchensteuer der Abtei ab.

Der Käse wird aus reichhaltiger Milch hergestellt, zwecks Reifung drei bis fünf Monate gelagert und vor allem als Winterspezialität von September bis März verkauft. Der glatte und rahmartige, zylinderförmige, 0,7 bis 4 Kilo schwere Käse besitzt ein sehr feines Aroma.

Man serviert den Käse ganz, schneidet zunächst einen 1½ cm dicken Deckel parallel zur Flachseite weg, entfernt am verbleibenden Stück etwa 1-2 cm Rinde und schabt mit dem Messer Portionen ab. Da der Käse nicht auf einmal konsumiert wird, benützt man die oberste Rindenscheibe stets als Deckel, was sich dann fast wie eine Mönchstonsur ausnimmt – daher der Name «Mönchskopf». Kenner ziehen es vor, Portionen auf eine mit Pfeffer und Kümmel bestreute Brotscheibe zu streichen. Dazu trinkt man ein Glas Weißwein, u. zw. am besten den gleichen Wein, mit dem das Tuch befeuchtet wird, in dem man den Käse aufbewahrt.

Unten Junger, in den Alphütten hergestellter Käse wird in solch hölzernen Speichern zum Reifen gelagert.

Freiburger Vacherin

Im Kanton Freiburg stellt man zweierlei Arten von Vacherin her, den *Vacherin à la Main* und den *Vacherin à Fondue*. Die Spur des Freiburger Vacherin läßt sich bis ins 15. Jahrhundert zurückverfolgen. Der Käse weist eine bräunlichgelbe Rinde auf. Der vollreife, drei bis vier Monate gelagerte Vacherin à la Main besitzt ein kräftiges Aroma, jüngerer Käse dieser Art schmeckt leicht säuerlich. Der etwas weichflüssige Vacherin à Fondue wird in ein Tuch gehüllt und in Spanschachteln verkauft. Er eignet sich vorzüglich für Fondue. Ein sogenanntes Fondue Moitié-Moitié wird zur Hälfte aus Vacherin, zur andern Hälfte aus Greyerzer Käse zubereitet. Für das Freiburger Fondue wird der Vacherin mit wenig heißem (nicht kochendem!) Wasser aufgelöst und kräftig mit Pfeffer gewürzt. Auch ein solches Fondue mundet ausgezeichnet.

Vacherin Mont d'Or

Der *Vacherin Mont d'Or* wird im Waadtländer Jura in rund 60 Käsereien hergestellt. Die Produktion dieses Käses erfolgt unter der Kontrolle und dem Schutz der Centrale du Vacherin Mont d'Or. Angeregt durch den in Frankreich produzierten Weichkäse aus Ziegenmilch (Chevrotin), bemühten sich die Schweizer, ein ähnliches Produkt aus der Milch ihres kräftigen Simmentaler Fleckviehs zu bereiten. Zur Winterszeit reichte in jenen Gegenden der Milchertrag ohnehin nie aus, um große Käse herzustellen. Dazu wies die Milch einen hohen Fettgehalt auf, und die den Formen entnommenen Käse waren in der Regel recht weich. Damit die Käse nicht zusammenfielen, hielt man sie mit einem Ring aus Tannenrinde zusammen. Der Vacherin Mont d'Or zeichnet sich denn auch durch einen einzigartig würzigen Harzgeruch aus, der an die Heimat des Käses, die Jurawälder, erinnert.Er ist eine Winterspezialität und kommt nur von Oktober bis März auf den Markt, da er wegen seiner empfindlichen Beschaffenheit während der wärmeren Jahreszeit verderben würde.

Als der Vorgänger des Vacherin Mont d'Or 1880 erstmals in Lausanne zum Verkauf gelangte, hatte er einen solch enormen Erfolg, daß die Käsereien schon bald seine Produktion aufnahmen. Der frische Käse wird vom *affineur* abgeholt, der die Käse auf Tannenholz in den Spezialkellern des Vallée de Joux zur Reifung lagert. Die Regalbretter, die einen Großteil der Feuchtigkeit des Käses absorbieren, werden regelmäßig ausgewechselt und getrocknet. Man erkennt die Werkstätte des *affineur* von weitem an den Hunderten von Brettern, die im Freien unter einem Schutzdach trocknen.

Nach zehntägiger Reifung weist die Rinde bereits ihre rötlichbraune Farbe auf, doch dauert die Lagerung noch weitere vier Wochen, wonach der Vacherin Mont d'Or mit Tannenrinde eingebunden und in Spanschachteln verpackt wird. Die Reifung hängt vom Gärungsprozeß ab, doch heißt es in erster Linie, den richtigen Moment zum Abbruch des Vorgangs abzupassen: ein zu junger Käse schmeckt fade, ein überreifer Käse verliert an Qualität und weist an der Oberfläche kurze, scharfkantige Falten auf. Im richtigen Reifestadium hat der Vacherin Mont d'Or einen rötlichen Schimmer, ein mildes und rahmartiges Aroma, manchmal einige winzige Löcher und eine Rinde mit etlichen langgezogenen, fließenden Falten. Man serviert ihn in der Schachtel. Er schmeckt vorzüglich zu Pellkartoffeln und zu trockenem Weißwein (Rotwein würde das Käsearoma übertönen).

Oben Käsefondue ist nicht nur ein köstliches Gericht, es ist eine Art nationaler Zeitvertreib, bei dem sich die Schweizer gemütlich um einen gemeinsamen Topf mit in Wein geschmolzenem Käse versammeln. Man trinkt zum Fondue Weißwein oder Tee und zwischendurch einen Schluck Kirsch.

Unten Eine seit alters bereitete Käsesorte ist der durch beigemischten Zigerklee grün gefärbte Glarner Kräuterkäse (Schabziger), der entweder in Form konischer «Stöckli» oder gerieben in Streudosen verkauft wird. Das Bild zeigt zwei ältere Etiketts.

Der Schweizer Tomme

Eine andere Jura-Spezialität, der nach dem Kanton Waadt (Vaud) benannte *Tomme Vaudoise,* ist nicht wie etliche französische Tommes lediglich eine lokale Spezialität. Die etwa 100 bis 170 Gramm schweren kleinen, flachen und runden Käse sind nach sieben bis zehn Tagen reif und weisen eine weiche, fast flüssige Konsistenz sowie einen dünnen weißen Schimmelpilzbelag auf, der nach längerer Reifung rötlich gesprenkelt ist. Der Käse schmeckt sehr mild. Ist das Produkt nicht vollfett, so wird dies auf der Verpackung vermerkt. Tommes werden auch andernorts in der Schweiz hergestellt, früher von den Molkereihändlern, die ihrer Kundschaft solche zarten *Rahmkäsli* lieferten. Heute produziert man sie in den Käsereibetrieben aus pasteurisierter Milch.

Schweizer Tilsiter

Gegen Ende des letzten Jahrhunderts begab sich ein junger Ostschweizer Käser nach Ostpreußen und kehrte mit dem Rezept für Tilsiter nach Hause zurück. Der erste Versuch, solchen Käse herzustellen, rief einige Aufregung hervor, denn dieses Halbhartprodukt unterschied sich deutlich von den einheimischen Erzeugnissen. Nachdem die Herstellung einmal perfekt war, waren schon nach kurzer Zeit an die hundert Käsereibetriebe nötig, um den Bedarf an Tilsiter zu decken. Der Schweizer Tilsiter wurde schließlich ein echtes Nationalprodukt, das die Schweizer Qualitätsmarke zu Recht trägt: Jenseits der Schweizer Landesgrenzen wird er *Royalp* SWITZERLAND genannt. Der heutige Schweizer Tilsiter ist mit dem in andern Ländern hergestellten Tilsiter kaum zu vergleichen, und es wird oft versucht, ihn nachzuahmen. Der Käse wird aus roher oder teils auch pasteurisierter Milch hergestellt und leicht gepreßt. In den Handel kommen Rohmilch-Tilsiter, Past-Tilsiter (aus pasteurisierter Milch) und Rahm-Tilsiter.

Auch einige Ausländer gehören dazu

In der Schweiz werden auch eine Anzahl ursprünglich ausländischer Sorten wie *Brie, Camembert, Romadur, Limburger, Münster* und *Reblochon,* alles Weichkäse, hergestellt. Dazu gibt es Frischkäse wie *Petit Suisse, Double Crème* (etwas fester als Petit Suisse), *Cottage Cheese* und *Quark.* Der Schweizer konsumiert jährlich durchschnittlich über 12,5 Kilo Käse.

Chästeilet

Dort wo man auch heute noch auf der Gemeinschaftsalp Käse herstellt, verteilt man anläßlich eines besondern Älplerfestes den Käse nach Maßgabe der von den Kühen gelieferten Milch an die Viehbesitzer. Im Justistal etwa, hoch über dem Thuner See, findet dieser *Chästeilet* (Käseverteilung) alljährlich im September statt. Auf einer von Wäldern und Bergkämmen umrahmten Weide stehen drei Holzhütten, in denen die von den Sennen im Sommer produzierten Käse gelagert werden.

Sobald die Sonne die Kühle des Bergmorgens vertrieben hat, treffen die Viehbesitzer und Festbesucher mit ihren Fahrzeugen ein. Lautes Motorengeräusch erfüllt die sonst so friedlichstille Bergwelt. Nun werden die Lagerstätten offiziell geöffnet und die Käselaibe aus den dunklen Räumen ins Freie befördert. Man reicht sie von Hand zu Hand und stapelt sie zu fünft auf den Holzbänken, wobei ein Stapel insgesamt 70 Kilo wiegt, was dem durchschnittlichen Ertrag einer Kuh pro Sommer entspricht. Der *Meistersenn* oder *Bergvogt* verteilt die Plaketten mit den Initialen der Besitzer auf den Stapeln. So weiß jeder, was ihm zusteht, und es gibt keine Diskussionen. Erst später beim Festschmaus beginnt man sich gegenseitig zu necken und darüber zu diskutieren, wer wohl die besten Kühe, die saftigsten Weiden, den besten Käse besitze.

Alpabfahrt

Wenn es langsam Herbst wird, noch vor Einbruch von Schnee und Kälte und vor der Ankunft der ersten Wintertouristen, ziehen die Sennen mit ihren Herden zu Tal, wo die Tiere bis zur Rückkehr des Frühlings im warmen Stall untergebracht werden können. Diese Alpabfahrt (Almabtrieb) ist über den dabei gepflegten farbenfrohen Volksbrauch hinaus Teil des bäuerlichen Jahreszyklus. Während der ganze Troß die Bergstraßen herunterzieht, hört man schon von weitem das Geläute der Kuhglocken – die Leitkuh trägt die größte und klangvollste Glocke –, bis man schließlich den Umzug hoch oben am Hang zu Gesicht bekommt. Die Alpabfahrt dauert mehrere Stunden, und es ist für die Sennen ein hartes Stück Arbeit, das Vieh wohlbehalten ins Tal zu bringen. Meist versuchen die Tiere aus der Kolonne auszubrechen, vielleicht weil sie bereits Stalluft wittern und quer über Stock und Stein heimlaufen möchten. Meist steht groß und klein im Dorf zum Empfang bereit, man geht den Hirten ein Stück Weges entgegen, und vergnügt feiert man zu guter Letzt gemeinsam die glückliche Rückkehr vor Wintereinbruch.

Solche althergebrachte, traditionelle Bergbauernbräuche sind tief im Volkstum verwurzelt. Als Gegenpol zu Industrialisierung erinnern sie den Städter daran, daß Käse ein echtes Naturprodukt ist, das aus hochwertiger Milch hergestellt wird, für die es saftiger Weiden und gesunder Kühe bedarf.

Oben Alpabfahrt im Berner Oberland. Die Kühe – das berühmte Simmentaler Fleckvieh – werden mit Blumengirlanden geschmückt, wenn sie von den Alpweiden zu ihren Ställen im Tal zurückkehren. Sie haben den Sommer hoch oben in den Bergen, manchmal oberhalb der Baumgrenze verbracht. Die Alpabfahrt wird in alter Tradition stets festlich begangen.

Name	Milch	Art	Rinde	Form	Gewicht	Fettgehalt i. d. Trockenmasse in %
Appenzeller	△	◓	□	Flachzylinder	6-8 kg	50
Emmentaler	△	■	□	Großer Flachzylinder	60-130 kg	45
Glarner Kräuterkäse (Schabziger)	△	◓	□	Konische «Stöckli»	50-200 g	max.
Greyerzer	△	■	□	Großer Flachzylinder	20-45 kg	45
Raclette-Käse, Walliser	△	◓	□	Flachzylinder	5-8 kg	52
Sbrinz	△	◓	✤	Flachzylinder	20-45 kg	45
Tête de Moine (Bellelay)	△	■	□	Hochzylinder	0,7-4 kg	51
Tilsiter, Schweizer				Flachzylinder	3-6 kg	45
Tomme Vaudoise	△	●	✤	Flachzylinder	100 g	45
Vacherin						
- Fribourgeois	△	◓	✤	Flachzylinder	6-10 kg	45
- Mont d'Or	△	●	✤	Flachzylinder	200 g-3 kg	50

Zeichenerklärung siehe Seite 34

Österreich

Österreichs Landschaft weist vorwiegend Gebirgscharakter auf. Die schmucken Ortschaften, die Wiesen und Tannenwälder werden überragt von den mächtigen Felsen und Halden, den schneebedeckten Firnen der Alpen. Die imposanten Gebirgszüge reichen bis zum Wienerwald und dem lieblichen Hügelland nördlich der Donau.

Trotz der teilweise beschwerlichen landwirtschaftlichen Nutzung des Bodens ist jeder Quadratmeter urbaren Lands bestellt, und die vielen Schaf-, Ziegen- und Rinderherden finden ausreichende Weidegründe. Man hält in Österreich nicht weniger als 18 Rinderrassen, zumeist aber das dem alpinen Klima bestens angepaßte Fleckvieh.

Als man in Österreich die erfolgreiche schweizerische Käseherstellung nachzuahmen begann, führte man zugleich auch Schweizer Vieh ein, das dank ähnlichen Klima- und Bodenverhältnissen prächtig gedieh. Von den Schweizer Sennen, Experten in der Kunst der Käseproduktion, erlernten die österreichischen Älpler das Gewerbe und betrieben es schon bald mit so viel Geschick, daß ihr hoch oben in den Berghütten in Kupferkesseln bereiteter Käse demjenigen der helvetischen Nachbarn durchaus ebenbürtig war. Die Kessel wurden ihnen von Klöstern und Gutsbesitzern geliefert, die auch die *Schwaigen* genannten Viehfarmen errichten ließen. Allein in der Steiermark gab es 600 davon. Das Benediktinerkloster in Admont erhielt aus den umliegenden Bezirken alljährlich 30 000 Käse (die damals ½ bis 1½ Kilo wogen). Eine Zeitlang drohte die Butterherstellung die Käseproduktion in Frage zu stellen, insbesondere im 17. und im frühen 18. Jahrhundert, doch wurde die Gefahr bald gebannt.

Heute entfällt die Hälfte der österreichischen Käseproduktion auf die Herstellung von Emmentaler, der vorwiegend nach Italien exportiert wird. Daneben bereitet man eine Reihe ähnlicher, doch weniger bekannter Sorten. Es sind dies unter anderem: *Murbodner,* ein in Folie ausreifender Halbhartkäse; *Bergkäse* mit seinem milden Aroma, der in großen Flachzylindern im Gewicht von 30 Kilo geliefert wird, aber keine großen Löcher aufweist; ferner der *Groyer,* eine Art Greyerzer, der in den kleinen Talkäsereibetrieben hergestellt wird. Ein würziger, erfrischender Alpkäse mit einem glatten, elfenbeinfarbigen Teig ist der *Tiroler Alpkäse.*

Rechts Die Tiroler sind stolz auf ihre Traditionen – und ihre Käsesorten. Ihr Lieblingskäse ist wohl der Tiroler Graukäse.

Unten Etikett des Trappistenkäses, eines weithin beliebten Klosterkäses, der an den aus dem französischen Trappistenkloster Entrammes stammenden ursprünglichen Port-du-Salut-Käse erinnert.

Scharfe Käse

Im Gegensatz zu ihren Schweizer Nachbarn stellten die österreichischen Bauern traditionsgemäß Weichkäse mit oder ohne Rindenflora her. Da deren Transport Schwierigkeiten bereitet, sind diese typisch regionalen Käse außerhalb ihres Ursprungsorts kaum bekannt. Seit Jahrhunderten stellte man aus magerem Quarkkäse rechteckförmigen oder flachzylindrischen *Tiroler Graukäse* her, der in aufgestapelten Formen gepreßt und bei einer Raumtemperatur von etwa 22 °C zur Reifung gelagert wird. Mit *Penicillium glaucum* oder *roqueforti* geimpft, entwickelt sich der graugrüne Schimmelpilz im Teig, wobei manchmal ein unausgereifter weißer Kern bestehen bleibt. Der glatte Teig schmeckt recht pikant, manchmal jedoch infolge ungenügender Entwässerung etwas säuerlich.

Die Österreicher haben eine Vorliebe für das scharfe Aroma gewaschener und mit roter Rindenflora überzogener Käse. Deshalb läßt man in Österreich auch Imitationen ausländischer Käsesorten in feuchten Gärräumen reifen oder behandelt sie mit Bakterienkulturen. Der *Mondseeer* Käse mit seiner weichen Konsistenz und seinen unregelmäßigen Löchern ist ein österreichisches Original-

Oben links Malerische Landschaft in Gries, unweit von Innsbruck. Hoch oben in den Bergen ist die Arbeit des Bergbauern anstrengend und nicht sehr ertragreich: die österreichischen Bergbauern erhalten vom Staat Subventionen.

Oben: Ein Tiroler Bauer führt sein Vieh zu neuen Weideplätzen.

Oben rechts Solche oder ähnliche Abstellplätze für Milchkannen findet man in allen ländlichen Gegenden Europas bis hinüber nach Irland.

produkt, obschon er dem deutschen Münsterkäse ähnelt. Die Rindenflora wird entfernt und die Rinde vor dem Verpacken getrocknet. Früher verkaufte man dieses Erzeugnis in Spanschachteln und nannte es *Schachtelkäse.* Der flachzylindrische, halbharte und pikante *Mischlingkäse* weist nur spärliche Löcher, dank der getrockneten Flora eine orange Rinde sowie einen variierenden Fettgehalt auf. Der flache, runde *Schloßkäse,* ein in Folie verpacktes weiches Produkt, gleicht dem deutschen Romadur, schmeckt aber weit milder. Wie schon der Name sagt, genießt man den *Pinzgauer Bierkäse* am besten zu einem Glas Bier. Dieser recht pikante Käse stellt schon seit 1650 eine bekannte Salzburger Spezialität dar.

Ein römisches Erbe

Wie die Deutschen bevorzugen auch die Österreicher Frischkäsesorten. Der *Topfen* zum Beispiel ist ein frischer Quarkkäse, der aus entrahmter Voll- oder Buttermilch oder aus einer Mischung verschiedener Milchsorten hergestellt wird, und zwar vorwiegend in Käsereibetrieben und nur noch ganz selten auf Bauernhöfen in Oberösterreich. Topfenkäse läßt man bei 20° C reifen, würzt ihn nach vier Tagen mit leicht gesalzener Butter (die bäuerliche Sorte ist zudem mit Eiern und Würzkräutern angereichert), verpackt ihn noch warm und verkauft ihn als erfrischend und etwas säuerlich schmeckenden Brotaufstrich. Der mürbe, pikante und glänzende *Sauerkäse* mit seiner orangen Rinde und dem weißen Teig stammt aus Vorarlberg an der Schweizer Grenze und wurde vermutlich schon zur Römerzeit bereitet. In Österreich konsumiert man ihn meistens mit Kartoffeln. *Quargel* nennt man runde Stücke *Sauermilchkäse* (bereitet wie im Kapitel Deutschland ausgeführt), die in Cellophan verpackt werden. In der Gegend von Kärnten produziert man *Glundnerkäse,* indem man eine dünne Quarkschicht auf eine Platte legt, mit einem Tuch zudeckt und bei Zimmertemperatur stehen läßt. Man wendet die Quarkschicht täglich, bis sie riecht, mengt nun etwas Kümmel und Pfeffer und zuletzt frischen krümeligen Quark bei.

Um den reichgewürzten *Kugelkäse* herzustellen, läßt man trockenen Quark monatelang am Feuer reifen. Danach würzt man ihn mit Salz, Kümmel oder Paprika und formt daraus Kugeln. Nach etwa acht Wochen sind diese hart und jahrelang haltbar. Den aus Schaf- oder Kuhmilch produzierten *Liptauer* Käse findet man überall in den Donaugegenden. Oft ist er hausgemacht und aus mit Paprika, Senf und Gewürzen vermischtem Quark bereitet. Den besten Liptauer erhält man in guten Delikateßgeschäften, eine feine Mischung von Mondseeer oder einer andern Sorte mit Butter, Sardellenpaste, Kümmel, Kapern, Zwiebeln, Senf, Paprika und Salz.

Man stellt in Österreich aber auch ausländische Käsesorten her, unter anderem: *Edamer, Gouda, Parmesan, Brie, Camembert, Trappistenkäse, Tilsiter, Romadur, Stangenkäse, Rahmfrischkäse* und *Butterkäse.* Die meisten österreichischen Käse können im ganzen Lande gekauft werden, vor allem aber in Wien, der gastronomischen Metropole Mitteleuropas, wo man eine ausgezeichnete Käsetorte, Cordon Bleu mit Emmentaler und Schinken sowie Parmaschnitzel mit Parmesan und Rahm genießen kann.

Name	Milch	Art	Rinde	Form	Gewicht	Fettgehalt i. d. Trockenmasse in %
Bergkäse	⌂	■	□	Großer Flachzylinder	30 kg	45
Mischlingkäse	⌂	☗	⁘	Großer Flachzylinder	8-30 kg	15-35
Mondseeer	⌂	●	⁘	flache Scheibe	1 kg	45
Pinzgauer Bierkäse	⌂	☗	⁘	Großer Flachzylinder, Laib	4-30 kg	15
Schloßkäse	⌂	●	⁘	flache Scheibe	45 g	35-45
Tiroler Alpkäse	⌂	☗	⁘	Großer Flachzylinder, Laib	20 kg	45
Tiroler Graukäse	⌂	●	⁑	Flachzylinder, Laib	variiert	45
Topfen	⌂	○	—	Behälter	variiert	10-50

Zeichenerklärung siehe Seite 34

Italien

Es gibt nur wenige Länder, die sich gleich auf den ersten Blick in verschiedene, klar zusammengehörende Gebiete gliedern lassen, wie dies bei Italien der Fall ist, dem Stiefel, der seit je Sizilien in Richtung Spanien wegzustoßen droht. Im Norden haben wir die von den mächtigen Alpen umgürtete Poebene; gegen Süden zu erstreckt sich das Rückgrat der Halbinsel – die Apenninen, die von Nordwesten bis zum südlichsten Punkt reichen; jenseits der Straße von Messina finden wir Sizilien und weiter oben Sardinien und die kleineren italienischen Inseln.

Die in den Alpen entspringenden Flüsse speisen die lieblichen oberitalienischen Seen, die ihrerseits wieder Abflüsse in den Po, den Lebensborn der lombardischen Ebene, entsenden. Dieses riesige Becken zwischen den Alpen und den nördlichen Apenninen bildet die ausgedehnteste Ebene ganz Italiens. Sie ist weit größer als die sonnige Campagna di Roma und die noch weiter südlich gelegene, noch sonnenreichere Campagna Felice unweit von Neapel. In der Lombardei sind die Sommer sengend heiß, die Winter hingegen kalt und neblig. Beiderseits des Pos und seiner weitverzweigten Mündungsarme fanden Ackerbaugemeinschaften der Frühzeit ein Land, das reiche Erträge versprach, eine Gegend, wo die in späteren Zeiten angebauten Getreide und Feldfrüchte – Roggen, Korn, Mais, Reis, Zuckerrüben – mitunter zweimal im Jahr geerntet werden konnten.

Die fruchtbare Ebene und die Berghänge bieten auch ideale Bedingungen für Viehhaltung und Milchwirtschaft. Hochzuchtrassen liefern den Bauern die notwendige Milch für den weltberühmten Käse aus dieser Gegend. Es ist dies auch Italiens dichtestbevölkertes Industriegebiet: Abertausende arbeiten in den großen Fabriken von Turin, Mailand und Verona, was den Norditalienern zu Wohlstand verhalf und sie dem Fortschritt gegenüber aufgeschlossener werden ließ als ihre Landsleute im Süden.

Südlich der Lombardei herrschen andere Klima- und Bodenverhältnisse. Unterhalb Neapels fallen die Flanken der vulkanischen Ausläufer der Apenninen steil zum Meer ab. Zur Zeit der alten Römer waren die Hänge mit silbergrauen Olivenhainen und dunklen Zypressenwäldern bewachsen, die später kahlgeschlagen wurden. Es galt, Holz für Italiens mächtige Handels- und Kriegs-

Oben Die Landschaft der Toskana wurde von den Malern der Renaissance immer wieder dargestellt. Sie hat sich im Laufe der Jahrhunderte kaum gewandelt. Dies ist die im Südwesten von Florenz gelegene Stadt San Gimignano.

Rechts Eine hübsche Sammlung unentbehrlicher Elemente der italienischen Küche: Käse, Schinken und Salami.

Asiago 13
Bel Paese 5
Caprino 15
Fiore Sardo 20
Fontina 1
Gorgonzola 6
Grana Padano 9
Mascarpone 8
Mozzarella 14
Pannarone 12
Parmigiano Reggiano 11
Pecorino Romano 16
Pecorino Siciliano 18
Pressato 10
Provolone 17
Ricotta 19
Robiola 2
Robiolino 3
Stracchino Crescenza 4
Taleggio 7

flotten zu beschaffen. So nahm schließlich die Erosion überhand, das Land trocknete aus, und nach heftigen Regengüssen verschlammte der Boden. Die seit Jahrhunderten unternommenen Bemühungen, das trockene Erdreich wieder fruchtbar zu machen, schlugen größtenteils fehl.

Die Vegetation weist je nach Klima und Bodenbeschaffenheit – die ihrerseits vom Gebirge oder Meer abhängen – beträchtliche Unterschiede auf. An den Küsten sind die Sommer heiß und gegen Süden hin zunehmend trockener. Auch auf den Inseln herrschen nicht durchweg gleiche Verhältnisse: Die kleineren Inseln und die Küsten der größeren Inseln erfreuen sich eines milden Mittelmeerklimas.

Auf dem italienischen Festland ist allerorten die Landwirtschaft – Weinbau, Olivenkulturen, Obstplantagen – die Haupterwerbsquelle. Da es an Weidegründen mangelt, sind Kühe eher selten. Die Milch stammt vorwiegend von Schafen und Ziegen, deren Haltung zudem weniger kostspielig ist. Diese Tiere halten auch kärglichen Verhältnissen stand. Lange Zeit gedieh in Italien der Büffel ausgezeichnet.
Er lieferte nicht nur gute Milch, er ließ sich auch als Zugtier verwenden, erwies sich dem Ochsen an Stärke als überlegen und vermochte Hitze und Kälte standhaft zu trotzen.

Links Auf diesem Wandbild aus dem Vattii-Haus in Pompeji ist eine Szene aus der antiken Mythologie dargestellt.

Die Tradition der Käseherstellung reicht in Italien bis in vorchristliche Zeiten zurück. Schon damals spielte der Käse bei den täglichen Mahlzeiten eine bedeutende Rolle. So schreibt der Dichter Vergil in seinen Bucolica (Hirtengedichten): «Milch, am frühen Morgen gewonnen, ist bis zu nächtlicher Stunde geronnen; die Abendmilch füllt der Hirt in Gefäße ein und bringt sie im Morgengrauen zur Stadt hinein; manchmal bereitet er gesalzenen Käse daraus, so hat er im Winter einen Vorrat im Haus.» Im Altertum produzierte man den Käse vorwiegend aus Schaf- und Ziegenmilch. Nicht nur auf den großen Bauernhöfen – wie man sie beispielsweise in Pompeji ausgegraben hat –, sondern auch in den Haushalten der Städte gab es eine separate Käseküche oder *caseale* sowie Gärräume für Käse. Meist wurde der Käse im Frühling oder Frühsommer hergestellt. Man stellte viele Sorten von Käsen her: es gab gesalzene und ungesalzene, harte und weiche Käse in Form von Laiben, Mühlsteinen, stumpfen Kegeln oder Ziegeln, manche gewürzt, manche ungewürzt, mit oder ohne Kräuterbeimischungen.

Milch und Honig

Verschiedene römische Schriftsteller verfaßten relativ leichtverständliche Schriften über Viehzucht und Milchwirtschaft. In seinem Werk *De agricultura* gibt der römische Staatsmann Cato, der sich auch schriftstellerisch betätigte, Anleitungen für die Winter- und Sommerfütterung und für die Unterbringung der Herden. Das Buch enthält auch eine Anzahl von Rezepten, darunter auch eines für eine Käsepastete, die eine römische Erfindung gewesen zu sein scheint. Mindestens zwei Pastetensorten, Libum und Placenta, konnte man fertig kaufen – sie wurden zu Hause serviert, dienten aber auch religiösen Zwecken. Zum Süßen verwendete man Honig, da Zucker noch unbekannt war. Cato sagt nicht, um welche Käsesorte es sich handelt, er führt aber aus, daß der Käse fein gerieben wird. Es ist also anzunehmen, daß eine Art Ricotta-Käse gemeint ist. Catos wiederholte Ermahnungen, beim Kochen auf strenge Hygiene zu achten, muten geradezu modern an.

In seinem Alterswerk *Rerum rusticarum* zählt der Schriftsteller Varro (116–27 v. Chr.) die verschiedenen Qualitäten der Schafe auf, erteilt detaillierte Ratschläge für die Pflege gesunder und kranker Tiere und setzt sich mit einer Reihe weiterer Belange der Landwirtschaft auseinander. Auch Vergil bekundet seine eigene Meinung über Tierhaltung: «Man schenke den Ziegen genügend Beachtung, sie brauchen ebenso sorgsame Pflege wie die Schafe und bringen den gleichen Nutzen; Ziegen bringen mehr Junge zur Welt; Schafe sind hervorragende Milchtiere.» Auch über des Tieres Reaktion auf den richtigen sensorischen Stimulus glaubte er Bescheid zu wissen: «Je stärker die Milch beim Melken im Kessel schäumt, um so reichlicher fließt die Milch aus dem Euter.»

Unten rechts Gioconda, ein köstlicher Tafelkäse. Auf dem Etikett die berühmte Mona Lisa, La Gioconda, von Leonardo da Vinci.

Unten Dieses römische Relief aus dem 3. Jahrhundert n. Chr. zeigt einen Römer beim Melken einer Ziege.

Die römischen Käsehersteller

In seinem um die Mitte des 1. Jahrhunderts n. Chr. veröffentlichten Werk *De re rustica* berichtet der Schriftsteller Columella sehr ausführlich und mit viel Liebe zur Natur über alle Aspekte der Landwirtschaft. Er erwähnt, wie wichtig Käseproduktion vor allem in abgelegenen Gebieten sei, wo man die überschüssige Milch kaum anderweitig verwenden könne. Er empfiehlt, anstelle von tierischem Lab ein pflanzliches Startmittel – beispielsweise Disteln, Saflorsamen oder den Saft der Feigenbaumrinde – zur Beschleunigung der Milchgerinnung zu verwenden.

Er spricht auch über das Pressen, Salzen, Waschen und Reifenlassen des Käses und erwähnt, daß der all diesen Verfahren unterzogene Käse sich ganz besonders für den Export eigne: «Er bekommt keine Löcher und wird weder zu salzhaltig noch zu trocken. Ein erster Mangel macht sich bemerkbar, wenn der Käse ungenügend gepreßt wurde; ein zweiter Nachteil wird durch ungenügendes Salzen und ein dritter durch Trocknen an der Sonne hervorgerufen.» Zu Columellas Lebzeiten war der Vorgänger des heutigen Caciocavallo bereits sehr populär. Die in einem warmen Behälter geronnene Milch wurde mit siedendem Wasser übergossen, geknetet und von Hand geformt oder in Buchenholzbehältern gepreßt. Dann folgte üblicherweise ein Salzbad, bevor der Käse über einem Stroh- oder Apfelbaumholzfeuer geräuchert wurde.

In den großen Städten geschah dies in Spezialräuchereien. Der Käse wurde zu Zöpfen, Flaschen, Pferde- oder Hirschköpfen geformt. Er scheint besonders von Kaiser Augustus hoch geschätzt worden zu sein. Als Schirmherr der Künste hatte der Kaiser eben «einen guten Geschmack».

Allerlei Tricks

Über die Käsebereitung zur Zeit des Kaisers Augustus liegen uns zahlreiche Zeugnisse vor. So sind aus jener Zeit detaillierte Rezepte erhalten, wie beispielsweise das nachfolgende für Rahmkäse: « Man nehme eine neue Schüssel mit einer Öffnung und einem Stöpsel gleich unter dem Rand; man fülle sie mit frischer Schafmilch, in die man ein Bündelchen Kräuter- und Gewürzpflanzen, Stengel und Wurzeln nach oben gerichtet, hängt, wobei letztere nicht in die Milch getaucht werden dürfen. Nach fünf Tagen wird der Stöpsel herausgezogen, damit die Molke ablaufen kann. Sobald Milch herauszufließen droht, wird die Öffnung wieder geschlossen. Nach drei weiteren Tagen wiederholt man die Prozedur, entfernt das Gewürzbündelchen aus der Milch und wirft es weg. Nun streut man zerriebene getrocknete Thymian- und Majorankräuter und je nach Geschmack noch etwas gehackten Schnittlauch über den Quark und vermischt das Ganze. Nach zwei weiteren Tagen wird nochmals Molke eliminiert. Nun mengt man fein zerriebenes Salz darunter und verschließt die Schüssel mit einem Deckel, der erst kurz vor dem Essen wieder weggenommen wird.»

Man bediente sich, wie Columella ausführt, im Käsereigewerbe etlicher Tricks, die sich offenbar in der seit Jahrhunderten geübten Praxis der Käsebereitung allmählich herausgebildet hatten: Frische Kiefernadeln im Strohlager der Ziegen sollten bewirken, daß die Milch schneller gerann. Pulverisierte Samen oder Kräuter als Milch- oder Bruchzutaten sorgten für vielfältige Aromavarianten. Frischkäse konnte schon nach wenigen Tagen konsumiert werden, wenn man ihn vom Korb oder von der Form direkt in ein Salzbad gab und anschließend an der Sonne trocknen ließ. Trockener Schafkäse konnte im Frühling nachbehandelt werden, indem man große Stücke davon in gutem Traubenmost in einem mit Teer versiegelten Faß zwanzig Tage lang aufbewahrte und vor dem Essen mit Kräutern überstreute. «Doch», meint Columella, «auch ohne Kräuter schmeckt der Käse ausgezeichnet.» Kühe seien im Vergleich zu Schafen und Ziegen empfindlicher gegen Hitze, Kälte und Bodenbeschaffenheit, schreibt der Autor. Er unterscheidet hinsichtlich Körpergröße, Widerstandskraft und Temperament vier italienische und sechs ausländische Rassen, darunter auch das robuste weiße umbrische Vieh (bis heute die in Italien am weitesten verbreitete Rasse) und das produktive und zähe Alpvieh, von dem wahrscheinlich das berühmte Schweizer Braunvieh abstammt.

Oben Ein Hirte unweit des Juno-Tempels in Agrigento, Sizilien. Die bäuerlichen Gemeinschaften in Süditalien haben ihre tiefverwurzelten Traditionen bis heute bewahrt.

Ganz oben Pecorino, der berühmte italienische Schafmilchkäse. Er wurde schon vor der Zeit des Römischen Reiches hergestellt. Plinius ist einer der Autoren, die ihn erwähnen. Die Legende besagt, daß Romulus, der Gründer Roms, diesen Käse aus Schaf- und Ziegenmilch bereitet habe.

Rechts Die mittelalterlichen Klöster waren kulturelle Zentren, in denen unter anderem auch die hauswirtschaftlichen Kenntnisse sorgfältig bewahrt wurden. Es blieben nur sehr wenige klösterliche Kochbücher erhalten. Sie umfassen unter anderem auch Rezepte für die Käsebereitung.

Cheshire – Lieblingskäse der Römer

Zur Zeit der römischen Kaiser wurde in zahlreichen Gegenden vielerlei Käse produziert. Für das *velabrium,* den römischen Molkereimarkt, importierten die Römer aus den von ihnen unterworfenen Gebieten zahlreiche Käsesorten. Da gab es unter anderem Käse von den Alpweiden Helvetiens, gallischen Käse aus dem Massif Central, Nîmes und Toulouse, griechischen Käse vom Peloponnes, Käse aus dem Nahen Osten und auch aus Britannien. Glaubt man der Legende, so waren die Römer

Links Etikett einer kleinen Packung Parmesan-Käse.

auf Cheshire-Käse so versessen, daß sie um die Stadt Chester einen Wall errichteten, um den kontinuierlichen Fortgang der Käseproduktion zu gewährleisten.

Andererseits wurden auch aus Italien große Mengen von Käse exportiert, unter anderem die verschiedenen Hartkäse, denen der lange Transport nichts anhaben konnte und die bei den römischen Legionären sehr beliebt waren. Doch der Zusammenbruch des Römischen Reiches brachte auch das Ende der Käsebereitungskunst. Bis zum 10. Jahrhundert finden sich in Chroniken oder andern Schriften keine Hinweise mehr auf die Käsebereitung in Italien. Es gilt allerdings als wahrscheinlich, daß gewisse Sparten der römischen Zivilisation in den christlichen Klöstern weitergepflegt wurden, so auch der Weinbau, die Käsebereitung und die Viehzucht. Die Mönche gaben ihre Kenntnisse weiter, Hand in Hand mit der Verkündigung des Evangeliums.

Der harte, körnige, trommelförmige *Parmesan* ist die Königin des italienischen Käsesortiments. Infolge der langen und langsamen Reifung und des niedrigen Feuchtigkeitsgehaltes wird der Käse besonders hart und die Kruste zäh und dick. Er kann deshalb weite Transportwege und extreme Klimaschwankungen unbeschadet überstehen, er verdirbt nicht, sondern wird mit zunehmendem Alter reicher an Aroma und Geschmack. Parmesan ist der berühmteste Vertreter der *Formaggio di Grana*, der Grana-Käse, wie diese Kategorie wegen ihrer körnigen Struktur genannt wird.

Der Grana ist eine alte, ursprünglich aus der Poebene stammende Käsesorte. Schon im 8. Jahrhundert v. Chr. spricht Homer von einer langlebigen Käseart, die über weite Distanzen transportiert wurde, ein äußerst hartes Produkt, das man mit einem Eisengerät zu schaben pflegte. Der im 1. Jahrhundert n. Chr. in Rom lebende Dichter Martialis erwähnt einen harten, mondförmigen Käse, der ursprünglich von den Etruskern in Norditalien bereitet wurde. Diese Berichte zeugen davon, daß man in Italien Grana-Käse schon lange Zeit vor dem Bestehen des Römischen Reiches herstellte. Nach dem Untergang Roms jedoch verödete die Poebene und wurde zu einem riesigen Sumpfgebiet. Sie wurde erst nach und nach von Klostergemeinschaften wieder urbar gemacht, und auch der Käseproduktion gaben die Mönche neuen Auftrieb.

Oben Ein Stapel feiner, trommelförmiger Parmesan-Käse, gelb wie Gold und – beinahe so kostspielig.

Unten Man beachte die dunkle Rinde dieses Parmesan-Käses. Sie wurde aus einer Mischung von Öl und Erde hergestellt.

Das Bild stammt von einem alten Werbeprospekt eines Käsefabrikanten.

Ein Berg aus Käse

Im Laufe der nun folgenden 500 Jahre begannen die alten Traditionen allmählich wieder aufzuleben. Der Parmesan verdankt seinen Ursprung dem alten etruskischen Rezept, er wurde erstmals im 10. oder 11. Jahrhundert hergestellt, und zwar in der Stadt Bibbiano, unweit von Piacenza, einem Gebiet, das damals zu der Provinz Parma gehörte, von welcher der Käse seinen Namen erhielt. Aus historischen Berichten geht hervor, daß die Stadt Parma im Jahre 1364 einen regen Handel mit *Parmigiano-Reggiano*-Käse betrieb und daß sich das Produktionsgebiet südlich des Po schon bald bis nach Bologna ausweitete. In Florenz, jenseits der Apenninen, bestand bereits eine große Nachfrage nach Parmigiano Reggio, wie aus Boccaccios Schilderung eines Schlaraffenlandes in seinem *Decamerone* hervorgeht: «Es gab einen ganz und gar aus geriebenem Parmesan-Käse aufgeschichteten Berg, auf dessen Gipfel Leute einzig und allein damit beschäftigt waren, Makkaroni und Nudeln herzustellen, die sie in Kapaunbrühe sotten und dann den Berg hinunterwarfen...».

Währenddessen produzierte man nördlich des Po, dem Beispiel der

Parmesan-Hersteller folgend, auf ungefähr dieselbe Weise einen *Grana Padano*. Der jahrhundertelange Streit um die Urheberrechte für die beiden Käsesorten endete 1955 mit dem durch einen Regierungserlaß gewährleisteten Schutz beider Käsemarken und der genauen Festlegung der Produktionsgebiete.

Parmigiano Reggiano

Der Parmesan-Käse wird von Mitte April bis Mitte November in modernen Käsereibetrieben produziert, die noch gewisse Elemente des traditionellen Gewerbes beibehalten haben. Man läßt die in 100 Liter fassende Behälter gefüllte Milch auf natürliche Weise und ohne Zentrifuge Rahm bilden.
Am folgenden Morgen wird die entrahmte Abendmilch zusammen mit der frischen Morgenmilch in doppelwandige Tanks gefüllt, damit sie sich setzen kann. Nachdem die Milch sauer geworden und geronnen ist, wird der Bruch sorgfältig geschnitten, so daß kein Fett mit der Molke abläuft.
Anschließend wird er mit einem dicken Stab kräftig gerührt, bis er ganz feinkörnig ist. In der Zwischenzeit erzeugt der Dampf zwischen der Doppelwand des Behälters eine Temperatur von 54 bis 58° C. Danach läßt man die Masse eine Viertelstunde abkühlen, während der Käser ständig die Konsistenz der Bruchpartikeln und die Säure der Molke kontrolliert. Der Bruch kommt in ein für kurze Zeit in die Molke gehängtes Tuch, bevor man ihn in einem hölzernen Faß mit Deckel unter die Presse bringt, wobei er jede Stunde gewendet wird. Die Periode des Salzens dauert, je nach dem Gewicht des Käses, bis zu drei Wochen, die Reifezeit zwei bis drei Jahre.
Zu Beginn werden die Käse jeden zweiten Tag gewendet und gebürstet, später zweimal in der Woche und schließlich nur noch einmal in der Woche. Nach einem Jahr versieht man sie mit einem schützenden Mantel aus feiner, schwarzer, mit Öl vermischter Erde. Die Kruste eines vollreifen Parmesan ist praktisch kugelsicher, und der Käser pflegt die Qualität des Käses zu testen, indem er mit einem Hammer daraufklopft – der charakteristische Härteton schmeichelt dem geübten Ohr.

Sein Name bürgt für Qualität

Unter seiner imposanten Kruste verbirgt ein reifer Parmigiano Reggiano einen strohgelben, sehr harten und trockenen Teig ohne irgendwelche Löcher. Der Teig ist sehr krümelig und zergeht auf der Zunge. Das Aroma ist würzig, aber nicht scharf und trotz des niedrigen Fettgehalts reich und voll. Parmesan ist vorwiegend als Reibkäse bekannt, und nur wenige Teigwaren- oder Reisgerichte sind perfekt ohne reichlich darübergestreuten Grana-Käse.

Grana Padano

Während Parmesan-Käse nur in einem relativ begrenzten Gebiet und in einer bestimmten Jahreszeit produziert wird, stellt man in der Lombardei überall und jederzeit Grana Padano her. Bei der Bereitung von Grana Padano wird heute fast nur noch pasteurisierte Milch verwendet. Sie wird in weit größeren Behältern zu Käse verarbeitet als die Milch für den Parmesan. Zudem werden die Abend- und die Morgenmilch getrennt behandelt, während man bei der Parmesanbereitung stets beide miteinander mischt. Es gibt noch weitere kleine Unterschiede in den sonst doch recht ähnlichen Rezepten. Grana Padano reift rascher und wird flockig. Je länger der Käse reift, um so deutlicher spürt man die kleinen harten Körnchen auf der Zunge. *Grana* bezieht sich auf ebendiese Körnchen, während *padano* «aus

Oben Landschaft bei Monte Cassino zwischen Rom und Neapel, im Herzen der italienischen Halbinsel.

Links Überall in Italien stößt man auf kleine Lebensmittelgeschäfte mit einem vielfältigen Angebot an verschiedenen Käsesorten aus aller Welt. Inmitten dieses reichhaltigen Sortiments entdeckt man einige harte Reibkäse wie Parmesan und Pecorino, die für die italienische Küche unentbehrlich sind.

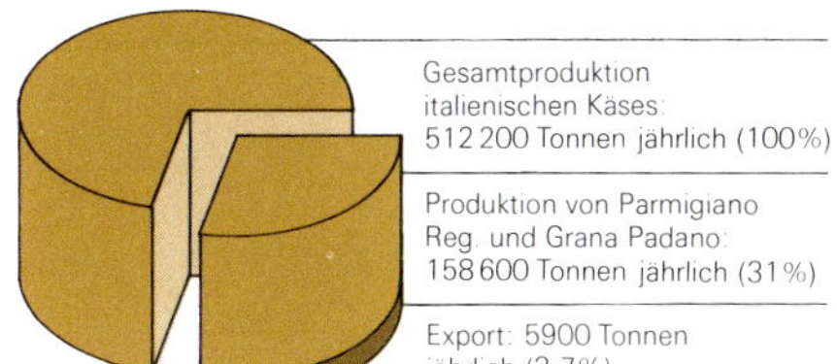

der Poebene» bedeutet. Die Farbe ist in der Regel heller als die seines großen Rivalen, manchmal sogar fast weiß. Als Tafelkäse ist Grana Padano weniger verbreitet als in geriebener Form. Man bevorzugt diesen Käse für gekochte Gerichte, da er keine Fäden zieht.

In einer Zeit, die schon etliche Jahrhunderte zurückliegt, pflegte man das während des Sommers auf den saftigen Weiden der Italienischen Alpen gehaltene Vieh im Spätherbst gegen Süden zu treiben. Eine der verschiedenen Winterstationen auf dieser Route war eine kleine Stadt, von der sich der Name des berühmten blaugrün geäderten *Gorgonzola*-Käses herleitet. Aus der nicht sehr reichhaltigen Milch dieser von dem langen Weg ermüdeten Tiere bereitete man einen Käse, den man ursprünglich *Stracchino Gorgonzola (stracco* bedeutet auf deutsch «müde») nannte.

Man weiß, daß der Gorgonzola schon seit mindestens tausend Jahren produziert wird und daß man ihn ursprünglich in den Höhlen des Valassina-Tales reifen ließ, die für die Entwicklung des Penicillium-Schimmelpilzes äußerst günstige Bedingungen boten. Später errichtete man zu diesem Zweck in der ganzen Gegend Gärräume. Bis zum 19. Jahrhundert blieb der Gorgonzola ein typisch regionales Produkt kleinerer Käsereibetriebe. Die Abendmilch wurde sofort zum Gerinnen gebracht, der über Nacht gereifte Bruch wurde am darauffolgenden Morgen in eine aus hölzernen Ringen bestehende und mit einem Käsetuch ausgelegte Form gegossen und anschließend mit dem noch warmen, frischen Bruch der Morgenmilch überdeckt. Die Verwendung dieser beiden Brucharten galt als Grundbedingung für die Bereitung von Gorgonzola. Nachdem man ihn durch Einstiche für die Luftzufuhr präpariert hatte, lagerte man den Käse mehrere Monate, bis sich der Schimmelpilz richtig entwickelt hatte. Dieser Reifeprozeß dauerte in der Regel über ein Jahr.

Ein ungewöhnlich milder Käse

In den heutigen modernen Käsefabriken wird Gorgonzola mittels eines weniger zeitraubenden Prozesses produziert – es scheint fast, als ob man überall in der Welt voller Ungeduld auf die nächste Gorgonzola-Lieferung warten würde. Glücklicherweise wird die Qualität durch die eiligere Herstellung nicht beeinträchtigt. Der Gorgonzola wird heute folgendermaßen bereitet: Pasteurisierter Milch wird *Penicillium gorgonzola* sowie ein säurebildender Wirkstoff beigemengt. Man schneidet und rührt die Bruchkörner, bis sie haselnußgroß sind. Dann hüllt man sie portionenweise in Tücher, die sich in Aluminiumformen befinden. Die Käseportionen werden in einem feuchten, warmen Raum regelmäßig gewendet und gesalzen. Nach einer zweiwöchigen Reifeperiode wird der Käse in einem kühlen und feuchten Raum auf der einen und zehn Tage später auf der andern Seite perforiert, damit sich der Schimmelpilz entwickeln kann. Insgesamt dauert der Reifeprozeß drei Monate. Aroma und Geschmack des Produktes sind im Vergleich zu einem nach althergebrachter Methode bereiteten Gorgonzola weniger pikant, und der Teig ist etwas weicher, von elastischer Konsistenz und weist kleine Löcher auf. Die Farbe variiert von Weiß bis Strohgelb, der Käse ist von blaugrünen Adern durchzogen und besitzt eine runzelige, rötliche Rindenkruste. Gorgonzola wird – meist in Folie verpackt – ganz oder portionenweise verkauft. Als ausgesprochen milder Blaukäse eignet er sich sehr gut als Dessert und schmeckt herrlich zu einem Glas Valpolicella oder Barolo.

Der *Gorgonzola Bianca* oder *Pannarone* ist nur wenig gesalzen und ohne Schimmelpilzflora, ausgenommen auf der Rinde, wo sie weggewaschen wird. Nach einer einmonatigen Reifezeit schmeckt der Käse pikant und etwas bitter.

Oben Ein Viertel echten italienischen Gorgonzolas. Er ist heute kein regionaler Käse mehr – als eine der berühmtesten Käsesorten der Welt ist Gorgonzola überall begehrt, wo man gern Käse ißt.

Links Dolcelatte, «süße Milch», ist der Name, unter dem in der Fabrik hergestellter Gorgonzola gehandelt wird.

Unten Eines der vielen hübschen Städtchen in Norditalien, Como am Comersee.

Links Paglierini ist ein köstlicher Weichkäse aus dem Piemont. Sein Name leitet sich von den Strohmatten *(paglia)* her, auf denen er feilgeboten wird.

Oben Käse in Hülle und Fülle in einem Lebensmittelgeschäft in Venedig.

Vor vielen Jahren bereitete man den *Asagio*, den traditionellen Käse Norditaliens, an den Südhängen der Dolomiten. Dank selektiver Zucht vermochten die Bauern die Milchleistung ihrer Kühe zu verbessern, so daß heute die Käseproduktion nicht mehr wie früher in primitiv eingerichteten, kleinen Molkereibetrieben, sondern in Genossenschaftsfabriken erfolgt. Diese Fabriken wurden von Viehhaltern und Käsern gemeinsam gegründet, und 1910 gab es ihrer schon 176. Die ursprüngliche Heimat des Asagio-Käses ist die Provinz von Vicenza westlich von Venedig. Der Hartkäse Asagio wird in zwei Varianten hergestellt: *Asiago d'Allievo* ist ein aus entrahmter Abendmilch und frischer Morgenmilch bereiteter recht pikanter Halbfettkäse, der sich sehr gut zum Reiben eignet. *Asiago grasso di monte* weist eine weichere Struktur auf und benötigt eine Reifezeit von etwa sechs Wochen.

Pressato, ein Abkömmling des Asagio, wird in der Lombardei und im venezianischen Tiefland hergestellt. Der Fettgehalt variiert je nach der verwendeten Milch – frische volle oder entrahmte Morgenmilch oder aber rohe und entrahmte Abendmilch, vermischt mit frischer Morgenmilch. Er kann schon nach einer Reifezeit von ein oder zwei Monaten konsumiert werden, wird aber oft längere Zeit gelagert. Pressato ist ein flacher, runder Käse mit einer braunbemalten Kruste. Seine Struktur ist elastisch, seine Farbe Weiß bis Strohgelb und sein Aroma mild bis pikant. Der Teig des Käses weist zahlreiche birnenförmige Löcher auf.

Eine köstliche Gabe des Piemont

Aus der nördlich von Turin gelegenen, ans Aostatal grenzenden Region Piemont stammt der herrliche *Fontina*-Käse, den mancher Kenner in einer Weltrangliste der besten Käsesorten unter das erste halbe Dutzend einreihen würde. Ursprünglich ein Schafmilchkäse, wurde der Fontina für die Viehbesitzer der betreffenden Gegend zur wichtigsten Einnahmequelle. Heute wird die Sommermilch der Kühe in den Hütten der genossenschaftlichen Alpwirtschaftsbetriebe direkt verarbeitet. Die Milch wird in kleinen Kupferkesseln über dem Holzfeuer erhitzt. Die Reifung dauert drei Monate. Zu diesem Zweck werden die Käse in den genossenschaftlichen Gärräumen in den Tälern gelagert.
Im Winter und im Vorfrühling, wenn das Vieh im Stall steht, wird Fontina in den Dorffabriken hergestellt. Einige der größeren Unternehmen arbeiten das ganze Jahr über. Sie verfügen über doppelwandige, dampfbeheizte Riesenkessel, die mehrere hundert Liter Milch fassen – krasser Gegensatz zu den in den Alphütten nach wie vor im Gebrauch stehenden traditionellen Kupferkesseln.

Das Gewicht des halbharten Fontina variiert von 10 bis 20 Kilo. Der flache, runde Käse weist eine dünne, glatte, bräunliche Rinde und einen weißen bis gelblichen Teig mit wenig Löchern auf. Das Aroma ist leicht süßlich, nußartig und die Struktur weich und rahmartig.

Unten Wie aus historischen Berichten hervorgeht, wurde der Taleggio schon im 11. Jahrhundert, wenn nicht gar schon früher, hergestellt. Er ist ein halbharter Bergkäse, der aber auch in den Tälern produziert wird und besitzt ein köstlich mildes Aroma.

Links Zweifellos einer der berühmtesten Käse der Welt, ein perfekter Begleiter zu einer Flasche Wein – Fontina aus dem Piemont.

Die frischen und delikaten Stracchini

Der *Taleggio* wird wie auch andere Stracchino-Käse rasch reif und büßt schon bald sein frisches Aroma ein, beides Nachteile für den Versand. Seit dem Aufkommen der Kühltransporte findet man den Taleggio auch außerhalb des gleichnamigen Tales unweit von Mailand, wo man ihn schon im 11. Jahrhundert bereitete. Heute stellt man das Produkt auch andernorts im Alpengebiet und in der Lombardischen Ebene her, und zwar wie eh und je während der kalten Jahreszeit aus einer Mischung vorgereifter Abend- und frischer Morgenmilch. In den großen Käsereibetrieben in der Ebene produziert man ihn das ganze Jahr über aus pasteurisierter Milch. Der Bruch wird nicht gepreßt, sondern regelmäßig in den Behältern gewendet. Durch das Abreiben mit Salzwasser während des Reifens erhält der Käse seine flockige, weiche und rötliche Rinde. Der weiße bis gelbliche Käse zeichnet sich durch eine kompakte, manchmal etwas brüchige Konsistenz und ein mildes, fruchtiges Aroma aus. Er schmilzt auf der Zunge. Der auf traditionelle Art produzierte Taleggio schmeckt aromatischer.

Sowohl in der Lombardei wie auch im Piemont wird *Stracchino Crescenza* hergestellt. Die beste Qualität dieser Käsesorte stammt aus Mailand und dem benachbarten Pavia. Es handelt sich um einen delikaten Dessertkäse, der so rasch reift, daß ein jäher Temperaturanstieg die gesamte Produktion verderben kann. Aus diesem Grunde wurde Stracchino Crescenza früher nur im Winter produziert. Heute stellt man ihn in Großbetrieben her, die über Räume mit Klimaanlagen verfügen. Die Konsistenz kann sehr weich und rahmartig *(pasta cremosa)* oder auch etwas fester *(pasta sostenuta)* sein.

Thema mit Variationen

Obschon er strenggenommen nicht zu den Stracchino-Käsen gehört, gleicht der *Robiola* in seiner Art – er ist weich, delikat und schnellreif – dieser Sorte. Der quadratische Käse von etwa 250 bis 500 Gramm Gewicht wurde früher aus einer Mischung von Kuh -, Schaf- und Ziegenmilch, meist teilweise entrahmt, hergestellt. Heute produziert man ihn ausschließlich aus Kuhmilch. Der Bruch wird kaum geschnitten, und die Käse reifen in mit Leinen ausgelegten Stroh- oder Holzbehältern. Die Temperatur im Gärraum wird tief gehalten, und die Käser reiben die Käse regelmäßig mit in Salzwasser getauchten Tüchern ab, sobald sich Schimmelpilz zu bilden beginnt. Der *tipo dolce* mit seinem delikaten, milden Aroma reift in 8 bis 10 Tagen. Der vollreife, ganz ausgeformte *tipo piccante* entwickelt sein leichtes, trüffelartiges Aroma in 30 bis 40 Tagen.

Ursprünglich stammt der Robiola von dem Hügelland am Rande der Alpen in der Lombardei, wird aber jetzt in einem viel ausgedehnteren Gebiet Norditaliens hergestellt. Eine etwas kleinere Variante dieses Käses, der *Robiolino,* besitzt nach sorgfältiger und ausgiebiger Bearbeitung des Bruchs einen weichen und rahmartigen Teig. Er wird in besonderen Gefäßen zu Stangen oder Rollen geformt. Ganz frisch konsumiert schmeckt er leicht säuerlich, ausgereift weist er ein volles Aroma und eine rahmartige Struktur auf.

Aus der gleichen Gegend stammen auch die *Italico,* alles Abkömmlinge des Robiola. Es sind Weichkäse mit oder ohne Oberflächenflora. Zu dieser Gruppe zählt auch der berühmte *Bel Paese* («schönes Land»). Dieser flache, runde, ½ bis 1 Kilo schwere Käse stammt aus der Lombardei, wo er 1929 erstmals hergestellt wurde. Er bedarf nur einer kurzen Reifeperiode, zeichnet sich durch ein mildes Aroma und eine weiche Konsistenz aus und wird als Dessertkäse sehr geschätzt.

Schließlich wäre noch der *Mascarpone* zu erwähnen, obschon dieses Produkt aus frischem Rahm, das man sofort konsumiert, kaum als «Käse» bezeichnet werden kann. Ursprünglich bereitete man den Mascarpone nur in der Lombardei, und zwar zur Winterszeit. Heute wird er überall in Italien produziert. Es handelt sich dabei um einen ausgesprochenen Dessertkäse. Nur bei einem Triester Rezept wird Mascarpone mit Gorgonzola, Senf und Sardellen vermischt.

Dem Reisenden, der auf der Strada del Sole die Apeninnenhalbinsel in Richtung Süden hinunterfährt, wird auffallen, wie das immer spärlicher werdende Weideland allmählich durch die sonnverbrannte umbrische Landschaft mit ihren Schafherden, ihren Ziegen und Büffeln abgelöst wird. Hier wird überall schmackhafter Käse bereitet. Die Schafe der Sopravissina-Rasse liefern in ihrer Laktationsperiode reichlich fetthaltige köstliche Milch, aus der feiner *Pecorino*-Käse hergestellt wird. Alle aus Schafmilch produzierten italienischen Käse werden Pecorino genannt, und es gibt davon zahlreiche Varianten. Pecorino kannte man schon zur Zeit des Plinius

Oben Heustöcke bei einem kleinen Bauerngehöft in Soltera.

Links Bel Paese, ein moderner Fabrikkäse, der einen internationalen Status erreicht hat. Sein mildes Aroma bildet einen guten Kontrast zu den pikanteren Tafelkäsen.

Links Das Etikett eines Mischkäses, einer regionalen Spezialität. Es besagt, daß der Käse aus reiner Ziegenmilch *(Capra)* und Schafmilch *Pecora)* hergestellt wurde.

Unten Eine Schafherde in einer Mandelbaumpflanzung in der Nähe von Catania, Sizilien. Zahlreiche italienische Käse gehören zur Gruppe der Pecorinos, die aus Schafmilch hergestellt werden. Große Bestände gesunder Schafe bilden einen der Reichtümer des Landes.

und im 1. Jahrhundert n. Chr. Von Columella kennen wir ein Rezept für *Pecorino Romano,* den ältesten und besten Käse dieser Art. Er wird sowohl in Mittel- als auch in Süditalien produziert, während man auf Sardinien, wo es insgesamt 2,5 Millionen Schafe gibt, vor allem *Pecorino Sardo* herstellt.

Bis Ende des letzten Jahrhunderts war der Pecorino ein echtes Schafhirtprodukt. Dann begannen einige Salinenbesitzer das Salzen und Ausreifen des frischen Bruchs zu übernehmen und eigene kleine Molkereien einzurichten, die sich schließlich zu großen, modernen Käsefabriken entwickelten. Dies hatte zur Folge, daß der Pecorino (zusammen mit dem Provolone-Käse) heute gleich hinter dem Grana den wichtigsten Exportkäse darstellt. Er wird vor allem auch nach den Vereinigten Staaten geliefert, wo er bei den dort lebenden Italienern sehr begehrt ist. Pecorino bedarf einer rund achtmonatigen Reifezeit. Der zylindrisch geformte Käse variiert im Gewicht, seine Rinde wurde früher mittels einer Mischung von Erde und Öl behandelt, heute mit einem synthetischen, rotbraunen Material. Die Struktur des strohgelben Käses ist hart und kompakt. Man stellt ihn aus zuerst erhitzter, dann durch Beimischung von Lammlab zum Gerinnen gebrachter Schafmilch her. In Sizilien würzt man den Bruch mit Pfefferkörnern und bereitet auf diese Weise den pikanten *Pecorino Pepato* zu. Obschon Pecorino auch ein Tafelkäse ist, wird er hauptsächlich als Reib- und Kochkäse verwendet.

Oben Der Wasserbüffel gibt Milch und dient als Zugtier. Man findet ihn noch immer in Südeuropa und insbesondere in Asien. Er vermag im heißen Klima besser zu überleben als andere Rindvieharten. Echter Mozzarella wird aus Büffelmilch produziert.

Da die stetig expandierende Pecorino-Industrie immer mehr Milch der sardinischen Schafe konsumierte, schien die Produktion des Schafhirtkäses *Fiore Sardo* weitgehend in Frage gestellt. Doch dank neuer Produktionsverfahren vermochten die Fabriken dessen Qualität zu verbessern, und der Käse überlebte. Man kann den aus Rohmilch bereiteten Fiore nach dem Salzen ganz frisch konsumieren, kann ihn aber auch in einem kühlen und trockenen Raum mehrere Monate ausreifen lassen, was ihm ein volles und pikantes Aroma verleiht.

Molken- und Albuminkäse

Strenggenommen ist *Ricotta* kein Käse, obschon man ihn als solchen zu bezeichnen pflegt, denn er wird ja nicht aus gepreßtem Milchbruch, sondern aus dessen Nebenprodukt, der Molke, hergestellt. Aus Schafmilchmolke produziert man *Ricotta pecora,* aus Kuhmilchmolke *Ricotta vaccina.* Meist benennt man die Ricotta aber nach der Gegend, in der sie erzeugt werden: *Ricotta Romana, Ricotta Sarda* und *Ricotta Siciliano* werden aus Schafmilchmolke, *Ricotta Piemontese* hingegen aus Kuhmilchmolke produziert, wobei letzterer einen weicheren Teig aufweist.

Molke enthält kein Kaseinprotein (dieses verbleibt im Bruch), dafür aber Albuminprotein und einen Teil des Milchfetts, der Mineralstoffe und Vitamine. Bei hoher Temperatur verfestigt sich das Albumin zusammen mit den andern Bestandteilen. Ricotta galt früher als Nahrungsmittel der

Oben Ein auf besondere Art behandelter Käse ist der Knetkäse. Der Käser mengt dem Bruch heiße Molke bei. Nach einer Weile läßt er die Molke wieder abfließen und fügt erneut heiße Molke zu. Der Bruch bleibt 20 bis 30 Minuten im heißen Molkenbad bei einer Temperatur von etwa 45° C.

Oben Den zäh und elastisch gewordenen Bruch schneidet man in Stücke, dann in kleine Streifen und taucht ihn nun erneut in heißes Wasser und Molke. Jetzt beginnt der Käser die Masse zu kneten und formt lange Stränge daraus. Daher der Name *Formaggio di pasta filata.* Der Bruch wird nachhaltig bearbeitet, bis er für den nächsten Arbeitsgang bereit ist.

Oben Der Mann formt Kugeln daraus, die ebenfalls in die heiße Molkenmischung getaucht werden.

Oben Aus dem höchst elastischen und gut modellierbaren Bruch formt der Käser ganz verschiedene Figuren: Melonen, Würste, Schweinchen, Lämmer, Männchen usw.

Armen, doch heute vermischt man das Produkt mit Milch.

Man kennt drei Ricotta-Varianten: den ungereiften, ungesalzenen *tipo dolce*, den gesalzenen, getrockneten und etwas festeren *tipo moliterno* und – nur in der Gegend von Bari, in Italiens «Ferse» – den *tipo forte*, der in langen hölzernen Behältern reift. Alle drei sind rund, 1 bis 1,5 Kilo schwer, weiß und leicht brüchig in ihrem Teig. Sie besitzen ein mildes und leicht süßliches Aroma. Auf Malta wird *Rkotta* praktisch auf die gleiche Weise produziert, ist aber kein Molkenprodukt, sondern eine eigenartige Mischung von drei Viertel Kuhmilch und einem Viertel filtriertem Meerwasser. Dieses Produkt wird nach Gewicht aus Tongefäßen verkauft.

Phantasievoll geformter Käse

Manche Brucharten werden durch eine Spezialbehandlung besonders elastisch und modellierbar. Dieser *Formaggio di pasta filata*, Knetkäse, wird in der Regel aus Kuhmilch hergestellt, und zwar vowiegend aus Wintermilch, die ihm eine schöne weiße Farbe verleiht, was bei der Sommermilch nicht der Fall ist. Auf 45 °C erhitzt, läßt sich der Bruch in zähen, elastischen Längsstreifen auseinanderziehen, die man in lange dünne Stücke schneidet und in heißes Wasser und Molke taucht. Nun werden sie vom Käser kräftig geknetet – ähnlich, wie der Bäcker seinen Brotteig knetet. Der Käser spürt dank seiner Erfahrung, wann die Masse modellierfähig ist. Er formt Kugeln daraus, die, wiederum in heißes Wasser getaucht, sich zu allerlei Figuren umgestalten lassen. Nun kommen die Käse in kaltes Wasser, damit sie fest werden, und bleiben anschließend einige Tage in einem Salzwasserbad. Wieder herausgenommen, läßt man sie trocknen und nach Belieben längere oder kürzere Zeit reifen. Zuletzt taucht man den Käse in Paraffinwachs. Die eingehende Verarbeitung des heißen Bruchs ergibt einen sehr kompakten und weichen Teig.

Eine der berühmtesten Varianten von *pasta filata* ist der *Provolone*. Er wurde in vergangenen Zeiten meist voll ausgereift und geräuchert konsumiert. Heute bevorzugt man den milderen Provolone mit seinem festen, dichten, manchmal etwas mürben Teig und seinem delikaten Aroma. Provolone bedeutete ursprünglich «großes Oval» oder «große Kugel». Diesen Käse gibt es in vielen phantasievollen Formen. Man hängt ihn an einer darumgeschlungenen Schnur

Links Die Knetkäse (Provolone, Caciocavallo, Ragusano usw.) werden häufig in Form einer Birne gestaltet. Man hängt sie mit Schnüren auf, vielleicht weil einst viele davon geräuchert wurden.

Name	Milch	Art	Rinde	Form	Gewicht	Fettgehalt i. d. Trockenmasse in %
Asagio	[Kuh]	■	□	Flachzylinder	9-13 kg	36-52
Bel Paese	[Kuh]	●	❖	Flachzylinder	0,5-2 kg	50
Caprino	[Ziege]	○	—	Behälter	variiert	40-45
Fiore Sardo	[Schaf]	◒	□	Flachzylinder	1,5-4 kg	45
Fontina	[Kuh]	◒	□	Flachzylinder	10-20 kg	45
Gorgonzola	[Kuh]	◒	⸾	Flachzylinder	6-12 kg	48
Grana Padano	[Kuh]	■	□	Flachzylinder	24-40 kg	32
Mascarpone	[Kuh]	○	—	Behälter	100-125 g	70
Mozzarella	[Kuh] ✱	●	□	Kugel	0,5-1 kg	44
Pannarone	[Kuh]	●	□	Flachzylinder	6-9 kg	52
Parmigiano Reggiano	[Kuh]	■	□	Flachzylinder	22-36 kg	32
Pecorino Romano	[Schaf]	■	□	Flachzylinder	6-22 kg	36
- Siciliano	[Schaf]	■	□	Flachzylinder	4-12 kg	40
Pressato	[Kuh]	●	□	Flachzylinder	9-14 kg	30
Provolone	[Kuh]	■	□	variiert	1-6 kg	44
Ricotta	[Kuh] [Schaf]	○	—	Flachzylinder	1-1,5 kg	20-30
Robiola	[Kuh]	●	❖	rechteckig	250-500 g	48-50
Robiolino	[Kuh]	●	❖	Barren	50-100 g	30-45
Stracchino Crescenza	[Kuh]	●	—	rechteckig	0,05-4 kg	50
Taleggio	[Kuh]	●	❖	rechteckig	1,7-2,2 kg	48

✱ Büffel

Zeichenerklärung siehe Seite 34

auf, die in der Rinde einen Abdruck hinterläßt. Zu den Knetkäsen gehört unter anderem auch der sardinische *Casigiolo*, der rechteckförmige *Ragusana* aus Sizilien, der nach sechsmonatiger Reifezeit einen ausgezeichneten Tafelkäse abgibt, in älterem Stadium aber vor allem als Reibkäse Verwendung findet. Auch der *Caciocavallo*, eine althergebrachte Sorte, gehört dazu. Sein Name bedeutet «Käse auf dem Pferderücken» oder einfach «Pferdekäse», was vielleicht darauf zurückzuführen ist, daß die Römer, die diesen Käse zubereiteten, ihm die Form eines Pferdes verliehen.

Käse aus Büffelmilch

Der *Mozzarella*-Käse erlangte als Hauptbestandteil der heute überall beliebten Pizza Weltruhm. Echter Mozzarella wird aus Büffelmilch hergestellt. Da es aber in Süditalien zu wenig Büffel gibt, um der steigenden Nachfrage nach diesem Käse gerecht zu werden, verwendet man Kuhmilch, die man manchmal um des Echtheitsanspruchs willen mit Büffelmilch vermischt. Mozzarella muß sehr feucht und beim Abbeißen geschmeidig sein. Er zeichnet sich durch ein feines Aroma aus und wird frisch gegessen, sehr oft zusammen mit Sardellen und Tomatenscheiben. Die Form variiert. Neben der üblichen ovalen Kugel findet man unter anderem auch die sogenannten «Büffelaugen» (occhi di bufala) und «Büffeleier» (uova di bufala). Der *Manteca*, eine besondere Mozzarella-Sorte, birgt im Innern ein Stück Molkenbutter.

Was wäre die italienische Küche ohne Käse? Nirgends auf der Welt spielt Käse in der Kochkunst, sei es wochen- oder feiertags, eine solch ausschlaggebende Rolle. Die verschiedensten Speisen werden mit Käse zubereitet oder angereichert: Suppen, Teigwaren (diese sind ohne Käse einfach undenkbar), Fleischgerichte, Saucen, Nachspeisen und Gebäck. Man versucht manchmal, der italienischen Küche besonderes Lob zu zollen, indem man sie mit der französischen vergleicht, doch die beiden sind höchst verschieden. Die italienische Küche ist ganz und gar *italienisch* und keineswegs französisch, sie ist eigen- und bodenständig. Der historisch begründete Einfluß der französischen Küche fällt für die Qualifizierung der italienischen Küche mit ihren bis in die Römerzeit zurückreichenden Wurzeln und Traditionen überhaupt nicht ins Gewicht. Was den Zeitläuften erfolgreich stand-

Links Eine Pizza, wie sie sein sollte – so groß wie ein Wagenrad und aus italienischen Gemüsen, Mozzarella-Käse sowie einigen Rädchen mit Knoblauch gewürzter Salami zubereitet.

Links unten Reblochon ist ein französischer Alpkäse, der in Italien auf die gleiche Art hergestellt wird. Es handelte sich vielleicht ursprünglich um einen Klosterkäse, der schon seit Jahrhunderten produziert wurde.

Unten Wer durch die Toskana reist, kann sein Mittagessen bei einem unweit der Straße befindlichen Lebensmittelstand kaufen: Salami, Brot, Wein und natürlich Käse.

gehalten hat, ist die unvergleichliche, ideale Kombination von Teigwaren, Wein und Käse.

Ein Käsekuchen mit Vergangenheit

Die Gastronomie Roms hat einen guten und dennoch etwas zweifelhaften Ruf. Dies beruht zum Teil auf den phantasievollen Schilderungen antiker Geschichtsschreiber, zum Teil aber auch auf dem Bild, das wir uns von den Cäsaren machen. Wir sind davon überzeugt, daß sie unfehlbar jedem Laster, also auch der Völlerei frönten. Die römischen Kaiser sollen Unmengen von Speisen verschlungen und im Verlaufe der Gelage wieder erbrochen haben, um die nachfolgenden Gänge verkraften zu können. Dokumentarisch weniger gut belegt ist jedoch der tägliche Speisezettel des römischen Durchschnittsbürgers. Cato berichtet in seinem bereits früher zitierten Werk *De agricultura*, daß der römische Bürger gern Brot, *puls* (eine Art Porridge), Fleisch und Käse aß und dazu Wein trank. Er überliefert auch ein Rezept für einen «Libum» genannten Kuchen, der möglicherweise sein Lieblingsgebäck war: « Man wasche Hände und Gerät recht sorgfältig, zerreibe zwei Pfund Käse in einem Mörser [vermutlich Ricotta oder gesalzener Frischkäse]. Man vermische ihn mit einem Pfund – für feinere Kuchen mit einem halben Pfund – Mehl, forme aus der Masse einen Laib, lege diesen auf Blätter und backe ihn in einem hitzebeständigen Topf langsam über dem Feuer.» Nach diesem Rezept läßt sich ein ausgezeichneter und nahrhafter Kuchen bereiten.

Jede Gegend Italiens besitzt ihre eigene gastronomische Tradition, ihre eigenen kulinarischen Neigungen, ihre eigenen Zubereitungsmethoden. Dies hängt mit den jeweiligen Klima- und Bodenverhältnissen zusammen. In Sardinien zum Beispiel ist schon seit alters – seit vorrömischer Zeit – das Barbecue verbreitet wie auch der Brauch, sich ums Feuer zu gruppieren und einen hausgemachten Schafkäse von Hand zu Hand weiterzureichen.

Italien produziert seine eigene Reissorte für das Risotto; man mahlt den Mais zu Maismehl, um Polenta zuzubereiten, und die berühmten Teigwaren werden aus Hartweizenmehl hergestellt. Dabei gibt es mehr Teigwarenvarianten als Klangfarben bei einem Symphonieorchester, ihre Namen klingen in den Ohren eines Italieners wie Musik: Spaghetti, Fusilli, Maccaroni, Tagliatelli, Lasagne, Tortellini, Ravioli, Rigatoni. Die Heimat der Teigwaren ist Neapel, doch die Neapolitaner sind zu großzügig, um diese Gaumenfreuden allein genießen zu wollen. In Norditalien findet man die flachen, bandförmigen *pasta all'uova*, die aus Eiern und Weizenmehl hergestellt werden und mit Butter und Parmesankäse bereichert so köstlich munden. Man probiere auch den *salsa bolognese* oder die lustigen Teigwaren in Form von Schmetterlingen, kleinen Hüten (Cappelletti), Rädchen (Tuote) oder Muscheln (Conchiglie). Manche werden in die Suppe gestreut, andere gesotten, gebraten oder gefüllt, doch alle bestreut man reichlich mit Reibkäse, kocht sie mit Käse oder serviert eine Käsesauce dazu. Italien schenkte der Welt seine Fonduta und Gnocchi, sein Käsegebäck, seine Pizzas und vor allem Tafelkäse aller Art, den man zusammen mit Früchten verspeist und mit Wein hinunterspült. Aus diesem und manch anderem Grunde priesen Petrarca und Dante die Apeninnenhalbinsel als «Bel Paese».

Portugal

Portugals Käseproduktion wird durch den relativ niedrigen Entwicklungsstand der Landwirtschaft und durch wirtschaftliche Schwierigkeiten beeinträchtigt. In keiner einzigen Gegend Portugals kann der Bauer mit Viehzucht und Milchwirtschaft sein Auskommen finden. Im Norden fallen die Ausläufer der spanischen Bergkämme recht steil gegen die meist flache Küste und das Flußtal des Duro ab. Hier bildet die Stadt Porto das landwirtschaftliche Zentrum. Doch trotz günstiger Bodenbeschaffenheit erzielt man nur geringe Erträge, da die Bauern mit den modernen landwirtschaftlichen Methoden nicht vertraut sind. Ihre Grundstücke sind klein, und es fehlt an Mitteln zur Förderung der Landwirtschaft. Im Süden gibt es Großgrundbesitzer, doch verfügen sie nicht über die nötigen Arbeitskräfte.

Da die Portugiesen Käse gerne mögen, haben sie im Rahmen ihrer Möglichkeiten lange Zeit ihren Bedarf selbst gedeckt – die Bauern produzierten für sich und die nächste Umgebung ländlichen Käse. Ihre Erzeugnisse sind recht ungewöhnlich und individuell. Nach dem gleichen Grundverfahren bereitet, variieren sie in Form, Farbe, Konsistenz und Aroma von einem Bauernhof zum andern. In neuerer Zeit errichtete man in den großen Städten Käsefabriken, die regelmäßig mit Milch beliefert werden und deren Produkte sehr guten Absatz finden.

Um den einzigartigen Charakter der landeseigenen Käse zu wahren und wenn möglich noch zu verstärken, die Produktion zu fördern und den Standard zu verbessern, wurden Versuchsstationen für Molkereiprodukte geschaffen. Man erprobt neue Anregungen und Verfahren, denn die Mehrzahl der bäuerlichen Käse bedarf einer Qualitätsverbesserung: 10 Prozent sind qualitativ schlecht, 80 Prozent gerade genügend und die restlichen 10 Prozent ausgezeichnet.

Name	Milch	Art	Rinde	Form	Gewicht	Fettgehalt i. d. Trockenmasse in %
Alcobaca	[Symbol]	◗	—	Flachzylinder	200 g	55
Alvorca	[Symbol]	■	—	Flachzylinder	200-300 g	48-52
Castelo Branco	✳	◗	—	rechteckig	1 kg	52
Queijo da Ilha	[Symbol]	■	□	Zylinder	2 kg	43
Queijo de Evora	[Symbol]	■	—	Flachzylinder	100-150 g	42-45
Queijo de Serra	[Symbol] [Symbol]	● ◗	⁘	variiert	0,8-1,5 kg	40-55
Queijo Fresco	[Symbol] [Symbol]	○	—	Flachzylinder	50-100 g	44-52
Queijo Seco	[Symbol] [Symbol]	■	—	Flachzylinder	50 g	35-55

✳ [Symbol] [Symbol] [Symbol]

Zeichenerklärung siehe Seite 34

Oben Ziegenmilch dient ebenfalls zur Käsebereitung, oftmals kombiniert mit Schafmilch. Diese Ziegen werden von ihrem Besitzer, einem Bauern aus Nazaré an der Atlantikküste, betreut.

Käse aus Blumen und Disteln

In den Gebirgsgegenden im Süden Portugals liefern Schafe und Ziegen die für den wichtigsten Käse des Landes, den *Queijo de Serra,* Bergkäse, benötigte Milch. Von diesem Käse existieren mehrere Varianten: flache, runde, halbharte bis harte Produkte von 800 bis 1500 g Gewicht, die auf den Bauernhöfen aus Rohmilch bereitet werden. Es gibt daneben aber auch kleinere Fabriken, die den gesamten Milchertrag einer Herde übernehmen. Die Bauern verwenden zur Milchgerinnung Labkulturen, die sie aus Blumen und Distelblättern herstellen, sei es von wildwachsenden oder speziell zu diesem Zweck angebauten und auf dem Markt gehandelten Pflanzen.

Die Milch wird zuerst durch ein das Pflanzenlab enthaltendes Tuch gesiebt. Manche Bauern wissen heute, daß Tierlab wirksamer ist, und verwenden eine Mischung aus Tier- und Distellab, da letzteres die Elastizität und das Aroma des Käses beeinflußt. Gerinnungszeit und -wirkung variieren sehr stark. Der Bauer bearbeitet den Bruch von Hand, statt ihn zu schneiden. Die rote Rinde, die sich im Laufe des Reifungsprozesses bildet, wird regelmäßig entfernt. Nach fünf bis sieben Wochen reibt man die Rinde mit Olivenöl ab, wodurch sie glänzend und etwas fettig wird. Der gelbliche Teig ist elastisch und weich, wenn der Käse jung ist. In älterem Zustand wird er etwas härter und mürbe. Dazu bedarf es einer längeren Reifezeit. Der Fettgehalt variiert zwischen 40 und 55 Prozent. Man bemüht sich mittels standardisierter Kulturen und einheitlicher Methoden, die Produktionstechnik zu vereinfachen und die Herstellung eines Käses von stets gleichbleibender Qualität zu gewährleisten, wobei man aber eine Aromaeinbuße in Kauf nehmen muß.

Andere Käse von der Art des Queijo de Serra sind *Alcobaca,* ein schmaler, flacher, rindenloser, scheibenförmiger, kalkweißer Käse, sowie *Niza, Azeitas, Serpa, Toman, Castelo de Vide* und zahlreiche andere regionale Varianten.

Links Ein Wandgemälde auf dem Marktplatz von Santarém, Estremadura. Rindvieh wird vor allem im Norden und in den Küstengebieten gehalten.

Oben Ein Hirte mit seiner Herde in der Serra de Estrela. Schafmilch ist die Grundlage für Portugals wichtigsten Käse, den Queijo de Serra.

Gesalzener Käse und grüner Wein

Der rindenlose *Alvorca* ist ein harter, zylinderförmiger Käse mit einer leicht rötlichen Oberflächentönung, einem Fettgehalt von 48 bis 52 Prozent und einem Gewicht von 200 bis 300 Gramm. Der *Queijo de Evora* stammt aus dem östlich von Lissabon gelegenen Evora. Es handelt sich um einen harten, rindenlosen, flachen und runden Ziegenkäse mit einem trockenen, salzig schmeckenden Teig mit Schimmelpilzentwicklung. Er wiegt 100 bis 150 Gramm und wird oft in Olivenöl eingelegt und unverpackt verkauft. *Castelo Branco* wird aus einer Mischung von Kuh-, Ziegen- und Schafmilch produziert. Er darf keine Rinde bilden, und die Krustenflora wird sorgfältig abgekratzt. Ist – nach etwa 80 bis 90 Tagen – die Florabildung zu Ende, gilt der Käse als reif und gelangt in Alufolie verpackt zum Verkauf. Der gewichtige, zylindrische *Queijo da Ilha,* Inselkäse, ist ein anderer Hartkäse, der ausschließlich auf den Azoren hergestellt, aber auch auf dem Festland konsumiert wird. Er weist eine trockene Rinde auf, hat eine mürbe Konsistenz, zahlreiche, kleine Risse und schmeckt recht pikant. Er besitzt einen Fettgehalt von 43 Prozent. Letzterer kann allerdings je nach Qualität variieren.

Queijo Fresco ist, wie der Name besagt, ein Frischkäse. Klein, dünn und rund, ist dieser Käse keineswegs ein Standardprodukt, denn die Herstellungsmethode und das Rezept sind von Bauernhof zu Bauernhof verschieden, ebenso die Art und Qualität der verwendeten Milch. So sind zum Beispiel das Lab und die Gerinnungstemperatur wie auch der Salz- und Feuchtigkeitsgehalt nicht gleich. Die meisten Käser entfernen die Molke, indem sie den Bruch von Hand kneten und ihn dabei in ein Tuch hüllen. Der Käse erhält seine Form von dem Fäßchen, aus dem er noch unreif verkauft wird. Läßt man den Queijo Fresco zu lange liegen, trocknet er aus und schrumpft. Das Produkt wird auch in Großbetrieben aus pasteurisierter Milch hergestellt.

Eine länger haltbare Version des Queijo Fresco ist der *Queijo Seco.* Der Käse wird mit Salzwasser behandelt, bekommt eine leicht gelbliche Farbe, ist eher etwas hart oder gar krümelig und besitzt keine Rinde. Die flachen Käsescheiben wiegen rund 50 Gramm, der Fettgehalt beträgt je nach Gutdünken des Herstellers 35 bis 55 Prozent. Der Käse schmeckt scharf und salzig. Schließlich muß auch noch der *Cabreiro,* der drei Monate im Salzbad reift, erwähnt werden und der *Requeijao,* eine Ricotta-Art. Man produziert in Portugal auch ausländische Käsesorten: *Edamer,* auch *Bola* genannt, und, in kleinerem Ausmaß, Camembert, Emmentaler und verschiedene Schmelzkäse.

Die portugiesische Küche ist einfach, nahrhaft und stärker gewürzt als die spanische. Käse wird nur selten für Gerichte verwendet, dagegen oft als Nachtisch serviert. Ebenso charakteristisch wie der scharf schmeckende Schafmilchkäse ist auch der Wein, den man dazu trinkt, der einzigartige portugiesische *vinho verde.* Die Bezeichnung «grüner Wein» bezieht sich nicht etwa auf dessen Farbe (er ist keineswegs grün), sondern auf sein sehr jugendliches Alter und seine herrliche Frische.

Man trinkt diesen Wein auch zu der iberischen Spezialität, dem gesalzenen Stockfisch, den man in Portugal als *Bacalho* bezeichnet. *Bacalho* und *vinho verde* passen ausgezeichnet zusammen. Der Wein löscht den Durst, den der Fisch erzeugt.

Rechts Bäuerlicher Käse wird individuell auf kleiner Basis, aber in reicher Vielfalt produziert. Seit Jahrhunderten pflegen die Bäuerinnen ihre Käseprodukte aus solchen Körben zu verkaufen.

Spanien

Spanien bietet landschaftlich ein vielgestaltiges Bild. Im regenreichen Nordwesten, entlang dem Kantabrischen Gebirge und bis zum äußersten Gipfel Galiciens, findet man grüne Täler und Hügel mit saftigen Weiden. Im heißen und trockenen, subtropischen Klima des Südens hingegen gedeihen Baumwolle, Zuckerrohr, Aprikosen- und Orangenbäume. In Spanien hält man vorwiegend Schafe. Schafkäse wird im ganzen Land bereitet, während Käse aus Kuhmilch ursprünglich nur in den nordwestlichen Gegenden und auf den Inseln produziert wurde.

Der sehr bekannte und beliebte *Manchego,* der meistproduzierte spanische Schafkäse – etwa 2,5 Millionen Kilo im Jahr –, stammt von den Hügeln und Hochebenen von La Mancha, der Heimat Don Quichottes, südlich von Madrid. Der flachzylindrische, 2,5 bis 3 Kilo schwere Vollfettkäse mit seinem weißen, rahmartigen, nur von wenigen kleinen Löchern durchsetzten Teig und seiner strohgelben Rinde wird aus der herbschmeckenden Milch der Manchego-Schafe hergestellt. Früher wiesen diese Käse Abdrücke von den Binsenkörben auf, in denen die Hirten sie von Hand preßten. Heute wird der Manchego in den Fabriken in mit gleichen Mustern versehenen Formen gepreßt. Man hat die Wahl zwischen *Manchego Fresco* (frisch), *Curado* (drei- bis vierwöchig), *Viejo* (älter als drei Monate) und *Manchego en Aceite,* der in Olivenöl getaucht wird und dabei eine graue bis schwarze Rinde entwickelt. Man kann ihn ein Jahr lang aufbewahren.

Andere Schafkäse von der Art des Manchego sind: *Grazelema* aus Cadiz; der harte *Oropesa* oder *Queso de la Estrella* aus der Gegend von Toledo; *Queso de los Pedroches* aus Cordoba und *Queso de la Serena,* ein weiterer Hartkäse, der zwei Jahre lang haltbar ist. Pedroches wird herkömmlicherweise aus Schafmilch hergestellt, die – wie beim portugiesischen Bergkäse – mittels Gemüsezutaten und nicht durch Zusatz von tierischem Lab zum Gerinnen gebracht wird. Die Hirten bereiten den Käse in geflochtenen Ginsterzweigkörbchen aus der Milch von Merinoschafen, die auf der ganzen Welt wegen ihrer Wolle berühmt sind.

Im Baskenland stellen die Bauern große Mengen von *Idiazabal,* einem lange haltbaren weißen Käse her. Sie räuchern ihn über einem Küchenfeuer und verkaufen ihn direkt an ihre

Oben Ein typisches Bild der anmutigen spanischen Landschaft mit ihrem trockenen Klima, das sich besser für Schafe als für Rindvieh eignet.

Links Der Manchego wird aus Schafmilch bereitet und ist Spaniens meistverkaufter Käse. Gut gereift ist er mit seinem charakteristischen Schafmilcharoma eine Delikatesse.

Unten Gemessen an Spaniens 23 Millionen Schafen nimmt sich der Rindviehbestand von nur 3 Millionen Stück recht bescheiden aus, doch ist er im Zunehmen begriffen.

Kunden. *Gorbea* und *Prensado de Orduña* sind von ähnlicher Art. Letzteren läßt man in Berghöhlen ausreifen. *Queso de los Bellos* ist ein Hartkäse aus Asturien im Norden, der aus Schafmilch oder einer Mischung aus Schaf- und Ziegenmilch bereitet wird. Er weist eine rauhe Kruste mit gelben und braunen Tupfen sowie einen weißen Teig auf und hat ein angenehmes, aber scharfes Aroma.

Man produziert auch Schafkäse. Der *Burgos* wurde nach der schönen alten Stadt im Zentrum des Produktionsgebietes benannt. Er ist ein weißer, runder, rindenloser Käse von 1 bis 2 Kilo Gewicht, mit einem frischen, milden Geschmack und dem charakteristischen Aroma des Schafkäses. Beim *Villalon* handelt es sich um ein ähnliches Produkt, das von Hand gepreßt und einige Stunden ins Salzwasserbad gelegt wird, bevor man es in Spanholzschachteln verpackt. Der Villalon schmeckt frisch und leicht säuerlich, wird in reiferem Stadium konsumiert als der Burgos, weist aber den gleichen Charakter auf.

Aragon, eine weiche bis halbharte Käsesorte, kann nach einer Woche Reifezeit konsumiert, aber auch einige Wochen länger aufbewahrt werden. Er wird in der Regel aus einer Mischung von Schaf- und Ziegenmilch hergestellt und zu einer unregelmäßigen Kugel mit eingedrücktem Kopf geformt. Auch dieser Käse wird größtenteils auf den Bauernhöfen hergestellt.

Sämtliche Käsesorten weisen einen durch die Reichhaltigkeit der Milch bedingten hohen Fettgehalt auf. Die härteren Arten haben mindestens 46 Prozent Fettgehalt, die weichen bis halbharten Varianten 50 bis 56 Prozent.

Sauer und gesalzen, süß und mild

Der meistproduzierte spanische Käse ist der aus Kuhmilch bereitete *Queso de Mahon* von den Balearen, vor allem aus Menorca. Obschon er in der Regel nur aus Kuhmilch hergestellt wird, können es die Spanier nicht lassen, ihm manchmal 4 bis 8 Prozent Schafmilch beizumengen.

Oben Diese Frau verkauft Käse auf dem Markt von Teneriffa, einer der Kanarischen Inseln.

Rechts Ein Bauer aus Palafrugell an der Costa Brava beim Melken. In dieser Gegend Spaniens eignen sich Klima und Bodenverhältnisse für die Viehhaltung, doch nur im Nordwesten findet man ideales, saftiges Weideland.

Name	Milch	Art	Rinde	Form	Gewicht	Fettgehalt i. d. Trockenmasse in %
Aragon	[Ziege] [Schaf]	◓	□	Kugel	0,6-1,5 kg	54
Burgos	[Schaf]	○	—	Flachzylinder	1-2 kg	58
Cabra de Alicante	[Ziege]	○	—	Flachzylinder	150-500 g	40
Cabra de Cadiz	[Ziege]	◓	□	Flachzylinder	1,5 kg	50
Cebrero	[Kuh]	■	□	Pilz	2-5 kg	50
Idiazabal	[Schaf]	■	□	Zylinder	1-2 kg	53
Manchego	[Schaf]	■	□	Flachzylinder	2,5-3 kg	50-62
Queso de Mahon	[Kuh]	◓	□	rechteckig	2-4 kg	45
Queso fresco Rosell	[Kuh]	○	—	Behälter	250 g	50
Queso Pasiego	[Kuh]	●	□	variiert	variiert	48-58
Quesucos	✱	●	□	Flachzylinder	0,1-3 kg	45
San Simon	[Kuh]	◓	□	Birne	1-2 kg	40
Tetilla	[Kuh]	●	—	Birne	1-1,5 kg	40
Ulloa	[Kuh]	◓	□	Flachzylinder	0,75-1,25 kg	45
Villalon	[Schaf]	○	—	Stange	0,5-2,5 kg	54

✱ [Kuh] [Ziege] [Schaf]

Zeichenerklärung siehe Seite 34

Dieser hübsche, mürbe Käse besitzt einen dunkelgelben, mit kleinen Löchern durchsetzten, festen bis harten Teig und eine kompakte, trockene, meist gelblichbraune Rinde mit unregelmäßig angeordneten dunklen Flecken. Es läßt sich daraus sehr gut Schmelzkäse fabrizieren.

Eine ganz andere Käseart ist der aus Santander stammende *Quesucos*, ein weiches Produkt, das man etwa sechs Tage reifen läßt. Mit letzterem verwandt ist der *Queso Pasiego sin prensar*, ein uneben geformter Käse mit einem Fettgehalt von 58 Prozent. Der gepreßte und reife *Pasiego prensado* weist weniger Fettgehalt und ein mildes, neutrales Aroma auf.

Der Nordwesten bietet ein reiches Käsesortiment an. Neben den obenerwähnten Sorten findet man dort den *Tetilla* mit seinem frischen, säuerlichen und leicht salzigen Geschmack; ferner den *Cebrero*, einen pilzförmigen Käse (die Formen werden gefüllt, bis der Inhalt überquillt, so daß eine breite «Mütze» entsteht), der sogleich oder nach mehrmonatiger Reifezeit gegessen wird. Der *San Simon* ist ein halbharter, geräucherter, birnenförmiger Bauernkäse mit einer harten, glänzenden Rinde und einem zarten, rahmartigen und leicht säuerlichen Aroma. Schließlich sei auch der halbharte, zylinderförmige, weiße bis hellgelbe *Ulloa* erwähnt, der sich durch ein mildes Aroma auszeichnet.

Überall in Spanien beheimatet sind frische, weiße Ziegenmilchkäse, unter anderem der typische *Cabra de Alicante*, ein sofort nach der Herstellung zum Verkauf gelangender Käse mit dem köstlichen Aroma frischer Milch. Der *Cabra de Cadiz* ist ebenfalls ein schon nach wenigen Tagen eßbarer Frischkäse. Er besitzt eine gelbliche Rinde, eine feste Konsistenz und ein scharfes, aber angenehmes Aroma. Man behandelt diese Käse manchmal mit Olivenöl, um ihre Haltbarkeit zu verbessern.

Frische, ungepreßte Käse, die immer noch etwas Molke enthalten, sind in Spanien sehr beliebt. Man produziert sie aus nichtpasteurisierter, nur ganz wenig angesäuerter Milch, weshalb diese Käse nicht immer keimfrei sind. Ein schmackhafter Fabrikkäse, der nach seinem Erfinder benannte *Queso fresco Rosell*, wird aus pasteurisierter Kuhmilch hergestellt und findet überall Anklang. Neben den einheimischen Käsesorten werden auch ausländische Arten, zum Beispiel Edamer und Gouda, produziert.

Jugoslawien und Albanien

Im Osten grenzt der von den europäischen Alpen gebildete Halbmond an eine blanke, verkarstete Gebirgskette, die sich durch ganz Jugoslawien bis hinunter nach Griechenland erstreckt. Dies sind die Dinarischen Alpen, die von fruchtbaren Flußtälern mit Mittelmeerklima durchschnitten werden. Die reich bewaldeten westlichen Ausläufer dieser Alpen ziehen sich bis nach Mazedonien und Serbien, wo die Winter streng sind, während das Klima im nördlichen Landesteil milder ist. Hier dehnen sich die fruchtbaren Ebenen von Vojvodina und die Kornkammern Slawoniens. Ungeachtet der großen Gegensätze ist Jugoslawien vorwiegend ein Agrarland, das zu 80 Prozent von den Zuflüssen der Donau bewässert wird.

In Jugoslawien gibt es sehr viele Kühe, insgesamt aber, einschließlich der Tierbestände auf den Inseln, etwa doppelt so viele Schafe. Die früher weitverbreiteten Ziegen sind verschwunden, da sie die Aufforstungen gefährdeten. Die landwirtschaftlichen Kollektivbetriebe sind in Jugoslawien nicht so zahlreich wie in den Ostblockländern. Nach wie vor bewirtschaften die ansässigen Bauernfamilien, insbesondere in den Berggebieten, ihren eigenen Hof. Sie bereiten ihren Käse immer noch nach althergebrachten Rezepten. Die Produktion erfolgte stets auf relativ bescheidener Basis, doch schon im Mittelalter sandte man gewisse Käsesorten nach Dubrovnik (Ragusa) und Konstantinopel. Sogar den römischen Kolonisten waren diese Käse schon bekannt – «mit der Hand geknetet», schrieb Columella im 1. Jahrhundert n. Chr., eine Technik, die heute in Bosnien und der Herzegowina bei der Herstellung des Knetkäses *Presukača* immer noch üblich ist. Der Käse war vermutlich von den Römern in diesen Gegenden eingeführt worden, da er dem Provolone und dem Caciocavallo stark ähnelt, beides Käse aus mit heißem Wasser erhitztem, anschließend geknetetem und vielfältig geformtem Bruch. Der italienische Caciocavallo besitzt in Jugoslawien sein Gegenstück, den *Kačkavalj*.

Wie andernorts stellt man auch in Jugoslawien aus Molke Albuminkäse her. Die Molke flockt beim Erhitzen aus und wird zur Käseherstellung verwendet. Bei der Bereitung von *Manur* pflegt man oft Milch beizumischen, um den Ertrag zu erhöhen, daher variiert der Fettgehalt. Dies trifft auch für den *Urda-* oder *Skuta*-Molkenkäse zu. Man konsumiert diese frisch und ungesalzen, kann sie aber auch salzen und in hölzernen Formen pressen, um ihre Haltbarkeit zu verlängern.

Viele Käse läßt man in mit Salzwasser vermischter Molke reifen, so zum Beispiel den mazedonischen *Bijeni Sir*, einen halbharten bis harten Käse aus Schaf- oder Kuhmilch oder einer Mischung beider. Der Käser klopft den Bruch mit einem Holzstab, bis er so fest ist wie Joghurt. Der entwässerte Bruch wird in Streifen geschnitten und drei bis vier Wochen lang in einer mit gesalzener Molke gefüllten Röhre gelagert. Der Käse entwickelt keine Rinde, besitzt eine solide Konsistenz, zahlreiche kleine Löcher und schmeckt recht scharf.
Im Gegensatz zum Bijeni Sir wird der *Tucani Sir* ausschließlich auf Bauernhöfen produziert. Die Herstellungsmethode ist auch heute noch ziemlich primitiv. Der Bauer füllt den gesalzenen und zerbröckelten Bruch in ein Faß und drückt ihn darin fest. Das Ganze wird mit einem Stein beschwert, der Käse dadurch gepreßt und entwässert. Die eliminierte Molke wird durch frische, gesalzene Molke ersetzt.

Links An den Hängen der öden, verkarsteten Dinarischen Alpen gibt es da und dort kleine fruchtbare Landstriche. Schafe weiden am Fuße der Hügel, und aus ihrer Milch bereitet man zahllose jugoslawische Käsearten.

Unten Ein Straßenmarkt in Kotor, Montenegro, wo Käse verkauft wird.

Links Diese Streifen Kulturland werden seit Jahrhunderten auf die gleiche Art bebaut. Der Einfluß moderner landwirtschaftlicher Methoden macht sich hier noch wenig bemerkbar.

Aus der vorwiegend gebirgigen Gegend von Bosnien stammt der milde und leicht säuerlich schmeckende *Bijeli Sir u Kriškama.* Man läßt ihn in Salzwasser reifen, wobei zwischen die verschiedenen Bruchschichten Pergamentpapier eingefügt wird. Der Käse besitzt nach etwa drei Wochen Reifezeit eine weiche, elastische Konsistenz. Die Bauern bereiten ihn aus roher, von selbst sauer gewordener Milch, in der Fabrik wird gesäuerte, pasteurisierte Milch verwendet. Der *Feta,* ein Schafkäse, stammte ursprünglich aus Griechenland. In Mazedonien produziert man für den Hausgebrauch den *Sir iz bivoljeg mleka* aus Büffelmilch, die manchmal mit Kuhmilch vermischt wird. Ein Produkt aus Büffelmilch besitzt ein sehr ausgeprägtes Aroma.

Eine Fülle von Rezepten

Der *Somborski Sir* ist ein interessanter Weichkäse, der von den Serben in Vojvodina schon im 16. Jahrhundert hergestellt wurde, und zwar aus roher Schafmilch, Kuhmilch oder einer Mischung der beiden, vermengt mit 20 bis 30 Prozent Wasser. Mehrere Lagen Bruch werden in einem Bottich mit einem hohen Rand aufgeschichtet. Der Rand wird später entfernt, so daß rund ein Viertel des Inhalts über das Gefäß hinausragt wie bei einem Soufflé. Bakterien, die sich auf dem weichen Bruch entwickeln, verleihen dem Käse einen bitteren Geschmack. Der *Mješinski Sir* wird in den Bergbauernhöfen Bosniens, der Herzegowina, Dalmatiens und Montenegros aus gekochter und entrahmter Milch produziert. Der Bruch wird gepreßt und in Säcke abgefüllt, in denen er ähnlich wie der rumänische Brînza-Käse ein Jahr lang ausreift.

Zu den harten Reibkäsen gehört der große, zylindrische *Kefalotir* (ursprünglich ein Produkt der griechisch-mazedonischen Bergbewohner), der aus roher Schafmilch hergestellt wird. Der noch höher geformte *Grobnički Sir* aus Kroatien ist sehr aromatisch und pikant, und sein Teig weist zahlreiche Löcher auf. Aus der Gegend des Berges Lovćen in Montenegro stammt der harte, zylindrische Schafkäse *Njeguški Sir,* der nach einer Reifezeit von drei bis vier Monaten eine dunkelgelbe Farbe und ein pikantes Aroma entwickelt.
In Kroatien trocknet und räuchert man den meist aus Schafmilch bereiteten *Lički Sir* über einem offenen Feuer.

Im Laufe der Jahrhunderte wurden in den einzelnen Bauernfamilien zahllose Käserezepte überliefert. Obschon diese Produkte auf den Bauernhöfen einen Ehrenplatz einnehmen, hat man in Jugoslawien neuerdings das Käsesortiment durch ausländische Käseprodukte erweitert, zum Beispiel *Gouda* und *Trappistenkäse* (eine Variante des Port-Salut-Käses), die in der Fabrik hergestellt werden.

Beliebt ist auch der *Kajmak,* ein aus entrahmter Milch oder gesalzener Vollmilch hergestelltes Produkt, das aus Holzbehältern nach Gewicht, ganz frisch oder kurz gereift, verkauft wird. Man verwendet Kajmak oft auch für *Burek,* eine Art gesalzenen Käsekuchen.

Die albanischen Käsesorten gleichen denjenigen der Nachbarländer.
Im Norden verarbeitet man die Milch illyrischer Kühe und Wasserbüffel zu Käse, andernorts dagegen Schaf- und Ziegenmilch. Letztere werden immer mehr durch Vieh ersetzt, da die Ziegen ungeachtet ihrer wichtigen Rolle in der ländlichen Ökonomie den neu gepflanzten Waldbeständen zu großen Schaden zufügen.

Name	Milch	Art	Rinde	Form	Gewicht	Fettgehalt i. d. Trockenmasse in %
Bijeli Sir u Kriškama	△◁	●	|	scheibenförmig	1 kg	45-50
Bijeni Sir	△◁	◖	—|	rechteckig	variiert	35-40
Grobnički Sir	◁	■	□	Zylinder	10-20 kg	45-52
Kefalotir	◁	■	□	Zylinder	9-10 kg	45-50
Manur	◁	■	□	Kugel	3 kg	40
Mješinski Sir	◁	●	—|	Behälter	variiert	15-35
Njeguški Sir	◁	■	❖	Zylinder	2,5 kg	50
Presukača	◁	■	⊓	variiert	variiert	45
Somborski Sir	△◁	●	|	Behälter	2-10 kg	50
Tucani Sir	△◁	●	|	Behälter	variiert	60-70

Zeichenerklärung siehe Seite 34

Rechts Ein abgelegenes Dorf in den albanischen Bergen. Die Bergbauern züchten Schafe und Ziegen; Viehzucht betreibt man in den Küstenebenen.

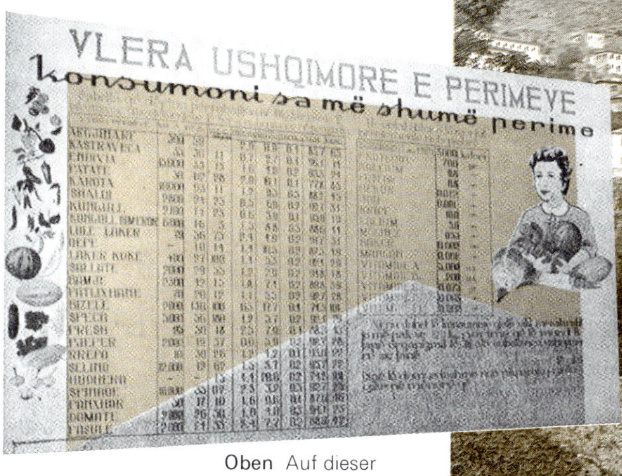

Oben Auf dieser Tabelle sind Vitamin- und Mineralgehalt verschiedener Nahrungsmittel verzeichnet. Die Tabelle hängt in einem albanischen Supermarkt in der Küstenstadt Sarande.

Griechenland

Es ist nicht mehr als natürlich, daß man im Land der alten Griechen, im Arkadien der Hirten und Götter, wo Milch und Honig flossen, in der Kunst der Käsebereitung geübt war. Gar mancher griechische Held mag sich nach einer Schlacht an harzduftendem Wein, gepfeffertem Weißbrot, *artolaganus* genannt, und einem der kleinen weißen Schaf- oder Ziegenkäse gelabt haben. Im gebirgigen Landesinnern waren vor allem Schafe und Ziegen beheimatet, doch hielten die Griechen auch Kühe. Jedenfalls beschreibt Homer die Göttin Hera als «kuhäugig» und die Nymphe Galateia als «weißer denn Molke», nach unserer heutigen Auffassung keineswegs ausgesprochene Schönheitsmerkmale, doch damals galten sie offenbar als solche. Etwas vertrauter mutet eine andere Schilderung Homers in der Odyssee an. Hier berichtet der Dichter von Odysseus' Begegnung mit dem Zyklopen Polyphem, dem Sohne Poseidons, der als Schafhirte auf traditionelle Art und Weise Käse bereitete. Homer erzählt, wie Odysseus, begleitet von seinen Gefährten, des Zyklopen Höhle betritt: «Und wir gingen hinein und besahen wundernd die Höhle. Alle Körbe strotzten von Käse; Lämmer und Zicklein drängten sich in den Ställen, und jede waren besonders eingesperrt: die Frühling' allein, allein auch die Mittlern. Und die zarten Spätlinge allein. Es schwammen in Molken alle Gefäße, die Wannen und Eimer, worinnen er melkte.» Eine von Polyphems hervorstechendsten Eigenschaften war sein unersättlicher Hunger, daher die enormen und laufend ergänzten Käsevorräte. Die heutigen Griechen scheinen dem Käse ebenso zugetan, denn sie figurieren in der Weltrangliste der Käseliebhaber an der Spitze. Sie konsumieren durchschnittlich 15 Kilo Käse pro Jahr und Kopf der Bevölkerung. Um dieser enormen Nachfrage gerecht zu werden, produzieren die Bauern und die Käsefabriken beträchtliche Mengen von Käse, die praktisch durchweg aus Schafmilch hergestellt werden, da Schafe nach wie vor in diesem Gebirgsland den höchsten Nutzen bringen.

Links Ein klassisches Bild, das Poeten inspirieren könnte – eine Hirtenidylle, wie man sie in Griechenland seit drei Jahrtausenden kennt.

Links Auch heute noch tragen die Griechen bei festlichen Anlässen ihre schöne Nationaltracht.

Käse und Mythos

Die griechische Landschaft wird im Norden vom Pindos-, im Süden vom Moreagebirge dominiert, deren Felsenmassive größtenteils aus mit Marmor durchsetztem Kalkstein bestehen. Außer den spärlichen Olivenhainen findet man noch einige wenige andere Baumarten. Griechenlands Wälder sollen im Altertum fast gänzlich abgeholzt worden sein, da man Material für den Schiffsbau brauchte. Die Griechen sahen ihre Zukunft vorwiegend als seefahrende Nation.

Nach dem griechischen Geschichtsschreiber Herodot entsproß der Ruhm Griechenlands recht kargem Boden. «Armut», schrieb er, «ist in Griechenland seit alters verbreitet, aber die Griechen sind arbeitsam und halten ihr stand.» Der nutzbare Boden eignet sich nur für eine primitive Landwirtschaft, und die Bauern verbringen ein ganzes Leben damit, kleine fruchtbare Parzellen in den Bergen zu bebauen, indem sie Reben, Tabak und Oliven anpflanzen. Der Schafhirte übt eine der höchstgeachteten Tätigkeiten aus, da die Schafe schon immer die nützlichsten Tiere im Lande waren und Wolle, Fleisch und Milch für den Käse liefern. Es gibt ja auch kaum einen griechischen Mythos, in dem der Schafhirte nicht eine zentrale Figur wäre. Der bedeutendste ist wohl Daphnis, ein Sohn des Hermes. Womit wir wieder an die Geschichte von Odysseus und dem Zyklopen Polyphem anknüpfen können, der in seine Höhle voller Käse zurück-

Rechts Dieser Käser produziert in seiner kleinen Molkerei tagtäglich seinen Schafkäse. Bei der im Hintergrund sichtbaren primitiven Presse dienen Gesteinsbrocken als Gegengewicht.

Oben Der Käse, den jeder Besucher Griechenlands kennen- und schätzenlernt: weißer Feta. Er wird überall verkauft und ist fester Bestandteil der griechischen Alltagskost.

kehrte. Homer fährt fort: «Jetzo saß er und melkte die Schafe und meckernden Ziegen, nach der Ordnung, und legte den Müttern die Säuglinge ans Euter; ließ von der weißen Milch die Hälfte gerinnen und setzte sie zum Trocknen hinweg in dichtgeflochtenen Körben. Und die andere Hälfte verwahrt er in weiten Gefäßen, daß er beim Abendschmause den Durst mit dem Tranke sich löschte.»

Wenn man diese Geschichte liest, könnte man annehmen, daß Polyphem, der Käsebereiter, in den Augen der Griechen eine beneidenswerte Gestalt war, einäugig zwar, doch niemals eine gute Mahlzeit mit Fleisch und Milch entbehrend. Obschon die Athener angeblich in luxuriösen Verhältnissen lebten und sich Fleisch, Wein und gutes Brot durchaus leisten konnten, war der griechische Durchschnittsbürger gezwungenermaßen Vegetarier, und daran hat sich auch bis zum heutigen Tag noch nicht viel geändert. Fleisch war eine Rarität, und die Bauern des alten Hellas lebten vor allem von Gerstenbrei, wilden Früchten, Oliven, selbstgezogenen Feigen, wilden Vögeln, Käse, Ziegenmilch oder mit Wasser vermischtem Wein. Manchmal wurde eine Mahlzeit durch Fisch bereichert. Olivenöl und Wein gehörten zu den wichtigsten Exportgütern. Aus diesem Grunde pflanzte man Oliven und Reben anstatt Getreide. Gute Weiden waren rar, und die Kühe dienten vor allem als Zugtiere für den Pflug. Sofern man aus ihrer Milch Käse bereitete, war dieser mit dem beliebten Schafkäse, der rasch produziert und gegessen wurde, nicht zu vergleichen.

Die einzigen Tiere, die an den steinigen Abhängen gediehen, waren Schafe und Ziegen, und ihre Milch war für die Bewohner der Gegend die einzige Proteinquelle. Schließlich wurde auch dies noch zu einem eher seltenen Luxus, nachdem im 5. Jahrhundert v. Chr. im Peloponnesischen Krieg die Obstgärten, Bauerngüter und Tierbestände zerstört worden waren. Doch die entscheidende Bedeutung des Käses blieb erhalten, da die widerstandsfähigen Bergschafe weiterhin produktiv waren, während andere Nahrungsquellen versiegten. Käse und Brot bildeten die Standardnahrung. Man kombinierte die beiden in zahlreichen griechischen Rezepten, vermutlich um dem grobkörnigen Brotlaib ein besonderes Aroma und zusätzliche Feuchtigkeit zu verleihen. Der von Polyphem wie von den meisten Griechen der Antike hergestellte Käse war zweifellos der Vorläufer des heutigen *Feta,* wobei man die Molke für Albuminkäse verwertet.

In den Bergen und Ebenen Griechenlands, aber auch in der Umgebung des modernen Athens mit seinen rauchenden Schloten bereiten die Hirten nach wie vor auf althergebrachte Weise ihren Feta-Käse. Sie bewahren die Milch tagsüber in Ledersäcken auf, und dank der darin vorhandenen Milchsäurebakterien gerinnt sie sehr rasch. Über dem Feuer erhitzt, bildet das Milcheiweiß – Kasein und Albumine – Flocken, ebenso die Milchfettpartikeln. Der Bruch schwimmt obenauf und wird in Körbchen abgeschöpft. Man kann ihn sofort konsumieren oder auch an der Luft trocknen lassen und aufbewahren.

Oben Hofplatz eines Bauernhauses auf Korfu, einer der fruchtbarsten und fortschrittlichsten griechischen Inseln.

Der heutige Feta

In den Käsefabriken wird der Feta oft aus Kuh- und nicht aus Schafmilch hergestellt, wodurch er freilich an Charakter verliert. Er ist nicht so glatt und aromatisch und weist eine gelbliche Farbe auf, die den Griechen in der Regel nicht zusagt. Man vermischt deshalb die Kuhmilch gern mit Schaf- oder Ziegenmilch oder entfärbt sie vor der

Verarbeitung. Beim Mischen der Milchsorten können die Käser den Fettgehalt variieren: Schafmilch besitzt einen hohen, Ziegenmilch einen geringen Fettgehalt.

Um die Haltbarkeit zu verbessern, verarbeitet man in der Fabrik pasteurisierte, gesäuerte und vorgereifte Milch. Sobald sie geronnen ist, wird der Bruch in Blöcke geschnitten, nach einer kurzen Ruheperiode in Formen geschöpft oder in Tüchern aufgehängt. Die Formen werden regelmäßig gewendet, und der in Tücher gehüllte Bruch wird gepreßt. Danach teilt man ihn in rechteckige Stücke auf, die von Hand gesalzen oder in Salzlauge getaucht, kurze Zeit in Formen getrocknet und schließlich zum Reifen gelagert werden. Die Formen werden luftdicht verschlossen, ein Vorgang, der sich nach jedem Wenden wiederholt. Man könnte den Feta auch Salzbadkäse nennen, da er in der eigenen, mit Salzwasser vermischten Molke reift. Er entwickelt keinerlei Rinde, hat einen weißen Teig, ein etwas säuerliches, pikantes und salziges, aber nicht bitteres Aroma. In Nordgriechenland stellt man Feta unter der Bezeichnung *Telemes* her.

Kefalotyri und Kasseri

Der *Kefalotyri*, ein Hartkäse, wird während der Laktationsperiode der Schafe in den Fabriken des ganzen Landes hergestellt. Sein Name soll sich von seiner Ähnlichkeit mit dem *Kefalo* genannten griechischen Hut herleiten. Man bezeichnet das Produkt aber oft auch mit dem Namen des Herkunftsgebietes, zum Beispiel Pindos, aus dem Pindosgebirge, oder Skyros, von der kleinen Insel in der Ägäis. Der Käse wird auch für bestimmte griechische Gerichte verwendet.

Für den Kefalotyri wird die Milch stets im Rohzustand verarbeitet. Nachdem sie geronnen ist und der Bruch gerührt, erhitzt und einen Tag lang in Formen gepreßt wurde, reibt man die Käse mit Salz ab und lagert sie drei Tage lang in den Formen, damit sich eine entsprechende Rinde entwickeln kann. Danach sind sie konsumbereit, doch bewahrt man sie in der warmen Jahreszeit weiterhin in Kühlräumen auf. Die Reifezeit läßt sich daher nie ganz genau voraussagen. Gutgereifte Käse weisen einen geringeren Feuchtigkeitsgehalt auf und sind gegen hohe Außentemperaturen unempfindlich. Solch trockene Produkte werden meist als Reibkäse verwendet.

Oben Schafe sind ideale Haustiere für die Bewohner abgelegener Orte in einer unwirtlichen Gegend. Sie liefern nicht nur Wolle und Fleisch, sondern auch Milch für den in ganz Griechenland beliebten Käse.

Oben rechts Odysseus flieht aus der Höhle des Zyklopen Polyphem – Darstellung auf einer altgriechischen Vase. Polyphem war ein Käser, und Homers Schilderung ist wohl der älteste Bericht über dieses Metier.

Name	Milch	Art	Rinde	Form	Gewicht	Fettgehalt i. d. Trockenmasse in %
Feta	✱	●	–	rechteckig	variiert	45-60
Galotiri	◁	●	–	Behälter	variiert	variiert
Kasseri	◭ ◁	■	▢	Flachzylinder Stange	variiert	40
Kefalotyri	◭ ◁	■	▢	Flachzylinder	5-10 kg	40-45
Kopanisti	◁	⌘	–	Behälter	variiert	variiert
Mitzithra	✱	○	–	Korb	1 kg	variiert

✱ △ ◭ ◁

Zeichenerklärung siehe Seite 34

Ein Großteil des frischen Kefalotyri wird in den Fabriken zu *Kasseri*, einem sehr haltbaren Knetkäse, weiterverarbeitet. Man schneidet den Kefalotyri in Stangen, die dicht nebeneinander vorreifen und, wie der italienische Provolone, in heißes Wasser getaucht elastisch und formbar werden.

Mitzithra und Galotiri

Die nach der Bereitung von Feta und Kefalotyri übrigbleibende Molke wird oft für die Herstellung von *Mitzithra*, einem Albuminkäse, der dem Ricotta ähnelt, weiterverwendet. Der flockige Bruch wird in Körbchen gefüllt und frisch gegessen, meist solange er noch warm ist. Manchmal formt man auch Kugeln daraus, die aufbewahrt und im Sommer zu Reibkäse verarbeitet werden. In Mezedonien nennt man diesen Käse *Monuri;* der *Urda* stammt aus Epiros und der *Anthotiros* von der Insel Kreta.

Einer der ältesten griechischen, vielerorts hausgemachten Schafkäse ist der *Galotiri*, ein Verwandter der obenerwähnten Sorten, den man irgendwo zwischen dem Feta und dem Mitzithra einordnen müßte. Man läßt die Milch nach dem Melken eine Stunde reifen, bis sie sauer zu werden beginnt. Nun wird

Links Wie die Schafe liefern auch die Ziegen viel Milch für die Käsebereitung. Ziegen- und Schafmilch werden oft vermischt.

sie gekocht, damit das Protein ausflockt. Den mit Salz gewürzten Bruch rührt man in den darauffolgenden Tagen hier und da ein wenig, füllt ihn danach in einen Sack aus Tierhaut und fügt später den Bruch des nächstfolgenden Milchertrags bei. Nach drei Monaten kann der Käse konsumiert werden.

Ein gesalzener Inselkäse

Auf einigen Inseln der Ägäis bereitet man einen geäderten Käse namens *Kopanisti,* indem der Bruch geschnitten, in Tücher gehüllt, geknetet und zu orangengroßen Kugeln geformt wird. Diese legt man zum Trocknen auf Regale, wobei sich schon bald eine Schimmelpilzflora entwickelt. Diese Flora knetet der Käsebereiter anschließend zusammen mit einem bestimmten Quantum Salz in den Käseteig ein. Daraufhin läßt man den mit einem sauberen Tuch zugedeckten Käse einen bis zwei Monate lang in irdenen Töpfen reifen – daher der Name «Topfkäse». Dieser Käse, der dank seinem hohen Salzgehalt lange haltbar ist, wird auch in andern Ländern produziert.

Die Griechen stellten auch Nachahmungen ausländischer Käse her. Aus Kuhmilch wird in gewissen Käsefabriken *Graviera,* eine Art Greyerzer, sowie in relativ bescheidenem Ausmaße Parmesan und Fontina produziert.

Käse – eine Götterspeise

Herodots Kommentar über die sprichwörtliche Armut der Griechen gilt auch heute noch – für den Großteil der ländlichen Bevölkerung hat sich seit der Antike wenig geändert. Aber auch die in den Städten lebenden Arbeiterfamilien sind nicht auf Rosen gebettet. Trotzdem sind die Griechen nach wie vor äußerst gastfreundlich. An diesem schon in der Antike wohlbekannten Charakterzug hat sich nichts geändert.

Für die griechische Durchschnittsfamilie beginnt der Tag mit frischem, warmem Brot, Feta-Käse und vielleicht einem Ei – eine einfache, aber verlockende Kombination, die gut zu dem süßen, starken Kaffee paßt, den man anschließend trinkt. Käse ißt man auch mittags, zusammen mit Oliven, Tomaten, Gurken und Peperoni. Bei besonderen Gelegenheiten serviert man als Vorspeise ein Stück Wassermelone und kleine, auf Holzkohle grillierte Schaffleischstückchen, doch Fleisch ist ein Luxus. Für einen Griechen mit bescheidenem Einkommen bildet neben Brot Käse die einzige Proteinquelle. Der Käseverbrauch der Griechen ist denn auch, wie bereits erwähnt, der höchste der Welt.

Während *kebab* zweifellos das beliebteste griechische Fleischgericht ist, findet man auf den Speisekarten in den Städten, vor allem in Touristenhotels, allerlei andere, kompliziertere Spezialitäten. Dabei spielen Käsezutaten eine wesentliche Rolle, zum Beispiel beim Mussaka, bei dem Kefalotyri-Reibkäse zwischen verschiedene Lagen von Auberginen- und Fleischmischung gestreut wird. Eine einfachere Version ist Papoutsakia, mit Fleisch gefüllte und mit Kefalotyri-Käse bestreute Auberginen. Pastitsio, ein ebenfalls lagenweise aufgeschichtetes, mit Fleischsauce angereichertes und mit Käse bestreutes Makkaronigericht mundet ausgezeichnet. Auch Feta-Käse wird zum Kochen verwendet. Man mengt ihn beispielsweise einem Pot-au-Feu, Pouletgerichten, Garnelen und Tomaten oder der Spanakopita, einer Spinat- und Käsepastete mit *filo*-Teigwaren, bei.

Oben Einmal jährlich, im Sommer, werden die Schafe geschoren, und die Schur wird festlich begangen. Hier sind Wollstränge zum Trocknen aufgehängt.

Deutsche Demokratische Republik

Die Landschaft der Deutschen Demokratischen Republik ist größtenteils eben und grün, vor allem nördlich von Berlin und an der Ostseeküste. Dank reichlichen Niederschlägen gibt es saftige Weiden, die ideale Bedingungen für Viehzucht und Milchwirtschaft bieten. Die Käsebereitung wurde in diesen Gegenden im 18. Jahrhundert von holländischen Einflüssen geprägt und zudem von Friedrich II. einst stark gefördert. Er ließ 1730 unweit von Berlin eine Musterfarm errichten und den Bauerntöchtern zu ihrer Vermählung 24 Silbertaler schenken. Daran knüpfte er die Bedingung, daß sie binnen zwei Jahren die Kunst der Käsebereitung ebenso vortrefflich beherrschten wie ihre holländischen Lehrmeister.

Die heutige Wirtschaftsordnung der Deutschen Demokratischen Republik läßt für Käseherstellung großen Stils keinen Raum. Die Reduktion des guten Viehfutters bewirkte einen merklichen Rückgang der Milcherträge. Trotzdem produziert man zahlreiche bekannte einheimische und Nachahmungen ausländischer Käsesorten.

Dazu gehören einige wenige Hartkäse, unter anderem der *Tiefländer*, eine Art Emmentaler. Man stellt auch *Chester* (oder Cheshire) und *Cheddar* her, und zwar vorwiegend im Raume Mecklenburg. Diese werden zu Schmelzkäse verarbeitet. Ein etwas größeres Angebot besteht bei den Halbhartkäsen, die alle eine Rindenflora besitzen. *Tollenser* (Tilsiter) ist überall erhältlich. Nebst dem *Steppenkäse* findet man auch den interessanteren *Steinbusch*-Käse. Der Fettgehalt beträgt 30, 45 oder 50 Prozent.

Aus dem Thüringer Wald kommt der *Altenburger Ziegenkäse,* ein aus roher Kuh- und Ziegenmilch produzierter Weichkäse, der in der Fabrik allerdings aus pasteurisierter Milch und in Varianten mit verschiedenem Fettgehalt hergestellt wird. Man mischt ihm stets Kümmel bei und eine Kombination von Camembert- und Coryne-Schimmelpilz kulturen zwecks Bildung einer weißen und roten Flora. Letztere braucht besondere Reifebedingungen und wird mittels Molke aktiviert. Der Ziegenkäse gleicht einem Pfannkuchen.
Er wiegt 250 Gramm, schmeckt recht scharf und weist einen rahmartigen, gelblichen, fast löcherfreien Teig auf. Bei zu geringer Gerinnungstemperatur wird das Produkt zu weich, bei zu hoher Temperatur hingegen kalkartig und hart. Eine weitere, heute fast gänzlich verschwundene Spezialität aus derselben Gegend ist der *Altenburger Milbenkäse,* mürbe, scharf und würzig schmeckende Käsestangen, die aus manchmal mit Kümmel vermischtem Kuhmilchquark bereitet werden. Man füllt den Quark in den Milbentopf, wo er über und über mit Milben bedeckt wird, die man später wieder abbürstet. Man ißt den beißendscharfen Käse zu Brot und Bier oder Kaffee.

Mehr als die Hälfte der in der Deutschen Demokratischen Republik produzierten Käse sind Frischkäse, 90 Prozent davon entrahmter Milchquark. Im Landesinnern stellt man auch Sauermilchkäse her. Die Deutsche Demokratische Republik exportiert derzeit keinen Käse.

Name	Milch	Art	Rinde	Form	Gewicht	Fettgehalt i. d. Trockenmasse in %
Altenburger Milbenkäse	◺	◗	–	Stange	25 g	?
- Ziegenkäse	◺◺	●	✤✤	Flachzylinder	250 g	20-45
Steinbusch	◺	◗	✤	Kubus	200-700 g	30-50

Zeichenerklärung siehe Seite 34

Oben rechts In den Kollektivbetrieben der Deutschen Demokratischen Republik wird das Vieh mittels modernster technischer Methoden gewartet und gemolken.

Oben Mitte Marke mit einem Sujet aus der Milchwirtschaft. Man beachte die beiden Kuhreihen unter einem Dach auf einer Weide. Eine Angestellte überwacht den maschinellen Melkprozeß.

Unten Ein hübsches altes Bauernhaus in der Mecklenburger Gegend, die heute in einzelne Bezirke eingeteilt ist.

Polen

Entsprechend seiner Landesnatur gliedert sich Polen in zwei unterschiedliche Viehzuchtgebiete. Die Karpaten, wo die Hirten als erste Rezepte für Bergkäse erfanden, eignen sich vorzüglich als Weideland für die dort heimische rotfarbene Rasse, während die Bauern im Flachland Schwarzbuntvieh halten, das ein milderes Klima braucht. Im 10. Jahrhundert waren Krakau und Warschau wichtige Warenumschlagplätze, von wo aus unter anderem auch Käse nach Skandinavien, Rußland und Westeuropa weiterverkauft wurde.

Im 19. Jahrhundert begann man nördlich der Karpaten mit der Produktion von *Grojer*-Käse (Greyerzer) und später mit der Bereitung von *Ser Trapistaw* (Trappistenkäse).

Eine der ersten Käsefabriken wurde 1879 von dem Bauern Daniel Jonasz gegründet. Auf den großen Gutsbetrieben betrugen die Milcherträge pro Tag 300 Liter und pro Jahr insgesamt 2 bis 2,5 Millionen Liter. Diese Milch wurde an die Käsefabriken geliefert. Etwa zur selben Zeit gründete man auch genossenschaftliche Betriebe, die den Bauern einen guten Milchpreis gewährleisteten. Nach dem Zweiten Weltkrieg, in dem mehr als die Hälfte der polnischen Viehbestände zugrunde gegangen war, wurde die Entwicklung der Kollektivlandwirtschaft weit weniger gefördert als die Schwerindustrie.

Die unrentablen Großgrundbesitzungen mußten staatlichen Unternehmen weichen, die durchschnittlich je 50 Mann beschäftigen, sowie großen Kollektivfarmen mit durchschnittlich 23 Familien. Man hält vorwiegend Schwarzbuntvieh, dazu gibt es rund 3 Millionen Schafe.

Das Käseangebot ist in Polen eher spärlich, es läßt sich zum Beispiel kaum mit demjenigen Jugoslawiens vergleichen, wo Käseherstellungsrezepte als Familienerbgut seit Generationen überliefert werden. Doch die polnischen Käsesorten sind von guter Qualität. Am meisten verbreitet sind Halbhartvarianten von Edamer und Gouda, doch produziert man auch Hartkäse wie Grojer, *Emmentalski* (Emmentaler) und *Cheddar* sowie eine Reihe von Weichkäsen: *Limburski* (Limburger), *Ser Harcenski* (Harzer), *Ser Tylzycki* (Tilsiter), *Camembert, Brie* und *Rokpol* (Roquefort). Die Formen der Halbhartkäse unterscheiden sich vielfach von denjenigen der Originalsorten.

Der *Podhalanski*, ein echt polnischer Käse aus der Niederen Tatra, wird aus einer Mischung von Kuh- und Schafmilch hergestellt. Er ist ziegelformig, hat relativ große Löcher und eine feste Rinde. In der Regel wird er leicht geräuchert. *Ser Olsztynski*, ein Käse aus entrahmter Milch, reift in Fässern und wird vorwiegend zu Schmelzkäse verarbeitet. Für den *Ser Solankow*, einen Molkenkäse, verwendet man Schafmilch. In Polen wird auch Knetkäse und Frischquark wie *Ser Twarogowy*, der einen Fettgehalt zwischen 30 und 42 Prozent aufweist, hergestellt. Ein bekanntes, aber nicht offiziell registriertes Produkt ist der *Ser Turystycny*, der Touristenkäse. Seine Bereitungsmethoden differieren von Ort zu Ort – ein Sonderfall, da ansonsten die staatliche Milchwirtschaftsabteilung die Käseherstellung neuerdings in modernen Fabriken zentralisiert.

Name	Milch	Art	Rinde	Form	Gewicht	Fettgehalt i. d. Trockenmasse in %
Podhalanski	△◁	◼	□	Ziegel	500 g	?
Ser Trapistaw	△	◼	□	rechteckig	1,2 kg	45
Ser Twarogowy	△◁	○	–	variiert	variiert	30-42
Ser Tylzycki	△	◼	✿	rechteckig	4 kg	45-50

Zeichenerklärung siehe Seite 34

Oben Schafställe mit Holzdächern in der Hohen Tatra.

Unten Auf dieser Weide unweit von Gdansk, dem früheren Danzig, werden die Kühe mit einer mobilen Maschine gemolken.

Tschechoslowakei

Ein erster Hinweis auf Käse wurde auf einer aus dem 10. Jahrhundert stammenden Abrechnung aus dem Brewnow-Kloster in Böhmen gefunden. Der älteste bisher bekannte Käse ist der kegelförmige *Homolský*, ein Sauermilchkäse. In der Slowakei gibt es sogar eine Kezmarok («Käsemarkt») genannte Stadt, die schon 1269 Marktrechte für Käse besaß. In früheren Zeiten wurden die Käse vor allem von Berghirten aus Schafmilch hergestellt, später auf den Gutsbetrieben und seit dem Ende des letzten Jahrhunderts auch in genossenschaftlichen Unternehmungen.

In der Tschechoslowakei stellen die Hirten auch heute noch ihren Käse her. Gegen Ende der Laktationsperiode im heißen Sommer bereitet der *bača* (der Oberhirte) seinen *Oštěpek*, einen sehr haltbaren Schafkäse von 300 bis 500 Gramm. In Eiform hergestellt, besitzt der Käse einen festen bis harten Teig und das charakteristische Schafmilcharoma. Man formt den Bruch, während er noch mit Molke bedeckt ist, und taucht ihn nachher in heißes Wasser, damit er eine glatte Oberfläche erhält. Dann legt man den Käse in eine hübsch verzierte Form, taucht ihn in Salzwasser und räuchert ihn über einem Holzfeuer in der Alphütte. In drei bis sechs Tagen wird der Käse dunkelgelb bis braun. Zur gleichen Zeit stellt man auch ein Quantum *Parecina* her: Schafkäse aus geknetetem Bruch, der dem italienischen Caciocavallo gleicht, wobei man zwei kugelförmige Käse zusammenbindet. Der Parecina weist eine elastische Konsistenz und ein pikantes, säuerliches Aroma auf.

Des Bischofs Frühstück

Auf den hochgelgenen Alpweiden der Slowakei wird der *Hrudkový sýr* produziert. Der nur lose geschnittene Bruch wird in der Molke zu Kugeln oder Eiern geknetet, die etwa 3 bis 5 Kilo wiegen. Dann hängt man ihn in einem Tuch zum Entwässern auf. Nach einer Reifezeit von höchstens sieben Tagen auf an den Berghängen errichteten Gestellen werden die Käse an fliegende Händler oder an Käsefabriken verkauft. Die Fabriken verarbeiten das Produkt zu einem *Bryndza* genannten Käse. Der Hrudkový wird zuerst gewaschen und seine Rinde entfernt. Dann zerkrümelt man den Käse, salzt, mahlt und formt ihn. Nach dieser ganzen Prozedur ist daraus ein gut streichbarer, etwas säuerlich und manchmal recht salzig schmeckender Käse geworden. In der zentralen und östlichen Slowakei sorgt man dafür, daß Mikroorganismen in den Teig eindringen, wodurch er sehr schmackhaft wird – der *Liptovská Bryndza,* Liptauer Bryndza, ist berühmt. Man stellt auch Bryndza aus einer Mischung von Schaf- und Kuhmilch her.

Vor neun Jahrhunderten pflegte der Bischof von Mähren *Olmützer Quargel,* die noch heute beliebt sind, zum Frühstück zu essen. Quargel ist eine Mischung aus ganz kurz und sehr lange gereiftem Quark, die man einige Tage bei Raumtemperatur trocknen läßt, wobei sich an der Oberfläche ein Schimmelpilz entwickelt. Man wäscht die Flora ab und läßt den Quargel in Behältern oder in Silos weiterreifen, bis die Rinde orangefarben geworden ist und das Produkt ein ausgeprägtes Aroma entwickelt hat. Man verkauft dieses mit dem deutschen Handkäse verwandte Erzeugnis in Ziegelform, Scheiben oder Stücken.

Die tschechoslowakische Käseindustrie hat sich in jüngster Zeit stark entwickelt. Es werden heute rund hundert verschiedene Sorten hergestellt.

Links Landschaft im Riesengebirge unweit der polnischen und ostdeutschen Grenze.

Name	Milch	Art	Rinde	Form	Gewicht	Fettgehalt i. d. Trockenmasse in %
Liptovská Bryndza	△◁	●	–	Behälter	variiert	50
Olmützer Quargel	△◁	●	–	Flachzylinder	0,9-2 kg	variiert
Oštěpek	△◁	◖	□	Kugel	300-500 g	42-47
Parecina	△◁	■	□	Stange	variiert	48

Zeichenerklärung siehe Seite 34

Unten Die Heuernte, ein wichtiges Element im landwirtschaftlichen Jahreszyklus. Der Bauer benötigt das Heu für die Winterfütterung. Eine schlechte Ernte, gefolgt von einem langen, harten Winter, kann für den Landwirt eine Katastrophe bedeuten.

Ungarn

Abgesehen vom Fünfkirchner Bergland im Süden und dem Mittelgebirgszug im Norden ist Ungarn ein Tiefland, westlich der Donau flachhügelig, im Osten echte Tiefebene (Alföld).Wo reichlich Regen fällt, grünen saftige Wiesen, während in den Trockenregionen die baumlose Pußta, früher ein Viehweidegebiet der Nomaden, vorherrscht.

Zur Zeit der Madjaren und auch noch unter König Stephan hielt man in Ungarn das Rind allerdings vorwiegend als Zug- und Schlachttier. Die Ungarn mochten Milch nicht besonders, und es wurden auch nur geringe Mengen davon zu Käse verarbeitet. Erst im 13. Jahrhundert gab es erste Ansätze einer Molkereiindustrie. In dem von deutschen Kolonisten gegründeten Késmárk, «Käsemarkt», verkaufte man ungarischen Schafkäse. Später wurde auch Käse aus Kuhmilch, vor allem *Emmentaler* und *Greyerzer*, von Schweizer Einwanderern produziert. Doch erst in der Zeit zwischen den beiden Weltkriegen gelangte die ungarische Käseherstellung zu einem gewissen Ansehen.

Nach 1945 fuhr man mit der Käseproduktion fort. Der Lebensstandard der Bauern besserte sich merklich, nachdem der Ungarische Milchindustrietrust begonnen hatte, den Kollektiv- und Staatsbetrieben die Milch abzukaufen und die Käseherstellung zu reglementieren. In Szombathely (Steinamanger) existiert heute eine staatliche Farm mit 1200 Stück Friesenvieh. Ungarischer Käse wird ausschließlich aus pasteurisierter Milch hergestellt, und die Kleinbauernbetriebe gaben die Käseproduktion auf. Die Regierung hat die nötigen Schritte unternommen, um – zum Teil durch Bewässerung der Pußta – die Viehzuchtgebiete zu vermehren.

Das Ungarische Molkerei-Institut entwickelte eine neue Käsesorte, den *Teasajt* (Teekäse), einen rechteckigen, 5 Kilo schweren Vollfettkäse mit einem elfenbeinfarbenen Teig und einem säuerlichen, pikanten Aroma. Vom gleichen Institut stammt auch der tilsiterartige *Ovari*. Der nach dem südwestlich von Budapest gelegenen Balatonsee (Plattensee) benannte *Balaton* ist ein großformatiger, rechteckiger, stark gepreßter Käse mit einem etwas ranzigen und recht eigenartigen Geschmack, der durch Butterbakterien hervorgerufen wird. Man läßt dieses Produkt (manchmal in Folie verpackt, ganz ohne Rinde) vier Wochen lang reifen, wodurch ein hellgelber, fester Käse entsteht, der auf der Zunge schmilzt.Ein anderer neuer, stangenförmiger Vollfettkäse, der *Lajta*, schmeckt recht erfrischend und würzig.

Der *Kaskaval* gleicht dem Caciocavallo und dem griechischen Feta. Der bekannte *Liptauer* wird wie auch sein tschechisches Gegenstück, der Liptovska Bryndza, aus Schaf- oder Kuhmilch bereitet. Die beste Liptauer-Sorte ist ein vom Hirtenkäse *Gomolya* abgeleitetes Produkt, dem in der Fabrik Paprika beigemengt wird. Der Liptauer wird in Glasbehältern oder Schachteln verpackt. Man stellt den Gomolya – auch *Tarko* oder *Turo* genannt – aus über dem Feuer eingedickter, natürlich geronnener oder eingelabter Milch her, die man in einem Tuch an einem durchsonnten Platz aufhängt. Mit Turo wird ein beliebtes Gericht, bestehend aus Makkaroni, saurem Rahm und gebackenem Speck, bestreut, das in Ungarn fast täglich auf den Tisch kommt.

Oben Ein Hirte aus der Tiefebene. Er trägt die traditionelle Tracht und ist von zwei Schäferhunden begleitet.

Rechts Käse im Reifungsraum. Es handelt sich um ungarische Varianten des französischen Port-du-Salut.

Name	Milch	Art	Rinde	Form	Gewicht	Fettgehalt i. d. Trockenmasse in %
Balaton	△	◗	□	rechteckig	2-20 kg	45
Kaskaval	◁	■	□	variiert	variiert	45
Lajta	△	◗	⁘	Stange	1 kg	45
Liptauer	△◁	●	–	Behälter	variiert	variiert
Teasajt	△	●	⁘	rechteckig	500 g	45

Zeichenerklärung siehe Seite 34

Rumänien

Der Unterlauf der Donau bis zur Mündung ins Schwarze Meer bildet die natürliche Grenze des südlichen Rumäniens, wo das Hügelgelände am Fuße der Transsilvanischen Alpen bis in das Tiefland der Walachei hinunterreicht. Im Nordosten liegt die Moldau, ein höchst fruchtbares Gebiet, der Rest ist Gebirgsland. In Rumänien kommt der Landwirtschaft nach wie vor große Bedeutung zu, obschon sie im Laufe der Nachkriegsentwicklung auf den zweiten Platz zurückgedrängt wurde. Die staatlichen Landwirtschaftsbetriebe verfügen über ebensoviel Weide- wie Ackerbaufläche. Die riesigen Herden, die auf den ausgedehnten Ebenen grasen, zeugen vom Aufschwung der Viehwirtschaft. Dazu weist Rumänien gleich nach der Sowjetunion, Spanien und Jugoslawien den viertgrößten Schafbestand Europas auf.

Einer der ältesten rumänischen Käse ist der *Brînza de Burduf*, ein Schafkäse, der stattliche 60 Kilo wiegt. Der relativ reife Bruch wird in speziell zu diesem Zweck angefertigte Schaf- oder Ziegenhautsäcke, *burduf* genannt, gefüllt, die anschließend mit Raffiabast zugenäht und bei stetig sinkender Temperatur zur weiteren Reifung gelagert werden. Das Endprodukt gleicht einem festen, etwas krümeligen, leicht zu verstreichenden Quark. Dieser ist von hellgelber Farbe und scharfem Aroma, und an seiner graubraunen Oberfläche haben sich kleine grüne und weiße Schimmelpilzflecken gebildet. Der *Brînza în Coaja de Brad* wird in Behälter aus Tannenrinde verpackt, was dem Käse ein besonderes Aroma verleiht. Er wiegt 5 bis 10 Kilo.

Man produziert in Rumänien auch Knetkäse, der dem italienischen Caciocavallo ähnelt, und zwar schon seit der Zeit der alten Römer. Jeder dieser Käse wird nach dem Herstellungsdistrikt benannt, die bekanntesten sind der *Caşcaval Dobrogea* (aus der Dobrudscha) und der *Caşcaval Penteleu* (vom Penteleu in den Karpaten).

Rumäniens beliebtester Käse, früher nach der Stadt Brăila an der Donau benannt, heißt heute *Telemea.* Ursprünglich wurde er in kleinen Käsereien aus Rohmilch produziert, in den modernen Großbetrieben verwendet man pasteurisierte Schafmilch, Kuhmilch oder eine Mischung aus Kuh- und Büffelmilch. Der Käse ist zart, recht sauer und weist ein salziges Aroma auf.

Der *Nasal* reift in kühlen, feuchten Felsenkellern. Man wäscht den Käse in Salzwasser, und seine dünne, nachgiebige, graugelbe Rinde wird mit Gipspulver bestreut, bevor der Käse verpackt wird. Aus Kuhmilch, Schafmilch oder einer Mischung der beiden hergestellt, ist der Teig nur leicht gelblich, herrlich würzig und von weicher bis fester Konsistenz. *Harghita*-Schafkäse, nach der Bergkette benannt, wird erst seit 1960 produziert. Es handelt sich um einen rechteckig geformten rahmweißen Käse mit einer bräunlichgelben Rinde. Eine reine Butterbakterienkultur verleiht ihm ein ausgeprägtes Aroma. Der *Urda* ist eine Art Ricotta; ungesalzen, wird er, mit Dill gewürzt, frisch gegessen.

Die staatliche Käseindustrie stellt auch einige ausländische Sorten her, und der Käseverbrauch in Rumänien nimmt im gleichen Maße zu wie der Export.

Oben Obschon Viehzucht auf breiter Basis betrieben wird und es zahlreiche Kollektivwirtschaften gibt, findet man nach wie vor abgelegene Kleinbauernbetriebe.

Name	Milch	Art	Rinde	Form	Gewicht	Fettgehalt i. d. Trockenmasse in %
Brînza de Burduf	◁	●	–	Behälter	2-60 kg	45
Brînza în Coaja de Brad	◁	●	–	Behälter	variiert	45
Cascaval Penteleu	◁	●	–	Behälter	2-8 kg	45
Harghita	◁	◗	□	rechteckig	1,5-3 kg	50
Nasal	△◁	●	□	rechteckig	1-1,5 kg	45
Telemea	✱	●	–	Würfel	1 kg	42
Urda	△◁	○	–	variiert	1-3 kg	50

✱ und Büffel

Zeichenerklärung siehe Seite 34

Unten links Ein Beispiel rumänischer Volkskunst vom Kirchhof des Städtchens Maramures.

Unten Gut geschützt vor der extremen Kälte in den winterlichen Karpaten hütet ein Hirte seine Herde.

Bulgarien

In alten Zeiten war Bulgarien von den Thrakern und später von den Römern bevölkert, die damals schon zu Handelszwecken mit ihren Schiffen das Schwarze Meer befuhren. Eines der zahlreichen Tauschgüter war der Käse, und er ist bis auf den heutigen Tag in Bulgarien ein wichtiges Nahrungsmittel geblieben. Bulgarien gliedert sich in zwei durch das Balkangebirge getrennte bedeutende Käseregionen: die fruchtbare Hochebene im Norden und die reichbewässerten Ebenen der Marica im Süden. In der Vergangenheit bereitete man in beiden Gebieten vorwiegend Schafkäse. Der wichtigste war der vermutlich von den Römern eingeführte *Kaŝkaval,* der schon vor dem 16. Jahrhundert in den Alphütten produziert und nach der Türkei, Ägypten und Palästina exportiert wurde. Heute gibt es davon zwei Varianten: *Balkanski Kaŝkaval* aus dem Hochland und den kleineren *Polubalkanski Kaŝkaval* oder *Demi-Balkan* aus dem Tiefland. In den dreißiger Jahren modernisierten die Käser im Gebirge ihre Produktion, doch basiert das Erzeugnis nach wie vor auf Rohmilch. Nach dem Gerinnen der Milch wird der Bruch mittels Rührinstrument und Käseharfe geschnitten. Beim kräftigen Rühren kann die Molke abfließen. Nachdem er anschließend im Käsekessel vorgepreßt wurde, unterzieht man den Bruch einer «Cheddar»-Behandlung, knetet ihn und formt eine Kugel daraus. Diese wird mit Salz eingerieben und 50 bis 60 Tage lang an einem feuchten Ort gelagert. In den ersten Wochen wird sie täglich gewendet und mit Salzwasser gereinigt. Nach dem letzten Wenden wird sie paraffiniert und in Folie verpackt. Der Käse sollte höchstens zehn Monate alt werden, sonst erhält er durch den Abbau des Milchfetts einen allzu beißenden Geschmack. Das Endprodukt ist ein flachzylindrischer Käse mit einem gelben, nur von spärlichen Löchern durchzogenen Teig und einer glatten, bernsteinfarbenen Rinde sowie einem etwas säuerlichen, salzigen und pikanten Aroma. Der Demi-Balkan ist 8 Zentimeter, der Balkanski Kaŝkaval 11 bis 13 Zentimeter hoch. Der Demi-Balkan weist einen höheren Feuchtigkeitsgehalt, der Balkanski Kaŝkaval einen höheren Fettgehalt auf.

Der weitaus begehrteste und meistproduzierte bulgarische Käse – auf den 75 Prozent der Gesamtherstellung entfallen – ist der *Bjalo Salamureno Sirene,* ganz allgemein als *Sirene*-Käse bekannt. Es existieren zwei Varianten dieses Käses. Die Bulgaren bevorzugen den aus pasteurisierter Schafmilch bereiteten Halbhart-Sirene, der in hölzernen oder zinnernen Behältern reift. Er hat keine Rinde und weist einen weißen, löcherfreien Teig und ein säuerliches, salziges und an die Schafmilch gemahnendes Aroma auf. Den Besuchern Bulgariens mundet aber meist der aus Kuhmilch produzierte, etwas mildere und festere Sirene besser.

Links Während sie ihre Kuh am Rande eines Maisfeldes weiden läßt, spinnt diese Bäuerin die von ihrer Schafherde gelieferte Wolle. Die Bauern in diesen abgelegenen Regionen sind größtenteils Selbstversorger.

Name	Milch	Art	Rinde	Form	Gewicht	Fettgehalt i. d. Trockenmasse in %
Balkanski Kaŝkaval	⊿	■	□	Flachzylinder	9 kg	50
Demi-Balkan	⊿	◗	□	Flachzylinder	7 kg	48
Sirene		◗		Behälter	0,5-10 kg	46

Zeichenerklärung siehe Seite 34

Unten Schafherden wie hier in der Nähe einer Kirche unweit von Samokow im Rhodopegebirge gehören zum Landschaftsbild des Balkans.

Links Bäuerin beim Melken – ein beliebtes Briefmarkensujet in Agrarländern.

Sowjetunion

Die Union der Sozialistischen Sowjetrepubliken umfaßt schier endlose, einförmige Ebenen, großenteils Tundra, umgeben von den Gebirgsketten des Kaukasus, der Krim und der Karpaten. Im Süden und Südwesten des europäischen Teils gibt es besonders fruchtbare Landstriche, wo man seit prähistorischer Zeit sowohl im Tiefland als auch an den Berghängen Käse bereitete. Bei archäologischen Ausgrabungen in Transkaukasien entdeckte man primitive Käseformen, und unweit von Erewan fand man eine antike Käserei, ausgerüstet mit Basaltfässern für das Säuern der Milch. Etwa 700 v. Chr. wurde das Gebiet Rußlands von den Skythen erobert, die bereits Handel mit den Griechen trieben. Darstellungen, auf denen auch Skythen vorkommen, findet man auf hellenischen Vasen. Der griechische Geschichtsschreiber Herodot schildert deren Liebe zu den Pferden und erwähnt, daß sie aus Stutenmilch Käse herstellten und ihn auf ihren Speerspitzen trocknen ließen. Anfang des 9. Jahrhunderts n. Chr. drangen vom Norden her die Wikinger ein, die eine skandinavische Spezialität – Käse – mitbrachten.

Obschon die Sowjetunion heute wahrscheinlich der größte Agrarproduzent ist und das drittgrößte Viehzuchtgebiet der Welt besitzt, überwog lange Zeit die Getreideproduktion, und die Käseherstellung war nur wenig entwickelt. In letzter Zeit ist jedoch in der Ernährungspolitik des Landes eine Wende festzustellen, und anstelle stärkehaltiger Nahrungsmittel wird heute die Produktion proteinhaltiger Erzeugnisse, einschließlich Käse, besonders gefördert.

Oben Ein tadschikischer Hirte in der Berggegend unweit der Grenze zu Afghanistan.

Unten Eine seltene Aufnahme: ein sowjetisches Käsegeschäft in Armenien, wo unter anderem auch der beliebte Jerevansky-Käse verkauft wird.

Wie der Gouda zu Tilsiter wurde

Der berühmteste und meistimitierte Käse des Landes ist der *Tilsiter* oder *Tilsit*, der ursprünglich aus Ostpreußen stammt. Er wurde durch einen Zufall im 19. Jahrhundert von einer Holländerin in der Stadt Tilsit entwickelt. Wie zahlreiche holländische Käser stellte sie Gouda her, doch war der Keller, in dem die Käse gelagert wurden, zu feucht. Die Käse wurden weich, scharf und rissig. Ein

neuer Käse war geboren. Damals wurde er aus meist wenig fetthaltiger Rohmilch hergestellt und mit Kümmel – wahrscheinlich das beliebteste Gewürz in ganz Europa – schmackhaft gemacht. Unter der durch Waschungen mit Salzwasser hervorgerufenen orangen Rindenflora entwickelte sich ein pikanter Teig, der zur Reifung etwa fünf Monate brauchte. Der heutige Tilsiter, der aus pasteurisierter Milch maschinell hergestellt wird und weniger lang reift, ist weit milder. Er besitzt einen Fettgehalt von 30 bis 50 Prozent, hat meist die Form eines Flachzylinders, weist noch immer Risse und einige wenige runde Löcher im Teig, ein volles wohlschmeckendes Aroma und einen leicht säuerlichen Nachgeschmack auf.

Die an der Ostseeküste gelegenen Gebiete produzieren sehr guten Käse, zum Beispiel den *Latvysky Syr*, einen mit starkem Salzwasser behandelten Vollmilchkäse. Diesem Käse ähneln die Wolga-Käse: *Volzky Syr* in Blockform und der schärfere *Pikantnyj Syr*.

Der *Desertny Syr* besitzt einen sehr hellen Teig ohne irgendwelche Löcher und eine Rinde mit einer Spur orangeroten Schimmelpilzes. Im Laufe seiner acht- bis zehntägigen Reifung wird er mit *Penicillium candidum* besprengt. Zu den gewaschenen Käsen gehört auch der eher krümelige *Salduskyi Syr* mit seinen unregelmäßigen Löchern und der etwas festere *Syr Rambinas*, eine bittere Sorte, deren Flora nach der Reifung abgekratzt wird.

Ganz oben Hier schwimmen Chanakh-Käse – eine Variante des Jerevansky – im Salzbad. Der Chanakh besitzt ein besonders scharfes Aroma.

Oben Chanakh-Käse wird vor der Auslieferung in der Fabrik sorgfältig kontrolliert.

Name	Milch	Art	Rinde	Form	Gewicht	Fettgehalt i. d. Trockenmasse in %
Cecil	[Kuh] [Schaf]	■	—	variiert	variiert	10
Daralagjazsky Syr	[Ziege] [Schaf]	◗	—	Behälter	variiert	25
Desertny Syr	[Kuh]	●	❖	Zylinder	variiert	50
Gornoaltajsky Syr	[Schaf]	■	❖□	Zylinder	8-10 kg	45
Jerevansky Syr	✱	◗	—	rechteckig, Zylinder	4-6 kg	50
Kavkazsky Syr	[Kuh]	■	□	Zylinder	8-10 kg	45
Latvysky Syr	[Kuh]	◗	❖	Würfel	2-2,5 kg	45
Sovjetsky Syr	[Kuh]	■	□	rechteckig	12-16 kg	50
Syr Rambinas	[Kuh]	●	❖	sechseckig	0,8-1,2 kg	30
Tilsiter	[Kuh]	◗	❖	rechteckig, Flachzylinder	2,5-5 kg	45

✱ [Kuh] [Ziege] [Schaf]

Zeichenerklärung siehe Seite 34

In der Sowjetunion produziert man auch camembertähnliche Käse mit weißer Rindenflora, wie zum Beispiel den *Zakusocnyj Syr* und den *Desertny Bely*, doch sind Hartkäse weiter verbreitet. Sie gleichen oft dem Emmentaler, und ihre Namen bezeichnen die Berggegend, aus der sie stammen: *Moskoyskyj Syr, Kubansky Syr, Karpatsky Syr, Altajsky Syr* oder *Sovjetsky*. Der rindenlose *Gollandsky Syr* (Edamer-Art) und der *Stepnoj Syr* (Gouda-Art) sind seit Jahrhunderten beliebt.

Zu den Knetkäsen gehören der *Kav Kazsky Syr* und der *Južny i Syr;* Molkenkäse sind der *Sulguni* und der *Cecil.* Letzterer ist ein eigenartiger armenischer, aus Kuh- oder Schafmilch bereiteter Käse mit einem niedrigen Fettgehalt – höchstens 10 Prozent –, der mit saurer Molke, Sauermilch oder Joghurt gesäuert wird. Nach dem Gerinnen werden die durch Erhitzen entstandenen großen Flocken von Hand geknetet, bis der Bruch in dicke Stränge und dann zu Spiralen, Kugeln oder Rollen geformt werden kann.

Der *Motal* ist ein nur selten in der Fabrik produzierter Käse. Es handelt sich dabei um ein typisches Kolchosprodukt. Er reift drei oder vier Monate lang in einem aus Ziegenhaut genähten Schlauch. Der *Daralagjazsky Syr* aus Armenien ist eine ähnliche Sorte mit einem krümeligen Teig, produziert aus Schaf- oder Ziegenmilch oder beiden. Wie den Motal würzt man auch ihn mit Salz und Kräutern – Thymian – und Knoblauch. Die Reifung erfolgt in Ledertaschen oder mit Erde bedeckten Steingutflaschen.

Der sehr bekannte halbharte Molkenkäse *Jerevansky Syr* reift in Blechdosen, deren Deckel in den ersten zwei Monaten mit abnehmbaren Gummipfropfen verschlossen werden, die ein ständiges Nachgießen von Salzwasser erlauben. Ein anderer armenischer Halbhartkäse, der *Telpanir*, gleicht dem türkischen *Tel Peynir.* Der *Gornoaltajsky Syr* ist ein echter Halbhartkäse aus dem Altaigebirge. Aus roher Schafmilch bereitet, wird sein orangeroter Oberflächenbelag regelmäßig abgewaschen und die Rinde schließlich getrocknet.

Die Russen lieben Frischkäse, den sie oft mit Zucker, Nüssen, Gelee oder Schokolade vermischen. Die Armenier, hervorragende Käsekenner, mögen ihren scharfen Jerevansky, den die Bauern oft als Mittagsimbiß verzehren, besonders gern.

Die Karte veranschaulicht die Verteilung der Milchwirtschaftsgebiete auf dem amerikanischen Kontinent. Hier zeigt sich die geringe Bedeutung dieses Wirtschaftszweiges in Lateinamerika. Die Käseproduktion ist vor allem in Nordamerika in den Gegenden rund um die großen Seen (die US-Staaten Wisconsin und New York) und am Sankt-Lorenz-Strom (Kanada) beheimatet.

Nord- und Südamerika

Beide amerikanischen Kontinente sind überaus reich an Vieh- und Schafbeständen – teils Fleisch-, teils Milchrassen –, die für die Wirtschaft des Landes lebenswichtig sind. In Kanada und den Vereinigten Staaten sind Kuhmilchkäse, vor allem Cheddar-Sorten sehr verbreitet, während die südamerikanischen Länder Frischkäse, allgemein als *Queso fresco* bezeichnet, bevorzugen.

Kanada

Die unermeßlichen Weiten fruchtbaren Landes in der nördlichen Hälfte des amerikanischen Kontinents bieten für die Land- und Viehwirtschaft – vor allem zwischen den Rocky Mountains und den Ausläufern der Appalachen im Südosten sowie am Pazifischen Ozean – wahrhaft unbegrenzte Möglichkeiten. Dabei gilt es allerdings auch das rauhe, beinahe arktische Klima Kanadas mit in Betracht zu ziehen, das den Winter über im ganzen Lande vorherrscht. Im Osten, wo der Golfstrom ein mildes und feuchtes Klima bewirkt, sind die Bedingungen günstiger als im Westen. Entlang der Südgrenze Kanadas kann das Vieh das ganze Jahr im Freien grasen, während andernorts die Weidesaison höchstens von Mai bis Oktober dauert.

Seit den frühen Tagen der französischen Kolonisierung im 16. Jahrhundert importierte man Vieh aus der Alten Welt nach Kanada, manchmal mit recht wenig Erfolg. Das heutige kanadische Vieh ist das Ergebnis einer erfolgreichen Zucht mit normannisch-britischen Rindern, die der französische Staatsmann Colbert 1669 nach Neufrankreich verschiffen ließ. 1783 kamen zusammen mit andern europäischen Einwanderern auch die Engländer nach Kanada und begannen im Norden Siedlungen zu errichten. 1815 zählte man in Quebec und auch in Ontario bereits Viehbestände von insgesamt je 300 000 Stück. Unter dem Einfluß der Briten entwickelte sich der Cheddar zum Landeskäse, und er ist es bis heute geblieben. Er wurde von den englischen Siedlern ursprünglich nur für den Eigenbedarf und die Märkte in der Umgebung produziert.

Käsefabriken gibt es in Kanada erst seit der zweiten Hälfte des letzten Jahrhunderts. 1864 gründete der Farmer Harvey Farrington in Ontario die erste Käsefabrik, drei Jahre später gab es schon zweihundert.

Der größte Käse der Welt

Um die Lebensbedingungen des häufig in ärmlichen Verhältnissen lebenden Milchfarmers zu verbessern, versuchte man die Nachfrage nach Milch und Molkereiprodukten auf vielfältige Weise zu fördern. So beschlossen die kanadischen Behörden, für die 1893 in Chicago durchgeführte Weltausstellung einen zehn Tonnen schweren Riesen-Cheddar herstellen zu lassen, um Ontario als Käseproduktionsgebiet zu internationalem Ruhm zu verhelfen. Solche Riesenexemplare waren nicht ganz unbekannt – anläßlich der Hochzeitsfeierlichkeiten für Königin Viktoria war ein solcher Cheddar fabriziert worden –, doch der Käse für die Chicagoer Weltausstellung war der bisher größte seiner Art, bis 1964 die Käser von Wisconsin für die New Yorker Weltausstellung ein 17 Tonnen schweres Exemplar bereiteten. Der Ontario-Käse wurde in der staatlichen Prüfstation für Milchprodukte produziert, wobei der Bruch aus 15 verschiedenen Käsefabriken stammte. Man hatte eine gigantische Käseform aus Stahl hergestellt und Spezialmethoden für den benötigten Preßdruck von 200 Tonnen und für das Wenden des Riesenkäses entwickelt.

Man lagerte den Käse den Winter über zur Reifung und schickte ihn dann unter Begleitung der lokalen Musikkapelle auf seine weite Reise. Den ersten Teil legte er auf einem speziell hergerichteten und von Pferden gezogenen Wagen zurück. Danach folgte eine Fahrt per Extrazug mit viel Applaus auf allen Durchfahrtsstationen. Als der Käse auf dem Ausstellungsgelände ausgeladen wurde, durchbrach er den Fußboden.

Sechs Monate lang stand der furchteinflößende Käse in einer glasgedeckten Halle bei einer nicht gerade idealen

Oben Der O'Hara-See in den Cathedral-Bergen. Hier findet man noch weite, unberührte Landschaften von atemberaubender Schönheit. Nur ein Bruchteil dieses Bodens eignet sich für Siedlungen.

Oben Bild einer preisgekrönten Milchkuh. Der Maler war vielleicht ein Farmer, der mit dem Pinsel ebenso geschickt umzugehen verstand wie mit dem Melkeimer.

Temperatur – ein vielbestauntes Schaustück. Schließlich erstand ihn Thomas Lipton, ein englischer Teeimporteur, und ließ den Riesenkäse nach Liverpool verschiffen, wo man konstatieren mußte, daß das Produkt nicht mehr von einwandfreier Qualität war. Als jedoch der Käsefabrikant Arthur Rowson etwas später den Käse begutachtete, stellte er zu jedermanns Überraschung fest, daß sich der Käse an der frischen englischen Luft, mit Ausnahme eines 30 Zentimeter dicken Mantels, wieder völlig erholt hatte. Der von einem Londoner Restaurateur übernommene Käse erlebte nochmals eine triumphale Fahrt auf einem von acht Pferden gezogenen Wagen. Dann wurde er mit einem Spaten in Stücke geschnitten und ein Teil davon vom Wirt mit den besten Glückwünschen nach Kanada zurückgesandt. Ungeachtet all seiner überstandenen Abenteuer mundete der Käse ausgezeichnet.

Variety-Käse

Kanadischer Cheddar wird aus nichtpasteurisierter Milch hergestellt, was ihm zusätzlich zum charakteristischen Aroma des englischen bäuerlichen Cheddar einen kräftigen, vollen Geschmack verleiht.

Um eine erstklassige Qualität des Produktes zu gewährleisten, vergab die kanadische Regierung an tüchtige Fabrikanten und Milchfarmer Leistungsprämien und Subventionen zum Ausbau der Fabriken. Auch im Zweiten Weltkrieg lieferte Kanada ungeachtet der U-Boot-Gefahr große Mengen Cheddar nach Großbritannien. Heute wird weit weniger Käse aus Kanada exportiert. Die

Links Käse ist ein Proteinspender und daher ein wichtiger Bestandteil der Alltagskost.

Name	Milch	Art	Rinde	Form	Gewicht	Fettgehalt i. d. Trockenmasse in %
Cheddar	♁	■	□	Zylinder, rechteckig	18-41 kg	45
Oka	♁	●	□	Flachzylinder	0,5-2 kg	45
Richelieu	♁	●	✤	ziegelförmig	1,82 kg	50

Zeichenerklärung siehe Seite 34

Unten Mit dem Käsebohrer entnimmt der Prüfer dem Käse eine Probe, die verschiedenen Tests unterworfen wird. Struktur, Elastizität, Geruch und Aroma gehören zu den Eigenschaften, die der Käseprüfer kontrolliert.

von Kanada praktizierte aktive Einwanderungspolitik trug reiche Früchte. Eine Bevölkerung, die seit 1900 von fünf auf zwanzig Millionen angewachsen ist, braucht den im Lande fabrizierten Käse für den Eigenbedarf.

Die eingewanderten Bauern versuchten anfangs den in ihrer alten Heimat üblichen Käse herzustellen, meist ohne besonderen Erfolg, da sie es in Kanada mit anderen Boden- und Klimaverhältnissen zu tun hatten. Wegen der enormen Entfernungen zwischen den einzelnen Gehöften konnten sie auch nicht voneinander lernen, dennoch gelang es ihnen schließlich, guten Käse zu bereiten, der teilweise den heimatlichen Sorten glich, zum Teil aber auch neu entwickelt worden war. Deren Zahl ist inzwischen auf 49 verschiedene Sorten angewachsen, die allgemein als *Variety*-Käse bezeichnet werden. Eine von ihnen, der *Oka*, der dem Port-du-Salut gleicht, wird im Trappistenkloster gleichen Namens unweit von Montreal produziert. Der Käse hat ein feines, würziges Aroma. Er soll, so sagt man, nach einem heimlich aus Frankreich eingeschmuggelten Rezept bereitet werden. Die Nachfrage nach diesem Käse in Kanada und den Vereinigten Staaten ist weit größer als das Angebot, doch die Mönche wollen von einer Produktionssteigerung nichts wissen. Noch glückte es bisher niemandem, den begehrten Käse nachzuahmen.

Mit dem italienischen Bel Paese hat es eine andere Bewandtnis. Man kennt ihn in Kanada unter der Bezeichnung *Richelieu*, ein exklusives Produkt aus frischer, süßer Milch mit einem Fettgehalt von 3,8 bis 4 Prozent. Es dauerte 24 Jahre, bis man aufgrund eingehender Forschungen und Experimente das Idealrezept herausgefunden hatte.

Die meisten Variety-Käse sind nicht sehr haltbar. Man hat daher die Fabriken in der Nähe der Ballungszentren errichtet, wo aber Milch relativ kostspielig ist. Zudem sind die winterlichen Milchlieferungen begrenzt. In der Regel bevorzugen die meisten Einwanderer die Käsesorten ihrer alten Heimat, die meist auch noch billiger sind als die kanadischen Käse. Infolgedessen mußten zahlreiche Fabriken die Produktion von Variety-Käse einstellen. Etwa der Hälfte der noch in Betrieb stehenden Unternehmen kam die wachsende Beliebtheit von Pizza zugute, für die man den italienischen Mozzarella benötigt. Der Verbrauch an Variety-Käse hat sich in den letzten zehn Jahren merklich erhöht.

Vereinigte Staaten

Die Entdecker der Neuen Welt fanden keine Haustiere – Schafe, Kühe oder Ziegen – vor, die ihnen Fleisch und Milch geliefert hätten. Die später nachfolgenden Siedler waren demnach gezwungen, ihre eigenen Tiere einzuführen. Immerhin gab es – und das war ein gewisser Ausgleich – in Amerika Tabak, Kartoffeln, Tomaten, Mais und Truthühner. Das importierte Vieh wurde für die Farmer vor allem als Zugtiere, aber auch als Nahrungsspender lebenswichtig. Von 1611 an züchteten die Engländer in Jamestown ihr eigenes Vieh; die Holländer aus Neuholland brachten ihre eigenen Rinder – wahrscheinlich Friesenvieh –, die Skandinavier hingegen ihre großen gelbfarbigen Kühe nach Amerika mit. Diese verschiedenen Rassen wurden miteinander gekreuzt, und schon bald war nichts mehr von ihrer ursprünglichen Herkunft zu erkennen. Sorgfältige Zuchtmethoden konnten in der frühen Pionierzeit, als Mensch und Tier ums Überleben kämpfen mußten, unmöglich angewandt werden. Manche Tiere vermochten die rauhen Winter nicht zu überleben, wenn nicht genügend Futter vorhanden und das Vieh ohnehin schlecht untergebracht war.

Ungeachtet dieser Schwierigkeiten stellten die Siedler aber verschiedene Käsesorten, vor allem Cheddar, gemäß den in ihrer alten Heimat üblichen Methoden her. 1650 konnte Neuengland seinen eigenen Bedarf decken und noch Überschuß verkaufen. Doch erst nach dem Unabhängigkeitskrieg wurden entscheidende Verbesserungen in der Landwirtschaft, Viehzucht und Milchwirtschaft erzielt. Dies war auch dringend nötig, denn im 19. Jahrhundert nahm die Bevölkerung in den Städten rapide zu, und die Nachfrage nach Fleisch und Milchprodukten wuchs entsprechend.

Pioniere der Käseherstellung

Obschon in Europa Käse nach relativ hochentwickelten Methoden produziert wurde, behalfen sich die Kolonisten meist mit primitiven Ausrüstungen. Der begrenzte Milchertrag war ein weiteres Problem für sie. Man mußte die Milch

Oben Eine Kuhherde auf einer Weide im Milchwirtschaftsgebiet von Vermont, das einen Teil Neuenglands durchzieht. Milch und Milchprodukte finden in den nahegelegenen großen Städten an der Ostküste und anderswo genügend Abnehmer.

Links Milchfarm in Virginia. Die Tiere werden in der Regel in offenen Ställen gehalten, in denen sie viel Bewegungsfreiheit haben. Auch nachts werden die Türen oft offengelassen.

von mehreren Tagen zusammenschütten, um eine für die Käseherstellung ausreichende Menge zur Verfügung zu haben. Die Frau des Farmers wärmte die Milch über dem Feuer und füllte sie in ein Stück Kalbsmagen, der, mit Lab imprägniert, aufgehängt wurde und die Milch zum Gerinnen brachte. Man ließ die Molke abfließen und schnitt und teilte den Bruch mit einem Messer, bevor man ihn unter einem gewichtigen Stein preßte. Wenn sich unter dem Einfluß der Bakterien im Teig Gas entwickelte, blähte sich der Käse auf und mußte eingestochen werden, damit das Gas entweichen konnte. Blähte er sich weiter auf, warf man den Käse weg oder fütterte ihn den Schweinen. Ein Käse, der während oder nach den ersten Monaten keine Blasen bildete, konnte ein ganzes Jahr aufbewahrt oder auch transportiert werden.

Cowboys und Genossenschaften

Im 19. Jahrhundert entwickelten sich in der amerikanischen Viehhaltung zwei verschiedene Arten von Betrieben. Rund um die verhältnismäßig dichtbevölkerten Zentren lebten Farmer, die für einen großen Milchertrag sorgten, die ihre Kühe sorgfältig auswählten, fütterten und warteten und sie manchmal das ganze Jahr im Stall hielten. In den endlosen Prärien hingegen entstanden die Ranches mit ihren für die Fleischproduktion bestimmten riesigen Herden, die von Cowboys über große Distanzen zu den Schlachthäusern oder Eisenbahnstationen getrieben wurden. Das grobe Gras der Prärie war für diese halbwilden langhörnigen Kühe gerade gut genug; man kümmerte sich kaum um sie, sie gaben auch keine Milch. Um die Qualität der Tiere zu verbessern, gründeten die Züchter Genossenschaften, die sich auf wissenschaftlicher Basis damit befaßten. Nicht anders taten es die Milchfarmer, angeregt durch den Aufschwung der Molkerei-Industrie. Man bestellte aus Europa Dänische, Guernsey-, Ayrshire-, New Hampshire- und Friesenkühe sowie Schweizer Braunvieh. Man kreuzte diese Rassen nicht mehr, ausgenommen wenn es sich für die Milchleistung als vorteilhaft erwies.

Links Ursprünglich wurde alles Vieh aus Europa importiert. Die heutigen amerikanischen Rassen stammen von diesen Importtieren ab.

Links Einer der besten amerikanischen Käse ist der «Liederkranz», Handelsname für einen Weichkäse mit einem roten Rindenbelag. Er ist eng mit den deutschen Limburger-Sorten verwandt, doch schmeckt er weit milder. Voll ausgereift – das vom Kenner bevorzugte Stadium –, hat er ein volles und recht pikantes Aroma.

Mitte Die amerikanischen Viehbestände haben in den letzten Jahren zahlenmäßig abgenommen, doch der Milchertrag pro Kuh wurde größer.

Oben Eine Schachtel amerikanischen Camemberts, des berühmten, ursprünglich aus der Normandie stammenden Käses.

In Colorado und Kalifornien stellte man Ziegenkäse her, nachdem man Schweizer Saanen- und Toggenburger Ziegen eingeführt hatte.

Gründung von Fabriken

Ursprünglich galt beim Farmerkäse die Alles-oder-Nichts-Methode. Dies änderte sich mit der Gründung der ersten Käsefabriken im 19. Jahrhundert. Sie wurden im Staate New York errichtet, wo unternehmungslustige, beruflich erfahrene Farmer die Milch mehrerer Gutshöfe verarbeiteten. Die Entwicklung wurde von einem Farmer namens Jesse Williams aus Rom, N.Y. eingeleitet, der in dem Ruf stand, einen ausgezeichneten Qualitätskäse herzustellen, und beschlossen hatte, nicht nur seine Milcherträge, sondern gleichzeitig auch noch die seines Sohnes zu verarbeiten. Nach und nach belieferten ihn immer mehr Farmer mit Milch, die Williams zu hochwertigem Käse verarbeitete. Sein Geschäft blühte, und die «amerikanische Methode» der Milchverarbeitung breitete sich an der Küste und landeinwärts aus. 1882, als die meisten europäischen Länder ihre ersten Käsereien gründeten, gab es in Amerika schon 3000.

Eine andere Entwicklung des 19. Jahrhunderts, die dazu beitrug, den Übergang von herkömmlichen bäuerlichen Methoden zur Fabrikproduktion großen Stils zu beschleunigen, war die revolutionäre Verbesserung der Transportverhältnisse. Bessere Straßen, neue Wasserwege und die ersten Eisenbahnen brachten die ländlichen Gebiete und die Bevölkerungszentren einander näher. Die Milchprodukte gehörten zu den Gütern, die nun über längere Distanzen in die Städte gebracht werden konnten, deren durch die massive Einwanderung bewirktes Wachstum auch die Nachfrage ständig steigen ließ. Die für den lokalen Markt produzierenden Farmen wurden durch Käsefabriken ersetzt, die für die immer größer werdenden Absatzmärkte mehr und mehr Käse herstellten. Bis in die 1820er Jahre hinein blieb New York der Staat mit der höchsten Molkereiproduktion, doch schon von 1860 an erwuchs ihm im Staate Wisconsin mit seinem idealen Klima für die Viehhaltung ein ernsthafter Konkurrent.

1845 gründeten Schweizer Kolonisten im Staate Wisconsin das Dorf Neu-Glarus. Sie stellten auf traditionelle Weise verschiedene Käsesorten aus der Milch von Braunvieh her, jedoch ausschließlich für den Eigenbedarf. Später überwanden sie ihre Vorurteile gegen die industrielle Erzeugung von Käse, dessen Qualität mit der Zeit verbessert worden war. Auch die Italiener produzierten ihren traditionellen Käse, die Franzosen ihren Dessertkäse und die Skandinavier und Holländer die verschiedenen Varianten ihrer Nationalkäse. So herrschte in Wisconsin zu guter Letzt ein Überangebot an Käse. Noch schlimmer war, daß die Käsefabriken in den großen Städten über ungenügende Lagerräume verfügten. Die Preise sanken. Doch mit der Gründung des Dairy Board of Trade (Amt für Molkereiwesen) im Jahre 1873 konnte das Lieferungssystem entsprechend entflochten werden.

In den frühen 1890er Jahren hatten einige amerikanische Käsehersteller aus Profitgründen versucht, für den Käse entrahmte Milch zu verwenden und den Fettgehalt durch Beimengung billigeren Fetts aufzustocken. Die Qualitätsminderung blieb den ausländischen Käufern nicht verborgen, und die Exporte nahmen ab. 1895 wurde ein Gesetz erlassen, das die Herstellung von Käse mit anderen Fettsubstanzen (sogenannten «gefüllten» Käse) verbot und eine leicht erkennbare Form für Käse aus entrahmter Milch vorschrieb. Doch der Schaden ließ sich nicht mehr gutmachen. Kanada hatte die Marktlücke genutzt und blieb der größere Käseexporteur.

Allmählich vermochte sich die amerikanische Molkereiproduktion dank der an der Universität von Wisconsin eröffneten ersten amerikanischen Molkereifachschule wieder zu erholen. Hier wurden zukünftige Molkereifachleute wissenschaftlich geschult und zugleich Kontakte mit in- und ausländischen Experten aufgenommen.

Ungeachtet gelegentlicher Rückschläge entwickelte sich die

amerikanische Molkereiindustrie zu einem bedeutenden Wirtschaftszweig. Die Zahl der Käsefabriken hat sich zwar verringert, doch die verbliebenen verarbeiten größere Milchmengen. Mittels Kühlwagen kann die Milch über weite Strecken transportiert werden. Dazu kann sich die Produktion jedem Wechsel des Publikumsgeschmacks und der Nachfrage dank flexibler Herstellungsverfahren anpassen. Trotz des Viehbestandrückgangs erhöht sich die Gesamtmenge der produzierten Milch, da die Milchleistung der einzelnen Tiere zunimmt, was um so begrüßenswerter ist, als die durchschnittliche Milchleistung einer Kuh in den USA niedriger ist als in manch anderem Staat.

Dies mag paradox scheinen in einem Land, das als die Heimat von Milchshake und Eiscreme gilt. Amerika hat auch eine Anzahl neuer Käsesorten entwickelt, darunter den aus dem Raumzeitalter stammenden sehr originellen *Nuworld*, einen geäderten Käse, der weiß und nicht grünlichblau gesprenkelt ist. Dies wurde erreicht, indem man den Käse bei der Herstellung mit ultravioletten Strahlen behandelte und einen weißen Käse mit dem Aroma von Blaukäse erzeugte. Aber ungeachtet eines vielversprechenden Starts erwies sich der anämische Nuworld wegen der hohen Produktionskosten für den Markt als zu teuer. Doch die Käsehersteller experimentieren weiter, und der nächste neue Käse wird höchstwahrscheinlich in Amerika entwickelt werden.

Alle einfach als *American Cheese* bezeichneten Käse gehören zur Cheddar-Familie. Ihre Wiege stand in Herkimer County im Staate New York, doch ist heute Wisconsin der Hauptlieferant. Die Abkömmlinge des alten britischen Aristokraten mit seiner strengen Zylinderform sind recht vielgestaltig: große und kleine, flache und hohe Zylinder, Stangen und Trommeln, Briketts und Würfel, Wurst- und Ananasformen. Sie kommen unverpackt, in Plastikbehältern oder Pappschachteln, in glasierten oder irdenen Töpfen in den Handel. Man hat die Wahl zwischen Käse mit oder ohne Rinde, wobei die Rinde weiß, elfenbeinfarben, gelb oder orange sein kann. Es gibt amerikanische Hart- und Weichkäse mit mildem, scharfem, neutralem, pikantem Aroma oder gewürzt mit Kümmel, Pfeffer, Salbei oder Portwein.

Im Prinzip wendet man immer noch das alte englische Rezept an, das charakteristische Cheddar-Verfahren, dank dem die warmen Bruchpartikeln aneinanderhaften. Dieser Vorgang spielt sich im Cheddar-Turm oder in der Käsewanne während der Verarbeitung des Bruchs ab, der an die Behälterwand geharkt und zusammengedrückt wird, bis er eine feste Masse bildet. Anschließend wird der Bruch gemahlen, zerteilt und gepreßt.

Lange und kurze Haltbarkeit

Es gibt den lange haltbaren Export-Cheddar, einen Käse mit einem niedrigen Feuchtigkeitsgehalt, der nach

Oben Eine abgelegene Milchfarm in Virginia. 1611 wurden die ersten englischen Kühe nach Jamestown, Virginia, eingeführt.

Links Eine der Hauptaufgaben des Milchbauern ist die Futterbeschaffung für sein Vieh, vor allem im Winter. Hier wird den Kühen Silogetreide aufgeschüttet, ein dem Heu gleichwertiges Futter.

Unten Die größten Melkstationen findet man in den Vereinigten Staaten. Hunderte von Kühen stehen in den Ställen und werden maschinell gemolken. Stallreinigung, Bereitung von Silofutter, Füttern der Tiere, alles ist mechanisiert. Solche Einrichtungen sind erforderlich, um der wachsenden Nachfrage nach Käse gerecht zu werden.

einjähriger Reifungszeit ein recht scharfes Aroma aufweist. Wegen seiner festen Konsistenz kann er gut in Portionen verpackt werden. Dazu gibt es auch einen Cheddar für den Hausgebrauch, der für den einheimischen Markt bestimmt ist. Er ist etwas feuchter und weicher und kann nach sechsmonatiger Lagerung gegessen werden. Der traditionelle zylinderförmige Cheddar wiegt 30 bis 40 Kilo; der *Mammoth*, mindestens 50 Kilo schwer, ist die größte Variante, mit Ausnahme des unbestrittenen Champions, des *Barrel*, der in runden Metall- oder rechteckigen Kartonbehältern geliefert wird. Der Barrel kann bis zu 300 Kilo wiegen, wird aber in Stücken verkauft. Wie sollte man ihn sonst heimbringen? Kleinere zylinderförmige Käse sind: der *Daisy*, 10-11 Kilo; der *Longhorn*, 6 Kilo; der *Flat* oder *Twins*, zwei Käse von 15 bis 16 Kilo in einem Behälter; der *Young American*, 5 Kilo, manchmal in Vierteln verpackt; der *Picnic*, 5 Kilo; der blockförmige *Rindless Cheddar*, 20 Kilo. Es gibt auch eine Anzahl rechteckiger Käse.

Die Herstellungsmethode ist selbstverständlich weit wichtiger als die Form. Das ausgeprägte Aroma des *Washed*

Oben Eine Auswahl amerikanischer Käsesorten, u. a. Cream Cheese (Rahmkäse), Port-Salut, inländischer Parmesan, Cheddar und American Cheese.

Unten Nachtisch für Feinschmecker: eine mit Cottage Cheese gefüllte und mit andern Früchten garnierte Wassermelone.

Curd Cheese beruht auf einer in New York entdeckten Prozedur. Indem der Käse durchweg mit kaltem Wasser gewaschen wird, erhöht sich sein Feuchtigkeitsgehalt, und er reift schneller. Er entwickelt den Charakter des reifen Cheddar, ist aber nicht so lange haltbar. Er wird in zwei Varianten mit unterschiedlicher Haltbarkeit produziert.

Der erstmals 1882 in Colby Township, Wisconsin, hergestellte *Colby Cheese* wird auf die gleiche Weise wie der Washed Curd Cheese hergestellt, aber nicht im Cheddar-Verfahren. Dank seinem hohen Feuchtigkeitsgehalt ist er in drei oder vier Wochen ausgereift, kann aber nicht aufbewahrt werden. Er weist eine körnige, weiche und etwas poröse Konsistenz und eine cremeweiße bis dunkelgelbe Farbe auf. Wegen seines milden Charakters ist er sehr beliebt und wird oft für Snacks und Salate verwendet. Ein naher Verwandter dieses Käses ist der *Stirred Curd* oder *Granular Cheese*, die beide keinen cheddarbehandelten Teig haben.

Der kalifornische *Monterey* oder *Jack* gleicht dem Colby, ist aber cremeweiß und weicher und hat mehr Löcher. Der Käse geht auf ein altes Mönchrezept zurück und wurde ab 1916 von David Jacks verkauft. Heute gilt die Bezeichnung «Jack» nur für Monterey mit einem besonders hohen Feuchtigkeitsgehalt, ein Käse, der auch als *High Moisture Jack* bekannt ist und eine ausgezeichnete Grundlage für mexikanische Gerichte darstellt. Daneben gibt es eine sehr trockene, gut als Reibkäse verwendbare *Grating-Type-Monterey*-Sorte.

Ihre Zahl ist Legion

Die Liste der Cheddar-Abkömmlinge ist schier endlos. Hier sollen nur noch ein paar weitere erwähnt werden: *Smoked Cheese* ist ein über schwelendem Holzfeuer geräucherter oder mit künstlichem Raucharoma gewürzter Käse. Der *Spiced Cheese,* ebenfalls ein Cheddar, wird mit Kräutern oder andern Gewürzen angereichert. Der aus Litchfield County, Connecticut, stammende ananasförmige *Pineapple* reift mehrere Monate lang in Netzen und wird mit Öl, Schellack und Wachs abgerieben, wodurch er eine glänzende Oberfläche erhält. Der *Herkimer,* die weiße und scharfe New Yorker Cheddar-Variante, wird heute nur in beschränkten Mengen produziert.

Der Amerikaner ißt im Durchschnitt pro Jahr insgesamt 8,5 Kilo Käse, davon sind 3,6 Kilo Cheddar. Dies beweist die Bedeutung des Käses in der amerikanischen Küche. Der nächste Favorit im Käsesortiment ist der berühmte amerikanische *Cottage Cheese,* von dem der Amerikaner jährlich 2,4 Kilo konsumiert.

Es gibt in den Vereinigten Staaten mehrere sehr beliebte Sorten Cottage Cheese. Der ohne Lab hergestellte *Acid Curd Cottage Cheese* hat ein frisches Buttersäurearoma und eine glatte Struktur. In den östlichen Staaten war er einst als *New York* oder *Country Style* verbreitet, ist aber in letzter Zeit durch den *Sweet Curd Cottage Cheese* verdrängt worden. Dieser wird mit Lab bereitet und hat ein sehr mildes Aroma. Er ist unter der Bezeichnung *California, Frisco, Popcorn* oder *Flake Cheese* im Verkauf. Beim *Creamed Cottage Cheese*

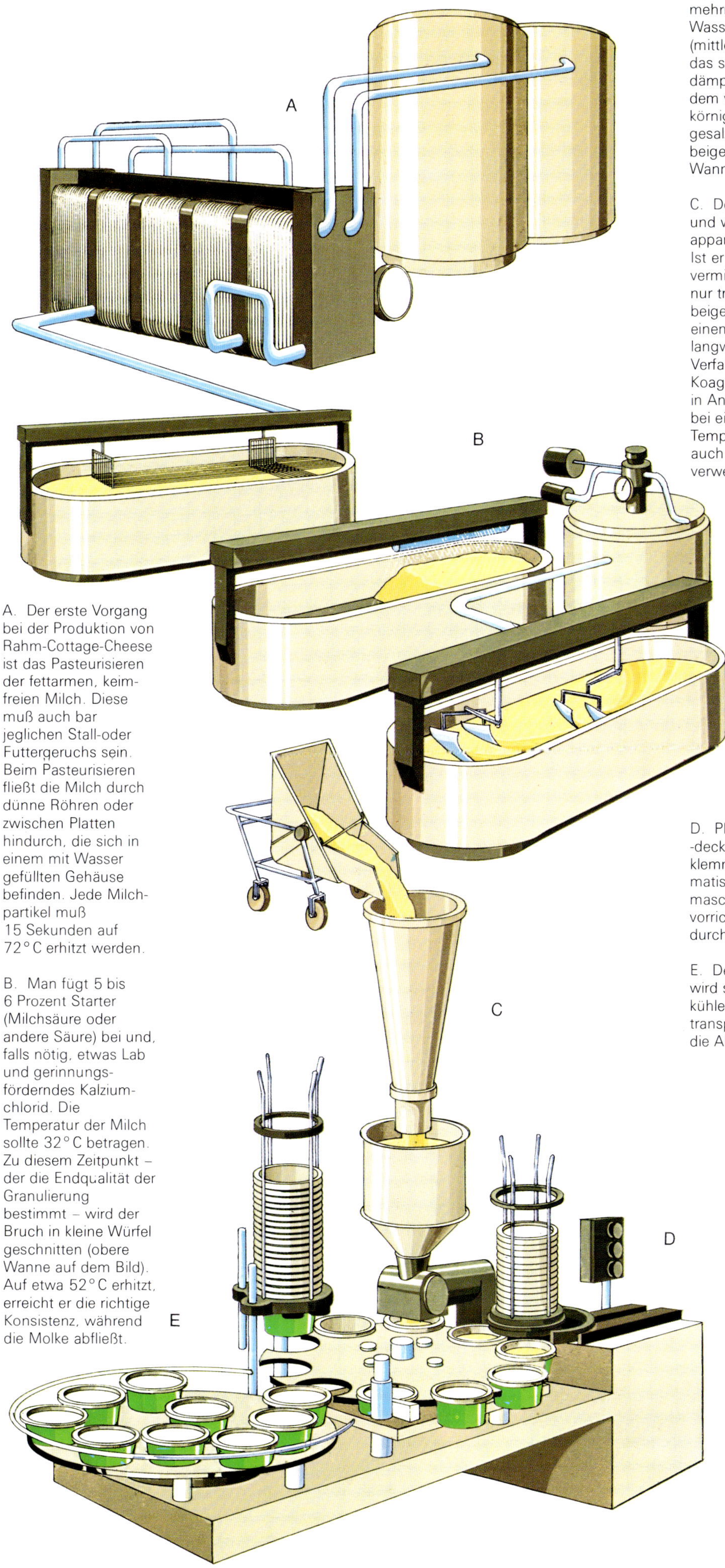

A. Der erste Vorgang bei der Produktion von Rahm-Cottage-Cheese ist das Pasteurisieren der fettarmen, keimfreien Milch. Diese muß auch bar jeglichen Stall-oder Futtergeruchs sein. Beim Pasteurisieren fließt die Milch durch dünne Röhren oder zwischen Platten hindurch, die sich in einem mit Wasser gefüllten Gehäuse befinden. Jede Milchpartikel muß 15 Sekunden auf 72° C erhitzt werden.

B. Man fügt 5 bis 6 Prozent Starter (Milchsäure oder andere Säure) bei und, falls nötig, etwas Lab und gerinnungsförderndes Kalziumchlorid. Die Temperatur der Milch sollte 32° C betragen. Zu diesem Zeitpunkt – der die Endqualität der Granulierung bestimmt – wird der Bruch in kleine Würfel geschnitten (obere Wanne auf dem Bild). Auf etwa 52° C erhitzt, erreicht er die richtige Konsistenz, während die Molke abfließt. Dann wird der Bruch mehrmals in kaltem Wasser gewaschen (mittlere Wanne), um das saure Aroma zu dämpfen. Zuletzt wird dem weichen, körnigen Bruch gesalzener Rahm beigemengt (unterste Wanne).

C. Der Käse ist fertig und wird zum Einfüllapparat transportiert. Ist er nicht mit Rahm vermischt, wird ihm nur trockenes Salz beigemengt. Bei einem andern, etwas langwierigeren Verfahren nimmt die Koagulation mehr Zeit in Anspruch, weil sie bei einer niedrigeren Temperatur erfolgt und auch weniger Starter verwendet wird.

D. Plastikbecher und -deckel werden festgeklemmt und automatisch unter der maschinellen Einfüllvorrichtung durchgeschleust.

E. Der verpackte Käse wird sofort in einen kühlen Lagerraum transportiert, von wo die Ablieferung erfolgt.

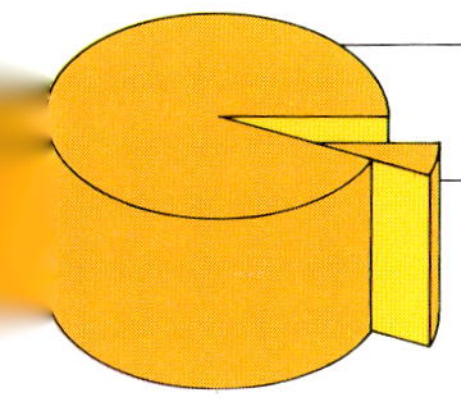

Gesamtproduktion: 1 410 000 Tonnen jährlich (100%)

Produktion Rahm-Cottage-Cheese: 43 400 Tonnen jährlich (3,1%)
Export: praktisch gleich Null

Rechts Im Gegensatz zu den automatisierten Großmelkbetrieben blieb man auf zahlreichen Farmen den herkömmlichen Melkmethoden treu.

Oben Im Süden hält man zu Zwecken der Fleisch- und weniger der Milchproduktion große Viehherden, die auf der Prärie weiden. Sie werden nach wie vor vom Cowboy hoch zu Pferd betreut. Man hat bis heute noch keine bessere Methode gefunden.

werden unerwünschte Bakterien sorgfältig ferngehalten. Er wird vor dem Verpacken mit 4 Prozent gesalzenem Rahm vermischt und oft mit Gemüse oder Früchten bereichert. *Whipped Cream Cottage Cheese,* mit einem Fettgehalt von 8 Prozent (Beimengung von Schlagrahm), ist gegen die in der Luft vorhandenen Bakterien wenig resistent und daher nur kurze Zeit haltbar. Wird er zu lange gelagert, scheidet er manchmal Molke aus. Bei der reifen Sorte von *Pennsylvania Dutch* werden eigens Schimmelpilzsporen beigemengt. *Bakers' Cheese,* eine fettarme Variante, gleicht dem Cottage Cheese sehr stark, ist aber feinkörniger, feuchter und schmeckt etwas saurer. Er wird häufig für Käsegebäck verwendet.

Einer der beliebtesten Käse im übrigen Sortiment ist der milde, frische, reichhaltige *Cream Cheese.* Er stellt 30 Prozent des Gesamtkonsums.

Name	Milch	Art	Rinde	Form	Gewicht	Fettgehalt i. d. Trockenmasse in %
American Cheese (Cheddar)	△	■	□	variiert	variiert	50
Brick	△	◓	❖	ziegelförmig	2,5 kg	50
Colby	△	■	□	variiert	variiert	50
Cottage Cheese	△	○	—	Behälter	220-900 g	0,4
Cream Cheese	△	○	—	variiert	100 g	73
Liederkranz	△	●	❖	rechteckig	175 g	50
Monterey	△	◓	□	rechteckig Flachzylinder	200-500 g 3-4 kg	50

Zeichenerklärung siehe Seite 34

Als nach 1880 die Fabriken für Cream Cheese sich von New York aus über das ganze Land verbreiteten, brachte der Separator einen revolutionären Wandel in der Produktion. Dieses Gerät ermöglichte es, die Molke sofort von der heißen Rahm- und Milchmischung zu trennen und den Bruch heiß zu verpacken. Die Höchstdauer der Lagerung des Endproduktes verlängerte sich durch diese «Heißverpackung» auf 60 Tage. Trotzdem gibt es Fabriken, die an der «Kaltverpackung» festhalten, da dieser Käse ein volleres Aroma und eine losere Konsistenz besitzt.

Der *Neufchatel Cheese,* der nach dem französischen Originalkäse bereitet wird, gleicht dem Cream Cheese, weist aber weniger Feuchtigkeit und Fett auf. Deshalb schmeckt er saurer, obschon sein Säuregehalt nicht höher ist.
Im Gegensatz zu den Franzosen wenden die Amerikaner auch bei diesem Käse

die «Heißverpackung» an. Zudem konsumieren die Amerikaner diesen Käse frisch, während die Franzosen die reife, mit einem weißen Oberflächenschimmelpilz bedeckte Sorte lieben.

Cold Pack Cheese oder *Potted Cheese* ist eine feine, glatte Mischung gemahlenen Käses aus einer oder mehreren Sorten. Die Komponenten, meist gut gelagerte Cheddars bester Qualität, sind auf dem Plastik- oder Steinguttopf vermerkt. Der Käse wird oft mit Essig oder einer andern Säure, mit Salz, Gewürzen, Kräutern oder auch Wein bereitet.

Käse mit Charakter

Die zunehmende Nachfrage nach Weichkäsen mit Oberflächenreifung ist frappierend. Die Behauptung, daß die Amerikaner bei ihrer Käsewahl mehr auf Größe und Verpackung achten, wird durch die Beliebtheit ihres *Camembert, Brie, Bel Paese, Münster, Port-Salut, Limburger, Brick* und *Liederkranz* widerlegt. Die beiden letzteren gelten als amerikanische Originalkäse. Brick wurde in Wisconsin schon 1875 hergestellt. Er hat eine rötlichbraune, etwas ausgetrocknete Kruste und einen elfenbeinfarbenen Teig, weicher als der des Cheddars, doch fester als der des Limburgers, mit zahlreichen, unregelmäßig verteilten Löchern. Auch im Aroma unterscheidet sich der Brick deutlich von den beiden andern Sorten, er ist milder und schmeckt leicht süßlich. Nach einer Reifezeit von einigen Monaten, nach der sich der Geschmack des Käses voll entfaltet hat, wird er in Stücke verschiedener Größe zerschnitten oder in Scheiben aufgeteilt und verpackt.

Der robuste Liederkranz (Handelsmarke für einen sehr milden, dem Limburger ähnlichen Käse) mit seinem goldgelben, rahmartigen Teig, der auf der Zunge schmilzt, wurde 1892 nach längeren Versuchen entwickelt. Es handelt sich um eine Imitation des Bismarck-Schloßkäses, der nie in großen Mengen importiert werden konnte, und manch ein Kenner findet ihn besser als das Original.

Schließlich gibt es auch zahlreiche Versionen ausländischer Käse, wie z. B. blaugeäderte Sorten (Blue, Gorgonzola, Stilton), italienischen Käse (Parmesan, Romano, Provolone, Mozzarella, Pizza-Käse), holländischen Käse (Edamer, Gouda), Schweizer Spezialitäten (Emmentaler, Greyerzer) und verschiedene Molkenkäse (Gjetost, Sapsago und Ricotta).

Oben Der Konditor in der Küche von Sardi's Restaurant in New York. Man beachte das riesige Stück Rahmkäse auf dem Tisch. Daneben stehen zudem ein Käsekuchen und ein Erdbeerkäsekuchen, beides New Yorker Spezialitäten.

Links Ein mit schwarzem Wachs überzogener, 18 Kilo schwerer Cheddar-Flachzylinder.

Rechts Brick ist einer der wenigen Käse rein amerikanischen Ursprungs. Er hat eine offene Struktur mit zahlreichen unregelmäßigen Löchern. Das Bild wurde in Zabars Feinschmeckerladen in New York City aufgenommen.

Kein Land hat einen besseren Markt für Schmelzkäse als die USA, doch diese Käseart wird (im Gegensatz zu natürlichem Käse) in einem besonderen Abschnitt (siehe Seite 227/8) behandelt.

Amerikanische Käse werden selten im Stück verkauft, sondern gelangen in kleine Säcke, Kartonschachteln, Büchsen usw. verpackt in den Handel. Um Irrtümer auszuschließen, ist die Verpackung mit einem Etikett versehen, das alle notwendigen Angaben über den betreffenden Käse enthält.

Die Qualität der Käse und der Käseprodukte unterliegt einer strengen bundesstaatlichen und überstaatlichen Kontrolle. Letztere erfolgt durch die «Food and Drug Administration» und die «Federal Standard of Identity».

Aus statistischen Erhebungen geht hervor, daß der Käsekonsum pro Kopf der Bevölkerung an der Westküste am höchsten ist, daß italienische Käse immer beliebter werden und daß im Ausland geborene Amerikaner mehr natürlichen Käse als Schmelzkäse kaufen. Ein so großes Land wie Amerika, das so reich ist an Möglichkeiten und fortschrittlichen Errungenschaften, müßte mit einer Überfülle verschiedenster Käsesorten aufwarten können. Doch im Vergleich zu Europa steckt Amerikas Käseindustrie noch in den Kinderschuhen. Die Amerikaner haben daher von dieser kulinarischen Sparte noch mancherlei Neues zu gewärtigen.

Mittelamerika

Von Mexikos schmaler Gürtellinie in der Landenge von Tehuantepec aus erstrecken sich die Zwillingsgebirge der Sierra Madre nordwärts, das eine parallel zum Pazifischen Ozean, das andere längs des Golfs von Mexiko. Dazwischen liegt die Hochebene von Anahuac, wo sich an der Stelle des heutigen Mexico City einst Tenochtitlán, die Hauptstadt des Aztekenreiches und Residenz Kaiser Montezumas, befand. Nicht weit davon hatte sich in früher Zeit auch die Kultur der Maya entwickelt, die zwischen 300 und 900 n. Chr. ihren Höchststand erreichte. Die Maya waren auf der Halbinsel Yukatán, in Honduras, Guatemala und El Salvador beheimatet.

Trotz ihrer hochentwickelten Kultur fehlte es den Maya an gewissen für das Überleben unentbehrlichen Elementen. So kannten sie auch weder Lasttiere noch Pflug und Wagen. Dies läßt die Annahme bezweifeln, daß sie mit orientalischen Zivilisationen in Kontakt gekommen seien, die sich bereits solcher Hilfsmittel bedienten. Obschon ihr Reich zerfiel, leben heute noch rund 1 Million Maya auf fast gleiche Art und Weise wie ihre Vorfahren vor 1400 Jahren.

Die Kultur der Azteken fand 1519 ein gewaltsames Ende. Damals landete Hernando Cortez mit 600 spanischen Abenteurern an der Küste des Aztekenreiches, und zwei Jahre nach seinem Eintreffen in Tenochtitlán hatte für den mächtigen, nun abgesetzten Aztekenkaiser und sein Reich die Stunde des Untergangs geschlagen, die kostbaren Kulturschätze fielen in Räuberhand.

Kurz nach der Eroberung Mexikos machte sich ein Priester Notizen über lokale Eß- und Trinkgewohnheiten. Käse figuriert nicht unter den erwähnten Nahrungsmitteln. Es waren die Spanier, die die ersten Haustiere in die Neue Welt brachten, unter anderem vermutlich Rindvieh vom Langhornschlag, das sich aber nicht an das mittelamerikanische Klima und Futter gewöhnen konnte. Die Tiere wurden später durch Schweizer Vieh und Herefordkühe ersetzt, von denen die heutigen mexikanischen Rinder abstammen.

Unweit der Stelle, wo Cortez einst gelandet war, hatten die Konquistadoren den Seehafen Veracruz gegründet, der sich zu einem blühenden Handelszentrum entwickelte. Wie alle Eroberer wollten auch die Spanier den Eingeborenen ihre eigenen Sitten beibringen, sie zu ihrem Glauben bekehren und die spanischen Lebensgewohnheiten einführen, unter anderem möglicherweise auch die Käsebereitung. Doch für die Mexikaner war das Vieh vor allem Fleisch- und Lederlieferant, später auch Exportware, Käse interessierte sie nicht.

Vieh züchtete man vor allem im Hochland von Nordmexiko für den Export nach den USA. Vor dem Ersten Weltkrieg existierten nur einige kleine Käsefabriken in der Nähe von Mexico City. Im übrigen Lande produzierte man auf den Farmen aus Kuh- oder Ziegenmilch etwas Käse, wobei der Bruch von Hand gepreßt und im Schatten getrocknet wurde.

Zwischen dem Ersten und dem Zweiten Weltkrieg wurden die Großgrundbesitzer enteignet und das Land an die indianischen Bauern verteilt. Nach 1945 setzte in Mexiko eine merkliche wirtschaftliche Entwicklung ein, trotzdem wird nach wie vor wenig Käse hergestellt. Auf den großen Landgütern liefern die zahlreichen Kühe viel Milch, doch ist

Oben Ein altes Etikett von einem komischerweise Queso de Holanda, «Holländischer Käse», genannten Ziegenkäse. Da Holland für keinerlei Ziegenkäse berühmt ist, galt wohl «Holanda» als eine Art Qualitätsbezeichnung.

Oben Kuba warb mit dieser 1968 herausgegebenen Briefmarke für seine Milchprodukte. Wo aber ist der Käse?

wegen Futtermangels und zu hoher Kosten eine fortschrittliche Landwirtschaft auch hier unmöglich.

Mexikanische Käse

Der *Asadero* oder *Oaxaca,* ein leicht schmelzender Frischkäse, wurde schon in früher Zeit auf den Farmen von Oaxaca im Süden Mexikos bereitet. Heute stellt man ihn vorwiegend in Fabriken her. Es handelt sich dabei um einen Knetkäse von der Art des Provolone, bei dem der Bruch zu Strängen geformt wird. Sie werden zu einer Kugel geschlungen, zehn Minuten in ein Salzbad getaucht, danach in Plastiktaschen verpackt und sofort verkauft. Man ißt diesen Käse zu Bier und Brot oder Tortillas.

Der *Anejo* wird in der Regel aus Ziegenmilch produziert. Der weiße, trockene, krümelige Käse wiegt 5 bis 10 Kilo und wird zu je 6 Stück in Jute verpackt. Versieht man den Anejo mit einem dicken Belag von Chilipulver, der ihm eine rote Rinde verleiht, nennt man ihn *Enchilado.* Der sehr aromatische Käse eignet sich – mit zusätzlichem Chilipulver vermischt – vorzüglich für Pfannkuchen. Einer der wenigen Käse, die ausländischen Einfluß verraten, ist der *Queso de bola,* der dem Edamer gleicht.

Überall in Lateinamerika findet man verschiedene Sorten Frischkäse. Man füllt damit Tamales und Tortillas, die schon am Hofe Montezumas bereitet wurden, und trinkt dazu Pulque, ein Getränk aus gegorenem Agavensaft.

Oben Eine Landschaft unweit des Popocatepetl, eines etwa 6,5 Kilometer von Mexiko City entfernten aktiven Vulkans.

Andere mittelamerikanische Staaten

Guatemala, das an Mexiko und Honduras grenzt, ist vorwiegend Gebirgsland. Nur ein kleiner Teil der Bodenfläche bietet Weiden für Kühe und Schafe. In den zwanziger Jahren wurden zwecks Fleisch-, weniger zwecks Milchproduktion Qualitätstiere eingeführt. Die Käseproduktion dient ausschließlich dem Eigenverbrauch der Bauern.

El Salvador, das kleinste und dichtestbevölkerte Land Mittelamerikas, wird durch zwei Gebirgsketten in drei untereinander sehr verschiedene Teile gegliedert: die Sierra Maestra del Norte an der Grenze zu Honduras und die Cadena Costera parallel zur Küste. Das dazwischen gelegene Hochland zeichnet sich durch ein mildes Klima und fruchtbare Viehweiden aus. Man produziert hier beträchtliche Mengen Käse, insbesondere Frischkäse, der in heißen Ländern sehr beliebt ist und meist ein scharfes Aroma hat. *Queso Enredo* wird nicht nur in El Salvador, sondern auch in Honduras bereitet. Es handelt sich um eine *pasta filata*-Sorte von der Art des italienischen Provolone – Enredo bedeutet denn auch «miteinander verflochten». Die Bruch-Molke-Mischung wird im Tontopf auf offenem Feuer erhitzt und gesalzen. Später wird der Bruch in Strängen auseinandergezogen und daraus flacher Käse zu 60 bis 80 Gramm das Stück geformt.

Der *Queso Coyolito* ist ein im Südosten hergestellter Halbhartkäse. Reicht der Milchertrag einer Farm nicht aus,

Links Eine Käsehändlerin in Mexiko. Weißer Frischkäse ist die weitaus beliebteste Sorte in allen lateinamerikanischen Ländern.

Links Mexiko City, eine moderne, 2265 Meter ü. M. gelegene Metropole, weist noch Gebäude aus dem 16. Jahrhundert auf. Mexiko hat eine typisch lateinamerikanische, würzige Küche. Daher lieben die Mexikaner den Enchilado, einen mit Chilipulver bedeckten Käse.

Oben Schafe grasen auf den grünen Weiden von Acaxotchitlán. Haustiere wurden von den Konquistadoren eingeführt.

kombiniert man ihn mit den Erträgen anderer Farmen. Man läßt die gesamte Milch gerinnen und schneidet den Bruch in nußgroße Stücke. Nach 30 bis 45 Minuten Ruhezeit entzieht man die Molke und läßt den Bruch möglichst sauer werden, bevor man ihn formt. Nach einem sechsstündigen Salzwasserbad nimmt man ihn heraus und wäscht ihn mit Kokosmilch. Dann teilt man ihn erneut in Stücke und preßt ihn zehn Tage lang, worauf eine zwanzigtägige Reifezeit folgt, in der er periodisch mit Salz abgerieben wird. Für den Verkauf, der in der unmittelbaren Nachbarschaft erfolgt, formt man den Käse zu Laiben.
Er besitzt eine zähe, aber elastische Struktur und ein pikantes Aroma.

Auch in Nicaragua produziert man Käse für den Eigenbedarf. In Costa Rica hält man Vieh und stellt ziemlich viel Käse her. Dort wurden schon zu Beginn dieses Jahrhunderts Käsefabriken errichtet.

Kuba, die Perle der Antillen und die größte der westindischen Inseln, liegt am Eingang zum Golf von Mexiko. Seine flache Küstenlinie weist zahlreiche Sandbänke und Korallenriffe auf, das Landesinnere hat fruchtbaren Boden und ein gesundes Klima. Cortez nahm unter dem Kommando von Diego Velazquez an der Eroberung Kubas teil und ließ sich auf einem Landgut nieder. Damals wurde bei dieser Gelegenheit erstmals europäisches Hornvieh nach Kuba importiert. Doch ungeachtet der günstigen Bedingungen entwickelte sich Kuba keineswegs zu einem Milchwirtschaftsland. Viehherden stellen einen Luxus dar und sind vorwiegend für die Fleischproduktion bestimmt. Es existiert eine eingeborene Viehrasse, daneben gibt es auch reine Jersey- und Holsteiner Kühe. Man produziert ziemlich viel *Pategras*, einen dem Gouda ähnlichen Hartkäse, und zwar aus ganz oder teilweise entrahmter Milch. Der Käse – einer der besten Kubas – hat die gleiche Form wie der Gouda, wiegt 4 bis 5 Kilo, ist mit rotem Wachs überzogen und in rotes Cellophanpapier verpackt.

Name	Milch	Art	Rinde	Form	Gewicht	Fettgehalt i. d. Trockenmasse in %
Anejo	◭	○	—	variiert	5-10 kg	?
Asadero	△	■	—	variiert	0,1-3 kg	26
Pategras	△	◗	□	Flachzylinder	4-5 kg	40
Queso Coyolito	△	◗	□	Laib	20-22 kg	?
- Enredo	△	■	—	Flachzylinder	60-80 g	?
- Fresco	△	○	—	variiert	0,5-1 kg	15-40
- de Pais	△	○	—	Flachzylinder	1,5 kg	?
Queso de Cabra	◭	○	—	Birne	variiert	?
- de Cincho	◁	○	—	Behälter	variiert	55

Zeichenerklärung siehe Seite 34

Jamaika besitzt trotz seiner prächtigen Weiden und seines guten Viehs eine nur wenig entwickelte Molkereiindustrie. Haiti importiert Käse aus den USA, und in der Dominikanischen Republik existieren zwar Viehzucht-Ranches, und die Farmer halten einige Kühe zwecks Selbstversorgung, doch gibt es keine einheimischen Käsesorten.

In Puerto Rico, der kleinsten westindischen Insel, stellt man einige erwähnenswerte Käse her.
Ein Großteil der Insel ist hügeliges, fruchtbares Weideland. Man züchtet Kühe als Zugtiere, Milch- und Fleischlieferanten.

Queso del Pais oder *Queso de la Tierra* ist ein weißer Käse, der, frisch konsumiert, in seiner Weichheit dem Cottage Cheese gleicht. Er wird sowohl auf den Farmen als auch in den Fabriken produziert. Die Farmerkäse sind kleiner, sie wiegen 1,5 Kilo. Die ausgereifte, harte Variante schmeckt bitter. Der *Queso de Prensa*, ein Hartkäse, wird aus Vollmilch hergestellt. Der *Queso de Puna* gleicht dem Cottage Cheese, wird aber in einer Käseform modelliert. In Puerto Rico wird auch viel Käse eingeführt.

Venezuela und die Guyanas

Im 19. Jahrhundert bekundete ein amerikanischer Konsul in einem Kommentar sein Erstaunen darüber, daß ein Land mit weniger als 3 Millionen Einwohnern – mit weniger Einwohnern als Kühen – gezwungen war, große Mengen Butter und Käse einzuführen.

Diese Molkereiprodukte waren fast ausschließlich für den Verbrauch in den großen Städten bestimmt. Man nahm an, daß die im Hinterland ansässigen Venezolaner sich der großen Hitze wegen – ungeachtet des geringen Nährwertes – lieber von Früchten ernährten. Ausländische Erzeugnisse waren für diese Menschen ohnehin viel zu teuer, und es gab ja eigenen, an Ort und Stelle bereiteten Frischkäse.

Der *Queso de Cincho* ist ein beliebter einheimischer, auf den Farmen auch heute noch nach einfachster Methode produzierter Käse. Frische, mit einer Bakterienkultur und Salz vermischte Milch wird 24 Stunden lang in einem Käseeimer aufbewahrt, bis sie geronnen ist. Danach hängt man den Bruch in Säcken auf, damit die Molke abfließt. Dieser Weichkäse mit seinen vielen kleinen Löchern wird stets frisch konsumiert.

Den *Queso Llanero* produziert man auf gleiche Art, füllt ihn aber in Formen ein. Der harte und krümelige Käse schmeckt recht scharf. Man verwendet ihn für Gebäck oder streut ihn über fertige Gerichte.

Für die Bereitung des *Queso de Mano* wird, wie schon sein Name andeutet, der Bruch so lange von Hand bearbeitet, bis er die gewünschte Konsistenz besitzt. Danach wird er lagenweise in hölzerne Formen geschichtet und 24 Stunden lang gelagert. Da Venezuela ein Bananen- und Maisland ist, pflegt man diese Blätter in mannigfacher Weise zu verwenden, unter anderem auch zum Feuchthalten und Aromatisieren des Käses.

Maisblätter dienen zum Verpacken von *Cuajada,* einem aus den Anden stammenden, dem Queso de Cincho ähnlichen, zusätzlich noch mit Rahm verfeinerten Käse. Der *Queso de Cabra,* ein beliebter, von Hand zu einer Birne geformter Käse, weist das charakteristische Ziegenmilcharoma auf.

In Venezuela verwendet man Käse zum Würzen von Saucen, vor allem der *chorreada,* einer zu Pellkartoffeln und Fleischgerichten aufgetragenen Käse- und Tomatensauce. Der *Queso Blanco* gehört als Zutat zu einem Käse- und Bananenkuchen.

Oben Das Caroni-Flußtal. Venezuelas Graslandschaften entlang der breiten Flußtäler bieten dem Vieh saftige Weiden.

Rechts Milchhandlung in Paramaribo, der Hauptstadt Surinams.

Käse wurde in der Kolonie Surinam 1620 durch die Niederländisch-Ostindische Kompanie eingeführt, und im Zuge des blühenden Handels nahmen die Importe in den folgenden zwei Jahrhunderten zu. Wie im früheren Britisch- und Französisch-Guayana erschwert auch in Surinam das heiße und feuchte Klima die Viehzucht und damit die Käseproduktion.

Unten links Eine moderne Straße ist für den Viehtrieb recht nützlich, vor allem in wenig bevölkerten Gebieten. Der Verkehr ist vorderhand noch kein Problem.

Kolumbien

Der Großteil der Bevölkerung Kolumbiens lebt an den Hängen der Anden, auf den baumlosen Hochebenen und in den *llanos,* den Tälern der Zuflüsse von Amazonas und Orinoko. In Kolumbien gibt es Gebiete mit unterschiedlichstem Klima: sehr heiße Urwaldregionen im Tiefland, mildes Klima auf den Hochebenen, ganzjährig mit Schnee bedeckte Gipfel der Anden. Das nur in den gemäßigten Zonen gehaltene Vieh und dessen Milch sind von geringer Qualität.

Käse wird fast ausschließlich fabriksmäßig aus pasteurisierter Milch hergestellt. Eines der größten Unternehmen an den Berghängen bei Sopo, einem kleinen Dorf nördlich von Bogotá, ist schon relativ alt und unmodern.

Der charakteristische Bauernkäse ist der *Queso de Pera,* der dem Provolone gleicht. Er wird von den Frauen nach einem seit Generationen mündlich überlieferten Rezept produziert. Als vor etlichen Jahren der Direktor der Käsefabrik von Sopo ein kleines Dorf besuchte, bot man ihm ein Stück Pera-Käse an. Er fand ihn so köstlich, daß er für das Rezept 40 000 Dollar offerierte, doch die Herstellerin vermochte ihre Methode nicht zu beschreiben. Der Direktor lud die Frau für einen Monat in seine Fabrik ein, um den Arbeitern ihr Verfahren vorzuführen. Zur Bereitung des Queso de Pera wird in einer großen Wanne teilweise entrahmte Milch auf 30 bis 32 °C erhitzt und gerührt, bis sie gerinnt, dann entwässert und der Bruch in heißem Wasser gewärmt. Mit einer Kelle bearbeitet der Käsebereiter die Masse, bis sie elastisch genug ist. Nun werden kleine Portionen abgeschnitten und zu 4 Zentimeter großen Vierecken geformt, in deren Mitte man ein Stück *bocadilla,* eine aus der Guyabafrucht hergestellte Süßigkeit, plaziert, mit Teig überdeckt und alles zu einer langen Rolle formt.

Greyerzer und Emmentaler werden nach Schweizer Rezept hergestellt. Die Milch für diese Käse weist einen standardisierten Fettgehalt von 2,3 Prozent auf. Sie werden jung konsumiert, da Käse mit einem pikanten Aroma nicht sehr beliebt ist. Daher werden nur kurzfristig gereifte Käse wie *Queso Sabana, Queso Glaris* und *Queso Holandés* verkauft. Bei diesen Sorten wird der Bruch gesalzen, dann entwässert und in Stücke von verschiedenem Gewicht geschnitten. Nachdem sie in verschieden gestalteten Formen gepreßt wurden, läßt man die Käse 5 bis 12 Tage reifen, überzieht sie mit rotem oder gelbem Paraffinwachs und hüllt sie in Cellophanpapier. Der *Queso Bernina* reift acht Tage bei Raumtemperatur, was ihm ein recht pikantes Aroma verleiht. Er besitzt einen Fettgehalt von 50 Prozent und wird in Portionen von 220 oder 260 Gramm in Alufolie verpackt. Der *Queso Azul* ist ein Blaukäse. Es gibt auch Imitationen ausländischer Käsesorten, einschließlich des Rahmkäses *Queso Filadelfia.*

In der Umgebung von Bogotá gedeihen in den Alpenhochtälern feine, weiße Kartoffeln. Diese ißt man mit Vorliebe in einer pikanten Sauce, der Käse, Zwiebeln, Schalotten, Tomaten, Kümmel, Oregano und schwarzer Pfeffer beigemischt werden. In den heißeren Gebieten ersetzen süße Manioks und Bananen die Kartoffeln, die für indianische Gerichte verwendet werden. Das Gericht wird durch Beimischung von Frischkäse noch schmackhafter.

Links Vieh wird auf einem einstigen Schienenstrang unweit von Bogotá, der Hauptstadt Kolumbiens, nach Hause getrieben.

Name	Milch	Art	Rinde	Form	Gewicht	Fettgehalt i. d. Trockenmasse in %
Queso Bernina	△	○	—	variiert	220-260 g	50
- de Pera	△	■	—	variiert	500 g	7

Zeichenerklärung siehe Seite 34

Links Ein Gehöft zwischen Cartagena und Baranquilla, beides Küstenstädte an der Karibik. Nur die bewässerten Ebenen und die Flußtäler eignen sich für Viehhaltung.

Peru

Wie die meisten südamerikanischen Staaten verfügt auch Peru über gewaltige Reserven an fruchtbarem Land und Bodenschätzen, die noch weitgehend brachliegen. Manche Gegenden sind noch nicht einmal vollends erforscht.

Spanische Kolonisatoren führten als erste Vieh nach Peru ein, das infolge mangelnder Betreuung schon bald verwilderte und größtenteils weder Milch noch Fleisch lieferte. Ende des 16. Jahrhunderts gab es in Peru schätzungsweise etwa 100 000 Stück Vieh, doch hatte sich noch Anfang des 20. Jahrhunderts die Situation in der Milchwirtschaft kaum gebessert. Man bereitete Butter für den Eigenbedarf, und die Indianer produzierten einen auch heute noch beliebten Käse aus einer Mischung von 90 Prozent Kuhmilch und 10 Prozent Ziegenmilch, der in Lima verkauft und frisch konsumiert wurde. Die beiden 1926 in Lima errichteten Molkereifabriken lieferten ausschließlich pasteurisierte Milch. Die Entwicklung einer leistungsfähigen Molkereiindustrie läßt nach wie vor auf sich warten.

In fast allen lateinamerikanischen Ländern, so auch in Peru, ißt man am liebsten *Queso Blanco*, für dessen Herstellung die Milch auf 82 °C erhitzt und statt mit saurer Milch mit Zitronen- und Essigsäure vermischt wird. Man rührt die Milch 15 Minuten lang und läßt sie 15 Minuten stehen, bevor sie entwässert wird. Der Bruch wird gesalzen und nochmals 20 Minuten gerührt. Bei Raumtemperatur füllt man ihn in Formen und preßt ihn. Am folgenden Tag wird er verpackt und verkauft.

Diese Käseart ist für heiße Länder ideal, da sie sich in wenigen Stunden bereiten läßt. Der Käse schmeckt säuerlich und hat eine ähnliche Konsistenz wie Mozzarella; er läßt sich gut schneiden, schmilzt aber nur schwer.

Man verwendet den Queso Blanco für mehrere traditionelle peruanische Rezepte, vor allem als Zutat zu den unentbehrlichen Kartoffeln. Die *papas* werden ganz gekocht und mit Käse und Chilisauce serviert, oder man zerdrückt sie, würzt sie mit Chili und Zitronensaft und garniert sie mit Garnelen, Queso Blanco, Mais und Eiern.

In Peru herrscht Mangel an Milchprodukten, und obschon die kleineren Käsefabriken von einer schweizerisch-peruanischen Organisation beraten werden, wird zu wenig Käse produziert. Die Behörden sind unablässig bemüht, dieser prekären Situation abzuhelfen, indem das Weideland verbessert, gutes Milchvieh importiert und die Futteranpflanzung gefördert wird. Doch wegen der ständigen Futtermittelknappheit bleibt der Milchertrag niedrig.

Eine andere Schwierigkeit besteht darin, daß der Bauer für seine Milch einen höheren Preis verlangen muß, als man für ausländisches, vom Exportland subventioniertes Milchpulver bezahlt.

Landwirtschaftsexperten besuchen die Farmen und beraten die Bauern in der Viehhaltung. Doch auch dadurch wird nur ein geringer Produktionsanstieg erzielt. Zieht man in Betracht, daß ein Milchtankwagen noch auf äußerst primitiven Straßen über enorme Distanzen fahren muß, um eine Ladung Milch aufzunehmen, und daß nach wie vor Kanus und Esel die häufigsten Transportmittel sind, so wird deutlich, daß eine ergiebige Käseproduktion in Peru noch in weiter Ferne liegt.

Oben Lebensmittelstände auf einer Bahnstation, wo die Züge zwecks Mittagsverpflegung halten. Hier sind einheimische Früchte, frischer Käse, Brot und Getränke relativ billig zu erstehen.

Unten Die überall verbreiteten Lasttiere Südamerikas, die Lamas. Es gibt zwei wilde und zwei Haustiergattungen.

Name	Milch	Art	Rinde	Form	Gewicht	Fettgehalt i. d. Trockenmasse in %
Queso Blanco	Δ Δ	O	–	variiert	variiert	?

Zeichenerklärung siehe Seite 34

Argentinien

Die Staaten beiderseits der Mündung des Rio de la Plata – Argentinien im Süden und Uruguay im Norden – sind Länder der Pampas, der ausgedehntesten Graslandschaften der Erde, die teils trockene, teils milde und regenreiche Klimaverhältnisse aufweisen. Als die Spanier 1580 unter Juan de Garay feste Siedlungen errichteten, begannen sie das derbe Pampasgras durch eine weichere Grasnarbe zu ersetzen, um saftige Viehweiden zu gewinnen.

Heute besitzt Argentinien eine höchst produktive Landwirtschaft. Auf den weiten grünen Flächen weiden das ganze Jahr über große Kuh- und Schafherden – unter den Wolle produzierenden Ländern steht Argentinien an erster Stelle. Es werden aber auch beachtliche Mengen gesalzenen und tiefgefrorenen Fleisches exportiert. Trotz dieser weit profitableren Fleischindustrie verfügt Argentinien zugleich über eine bedeutende Milchwirtschaft. Nach der Einführung eines nationalen Stammzuchtbuches wurden besonders leistungsfähige Milchrassen, d.h. Holsteiner- und Jersey-Kühe, importiert und mit einheimischen Crillos gekreuzt. Die herausgezüchtete Rasse weist die Robustheit und Anpassungsfähigkeit der argentinischen Rinder und die hohe Milchleistung der europäischen Rassen auf.

Recht wenig spektakulär und ganz allmählich ging die Entwicklung der Käseindustrie vonstatten. 1855 hatte Josef Magnasco eine mit fünf Angestellten betriebene Käsemolkerei eröffnet. Es wurden zwei einheimische Käse, *Chubut* und *Goya*, hergestellt, die auch heute noch keinen festen Status haben. 1903 existierten in Argentinien bereits 324 Käsefabriken. Die Produktion nahm, vor allem angesichts der hohen Exportpreise im Ersten Weltkrieg, stetig zu.

Der *Queso Blanco* ist als Frischkäse ein typisches Landesprodukt. Einfach in der Zubereitung, bildet er eine der ältesten Sorten. Seit urdenklichen Zeiten pflegte man die überschüssige Milch des Tages zum Gerinnen und Trocknen in Tüchern aufzuhängen. Das erfrischend und säuerlich schmeckende Produkt wird in der argentinischen Küche gemäß Familientradition verwendet.

Quartirolo, ein anderer Frischkäse, bereichert Salate, Sandwiches sowie eine mit Kalbszunge und Schinken zubereitete Spezialität. Wegen der enormen Nachfrage verkauft der Hersteller diesen Käse oft zu jung, d.h. als hartes, weißes und relativ fades Produkt.

Oben Eine kleine Ranch in der Provinz von Catamarca am Fuße der Anden. Obschon Argentiniens Landwirtschaft vorwiegend auf Viehzucht ausgerichtet ist, nimmt die Käseproduktion stetig zu.

Der *Mantecoso* ist ein kleiner Quartirolo von 2,5 Kilo Gewicht. Der eng mit ihm verwandte, etwas süßer und weniger fruchtig schmeckende *Cremoso* wird aus denselben Grundelementen nach einem anderen Verfahren hergestellt.

Der *Crema* gleicht dem französischen Petit Suisse und Neufchatel. Argentinischer *Mendicrim*, eine erfolgreiche Sorte, ist seit 1957 die beliebteste Art des *Queso de Crema*. Manche Fabrikanten fügen ihm noch zusätzlich Rahm bei. Leider ist die Haltbarkeit des Queso de Crema begrenzt: Der Käse muß binnen einer Woche konsumiert und vor allem sogleich gut verpackt werden, um eine Geschmacksänderung zu vermeiden.

Mozzarella ist in Argentinien, wo die Küche italienischem Einfluß unterliegt, sehr populär, und zwar für die Zubereitung von Pizza und zu Teigwaren. Er weist eine relativ rauhe Struktur auf und gleicht dem *pasta filata* oder Knetkäse. Die Reifungszeit beträgt mindestens 24 Stunden. Der Mozzarella muß frisch konsumiert werden. Er besitzt eine weiße oder cremeartige Farbe und

Links Argentiniens Gauchos, Viehtreiber, sind das Gegenstück der nordamerikanischen Cowboys. Die Herden durchwandern große Gebiete. Die Gauchos hüten sie, kontrollieren die Zäune und treiben die Tiere zusammen, wenn die Weiden gewechselt werden.

einen festen, aber elastischen Teig. Man schneidet ihn gerne in Scheiben und mariniert ihn in Olivenöl und Gewürzen.

Cheddar ist einer der beliebtesten Käse, vor allem die in Santa Rosa, unweit der wichtigsten Weingegend, produzierte Sorte. Cheddar wird von Kennern ebenfalls mariniert: Man legt die Scheiben in Sherry, Whisky oder Cognac und läßt das Ganze mit einem Tuch bedeckt 24 Stunden stehen. Das Endprodukt wird mit dem Löffel gegessen.

Gouda ist einer der in Argentinien verkauften Halbhartkäse. Man verwendet ihn oft für Hors d'œuvres, da sein Aroma nicht übermäßig dominiert und weil er sich gut mit Gewürzen und ein wenig Olivenöl vermischen läßt.

St-Paulin mit seinem milden Aroma eignet sich vorzüglich als Dessertkäse. Der Saint-Paulin aus der Magnasco-Fabrik hat einen ausgezeichneten Ruf, man hält ihn für einen der besten Abkömmlinge des französischen Originalkäses. Er wird unter der Bezeichnung *Crescenza* verkauft.

Es werden zahlreiche andere ausländische Käse nachgeahmt, einschließlich Romano, Sardo, Gruyère und mancherlei Blaukäse. Interessant ist, daß die Millionen von Schafen kaum je gemolken werden, um Schafkäse herzustellen – ein riesiges ungenutztes Potential.

In Argentinien ißt man zwei Hauptmahlzeiten, dazwischen nur ein paar Sandwiches, damit niemand Hunger leidet. Ein sehr geschätzter Snack ist Provolone alla patta: eine dicke Scheibe Provolone, bedeckt mit frischen, geschälten und geschnittenen Tomaten und viel Oregano, Knoblauch und Petersilie, die im Ofen oder unterm Grill erhitzt wird, bis der Käse schmilzt.

Name	Milch	Art	Rinde	Form	Gewicht	Fettgehalt i. d. Trockenmasse in %
Crema	♁♁	O O	–	rechteckig	3,8 kg	55
Quartirolo	♁	O	–	rechteckig	3,8 kg	50

Zeichenerklärung siehe Seite 34

Unten Etikett eines argentinischen Käses. Magnasco ist die Käsemarke der von Josef Magnasco 1855 gegründeten Fabrik.

Rechts Der Unabhängigkeitstag wird in Buenos Aires festlich begangen. Eine der Hauptattraktionen ist der Umzug der von starken argentinischen Ochsen gezogenen geschmückten Wagen.

Brasilien

Brasilien, das den Hauptteil der östlichen Hälfte des südamerikanischen Kontinents umfaßt, ist vor allem für seinen Kaffee, seine Nüsse und seine Fußballer berühmt. Der Norden des Landes wird vom Amazonas und von dessen Zuflüssen bewässert. Das Tiefland ist fast durchweg von undurchdringlichen Regenwäldern bedeckt, die auch heute noch teilweise unerforscht sind. Dies ist nicht verwunderlich, wenn man sich vergegenwärtigt, daß das Urwaldgebiet flächenmäßig ebenso groß ist wie ganz Zentraleuropa.

Trotz der gewaltigen Ausdehnung des Landes variieren die Klimaverhältnisse aber nicht so stark, wie man annehmen könnte: nördlich des Amazonas herrscht tropisches Regenklima, im Südosten dagegen ein angenehm mildes Klima mit ausreichenden Niederschlagsmengen für fruchtbaren Graswuchs und somit ideales Weideland für riesige Herden. Dazwischen liegen umfangreiche, unbebaubare Trockenregionen.

Ein Land der Gegensätze

Im heutigen Brasilien, einem Land der Gegensätze, klafft ein Abgrund zwischen Armen und Reichen. Mehr als die Hälfte der Bewohner sind Landarbeiter, die auf den Farmen für Hungerlöhne und unter primitivsten Bedingungen arbeiten. Andererseits erweist sich Brasilien – ungleich seinen südamerikanischen Nachbarn – als Stätte moderner Architektur.

Kulturell unterscheidet sich Brasilien deutlich von den anderen lateinamerikanischen Ländern: Es ist sehr stark von portugiesischen und westafrikanischen Einflüssen, aber auch von indianischer Tradition geprägt. Dieses indianische Erbe ist allerdings im Vergleich zu den einst großartigen Zivilisationen des präkolumbischen Perus, Mexikos und Guatemalas eher armselig. Die Reiche der Inkas und Azteken waren fortschrittlich, die Bevölkerung lebte im Wohlstand. Ihre Standardkost umfaßte auch Mais und Kartoffeln (und natürlich Tomaten), während sich die brasilianischen Indianer vor allem von der stärkehaltigen Maniokwurzel ernährten (wobei gewisse Sorten ausgesprochen giftig sind). Inzwischen haben in der Alltagsernährung Bohnen den Maniok ersetzt. Diese wurden vermutlich etwa um dieselbe Zeit wie der Käse eingeführt. Die portugiesischen Kolonisatoren des 16. Jahrhunderts produzierten als erste aus der Milch ihres Importviehs Käse.

Oben Die lokalen Märkte sind für die betreffende Gegend stets charakteristisch. Das Angebot umfaßt meist eine Fülle verschiedener Lebensmittel. Der Brasilianer greift gerne herzhaft zu und nimmt am liebsten zwei bis drei reichliche Mahlzeiten pro Tag zu sich.

Rechts Altes Etikett eines Batavo-Käses. Batavo ist die Markenbezeichnung einer Edamer Sorte.

Unten Ein Cowboy überwacht Vieh in Einhegungen am Feira de Santana.

In Brasilien gibt es grob geschätzt rund 80 Millionen Stück Vieh, doch scheinen Milchrassen keineswegs bevorzugt zu werden. Dies mag verschiedene Gründe haben. Zunächst einmal ist die Bevölkerung Brasiliens eine Mischung verschiedener Rassen, von denen keine eine milchwirtschaftliche Tradition besitzt. Den Brasilianer läßt daher die Milchproduktion relativ gleichgültig. Das einheimische, vorwiegend der Zeburasse angehörende Vieh eignet sich in erster Linie für die Fleischproduktion. Dem brasilianischen Farmer sagt das importierte Milchvieh wenig zu, da es intensiver Betreuung bedarf und sich nur schwer akklimatisiert. Im Süden hat sich allerdings in den letzten fünfzig Jahren die Lage geändert. Rund um die zwei größten Ballungszentren – Rio de Janeiro und São Paulo – wird heute auf den Farmen holländischer, deutscher und polnischer Siedler Milch produziert.

Die Situation verbessert sich

Sechs Prozent der sieben Millionen Milchkühe sind Tiere mit Abstammungszeugnis, vor allem Friesen- und Jerseykühe. Den Rest bilden mit Zeburassen gekreuzte Tiere, die sich durch große Widerstandskraft, Anpassungsfähigkeit und relativ hohe Milchleistung auszeichnen.

Einige Millionen Mastkühe werden gemolken – die Häufigkeit hängt vom Datum des Kalbens, von der Milchleistung und dem Milchpreis ab. Manche Großviehzüchter ziehen diesen Typus vor und importieren die Tiere aus den Vereinigten Staaten und Kanada. Im Gegensatz zu den gewöhnlichen Farmen zeichnen sich die Zuchtbetriebe durch eine vorbildliche Viehhaltung aus, was sich höchst positiv auf die Milchleistung auswirkt. Die Zuchttiere geben pro Jahr 5000 bis 6000 Liter Milch, die andern Kühe durchschnittlich 4300 Liter. Wie sollte auch eine Kuh, die tagtäglich eine Strecke von drei Kilometern zurücklegt, um Futter und Wasser zu finden, eine gute Milchleistung erbringen? Global nimmt allerdings die Milchproduktion Brasiliens jährlich um 10 Prozent zu.

Die Käseproduktion hat sich nach und nach auf 50 000 Tonnen im Jahr erhöht, wobei 70 Prozent auf die typisch brasilianischen Minas- und Pratokäse entfallen. Auf den Farmen und in kleineren Fabriken werden sechs verschiedene Minas-Sorten hergestellt.

Unten Ein Mestizen-Cowboy genießt nach seinem anstrengenden Arbeitstag eine starke *cigarro*.

Name	Milch	Art	Rinde	Form	Gewicht	Fettgehalt i. d. Trockenmasse in %
Minas Frescal	⊿ ⊿	●	○ I	Flachzylinder	900 g	42
Minas Prensado	⊿	●	□	Flachzylinder	500 g	42
Requeijao	⊿	◖	□	Flachzylinder Würfel	250-500 g 2-12 kg	variiert

Zeichenerklärung siehe Seite 34

Oben Ein neueres Etikett einer Batavo-Käsepackung, auf dem eine Friesenkuh abgebildet ist. Im Kreis rechts der Aufdruck: «Muß in Anwesenheit des Käufers gewogen werden.» Oft wird der Käse nicht versiegelt, sondern offen nach Gewicht verkauft. Man beachte die Inspektionsnummer und die Angabe der Haltbarkeits- und Färbemittel.

Das nationale Käsesortiment

Seit dem 17. Jahrhundert stellt man in Minas Gerais *Minas-Frescal*-Käse her. In den heutigen Käsefabriken wird die pasteurisierte Kuhmilch gesäuert, zum Gerinnen gebracht und hier und da gerührt. Nach zwanzig Minuten weist sie die gewünschte Dickflüssigkeit auf und wird nun gesalzen. Die feuchte Masse wird in Formen gefüllt und nach fünf Minuten gewendet. Vierzig Minuten später wird der Bruch mit einer dünnen Salzschicht übersprüht, nach zwei Stunden gewendet und abermals gesalzen. Dann wird der Käse zwei Tage in einem Kühlraum gelagert und anschließend in Folie verpackt.

Der *Minas Prensado* hat eine weit festere Konsistenz und regelmäßige Löcher. Man läßt die gesäuerte Milch zwecks Vorreifung stehen, schneidet sie nach dem Gerinnen, wärmt sie mit heißem Wasser auf und rührt sie. Nach einiger Zeit schiebt der Käser die Masse gegen eine Behälterseite, schöpft den Bruch mit einem siebartigen Gerät aus der Wanne, breitet ihn auf einem Tisch aus und preßt ihn von Hand in kleine Formen. Hat der Käse Form angenommen, wird er geknetet, in ein Tuch gehüllt und zehn Minuten lang gepreßt. Nach einer zweiten sechsstündigen Pressung ohne Tuch legt man den Käse für sechs Stunden in ein Salzbad. Wieder entwässert, lagert man ihn einen Tag in einem kühlen Raum, worauf er verbrauchsfertig ist.

Requeijão, eine Mischung aus Sauermilchquark und Rahm, ist eine Art Kochkäse. *Requeijão de Sertão* nennt man den auf traditionelle Weise und nicht in der Fabrik hergestellten Käse. Im Nordosten bäckt man ihn gerne mit Brot und ißt ihn zum Frühstück. Der Käse besitzt eine dünne, gelblichweiße Haut, eine kompakte Struktur und ein süßliches bis säuerliches Aroma. Man schätzt ihn auch als Dessertkäse und serviert ihn mit brasilianischer Marmelade.

Es werden zudem zahlreiche ausländische Käsesorten, inklusive *Prato* (Gouda-Art), *Mozzarella* und *Quartirollo* produziert.

Die Brasilianer haben Geschmack am Käse gefunden. Ein typisches Lunchgericht ist ein mit Käse belegtes und danach eingerolltes Omelett. Auch gebackener Reis wird mit Käse serviert sowie ein Pot-au-feu mit braunen Bohnen, Zwiebeln, Knoblauch und Tomaten.

Chile

4225 Kilometer lang und nur 170 bis 350 Kilometer breit, dürfte Chile zu den schmalsten Ländern der Welt gehören. Zwischen dem Pazifik und den vulkanischen Anden erstreckt sich ein fruchtbares Tal nach Süden, wo Weingärten an Obsthaine grenzen und Alfalfagetreide für Viehfutter angepflanzt wird. Im Süden und in Feuerland, wo Eis und Meer die Küstenstriche in Tausende von Inseln zerklüftet haben, weiden große Schafherden. Schon seit dem 16. Jahrhundert hält man in Chile Vieh, dessen Milch auf den Haziendas zu Käse verarbeitet wird. Nach 1945 importierte man reinrassige Milchkühe, und die Käsefabriken wurden mit den modernsten Einrichtungen aus Europa, vor allem aus Dänemark, ausgerüstet.

Chiles Tipo Chanco

Chiles heutige Käseindustrie umfaßt 50 Molkereifabriken, die jährlich rund 20 Millionen Kilo Käse – etwa 90 Prozent der gesamten Landesproduktion – herstellen. In der Fabrik bereiteter *Tipo Chanco* macht 60 Prozent der Käseproduktion aus. Es handelt sich dabei um eine traditionelle Käsesorte, die in alten Gehöften auf dem Lande auch heute noch in geringen Mengen hergestellt wird.

Bei der Bereitung des Chanco läßt man die Milch erst einmal gerinnen, dann schneidet man den Bruch mit der *lira.* Nach einer Ruhepause läßt man die Molke teilweise abfließen und fügt Salz zu. Die Masse wird zehn Minuten gerührt und dann von Hand geknetet. Der Käser hüllt den Bruch in ein Tuch und legt ihn in perforierte Formen. Nachdem die Masse gründlich geknetet und mit den Fäusten bearbeitet worden ist, wird sie 24 Stunden gepreßt. Ein ausgereifter Käse besitzt eine weißlich-gelbe Farbe und eine ockergelbe Rinde, ein mildes Aroma und einen Teig mit wenig Löchern. Der Chanco wird größtenteils in der Gegend von Santiago hergestellt.

Links Das Pferd ist auf vielen Haziendas auch heute noch das geeignetste Fortbewegungsmittel, doch Autos und Landrovers werden immer häufiger.

Oben Die großen Alpweiden von Portillo in Zentralchile. Obschon nur ein Achtel Chiles als Weideland nutzbar ist, hält man Millionen von Kühen und Schafen.

Name	Milch	Art	Rinde	Form	Gewicht	Fettgehalt i. d. Trockenmasse in %
Quesillos	△	○	–	Flachzylinder	variiert	variiert
Tipo Chanco	△	●	❖	Würfel	6-10 kg	50

Zeichenerklärung siehe Seite 34

Andere Sorten

Der *Quesillo* ist ein schmaler, runder Frischkäse: Man ißt ihn mit besonderem Genuß am Sonntag zum Frühstück, und zwar garniert mit ein wenig Lattich, Sellerie, Avocado- und Tomatenscheiben sowie gelegentlich einer Scheibe Schinken. Wie in andern südamerikanischen Ländern stellt man auch eine Menge *Queso Fresco* unter der Bezeichnung *Fresco, Queso Blanco* und vielen anderen Namen her.

Afrika

Kühe und Kuhreiher gehören seit alters zum afrikanischen Landschaftsbild, obschon es auf dem schwarzen Kontinent nur primitive Formen von Milchwirtschaft gibt. Sie wird neuerdings durch Entwicklungs- und Ausbildungsprogramme der Industriestaaten stark gefördert. Durch vermehrten Milch- und Käsekonsum ließe sich der in Afrika vielfach herrschende Proteinmangel wirksam bekämpfen.

Afrika

Als David Livingstone den Oberlauf des Sambesi im Nordwesten Angolas erforschte, traf er den Häuptling des Balondastammes, der ihm stolz seine Herde prächtiger Kühe zeigte, die zwecks Fleischproduktion gezüchtet wurden. Häuptling Katema war höchst erfreut, von Livingstone zu erfahren, daß man Kühe auch melken und deren Milch trinken kann. Wie viele andere afrikanische Stämme waren die Balondas nie auf die Idee gekommen, daß man die Kühe melken könnte, sie kannten demnach weder Milch noch Käse.

Käse aus Nordafrika

Die einheimischen afrikanischen Käse stammen größtenteils aus dem Gebiet oberhalb der Sahara. Tunesien ist eines der wenigen Länder mit einer gewinnbringenden Käseindustrie. *Sicille* ist ein haltbarer, zylinderförmiger Käse von 3 bis 15 Kilo Gewicht, mit einem festen, weißen und elastischen Teig und zahlreichen kleinen Löchern. Das Aroma wird durch die beigemengten Paprikakörner verstärkt. Der Käse schmeckt oft ein wenig ranzig. Man bereitet ihn aus Schafmilch, die mit etwas Kuh- und Ziegenmilch vermischt wird. Der in hohen zylindrischen Körben gepreßte und mit Salz bestreute Käse wird zur Reifung in feuchten Kellern gelagert. Sicille kann nach einem Monat gegessen oder weitere drei Monate gelagert und als Halbhartkäse konsumiert werden.

Testouri, ein Frischkäse, wird aus geschlagenem Bruch hergestellt und weist eine feine, weiche Struktur auf. Nach einer Ruhepause wird der Bruch von Hand zu Kugeln geformt, die man 24 Stunden in ein Salzbad legt und anschließend frisch konsumiert. *Oriental* ist ein gesalzener Käse wie Feta. *Numidia,* ein scharfer blaugeäderter Käse, wird aus Schaf- oder Ziegenmilch produziert. Der *Sarde,* ebenfalls ein Schafkäse aus der Gegend von Beja im Norden, gleicht dem spanischen Manchego.

Ägyptische Wasserbüffelkäse

Die Ägypter gehörten bekanntlich zu den Völkern der Antike, die eine Methode zur Käsebereitung erfunden hatten, und kannten auch erprobte Verfahren der Brot- und Weinproduktion. Käse gehörte ebenfalls zur Wegzehrung, dem Reiseproviant, den man dem Toten für den Weg in die andere Welt mit ins Grab gab. Käse und Weizen dienten auch als Zahlungsmittel für Löhne, Miete oder Steuern.

Oben Eine Berberfrau biem Melken. Die Bevölkerung Algeriens besteht zu einem großen Teil aus Berberstämmen, die mit ihrem Vieh die Wüsten und Steppen durchwandern.

Die meisten ägyptischen Käse werden aus der Milch von Wasserbüffeln hergestellt, die manchmal durch Kuhmilch ergänzt wird. Wie die Kuh dient der Wasserbüffel als Zug- und Milchtier. Man hält auch Schafe und Ziegen, doch geben sie wenig Milch.

Oben Algerien ist reich an zum Teil noch unerschlossenen Bodenschätzen. Die industrielle Entwicklung und der Lebensstandard haben in den letzten Jahrzehnten einen deutlichen Aufschwung genommen. In Melkstationen wie der hier abgebildeten werden täglich hohe Milcherträge erzielt.

Ägyptische Bauern bereiten einen Käse namens *Kariesch.* Sie lassen die Milch auf natürliche Weise gerinnen. Nach zwei bis drei Tagen bildet sich auf der Milch eine Rahmschicht, die entfernt und zu Butter verarbeitet wird. Die geronnene Milch wird in Tücher geschöpft und entwässert. Dann wird der Bruch in rechteckige Stücke geschnitten und mit Salz besprüht. Nach einigen Tagen Lagerung, in denen das Salz eindringen soll, ist der Käse zum Verbrauch bereit. Er kann auch im Salzbad gelagert werden.

Der *Beda* wird sowohl von den Bauern als auch in den Fabriken aus entrahmter, roher oder aus pasteurisierter Büffel- oder Kuhmilch produziert. Der Bruch wird in Formen gefüllt, mehrmals gewendet, dann in ein Tuch gehüllt und zwischen zwei Brettern gepreßt. Dieser Frischkäse kann in gekochter und wieder abgekühlter Molke, die nach dem Pressen übrigbleibt, zur Reifung gelagert werden.

Misch wird wie Beda aus entrahmter Milch hergestellt. Statt in Molke läßt man die Käse jedoch in gesalzener Milch oder einer Mischung aus Milch und Salzwasser reifen. Oft mengt man auch Gewürze bei und läßt die Käse in Töpfen über ein Jahr lang reifen, wobei sie ein starkes, roquefortähnliches Aroma entwickeln.

Rumi ist ein zylindrischer Käse aus Büffel- und Kuhmilch, der in Käsefabriken hergestellt wird. Nach dreimonatiger Reifung bei Raumtemperatur weist der Käse eine trockene Rinde,

Links Tuaregs in der Oase Tamanrasset im Ahaggargebiet der Zentralsahara. Die Tuaregs, ein Nomadenstamm, ziehen mit ihren großen Rinder-, Schaf- und Ziegenherden umher.

einen halbharten Teig mit vielen kleinen Löchern und ein ausgeprägtes, salzhaltiges Aroma auf, das dem des Gouda ähnelt.

Es gibt acht mittelgroße Käsefabriken in Ägypten, doch fehlt es an geschultem Personal. Man produziert etliche ausländische Käsesorten, zum Teil um die zahlreichen in Ägypten lebenden Ausländer zu beliefern. Die produzierten Arten sind *Kaschkaval, Cheddar, Emmentaler* und *Roquefort.*

Name	Milch	Art	Rinde	Form	Gewicht	Fettgehalt i. d. Trockenmasse in %
Beda	Δ	○	—	variiert	variiert	40-45
Sicille	✳	◗	□	Zylinder	3-15 kg	?
Testouri	ΔΔ	○	—	Kugel	variiert	?

Zeichenerklärung siehe Seite 34

Unten Ein Käselagerhaus in Kenia mit bodenständigen Produkten, die in viele Länder exportiert werden. Dank europäischen Einflüssen sind die Molkereiprodukte von guter Qualität.

Oben Berühmt für ihre seltsamen kulinarischen Genüsse – frisches Blut und Milch –, leben die Masai Kenias in Eintracht mit ihrem Vieh. Viele sind heute seßhafte Farmer.

Südlich der Sahara

Im trockenen Sahel südlich der Sahara schreiben die Behörden den Bewohnern heute vor, ihre Ziegen in eingezäunten Gehegen zu halten und deren Milch als Nahrungsmittel zu verwenden. Niger verfügt über große Tierherden; etwa 6 Millionen Ziegen, 4 Millionen Kühe und 2,5 Millionen Schafe. Rund 15 Prozent der Tiere gehören den Tuaregs im Norden, doch der Hauptteil ist im Besitz der Peulh-Nomaden, Hirten, die ihre Herden in den Steppen weiden und täglich das Vieh der Dorffarmen besorgen. In Trockenzeiten gehen sehr viele Tiere zugrunde. Man unternimmt daher enorme Anstrengungen, um dem abzuhelfen.

Kenia und Tansania

Dank dem Einfluß europäischer Kolonisten verfügt Kenia über eine besser entwickelte Land- und Milchwirtschaft als andere afrikanische Staaten. In der Molkereifachschule von Naivasha wird unter anderem Frischkäse aus entrahmter Milch hergestellt, wobei man den Bruch in einem Tuch an einen aus Ästen gebildeten Dreifuß hängt. Eine Käsefabrik in Naivasha exportiert ihre Produkte nach afrikanischen und sogar nach europäischen Ländern.

In Tansania gibt es einige Käsefabriken, die aus Rohmilch Käse von relativ bescheidener Qualität produzieren. Es sind Bestrebungen im Gange, diese weit verstreuten Betriebe zusammenzufassen, um Produktion und Verteilung zu verbessern. Doch bevor Käseprodukte in diesen Gebieten ausreichend Absatz finden, müssen sich die Eßgewohnheiten ändern.

Südafrika

Oben In der Kalahari – strenggenommen kein Wüsten-, sondern ein Buschsteppengebiet – liefern tiefe Brunnen das Wasser für die Ranches und Viehzuchtstationen.

Jan van Riebeck war 1652 nicht nur der erste holländische Kolonist in Südafrika, sondern auch der erste, der dort Käse herzustellen versuchte. Das Unternehmen erwies sich als wenig erfolgreich, schuf jedoch einen Präzedenzfall. Fünf Jahre später gründeten neun Holländer – alles ehemalige Soldaten und Seeleute – die erste Kolonie. Entschlossen, den Beruf des Landwirts zu ergreifen, kauften die Männer Vieh von den Hottentotten. Die schon sehr bald als Afrikander bezeichneten Tiere wiesen alle für das südafrikanische Klima notwendigen Eigenschaften auf. Spätere Siedler brachten Friesenvieh, britische Einwanderer Ayreshire- und Jerseykühe mit. Die Kreuzung dieser Rassen mit den Afrikandern ergab eine außerordentlich leistungsfähige Milchkuh, doch bis es soweit war, verging relativ viel Zeit.

Erst Ende des letzten Jahrhunderts ergriff die Regierung gezielte Maßnahmen zur Förderung der Molkereiindustrie. In den USA, Kanada und Australien ausgebildete Experten wurden beauftragt, Farmen mit Käsebereitungseinrichtungen aufzusuchen und den Farmern das Herstellungsverfahren für Cheddar zu demonstrieren. Damit wurde der Grundstein für die Entwicklung der modernen südafrikanischen Molkereiindustrie gelegt.

Erstrangige Bedeutung kam in diesem Zusammenhang dem Futter zu, und Südafrika war in der glücklichen Lage, in reichem Maße hochwertiges Futter zur Verfügung zu haben. Schon lange vor dem Eintreffen der Kolonisten pflanzten die Bantus für ihr Vieh Sorghum an. Als besonders nutzbringend und ergiebig erwies sich die kleeähnliche Alfalfa-Futterpflanze.

Unten Käsefabrikation ist in Südafrika heute eine florierende Sparte der Nahrungsmittelindustrie. Hier sind dicke Bruchportionen in der Wanne aufgereiht.

Name	Milch	Art	Rinde	Form	Gewicht	Fettgehalt i. d. Trockenmasse in %
Bloukrans	△	◗	⌘	Zylinder	variiert	50
Cheddar	△	■	□	rechteckig	10 kg	45-55
Drakensberg	△	●	□	rechteckig	variiert	62

Zeichenerklärung siehe Seite 34

Eine Frage der Organisation

Ein gewisser Joseph Blayne, bisweilen auch Vater der südafrikanischen Molkereiindustrie genannt, errichtete die erste Käsefabrik, deren Erfolg bald zur Gründung weiterer Betriebe führte. Nach den Burenkriegen ließen sich zahlreiche Käser in den östlichen und zentralen Landesteilen nieder, wo sie ideale Bedingungen vorfanden. In jenen Tagen waren Inlandtransporte höchst langwierig und beschwerlich. 1914 wurden weniger als 500 000 Kilo Käse produziert und 2,5 Millionen importiert. Im Ersten Weltkrieg stiegen die Preise, und das Käsegeschäft erwies sich als immer gewinnbringender. Schon bald wurden Preiskontrollen unumgänglich, und 1930 wurde eine amtliche Kontrollstelle für die Molkereiindustrie gegründet. Kleinere Betriebe gingen ein, und es entwickelten sich große, zentral gelegene Fabriken.

Heute gibt es 33 Fabriken, die jährlich etwa 20 Millionen Tonnen Käse produzieren. Die holländische und englische Geschmacksrichtung ist hierbei deutlich erkennbar. *Cheddar* – oft in rechteckiger Form, rindenlos und vorverpackt – genießt Vorrang. Auch *Gouda,* in seiner ursprünglichen Radform, und Baby Gouda im Gewicht von 5 Kilo sind Spitzenreiter. Man stellt aber auch *Brie, Camembert,* einige italienische Sorten, griechischen *Feta* und *Bloukrans* (ein Blaukäse) her. Immer beliebter wird der *Drakensberg,* ein Rahmkäse südafrikanischen Ursprungs, mit einem feinen, rahmartigen Aroma, der sehr schnell reift. Man ißt aber auch gerne Frischkäse und *Cottage Cheese.*

Man teilt die Käse entsprechend dem Fettgehalt in fünf Gruppen ein: hochfetter, Vollmilch-, mittelfetter und Magermilchkäse. Schmelzkäse wird aus Cheddar hergestellt. Es handelt sich durchweg um Käse aus Kuhmilch, doch gewinnt Frischkäse aus Ziegenmilch an Boden.

Naher Osten

Die meisten Käsesorten des Nahen Osten werden aus der Milch von Schafen und Ziegen hergestellt, Tieren also, die an die Lebensbedingungen in Trockengebieten mit spärlicher Vegetation gut angepaßt sind. Man produziert in diesen Regionen schon seit Jahrtausenden sehr einfache und meist ziemlich stark gesalzene Käse.

Türkei

Oben Auf ihrer Suche nach frischem Gras legen die Schafherden große Distanzen zurück, und mit den Schafen wandern auch die Hirten und ihre Familien. Ein Teil der Schafmilch wird zu Käse, so etwa zu Emiris Peynir, einem alten Nomadenkäse, verarbeitet.

Die Türkei bildet die Brücke zwischen der europäischen und der asiatischen Welt. Auf europäischer Seite liegt Istanbul, das frühere Byzanz, einstige Hauptstadt des Byzantinischen Reichs – eine Perle in der fruchtbaren, meerumspülten Landschaft Thrakiens. Auf asiatischer Seite präsentiert sich ein völlig anderes Bild, das dominiert wird von der zentralen Hochebene Anatoliens, einer eher unwirtlichen und baumlosen Steppenlandschaft, in der Schafe und Ziegen weiden. Die unregelmäßigen Fransen der Mittelmeerküste gehörten einst zur Levante. Römische Seefahrer und Händler kauften und verkauften auf den levantinischen Märkten Güter aller Art, einschließlich Käse.

Es ist möglich, doch keineswegs erwiesen, daß man in der Türkei schon in vorgeschichtlichen Epochen, lange vor der Römerzeit, Käse bereitete. Auf jeden Fall wird in diesem Land seit mehreren Jahrhunderten Käse produziert.

Obschon die Bauernbetriebe meist sehr klein und primitiv eingerichtet sind, bildet die Landwirtschaft nach wie vor die Haupterwerbsquelle. In den letzten Jahren wurden moderne landwirtschaftliche und viehzüchterische Methoden eingeführt, und die Viehbestände der Türkei, die der Fleisch- und Milchproduktion dienen, beziffern sich heute auf 15 Millionen Kühe. Dazu kommen etwa 35 Millionen Schafe, deren Milch zu den nationalen Lieblingskäsen verarbeitet wird. Eines der Probleme, mit denen sich die Milchindustrie konfrontiert sieht, ist der Mangel an gutem Viehfutter: Es ist nicht genügend Land bebaut, weshalb die Tiere von mittelmäßiger Qualität sind und niedrige Milchleistungen aufweisen. Dies ist um so bedauerlicher, als Käse einen der wichtigsten Bestandteile des türkischen Speisezettels bildet. Die milchproduzierenden Farmen sind weit verbreitet und recht zahlreich. In der Regel bevorzugt man für die Käseherstellung Schafmilch, die manchmal mit Kuhmilch vermischt wird.

Unten Die Viehbestände der Türkei sind größer als die mancher europäischen Länder, einschließlich Großbritanniens, wobei freilich die Schafe überwiegen. Auch die Zahl der Ziegen ist sehr hoch, inklusive der 6 Millionen Mohairschafe, die wegen ihrer feinen Wolle gehalten werden.

Im Herbst bekommen die Bauern von den Käseherstellern ein Handgeld, damit sie ihnen im folgenden Frühjahr während der Laktationsperiode die Milch von ihren Farmen abliefern.
Ist die Farm zu weit von der Fabrik entfernt, verarbeitet man oft die Milch zunächst in einer kleinen regionalen Molkerei zu Bruch und leitet diesen an die Fabrik weiter.

Unten Die charakteristischen traditionellen Käse werden nach wie vor mittels einfachster Methoden bereitet. Würde man modernere Verfahren anwenden, gingen gewisse natürliche Qualitäten verloren. Die Hirtenfrauen bereiten sowohl Joghurt als auch Käse, beides Milchprodukte, die einen wichtigen Bestandteil der Alltagskost bilden.

Name	Milch	Art	Rinde	Form	Gewicht	Fettgehalt i. d. Trockenmasse in %
Abaza Peynir	✱	■	—	Flachzylinder	500 g	50
Beyaz Peynir	◁	●	—	Würfel	500 g	45
Kasar Peynir	◁◁	■	▢	Flachzylinder	10-12 kg	42
Mihalic Peynir	◁	◗	▢	Behälter	variiert	46
Tulum Peynir	◁	◗	—	Behälter	variiert	6-56

✱ ◁/◁/◁

Zeichenerklärung siehe Seite 34

Links Diese türkische Bäuerin hat ihre hölzerne Tragbütte wahrscheinlich mit Schafmilch gefüllt, der von den Türken für die Käsebereitung bevorzugten Milchart.

Die Türken lieben gesalzenen Käse

95 Prozent der Geamtproduktion von Schafkäsen entfallen auf den weichen, erfrischenden *Beynaz Peynir*, der in der ganzen Türkei, vor allem aber in Thrakien anzutreffen ist. Die verwendete Milch muß frisch und möglichst keimfrei sein. Auf den Farmen wird die Milch durch ein Tuch filtriert, in der Fabrik wird sie pasteurisiert und durch die Reinigungszentrifuge passiert. Nachdem man ihr Lab beigemischt hat, gerinnt die Milch in 1½ bis 2½ Stunden. Der Bruch wird in Stücke geschnitten, in ein Tuch gehüllt und gepreßt, in den einfachen Farmbetrieben mit Hilfe einiger schwerer Steine. Drei Stunden später packt man den Bruch aus, zerteilt ihn in kleine Würfel und taucht sie ins Salzbad, um ihnen mehr Festigkeit zu verleihen. Nach dem Trocknen legt man sie sorgfältig in Blechbehälter und streut Salz zwischen zwei Lagen. Ist der Behälter voll, gießt man die restliche Molke weg und ersetzt sie durch reines Salzwasser. Der Deckel wird zugelötet und der Käse zur Reifung sechs oder sieben Monate im Salzbad belassen. Manchmal wird er auch frisch konsumiert, aber ausgereift hat er ein ausgeprägteres Aroma. Daß dieses Produkt recht salzig schmeckt (der Salzgehalt kann bis zu 15 Prozent der Trockensubstanz betragen), ist nur selbstverständlich. Man kann den Käse vor dem Verzehr in frisches Wasser tauchen, um ihm etwas Salz zu entziehen.

Einige andere Favoriten

Den zweiten Platz unter den türkischen Käsesorten hat der *Kasar Peynir* inne. Auch er wird vorwiegend aus Schafmilch, je nach Vorrat aber manchmal aus gemischter oder ganz aus Kuhmilch produziert. Es handelt sich um einen harten Knetkäse, der dem Kaschkaval gleicht.

Es gibt nur wenige Varianten von Knetkäse. *Abaza Peynir*, ein kleiner, flachrunder Käse aus verschiedenen Milcharten – einzeln oder gemischt –, stammt aus dem Norden und Nordosten der Türkei. Manche dieser Käse werden geräuchert und unter dem Namen *Cerkez Peynir* auf den Markt gebracht – das Räuchern erhöht die Haltbarkeit. Nomaden in Südostanatolien bereiten den *Erimis Peynir*, der auf dem lokalen Markt ungereift an Händler verkauft wird, die den Käse dann zur Reifung lagern.

Der *Tulum Peynir*, der an den rumänischen Brinza erinnert, ist älter als der Kasar Peynir und in letzter Zeit eher rar geworden. Der Milch – jedweder Art – wird Olivenöl oder Joghurt beigemischt. Man hängt den Bruch in großen Säcken eine Stunde oder mehr an der Zimmerdecke auf und preßt ihn kräftig von Hand, damit die Molke eliminiert wird. Den relativ trockenen Bruch nimmt man daraufhin wieder aus den Säcken, zerkrümelt und salzt ihn und packt ihn in das *tulum*, einen Beutel aus gereinigter und getrockneter Schaf- oder Ziegenhaut. Der Käsebereiter stopft den Bruch mit einer massiven Holzkeule in den Lederbeutel. Er fügt eine Handvoll Salz bei und bindet den Beutel zu. Der Käse wird zwecks Reifung drei bis vier Monate an einem kühlen Ort gelagert, bis er ganz hart ist.

In der Gegend von Bursa, gegenüber von Istanbul an der Ostküste des Marmarameeres gelegen, bereitet man den *Mihalic Peynir*, einen harten, gesalzenen Käse, der jeweils von zwei Käsebereitern gemeinsam verarbeitet wird. Zuerst füllen sie ein Eichenholzfaß mit erstklassiger Schafmilch. Nach dem Gerinnen zerbröckeln sie den Bruch und formen in der Mitte der Masse allmählich eine Mulde. Während der eine weiterhin den Bruch bearbeitet, gießt der andere heißes Wasser in die Mulde, wodurch sich die Temperatur des Bruchs auf 40 bis 45 °C erhöht. Nach einer Ruheperiode von 1½ Stunden ist der Bruch auf den Boden des Fasses gesunken und wird nun in ein Käsetuch geschöpft, darin an der Decke aufgehängt und zur Entwässerung geklopft. Sobald sie ihn wieder aus dem Tuch genommen haben, schneiden die Käser den Bruch in große Stücke und tauchen ihn dann ins Salzbad. Zwei Wochen später füllt man ihn in hölzerne Behälter, in denen er drei Monate lang reift. Bevor der Behälter hermetisch verschlossen wird, fügt man noch zusätzlich Salz bei. Ein guter Mihalic schmeckt daher ziemlich salzig, hat eine dicke, helle Rinde sowie einen festen Teig mit kleinen Löchern.

Neuerdings wurde das einheimische Käsesortiment durch einige ausländische Sorten ergänzt. Man stellt nun auch Schmelzkäse her, und eine Schweizer Fabrik hat mit der Produktion einer Art Greyerzer, dem *Gravyer Peynir*, begonnen.

Syrien

Wo Tiere gehalten werden, die Milch geben, kann der Überschuß im Prinzip stets zu Käse verarbeitet werden.
In einem Wüstenland wie Syrien, wo Käse ohne wirtschaftliche Bedeutung ist, wird allerdings niemand ein vielfältiges Angebot erwarten. Es gibt in Syrien einige kleinere Käsefabriken, doch der Großteil des syrischen Käses wird von Bauern und Nomaden wie den Berbern bereitet. Die syrische Landwirtschaft basiert auf Weizen-, Gerste-, Baumwoll- und Obstkulturen sowie Weinbau und Schafzucht.

Lebnye, ein Beduinenkäse, wird bereitet, indem man saure Milch mit Reis oder Gerste siedet, bis sich eine homogene Masse bildet. Diese läßt man drei Tage stehen und mischt sie dann mit Thymian und andern Kräutern. Der Käse wird in kleine irdene Töpfe gefüllt und mit Olivenöl überdeckt.

Man produziert auch eine Art Sauermilchkäse aus entrahmter Milch (meist Schaf- oder Ziegenmilch, die manchmal mit Kuhmilch vermischt wird). Vollmilch wird in Lederbeuteln 12 bis 24 Stunden beiseite gestellt, bis sie sauer geworden ist. Nach dem Gerinnen wird die Masse im Beutel geknetet und geschüttelt, bis sich das Butterfett abgeschieden hat. Dieses wird nun entfernt und der verbleibende entrahmte Bruch mit Salz vermischt und in Leinensäcken aufgehängt. Sobald genügend Molke abgeflossen ist, formt man aus der Masse kleine aprikosengroße Kugeln, füllt sie in ein Glasgefäß und überdeckt sie zwecks Konservierung mit Olivenöl. Wenn dieser Käse über ein Jahr alt ist, nennt man ihn *Lebenen Be-zet.*

Andere einheimische Käse aus Schaf- und Ziegenmilch sind *Akavi, Ifravi* und *Stambuli.* Ifravi ist rund, die andern beiden sind rechteckig geformt mit abgerundeten Ecken.

Man produziert in Syrien auch einige Halbhartkäse, die dank ihrem Salzgehalt gut haltbar sind. *Hullon* und *Shulal* werden überall im Lande bereitet, vor allem aber in den östlichen Steppengebieten. Man schneidet den Bruch in Streifen, taucht diese eine Weile in Salzwasser und läßt sie an der Luft trocknen. Wenn der Käse in frischem Wasser gekocht wird, verteilt sich das Salz im Teig.

Links Damaskus ist eine der ältesten Städte der Welt, ihre Gründung geht möglicherweise auf das 7. Jahrtausend v. Chr. zurück. Sie wurde in einer großen Oase inmitten der Wüste erbaut. Obschon das Warenangebot auf den Märkten sehr vielfältig ist, wird nur wenig Käse verkauft. Der meiste Käse wird für den Eigenverbrauch produziert.

Name	Milch	Art	Rinde	Form	Gewicht	Fettgehalt i. d. Trockenmasse in %
Lebnye ✱ △/▲/◁	✱	O	–	Kugel	variiert	?

Zeichenerklärung siehe Seite 34

Links Der Homs-See entstand beim Bau eines Dammes, der zur Umleitung des Oronesflusses errichtet wurde. Er stellt in dieser Wüstengegend ein kostbares Wasserreservoir dar. In der ihn umgebenden Ebene gedeihen Früchte und Getreide.

Libanon

Rechts Im Libanon sind es Beduinen oder Kleinbauern wie der hier abgebildete, die die Milch liefern.

An der Ostküste des Mittelmeers gelegen, grenzt der Libanon im Süden an Israel und ist im Osten und Norden von Syrien umschlossen. Seine geographische Lage bedingt große jahreszeitliche Klimaunterschiede: sehr warme, oft sengendheiße Sommer und milde, feuchte Winter. Der Winterschnee auf den Gipfeln der parallel zur Küste verlaufenden Gebirgskette sichert dem Land kostbare Wasserreserven für den Sommer.

Der Libanon war einer der Staaten der Levante. Mit seinen blühenden Städten Byblos, Sidon und Tyros bildete er für die phönizischen Seefahrer schon um 1000 v. Chr. ein blühendes Handelszentrum und ist es bis heute geblieben. Er ist zweifellos einer der höchstentwickelten Staaten des Nahen Ostens. Der Bildungsstandard im Libanon ist hoch, in der Hauptstadt Beirut gibt es drei Universitäten. Leider haben die günstigen marktwirtschaftlichen und sozialen Verhältnisse des Landes die inneren Unruhen nicht zu verhindern vermocht. Die politische Situation hat vielmehr der Wirtschaft geschadet, da sich viele bedeutende Unternehmen gezwungen sahen, ihre Geschäftsstellen wenigstens vorübergehend in ruhigere Gebiete zu verlegen. Wegen der geringen Rohstoffvorkommen gibt es nur wenig Industrie. Abgesehen von den Ölraffinerien beschränkt sich die ökonomische Aktivität vor allem auf Getreidewirtschaft und in kleinerem Maßstab auf Viehhaltung.

Rechts Die Stadt Byblos, ein wichtiges Handelszentrum am Mittelmeer seit den Tagen der Phönizier.

Name	Milch	Art	Rinde	Form	Gewicht	Fettgehalt i. d. Trockenmasse in %
Akkawi	△	O	–	variiert	variiert	?
Baladi	◭△	O	–	variiert	variiert	?
Halloum	◭	●	□	variiert	variiert	?
Labneh	*	O	–	variiert	variiert	?

* △/◬/◭

Zeichenerklärung siehe Seite 34

Volkskäse

Wie in andern Ländern des Nahen Ostens ist es der Bauer oder der Beduine, der die Milch liefert und Käse bereitet. Ein typischer Beduinenkäse ist der *Halloum*, ein haltbarer Schafkäse mit gelbem und zähem Teig und salzigem Geschmack. Man findet ihn auf fast allen libanesischen Märkten, und manchmal wird er am Spieß über Holzkohle grilliert. Als vielseitig verwendbarer Kochkäse ist der Halloum überall im Nahen Osten verbreitet. Man kennt ihn zudem auch in Griechenland unter der Bezeichnung Halloumi und in Australien als Halloumy. Ihn als eine Art Kebab zu bereiten war wohl ursprünglich eine Erfindung der Türken. Im allgemeinen wird aber Käse im Nahen Osten kaum zum Kochen verwendet, man ißt ihn lieber frisch.

Der beliebteste libanesische Käse ist *Baladi* (das arabische Wort für «eingeboren»), der einen weißen Teig mit einer krümeligen Struktur aufweist. Wurde er ursprünglich nur aus Schafmilch produziert, so verwendet man heute auch Kuhmilch. Das Endprodukt ist gesalzen und ungesalzen erhältlich. *Akkawi* wird ausschließlich aus Kuhmilch bereitet, die allerdings nur recht spärlich vorhanden ist.

Labneh, in zahlreichen lokalen Varianten hergestellt, erfreut sich im Nahen Osten überall großer Beliebtheit. Man produziert ihn ganz einfach durch Entwässern der geronnenen, joghurtartigen Milch. Er bedarf keiner weiteren Bearbeitung.

Eine größere Käserei gehört einer Institution, die einem katholischen Kloster untersteht; ferner gibt es einige Käsefabriken in Chtaura und Chyah.

Israel

Oben In Israel wird koscherer Käse in verschiedenen Formen und Aromen produziert und in vier Kontinente exportiert. Ein koscheres Produkt muß in seiner Zubereitung dem strengen jüdischen Speisegesetz entsprechen.

Oben Die Stadt Jerusalem vom Ölberg aus gesehen. In der Bildmitte der von Kalif Abd al-Malik erbaute Felsendom (Kubbet es-Sachra). Zielstrebigkeit und harte Arbeit haben Israels Milchwirtschaft neu belebt, und Käse ist jetzt ein wichtiges Produkt.

Rechts In der Altstadt von Jerusalem wird eine Schafherde über eine Steintreppe getrieben, ein seit Jahrhunderten gewohnter Anblick.

Abgesehen von einem schmalen Küstenstreifen im Westen und dem Jordantal im Osten wird Israel landschaftlich von Bergland und vom Negeb, einem Wüstengebiet, dominiert, das durch umfangreiche Bewässerungsanlagen für die Landwirtschaft nutzbar gemacht wird. Käse mag ursprünglich von Mesopotamien aus nach Israel eingeführt worden sein. Dem Alten Testament zufolge kannten Abraham und sein Hirtenvolk, die aus Haran auszogen und sich in Kanaan niederließen, Käse als Nahrungsmittel. Dabei handelte es sich sicherlich um die kleinen, weißen Schafmilchkäse, die überall im Nahen Osten beliebt sind.

Eine industrielle Genesis

Dank Anwendung westlicher Methoden in der Industrie und Landwirtschaft verfügt Israel heute über die fortschrittlichste Viehzucht und Milchwirtschaftsindustrie im Nahen Osten. Aufgrund wissenschaftlicher Forschungsergebnisse konnte die Produktion in den letzten fünf Jahren um 25 Prozent erhöht werden. Um ein angemessenes Sortiment europäischer Käse zu produzieren, benötigt man Milch von guter Qualität. Mit diesem Ziel vor Augen kreuzten Israels Viehzüchter einheimisches Vieh mit importierten Friesenkühen, woraus sich ein Israelisch-Friesischer Typus entwickelte, der sich den gegebenen klimatischen Verhältnissen ausgezeichnet angepaßt hat und vom reinrassigen Friesenvieh kaum zu unterscheiden ist.

Durch sorgfältige Zucht und Beschaffung des richtigen Rauh- und Zusatzfutters sowie gute Pflege weisen die Kühe jetzt eine Milchleistung von 5300 bis 6500 Litern jährlich auf. Sie gehören zu den Kühen mit den höchsten Milchleistungen überhaupt und werden daher auch für den Export gezüchtet. In den landwirtschaftlichen Gemeinschaftssiedlungen – Kibbuzim – hält man durchschnittlich 200 bis 250 Stück Vieh, auf Einzelfarmen 15 bis 20 Kühe. Die Größe des Bestandes hängt vom verfügbaren Rohfutter und dem importierten Kraftfutter ab.

Name	Milch	Art	Rinde	Form	Gewicht	Fettgehalt i. d. Trockenmasse in %
Brinzä	✱	●◗	–	Würfel	300 g	45
Duberki	✱	■	–	Kugel	variiert	?
Gewina Zfatit	✱	O	–	Flachzylinder	0,2-3 kg	28-45
Lebbene	✱	O	–	variiert	variiert	?
✱ ◿/◭/◺						

Zeichenerklärung siehe Seite 34

Unten Ein ländlicher «Geleitzug» im Nahal-Sinai-Kibbuz unweit von El Arisch im Gasastreifen. Die ersten Kibbuzim, landwirtschaftliche Kollektive, wurden 1909 gegründet. Sie spielten bei der Besiedlung Israels, vor allem bei der Urbarmachung der Wüstengebiete, eine entscheidende Rolle.

Ein Land von Milch und Käse

1920 brachte man vom Balkan, aus der Türkei und Rußland *Brinza*-Käse nach Palästina. Kurz danach begannen einige Kibbuzim, aus Schafmilch Brinza zu produzieren, obschon die Verhältnisse damals noch sehr primitiv waren. Heute haben sich Käsefabriken auf die Herstellung von Schafkäse spezialisiert und produzieren einen erstklassigen Brinza. Diese kleinen, rechteckigen Käse wiegen etwa 300 Gramm. Manchmal wird dem Produkt etwa 25 Prozent Ziegen- oder Kuhmilch beigemischt.

Gewina Zfatit, ein ziemlich salzhaltiger Käse, wird in Nordgaliläa seit Jahrhunderten hergestellt. Ursprünglich ein ziemlich großformatiger Schafkäse, wird in den Fabriken nun eine kleinere Version mit einem geringeren Fettgehalt produziert. Die Käse werden meistens frisch gegessen. Man erkennt sie leicht an ihrer flachen, runden Form und den Abdrücken des Korbes, in dem sie zubereitet wurden. Für diese Käse läßt man pasteurisierte Milch bei ziemlich hoher Temperatur gerinnen. Der Bruch wird in den Körben regelmäßig gewendet, aber nicht gepreßt, und an der Oberfläche gesalzen. Der Käse kann sofort konsumiert werden. Gewina Zfatit hat einen weißen Teig, der beim jungen Käse sehr elastisch ist und mit zunehmender Reife hart wird. Die Käse werden mit unterschiedlichem Fettgehalt hergestellt: Vollfettkäse mit 45 Prozent, für den 25 Prozent Kuhmilch verwendet werden kann; Halbfettkäse mit 28 Prozent, für den eine Mischung aus Kuh-, Ziegen- und Schafmilch erlaubt ist.

Der Beduine stellt aus einer solchen Mischung meist *Dijbne*-Käse her, indem er den Bruch schneidet und rechteckige Stücke daraus formt. Djibne kann schon nach einem Tag gegessen oder monatelang in Salzwasser konserviert werden. *Lebbene,* eine Art entwässertes Joghurt, findet man in andern Länder des Nahen Ostens unter verschiedensten Namen. Es kann frisch konsumiert oder zu kleinen Kugeln geformt in Olivenöl konserviert oder an der Sonne getrocknet werden, um daraus *Duberki,* eine wahre Delikatesse, zu bereiten. Man kann auch den ganzen Käse an der Sonne trocknen lassen; in diesem Fall wird er *Kislik* genannt. Da der Käse durch den Trocknungsprozeß sehr hart wird, muß man ihn vor Verzehr ins Wasser tauchen.

Wie in einem heißen Klima nicht anders zu erwarten, verlangt die Produktion europäischer Käsesorten besondere Sorgfalt. Lange Zeit stellte man europäischen Käse aus importiertem Magermilchpulver und Margarine her. Jetzt verwendet man keinerlei Margarine mehr und Milchpulver nur in Zeiten geringer Milchproduktion, wobei nur qualitativ hochwertiges Pulver, kombiniert mit frischer Milch, verwendet wird. Man erzielt damit einen Qualitätskäse, der von dem nur aus Frischmilch produzierten nicht zu unterscheiden ist.

Links Bau einer Bewässerungspipeline, die Wasser aus dem Genezarethsee in den Negeb bringen wird. Sie gehört zu einem ausgedehnten Leitungs- und Kanalsystem, das im Wüstengebiet des Landes wahre Wunder wirkte.

Unten Markt in Beersheba in der Negeb-Wüste, wo Schafe gekauft und verkauft werden. Der Markt zieht die nomadisierenden Beduinen an, die als Tierkenner im ganzen Nahen Osten berühmt sind.

Koscherer Käse

Von der Regierung gewährte Subventionen sollen mithelfen, den Preis des Frischkäses demjenigen anderer Lebensmittel anzugleichen. Die Industrie trägt durch die Lieferung hübscher Packungen das Ihre zur Verkaufssteigerung bei.

Gereifte Käse sind größtenteils Standardsorten, die unter phantasievollen Handelsmarken angeboten werden. Zu diesen Sorten zählen unter anderem *Romadur, Limburger, Camembert, Bel Paese, Brie, Edamer, Gouda, Danbo, Cheddar, Emmentaler, Kashkaval, Roquefort* und *Provolone,* wobei die drei letzteren aus Schafmilch hergestellt werden. Eine israelische Spezialität ist natürlich koscherer, d. h. nach jüdischem Speisegesetz zubereiteter Käse, der nebst Schmelzkäsen in alle Welt exportiert wird. Der Jahresverbrauch an Schmelzkäse und natürlichem Käse beträgt 12,5 Kilo pro Kopf. In der Käseproduktion wendet man heute die allermodernsten Methoden an, und den Transport vom Tier bis zum Verbraucher besorgt eine in sich geschlossene und kontrollierte Kühlkette. Der Produktionskreislauf wird in Kürze noch ausgebaut durch die Einführung aseptischer Verpackung sowie Planung der Produktionsmengen und der Zulieferung.

Jordanien

Nur der schmale, gebirgige Streifen Westjordaniens ist fruchtbares Gebiet. Hier und in der Hauptstadt Amman lebt der Großteil der zwei Millionen Einwohner des Landes. Die Landwirtschaft bildet praktisch die einzige natürliche Erwerbsquelle in dieser Region. Da die Bewässerung des Bodens nur in geringem Ausmaß erfolgt, sind die Getreidekulturen weitgehend wetterabhängig.

Das restliche Jordanien ist Basaltwüste und Sandsteingebirge. Hier sind die Beduinen beheimatet, die in ihren Zelten aus Ziegenhäuten hausenden Nomaden mit ihren großen Tierherden – rund 75 000 Schafe, 600 000 Ziegen, 20 000 Kamele und 60 000 Kühe. Seit alters obliegen den Beduinen im ganzen Nahen Osten Tierhaltung und Molkereiproduktion. Käse wird nach wie vor vorwiegend aus Schaf- und Ziegenmilch bereitet. Ein höchst erstaunliches Phänomen ist das Vorhandensein stattlicher holländischer Kühe in dieser kargen, steinigen Landschaft. Wie – wird man vielleicht fragen – kommt dieses Vieh, das an grüne saftige Weiden gewöhnt ist, in diese Gegend? Die Antwort lautet: Dank der Entwicklungshilfe.

Angesichts der besonderen Bedeutung saftiger Weiden für Milch und Käsebereitung muß die beschränkte Kost Art und Qualität des Käses beeinträchtigen. Man hatte wohl gehofft, daß die Milch holländischer Kühe ein dem europäischen Käse ähnliches Produkt erbringen würde. Es ist nicht auszuschließen, daß sich dieses Ziel nach einer gewissen Anpassungsperiode sowie dank westlichen Einflüssen, vermehrtem Wohlstand und Ausbau der Bewässerungsanlagen später doch noch verwirklichen läßt.

Name	Milch	Art	Rinde	Form	Gewicht	Fettgehalt i. d. Trockenmasse in %
Labaneh	△	O	–	Behälter	250 g	10

Zeichenerklärung siehe Seite 34

Ganz oben Esel bringen die Milch zum neuen Molkereizentrum in Russeifeh unweit von Amman. Neben Frischkäse produziert die Fabrik joghurtähnlichen Laban und quarkähnlichen Labaneh.

Links Etikett einer Schachtel Labaneh, einer kompakteren Version des Laban, hergestellt aus entrahmter Kuhmilch.

Unten Frisches Wasser ist rar. Bis jetzt wurde noch relativ wenig vom Mittel der Bewässerung Gebrauch gemacht, doch verbessert diese die Aussichten der Landwirtschaft in hohem Maße.

Labaneh und Frischkäse

In Russeifeh unweit von Amman steht eine ganz neue Käsefabrik, die ihre Milchlieferungen noch auf Lasteseln erhält. Die Fabrik produziert den joghurtähnlichen *Laban*, den etwas kompakteren *Labaneh* und einigen Frischkäse.

Für die Bereitung von Labaneh wird mit fettfreiem Milchpulver vermischte Milch auf 85 °C erhitzt und nach fünf Minuten auf 47 °C abgekühlt. Dann säuert man die Milch, gießt sie in Butterfässer und wartet ab, bis sie den erforderlichen Säuregrad erreicht hat. Nach zwei Tagen in der Kühlzelle füllt man den Bruch in Säcke, damit die Molke abfließen kann. Um den Entwässerungsvorgang, der normalerweise 14 Stunden dauert, zu verkürzen, stellt man mit Wasser gefüllte Fässer auf die Säcke. Schließlich wird Salz beigemischt (1,5 Prozent der Mischung ist Salz) und der Käse in Plastikbecher verpackt.

Frischkäse produziert man aus einer Mischung von 97 Prozent Milch und 3 Prozent fettfreiem Milchpulver. Diese wird zunächst auf 74 °C erhitzt und anschließend auf 36 °C abgekühlt, die korrekte Temperatur für die Beifügung von Lab. Nach dreißig Minuten gibt man heißes Wasser zu und schüttet den Bruch zum Entwässern auf ein in einen Holzrahmen eingespanntes Tuch. Der von Hand zu viereckigen Stücken geformte Bruch wird in kleine Tuchquadrate gehüllt und zehn Minuten gepreßt. Dann werden die Tücher entfernt und die Käse in Eselskarren auf den Markt gebracht.

Saudi-Arabien

Saudi-Arabien, das den größeren Teil der arabischen Halbinsel umfaßt, ist ein Tafelland, das gegen Osten vom steil aus dem Roten Meer aufragenden Gebirgsrand ganz allmählich abfällt. Es besitzt ein trockenes Klima, Regen ist höchst selten, und weite Teile des Landes sind Wüstengebiete, in denen Beduinen leben. Die meisten dieser Beduinen sind Angehörige der Wahabiten-Sekte, denen der Genuß von Alkohol und Tabak untersagt ist.

Das Leben in der Wüste hängt vom Gedeihen der Oasen ab. Wie in den meisten Ländern mit ausgedehnten Wüsten- und Steppengebieten gibt es auch in Saudi-Arabien zwei Arten von Bewohnern: die in den Oasen ansässigen Bauern und die Nomadenstämme. Die Bauern pflanzen Korn, Gemüse und Früchte, vor allem hochwertige Datteln, die weithin exportiert werden. Die Nomaden, größtenteils Beduinen, ziehen mit ihren Familien durch die kargen Wüstengegenden auf der Suche nach Weideland. Sie sind ständig unterwegs mit ihren Kamelen, Schafen und Ziegen und führen ein hartes, entbehrungsreiches Leben.

Die Mutter der Kamele

Die Nahrung der Beduinen besteht hauptsächlich aus Kamel- und Schafmilch, Käse, Datteln und manchmal etwas Kaffee. Brot ist sehr rar, und auch Fleisch ißt man meist nur bei festlichen Gelegenheiten. Wenn gelegentlich ein altersschwaches Kamel stirbt, so gibt es einen unverhofften Festschmaus, ein andermal wandert eine zufällig gefangene Eidechse oder Wüstenmaus in den Topf. Nur wenige Völker leben in einem so unwirtlichen Land und in solcher Armut – doch der Stolz und die Gastfreundschaft der Beduinen sind legendär.

Ohne das Kamel – in Saudi-Arabien ist es das Dromedar – wäre das Leben der Beduinen unerträglich. Es ist ihnen ein treuer Helfer und verläßlicher Milchspender. Das erste Kamel wurde, wie die Sage berichtet, auf einer der Hochebenen der arabischen Halbinsel gezähmt. Dies ist nun schon Jahrtausende her, doch der Ort blieb den Arabern in Erinnerung und wird von ihnen verehrt – sie nennen das Plateau Om-el-Bel, «Mutter der Kamele». Für sie hat auch das Sternbild des Orion die Form eines Kamels, und in den Plejaden glauben sie eine kleine Kamelherde zu sehen.

Links Hier wird in einer Straße von Aden an der Südküste der arabischen Halbinsel eine Ziege gemolken. Aus Schaf- und Ziegenmilch werden kleine Käse hergestellt.

Name	Milch	Art	Rinde	Form	Gewicht	Fettgehalt i. d. Trockenmasse in %
Jupneh		O	–	Flachzylinder variiert		?

Zeichenerklärung siehe Seite 34

Unten Kamele, Esel, Schafe und Ziegen sind der Beduinen kostbarster Besitz und auf Gedeih und Verderb mit dem Wasser der Brunnen in der Wüste verbunden. Die Alltagskost der Beduinen besteht hauptsächlich aus Käse, Milch und Datteln. Fleisch ist ein Luxus.

Nomadenkäse

Im allgemeinen nennen die Beduinen ihren Käse einfach *Gibne*. Sie bereiten ihn in der Regel aus Schaf- oder Ziegenmilch, die sie durch Zusatz von tierischem Lab, Feigenblatt- oder Gemüsesäften zur Gerinnung bringen. Für *Jupneh* wird die Milch gekocht und dann auf 25 °C abgekühlt. Der Bruch entsteht, indem man einen Streifen gesalzenen Kalbsmagen in die Milch hängt. Nach ungefähr einer Stunde schwimmt der Bruch auf der Molke. Man schöpft ihn ab und legt ihn auf ein Tuch, dessen Enden über dem Bruch verknotet werden, worauf man diesen zwischen zwei Brettern preßt. Ein schwerer Gegenstand auf dem oberen Brett gibt dem Jupneh seine flache, runde Form. Das Produkt wird entweder frisch konsumiert oder 15 Minuten in Salzwasser gesotten. Man kann Jupneh konservieren, indem man ihn in einem festverschlossenen Faß in schwachem, kaltem Salzwasser aufbewahrt. Das Salz wird vor dem Verbrauch abgewaschen.

Irak

Vor etwa fünftausend Jahren legten im Gebiet des heutigen Irak die Sumerer den Grundstein zu einer der ältesten Kulturen der Welt. Das von Euphrat und Tigris durchflossene «Zweistromland» ist sehr fruchtbar, und Jahrhunderte hindurch bildeten Landwirtschaft und Viehzucht die wichtigsten Erwerbsquellen. Viehweiden waren so reichlich vorhanden, daß die Produktion von Milch- und Käse bei weitem den Bedarf übertraf. Man verkaufte den Überschuß auf dem Markt an die Stadtbewohner.

Es ist nicht anzunehmen, daß die Sumerer die ersten waren, die sich auf die Kunst der Käsebereitung verstanden. So alt auch ihre Zivilisation sein mag, lange vor ihnen bebauten Agrarvölker aus vorgeschichtlicher Zeit den Boden im Zweistromland. Sie entdeckten, wie man aus wildwachsendem Getreide Brot zubereiten konnte. Vermutlich wußten sie auch schon, wie man Käse herstellt. Verglichen mit diesen neolithischen Völkern standen die Sumerer und Babylonier auf einer hohen Kulturstufe, wie archäologische Ausgrabungen beweisen.

Wir wissen auch aus dem Alten Testament, daß zur Alltagskost dieser Hirtenvölker Käse gehörte, wie die Funde in Ur bestätigten. Eine der Tafeln der «königlichen Standarte» zeigt Kühe, Schafe und Molkereiutensilien. Auf einem in El-Obeid entdeckten Fries ist der Vorgang des Melkens und Gerinnens der Milch in kunstvollen Details wiedergegeben. Sir Woolley, der die Ausgrabungen in Ur von 1922 bis 1934 leitete, schreibt, daß Käse aus Kuh- und Ziegenmilch hergestellt wurde. Von dieser Wiege der Kultur aus begann sich die Kunst der Käsebereitung allmählich gegen Westen nach dem alten Griechenland und Rom hin auszubreiten.

Oben Lammungszeit in den Bergen Kurdistans, wo der Irak an die Türkei und den Iran grenzt.

Unten Viele Bewässerungsprojekte sind bereits verwirklicht, weitere Anlagen sind im Bau. Dieser Stausee liegt im Hügelland des Nordens, wo Getreideanbau und Viehzucht betrieben werden.

Name	Milch	Art	Rinde	Form	Gewicht	Fettgehalt i. d. Trockenmasse in %
Meira	(Symbol)	■	—	variiert	variiert	?

Zeichenerklärung siehe Seite 34

Irakische Spezialitäten

Man bereitet auch heute noch Käse im Irak, doch in relativ bescheidenem Umfang und mit wenig Sorgfalt. Die meisten Käse werden in der Regel aus Schafmilch in den Monaten April, Mai und Juni produziert. Für den *Meira* wird geronnene Milch erhitzt, bis sich der Bruch von der Molke scheidet. Dann füllt man ihn in Leinensäcke, die man mit einem großen Stein beschwert, um die restliche Molke zu eliminieren. Nach dem Salzen wird der Bruch in Streifen geschnitten und in Schafhäute gefüllt, in denen er 6 bis 12 Monate aufbewahrt werden kann.

Lour wird aus mit Milch vermischter Molke hergestellt. Der Bruch wird gesalzen, aber nicht gepreßt, und der Käse muß frisch konsumiert werden. Dies gilt auch für *Fajy,* einen mit Knoblauch oder Zwiebeln gewürzten, für den Eigenbedarf produzierten Magerkäse, der ohne Lab bereitet wird.

Man stellt im Irak auch etwas *Mozzarella* und *Cottage Cheese* her sowie ziemlich viel Schmelzkäse: Irak hat die größte Schmelzkäsefabrik im Nahen Osten. Zur Schmelzkäseherstellung werden beträchtliche Mengen Cheddar importiert.

Mittel- und Ostasien

Wasserbüffel sind in Zentralasien und im Fernen Osten die wichtigsten Zugtiere und Milchlieferanten, doch wird Käse auch aus andern Milchsorten hergestellt. Neben Schaf- und Ziegenmilch wird auch Kamel-, Pferde-, Esels- und, in Tibet, Jakmilch zu Käse verarbeitet.

Iran

Der Iran ist überwiegend gebirgig, ein Land mit vorherrschend trockenem, warmem Binnenklima, nur im Südwesten und am Kaspischen Meer fällt ausgiebig Regen.
35 Prozent der Bevölkerung verdienen ihren Lebensunterhalt in der Landwirtschaft und mit Viehzucht. Die Milch der großen und zahlreichen Schaf- und Ziegenherden wird zu Käse verarbeitet. Ein sehr bekannter und beliebter Käse jedoch, der *Secret Penir,* wird aus Kamel-, Pferde- oder Eselsmilch produziert. Für diesen einheimischen Nomadenkäse stellt man die frische Milch sofort in flachen, irdenen Gefäßen an die Sonne und läßt sie fünf Tage stehen. Ist die Milch geronnen, wird die dickliche Masse mit einer Schaumkelle herausgeschöpft, in Leinentücher gewickelt und rauchgetrocknet. Dann formt man aus der Masse kleine Kugeln und läßt sie ebenfalls an der Sonne trocknen, bis sich an der Oberfläche Risse bilden. Danach taucht man die Käse in Salzwasser und schließt die Risse von Hand. Man reibt die Käseoberfläche mit Bienenwachs ein, und nach einer zehntägigen Reifezeit sind sie zum Verbrauch bereit. Ihre Haltbarkeit ist ausgezeichnet, man kann sie jahrelang aufbewahren.

Kaschgaii, ein ebenfalls sehr haltbarer, aus den Zagrosbergen stammender Käse, kann aus jeder Art Milch produziert werden. Diese wird zusammen mit einem joghurtähnlichen Produkt gekocht und zehn Tage lang jeden Morgen gerührt. Anschließend wird der aufgewärmte Bruch in hölzerne Formen gegossen und einige Tage später nochmals erhitzt, bevor man ihn in Steinhütten reifen läßt. Kaschgaii ist ein sehr harter, zylinderförmiger Käse.

Beim *Lighvan* handelt es sich um einen aus Schaf-, Ziegen- oder Kuhmilch bereiteten Molkenkäse. Der Bruch bleibt drei bis vier Monate in einer Salzwasserlösung, deren Konzentration ständig verringert wird. Käse aus Schaf- oder Ziegenmilch werden bevorzugt, da diese Tiere im Freien gehalten und gemolken werden. Kuhmilch nimmt oft Fremdgerüche an – sei es vom Stall oder vom Kraftfutter.

Für *Panir Kusei* formt der Bauer den Bruch von Hand und knetet ihn kräftig. Später füllt er die Masse in einen Topf und drückt sie zusammen. Das Gefäß wird mit Papier oder Stoff hermetisch verschlossen und vielfach noch mit einer Lehmschicht überdeckt. Dann stellt man den Topf für drei bis vier Monate in einen Kellerraum oder steckt ihn kopfüber in den Sand, so daß nur noch der Boden des Gefäßes herausragt. Im Laufe des Reifungsprozesses verringert sich die Feuchtigkeit, und etwaige Bakterien werden zerstört.

Rechts Frauen des Qash-Qai-Stammes im südlichen Iran beim Melken einer Ziege. Die Milch dient dem Kleinkind und der übrigen Familie als Nahrung. Wenn ein Rest bleibt, wird er zu Käse verarbeitet.

Name	Milch	Art	Rinde	Form	Gewicht	Fettgehalt i. d. Trockenmasse in %
Kaschgaii	*	■	□	Zylinder	4,7 kg	?
Lighvan	*	◗	—	Zylinder	500 g	?

* jegliches Milchtier

Zeichenerklärung siehe Seite 34

Unten Angehörige des Qash-Qai-Stammes auf ihrer Wanderung durch die Täler des Zagrosgebirges in der Nähe von Schiras. Sie sind berühmt für ihre Teppichknüpfkunst.

Afghanistan und Pakistan

Dank einem sorgfältig geplanten Bewässerungssystem können die Gebirgstäler im Norden Afghanistans landwirtschaftlich genutzt werden. Da gibt es auch gutes Weideland für Kamele, Schafe und Ziegen, die reichlich Haar und Wolle liefern und daher einen bedeutenden wirtschaftlichen Faktor darstellen. Man exportiert diese Produkte oder verarbeitet sie im Inland zu Afghan-Teppichen. In der Tat basiert die Wirtschaft des Landes zu einem Gutteil auf der Wolle, die die 22 Millionen Schafe liefern.

Die Bevölkerung besteht vorwiegend aus armen Stämmen, deren Angehörige noch Analphabeten sind. Sie ziehen mit ihren Herden durch die Gegend und wohnen unter primitivsten Verhältnissen in ihren Zelten, wie sie es seit Jahrtausenden gewohnt sind. Im Sommer weiden ihre Schafherden auf den Bergweiden, im Winter durchstreifen sie die Täler auf ihrer endlosen Wanderschaft zu stets neuen, meist kärglichen Weideplätzen. Die Nomaden bereiten ihren Käse aus Buttermilch und verarbeiten das kostbare Milchfett zu *ghee* (Butteröl), das nach Indien exportiert wird.

Volkskäse

Krut oder *Qurut* ist ein Buttermilchkäse. Die Buttermilch wird gekocht, damit das Protein ausflockt, dann hängt man den Bruch in einem Tuch oder einem Spezialkorb auf. Die nach dem Entwässern übrigbleibende Masse wird zusammen mit Salz geknetet. Der an der Sonne – oft auf dem Zeltdach – getrocknete Bruch wird sehr hart und kann jahrelang aufbewahrt werden. Vor dem Essen wird der Käse zerkrümelt und in Wasser getaucht.

Schneidet man den getrockneten und gepreßten Bruch in Vierecke, wird er *Pasteikrut* genannt. Die Käser bringen die Milch oft durch Zusatz von Lab aus dem Magen eines neugeborenen Lamms zum Gerinnen. Schon nach fünf Minuten wird die Milch dick und daraufhin in Baumwollsäcken entwässert. Das fertige Produkt wird auf den Markt gebracht und von Händlern mit dem Messer geschnitten und mit Salz bestreut, um die Haltbarkeit des Erzeugnisses zu verbessern. Solchen *Shur panir* genannten Käse produziert man auch in Tibet, Iran und Saudi-Arabien.

Afghanistans industrielle Entwicklung steckt noch in den Anfängen, und es wird noch einige Zeit vergehen, bevor eine Käseindustrie Fuß fassen kann. Vorderhand produziert man Käse vorwiegend für den Eigenbedarf. Einfache Sorten werden hier und da zum Verkauf angeboten, vor allem im Marktzentrum von Masar-i-Scharif.

Oben und links Wasserbüffel. Diese Tiere stammen aus einer Gegend bei Karatschi in Pakistan. Man beachte die langen, gebogenen Hörner und den mächtigen Körperbau.

Name	Milch	Art	Rinde	Form	Gewicht	Fettgehalt i. d. Trockenmasse in %
Krut ✱ [Symbol]/[Symbol] und Kamel	✱	■	–	variiert	variiert	?

Zeichenerklärung siehe Seite 34

Pakistan

Pakistans Landschaft ist größtenteils Trocken- und Steppengebiet. Am besten eignet sich für die Landwirtschaft das Pandschab, in dessen Mitte Lahore liegt. Hier liefert neben Schafen und Ziegen vor allem der Büffel die meiste Milch. Von den wilden Büffelrassen ließ sich nur der Arni – große, braune Tiere mit breiten, nach hinten gebogenen Hörnern und doppelt so schwer wie eine Kuh – zähmen.

Links Gilgi, ein kleines Dorf bei Rawalpindi in den Vorbergen des Himalaja. In diesen wenig entwickelten Gebieten dient das Tier verschiedensten Zwecken – zum Korndreschen, Wasserziehen, Lastentragen –, für die der Westen mechanische Mittel einsetzt.

China und Tibet

Links Wasserpumpe im Hof einer alten Farm, die zu einer Volkskommune bei Peking gehört. Die Kommune ist nach Marco Polo benannt, der im 13. Jahrhundert China bereiste.

Oben Auf dieser Briefmarke ist eine chinesische Milchfarm abgebildet. Ungeachtet des hier gewählten Motivs mögen die Chinesen Milch nicht besonders gern.

Mit seiner uralten Kultur und seiner hochentwickelten Zivilisation – der vielleicht bedeutendsten der Menschheitsgeschichte – ist China, das heute von einem relativ jungen politischen Regime beherrscht wird, für den westlichen Menschen ein Land voller Rätsel. Chinas kulturelle Überlieferungen haben nicht ihresgleichen, sind unerreicht. Aus China stammen einige der fundamentalsten Erfindungen; Ethik und Kunst erlebten dort bereits ihre höchste Blüte, als viele der heutigen Kulturvölker ihren Göttern noch Menschenopfer darbrachten.

Obschon die Chinesen vermutlich auch über fortgeschrittene landwirtschaftliche Methoden verfügten, betrachteten sie Milch nie als brauchbares Nahrungsmittel für den Menschen, und so ist es mehr oder weniger bis auf den heutigen Tag geblieben.

Man hielt in China seit urdenklichen Zeiten Vieh, doch diente es wie auch die Wasserbüffel ausschließlich zur Arbeit.

Die Chinesen ernähren sich hauptsächlich von Gemüse, Sojabohnen und sogenanntem «Sojakäse», der wohl kaum als Käse bezeichnet werden kann. In den großen Städten gibt es einige Molkereibetriebe mit sehr guten Milchkühen, wo man für die wenigen dort ansässigen Europäer und westlich orientierte Chinesen Käse produziert.

Unten Eine mongolische Briefmarke (Vergrößerung), die 1969 zum Gedenken an den 10. Jahrestag der Gründung der Genossenschaftsbewegung herausgegeben wurde. Das Bild – es stammt von dem mongolischen Künstler Tsewegdjaw – zeigt das Melken von Stuten. Stutenmilch dient zur Herstellung einiger seltener Lokalkäse.

Name	Milch	Art	Rinde	Form	Gewicht	Fettgehalt i. d. Trockenmasse in %
Chura ✱ ◁ und Yak	✱	■	–	variiert	variiert	–

Zeichenerklärung siehe Seite 34

Vom Nutzen des Jak

Tibet, im Mittel über 4000 Meter hoch und von Gebirgen durchzogen, ist das größte Hochland der Erde. Im Süden liegen die großen Flußtäler des Oberen Indu und des Tsangpo, im Osten frucht bare Ebenen und gute Weideplätze. Im Gegensatz zu den Chinesen schätzen die Tibeter den Nährwert der Milch. Doch das in Tibet gehaltene Vieh ist meist von undefinierbarer Rasse und schlechter Qualität – kein Wunder angesichts der kärglichen Vegetation. Bergschafe eignen sich besser für ein solches Terrain. Dasselbe gilt für den Jak, die einzige dem rauhen Klima Tibets angepaßte Rinderart, die dort seit Jahrhunderten als Arbeits- und Milchtier gezüchtet wird. Da der Jak nur Gras frißt, sind die Herden ständig auf der Suche nach neuen Weidegründen.

Die Nomaden sind in ihrem Lebensunterhalt völlig auf ihre Tiere angewiesen. Milch, Butter und Käse sind für sie unentbehrlich. Während sie ihres Weges ziehen, bringt die Bewegung die Milch zum Gerinnen. Sie wird zu *ghee,* Butteröl, das man als solches verzehrt oder dem Tee beimischt, den die Nomaden von morgens bis abends trinken. Man verwendet es auch für die Lampen und als Handelsware.

Den Tibetern sind Koagulationsmittel unbekannt. Die saure, nach dem Entstehen von *ghee* übrigbleibende Buttermilch wird erhitzt und entwässert, und es entsteht eine Art fettfreier Käse, *Chura,* der mit Tee und Mehl vermischt zu Rollen geformt wird. *Zho,* eine joghurtähnliche Sauermilch, wird durch Wegschütten der Molke zu Käse.

Wie in China sind auch in Tibets Landwirtschaft und sozialem Gefüge durchgreifende Veränderungen im Gange. Die Folgen für die Milchwirtschaft sind kaum vorauszusehen, doch ist der Tibeter vom Nutzen der Milch und der Milchproduktion restlos überzeugt.

Japan

Wie der Buddhismus von Indien über China, fanden auf diesem Weg auch andere Einflüsse mehr praktischer Natur – beispielsweise die Bereitung von Milchprodukten – in Japan Eingang. Im 7. Jahrhundert n. Chr. brachte man dem Kaiser alljährlich in einer Zeremonie *so* (Milchprodukte) dar. Dann ist, bis ins 15. und 16. Jahrhundert, als portugiesische Händler nach Japan kamen, nie mehr von Käse die Rede.

Größere Mengen Käse wurden 1875 erstmals auf der Insel Hokkaido produziert, wo um 1900 Trappistenmönche eine weitere Käseproduktionsanlage in Betrieb nahmen. Hinsichtlich Bodenbeschaffenheit und Klima verfügt Hokkaido über das für die Viehhaltung geeignetste Terrain. Es gibt zahlreiche – nach modernen Maßstäben relativ kleine – Bauernbetriebe, die aber sehr produktiv sind und über gute Viehbestände verfügen.

Vor dem Ersten Weltkrieg verarbeitete man Milch zu Käse und Milchpulver. Nachdem sich die Preise stabilisiert und die Marktverhältnisse gebessert hatten, erlebte die Milchwirtschaft in den sechziger Jahren einen drastischen Aufschwung.

Käse statt Reis

Japan ist ein Land, das seinesgleichen sucht: in alten Traditionen wurzelnd, dabei aber dem westlichen Lebensstil voll aufgeschlossen. So werden westliche Eßgewohnheiten immer populärer. Der Reiskonsum nimmt rapide ab, während sich die Käseproduktion von 12 000 Tonnen im Jahre 1963 auf 41 000 Tonnen im Jahre 1973 (inklusive Schmelzkäse) erhöht hat. Auch der Import ausländischen Käses nahm zu: von 6500 Tonnen 1965 auf 34 000 Tonnen 1973. Daneben produziert Japan seinen eigenen *Cheddar, Gouda* und *Camembert.*

Oben Japanischer Käse, vermutlich eine Gouda-Art, wird aus dem Salzbad genommen. Obschon Japan keine Milchwirtschaftstradition besitzt, wird Käse immer beliebter. Am populärsten ist Schmelzkäse, doch produziert man immer größere Mengen Gouda, Cheddar und Camembert.

Unten Umhüllung eines Schmelzkäses. Die Milch, die zu Käse verarbeitet wird, stammt vorwiegend von schwarz-weißen Friesenkühen.

Links Haushaltkäse in einem Lagerraum fein säuberlich eingereiht.

Am beliebtesten ist nach wie vor der Schmelzkäse, und ein Großteil des Importkäses kommt direkt in die Schmelzkäsefabriken. Diese Käseart mit ihrem milderen Aroma sagt offensichtlich dem Japaner mehr zu als natürlicher Käse. Um das Produkt noch mehr dem japanischen Geschmack anzupassen, hüllt man es oft in Algen oder Bambusblätter oder vermischt es mit Sesamsamen.

Doch scheinen die Japaner nach und nach auch eine Vorliebe für natürlichen Käse zu entwickeln. Das bekannte Käsesandwich, das in aller Welt als Snack Anklang gefunden hat, ist weit verbreitet. Es gibt in Japan heute neben den traditionellen Speisehäusern auch Restaurants und Snackbars westlichen Stils. Nicht minder beliebt als der Käse ist die Pizza, deren italienische Herkunft freilich durch die Verwendung holländischen Gouda-Käses irgendwie verfälscht wird. Zudem serviert man die Pizza zu Tee.

In den großen Supermärkten findet man ein reiches Käsesortiment. In Kochvorführungen wird die Verwendung von Käse für die traditionellen Gerichte propagiert. Das Fernsehen sendet Kochlektionen, und Zeitschriften publizieren Rezepte.

Rechts Nur etwa ein Sechstel Japans ist bestellbares Land. Es gibt viel zu wenig Weiden. In Japan findet man zahlreiche mustergültige Landwirtschaftsbetriebe wie den hier abgebildeten in holländischem Stil und mit holländischem Vieh.

Indien und Nepal

Links Eine Kuh an einer vermutlich dem Affengott Hanuman geweihten Kultstätte in der heiligen Stadt Benares. Kühe und Milchmädchen, sogenannte *Gopis*, spielen in der indischen Sage und Religion eine wichtige Rolle: Gopis sind die Dienerinnen des Gottes Krischna.

Indien stellt den Fremden vor macherlei Rätsel. So gibt es in Indien weit mehr Kühe als anderswo auf der Welt – nach neueren Schätzungen rund 170 Millionen –, doch seine Molkereiprodukte sind keineswegs mannigfach. Für den Hindu ist die Kuh ein heiliges Tier. Kühe wandern durch die Straßen Delhis, der Hauptstadt Indiens, sie liegen mitten auf der Fahrbahn und blockieren den Verkehr. Man versucht höchstens, sie durch einen sanften Rippenstoß zum Weggehen zu bewegen.

Kühe gelten in Indien zwar als heilig, dienen aber als Arbeitstiere, und der Arbeiten sind viele auf den kargen Äckern des indischen Bauern. Kühe gehen am Pflug, dreschen das Korn, ziehen den Karren. Sie geben wenig und dürftige Milch, die als Nahrung dient. Ihre Ausscheidungen verwendet man als Dünger oder Brennmaterial oder auch zum Ausbessern von Dächern. Als Gegenleistung genießen die Kühe Verehrung, erhalten aber nur kärgliches Futter und keinerlei tierärztliche Betreuung.

Der indische Ochse oder das Zebu und der Wasserbüffel sind anpassungsfähiger. Vor allem das Zebu erwies sich als unempfindlich gegen extreme Hitze und

Links Ein Arbeiter reinigt die im Gärraum einer nepalesischen Käsemolkerei gelagerten Käse. Neben- und untenstehendes Bild stammen vom Welternährungsrat der Vereinten Nationen.

Links Für den Export werden die Käse in hübsche, aus Schilfrohr geflochtene Körbe verpackt. Nepal hat einen zwar nicht sehr umfangreichen, aber blühenden Käseexport aufgebaut. Die Produkte sind indischen Sorten und Importerzeugnissen durchaus ebenbürtig.

widerstandsfähig gegen Tuberkulose. Andererseits gibt der Büffel zweimal soviel Milch wie das Zebu, und seine Milch ist reicher an Protein und Fettgehalt.

Wegen der Heiligkeit des Lebens – *Ahimsa* –, dem Grundgebot der Hindus, vor allem der Dschaina (Angehörige einer indischen Religion), lehnen die meisten Eingeborenen jegliche tierische Nahrung ab. Milch wird als wichtiges Nahrungsmittel geschätzt, sie ist das Produkt eines *lebenden* Tieres. Produkte toter Tiere sind als Nahrungsmittel verboten, daher verzichtet man im allgemeinen auf Lab als Gerinnungsmittel, ausgenommen in entwickelteren Milchwirtschaftsgebieten. Eigenartigerweise hat Käse, ausgenommen in Form von Joghurt und Quark, *pannir* oder *panir* genannt, das Fleisch nicht zu ersetzen vermocht, was mit des Inders Verzicht auf Lab und das Fehlen eines pflanzlichen Ersatzes zusammenhängt.

Bessere Zukunftsaussichten?

Ungeachtet der durch religiöse Praktiken bedingten Einschränkungen sieht Indiens Fünfjahresplan einen hohen Betrag zur Förderung der Viehzucht und Milchwirtschaft vor. Durch Kreuzung des einheimischen Viehs mit europäischen Rassen verspricht man sich eine Steigerung der Milcherträge und die Züchtung frühreifer Tiere. In der Umgebung der großen Städte hat der Indische Molkereiverband große Anstrengungen zur Bekämpfung der durch Klima, Krankheiten, Gleichgültigkeit der Öffentlichkeit und niedrigen Entwicklungsstand bedingten Schwierigkeiten unternommen. In der Aarey-Milchkolonie bei Bombay liefern die 15 000 Büffel einer großartigen Musterfarm 70 000 Liter Milch im Tag. Auf dem Lande hat sich hingegen nur wenig geändert, und die Zukunft sieht – zumindest in diesem Bereich – nicht eben rosig aus.

Nach dem bekanntesten indischen Käse, dem *Surati Panir,* besteht eine gewisse Nachfrage, da dieses Erzeugnis einen hohen Nährwert aufweist und ihm heilende Eigenschaften zugeschrieben werden. Surati wird aus Büffelmilch hergestellt, die durch Beimischung von saurer Milch gesäuert wird. Man fügt Lab bei und ordnet den Bruch lagenweise unter Beifügung von Salz in Körben an. Nach dem Entwässern bleibt der Bruch in der Molke.

Zur Herstellung von *Dacca* füllt man die geronnene Milch ebenfalls in Körbe, nachdem sie von Hand zerkrümelt worden ist. Man beschwert die Körbe mit einem Brett, und nach 10 bis 14 Tagen sind die Käse trocken genug, um über einem offenen Kuhdungfeuer geräuchert zu werden.

Bandal ist ebenfalls ein geräucherter Käse, während *Chauna* oft als Grundlage für Süßigkeiten verwendet wird. Er wird mittels Zitronensaft oder saurer Molke gesäuert, was einen glatteren Teig ergibt. *Srikand,* ein ohne Lab produzierter einheimischer Bauernkäse, wird oft zusammen mit Bananen oder Mangofrüchten gegessen. Joghurt bildet einen wichtigen Bestandteil der indischen Alltagskost. Als *raita* wird es auf verschiedene Arten serviert, auch mit gekochten oder marinierten Gemüsen wie Gurken, Auberginen und Tomaten oder aber mit Früchten vermischt. Mit Milch vermengt und mittels Zitronensaft geronnen, wird Joghurt zu *panir,* einem Käse, der durch Beigabe von Erbsen das beliebte vegetarische Gericht *mattar panir* ergibt.

Der Käseverbrauch ist in Indien nach wie vor beschränkt. Wie die Europäer essen auch die Muselmanen gerne Käse, doch ist in ganz Indien guter Käse rar.

Links Der robuste und recht temperamentvolle Jak, der in Tibet und Nepal weit verbreitet ist. Er erweist sich als wertvolles Zugtier und als kälteresistent und erbringt eine Milchleistung von etwa 900 bis 1200 Liter im Jahr. Die Milch ist reich an Fett und Protein.

Name	Milch	Art	Rinde	Form	Gewicht	Fettgehalt i. d. Trockenmasse in %
Bandal	♉✱	○	—	Korb	variiert	35-65
Dacca	♉✱	●	—	Korb	variiert	35-45
Surati Panir	✱	○	—	Korb	variiert	50

✱ Büffel

Zeichenerklärung siehe Seite 34

Unten Auf dem Marktplatz eines kleinen Dorfes in Nordnepal. Hier wird Käse feilgeboten, der aus der nach der Butterzubereitung übrigbleibenden Buttermilch hergestellt wurde. Das *ghee* genannte Butteröl ist ein wichtiger Exportartikel.

Nepal

In Nepal stellt man von jeher Butter und Käse her – unentbehrliche Produkte für den Bergbewohner. Viehzuchtgebiete gibt es im Norden und in den subtropischen Tälern, wo man Büffel, Zebus und Rindvieh hält. Doch an den hochgelegenen Berghängen nahe der tibetanischen Grenze liefert der Jak die benötigte Milch. An den tiefergelegenen Hängen züchten die Scherpa «Chowries» – eine Kreuzung von Jak und Zebu – und ziehen mit ihnen von Weide zu Weide. Aus deren Milch, die mit *Dahi,* einer Joghurtsorte, gesäuert wird, stellen sie an Ort und Stelle Butter her. Durch Kochen und den damit verbundenen Feuchtigkeitsverlust wird sie haltbarer. Diese *ghee,* wie das Produkt genannt wird, gelangt nach der Weidesaison zum Verkauf und stellt eines der wichtigsten Exportgüter Nepals dar. Die nach der Butterproduktion übrigbleibende Buttermilch wird in einem Kupfergefäß gekocht und der entstandene Bruch zum Entwässern in Bambuskörbe gefüllt. Das Endprodukt, das dem in Tibet hergestellten ähnelt, ist ein auf dem lokalen Markt zum Verkauf gelangender kegelförmiger Käse, der in der Regel in der Suppe gegessen wird. Der Käse kann aber auch, in Streifen geschnitten, auf dem Hausdach getrocknet und durch den aus den Dachlücken entweichenden Rauch geräuchert werden.

Im Rahmen eines Entwicklungshilfeprogramms nach Nepal entsandte Schweizer Molkereifachleute errichteten in den Bergen Nepals die erste Käsefabrik. Durch die Gründung solcher Betriebe, die Verbesserung der Weiden und die Verkaufsförderung soll das bäuerliche Einkommen aufgebessert werden. In einer Rekordzeit wurde ein 70 Kilo schwerer Käsekessel über schmale Bergpfade von Katmandu nach Longtrang transportiert, und 1953 nahm die höchstgelegene Käsefabrik der Welt ihren Betrieb auf. Ungeachtet zahlreicher Anfangsschwierigkeiten wurde ein dem Greyerzer ähnlicher Käse produziert, der angemessene Preise erzielen und mit der Zeit in Indien einen guten Absatzmarkt finden konnte.

Andere fernöstliche Länder

In Südostasien wird infolge der ungünstigen Klima- und Bodenverhältnisse, des niedrigen wirtschaftlichen Entwicklungsstandes und der mangelnden Nachfrage nur wenig Käse produziert. In Laos erzielt man gewisse Ziegen- und Kuhmilcherträge, doch reichen diese in der Regel nicht aus, um daraus auch Käse zu bereiten. Einzelne Familien mögen manchmal ihren Milchüberschuß zu Käse verarbeiten, und in Vientiane an der thailändischen Grenze beabsichtigte man, in einer kleinen Käsefabrik *Cottage Cheese* zu produzieren, doch liegen keine Informationen über dieses Unterfangen vor.

In Thailand vermochten dänische und deutsche Einwanderer die Milchproduktion zu erhöhen. Demzufolge wird heute auf dem Markt ausgezeichneter frischer Rahm, Milch, Joghurt, Quark und Cottage Cheese angeboten. In Tschiang Mai eröffneten Deutsche ein Milchgeschäft, was sich aber wegen der mangelnden Kaufkraft im nördlichen Thailand als Mißerfolg erwies.

In Singapore, dem größten Seehafen und Handelszentrum Südostasiens, findet man ein reichhaltiges Angebot importierter Käse, sei es in den Kaufläden, sei es auf den Märkten. In der Stadt selbst wird keine Milch produziert, doch treffen per Kühlschiff regelmäßig Milchtransporte aus Australien ein.

Die Chinesen in Hongkong sind ihren überlieferten Eßgewohnheiten treu geblieben und konsumieren praktisch keinen Käse, doch haben die Geschäfte für die dort lebenden Europäer und Amerikaner genügend Käse auf Lager.

Die Philippinen

Der interessanteste in diesem Gebiet produzierte Käse, der aus Büffelmilch bereitete *Kesong Puti*, stammt von den Philippinen. Zur Herstellung der hausgemachten Variante geht man wie folgt vor: Gesiebte, rohe Büffelmilch wird in einer offenen Pfanne auf 80 bis 90 °C erhitzt und unmittelbar danach mit 6 oder 7 Löffeln Essig pro Liter gesäuert. Der Essig wird durch Gärung des in einem irdenen Topf aufbewahrten Wasserpalmensaftes gewonnen. Die Milch gerinnt sofort, und der Bruch wird in einem Tuch in Formen gefüllt. Ist nach etwa zwei bis drei Stunden die Molke abgeflossen, taucht man den Käse in Salzwasser, wobei er eine Temperatur von 25 bis 30 °C aufweist. Nach rund zwei Stunden prüft man, ob der Käse genug gesalzen ist, worauf man ihn in Bananenblätter hüllt. Diese Blätter stellen eine ideale Verpackung dar, denn sie kosten nichts und schützen den Käse vor Feuchtigkeitsverlust.

Oben Wasserbüffel auf Futtersuche auf der Insel Ceylon, heute Sri Lanka.

Name	Milch	Art	Rinde	Form	Gewicht	Fettgehalt i. d. Trockenmasse in %
Kesong Puti	✱	O	–	variiert	130 g	?

✱ Büffel

Zeichenerklärung siehe Seite 34

Rechts Käseverkaufsstand auf den Philippinen. Der Kesong-Puti-Käse wird in Bananenblätter gehüllt, die ihn vor Hitze und Feuchtigkeitsverlust schützen.

Kesong Puti wird auch unter Verwendung von Lab aus dem Magen eines Büffelkalbes produziert. Das Lab wird bei 25 °C in die rohe Milch gerührt. Eine Stunde später wird der Bruch geschnitten und in ein Sieb gefüllt, anschließend gesalzen und in Bananenblätter verpackt. In diesem Fall werden die Blätter zu Zylindern geformt und der Bruch eingefüllt. Ein auf dem Boden des Zylinders plaziertes Blatt ermöglicht das Abfließen der Molke. Die Bruchmenge wird nach der Entwässerung wieder ergänzt, das Bodenblatt um den Zylinder gelegt und mit Raffiabast zugenäht. Nach einigen Stunden ist alle Molke abgeflossen, und der Käse wird verkauft.

Man produziert Kesong Puti aber auch in größerem Maßstab in Molkereibetrieben, wobei unter Verwendung von Bakterienkulturen und Lab Quantitäten von 50 bis 100 Liter auf einmal verarbeitet werden. Diese Käse werden in Portionen von 100 Gramm in Alufolie verpackt. Kesong Puti kann man in Scheiben schneiden, in Pflanzenöl backen und mit gebackenem oder gesottenem Reis servieren. Dieses Gericht ist auf den Philippinen sehr beliebt.

Australien und Neuseeland

Eine Milchtrinkanlage für Kälber in Neuseeland. In Australien und Neuseeland gibt es insgesamt fast 250 Millionen Schafe – also weit mehr als Einwohner. Die Schafe werden nicht gemolken; Käse wird ausschließlich aus Kuhmilch hergestellt.

Australien

Das Innere Australiens besteht aus einem subtropischen Trockengürtel, der zwei Drittel der Gesamtfläche einnimmt. Das Klima ist tropisch, im Süden gemäßigt. An der Nord- und Ostküste gedeiht eine reiche Vegetation: Queensland und Neusüdwales eignen sich besonders gut für Viehzucht und Milchwirtschaft.

Rindviehhaltung war in Australien unbekannt, bis die Engländer in Botany Bay ihre Strafkolonien eröffneten. Es war Gouverneur Phillip, der 1788 – wahrscheinlich in Ermangelung seines gewohnten Sonntagslunchs – den Import von sieben Pferden, drei Kühen, einem Stier und einem Kalb, 29 Schafen, 12 Schweinen und zwei Ziegen befahl.

In den ersten Jahren züchtete man die Rinder vor allem zum Schlachten, doch dreißig Jahre nach Ankunft der ersten Kuh begann man in Illaware, südlich von Sydney, mit dem Melken der Tiere. Später bereitete man Milchprodukte und Käse – der Beginn einer Molkereiindustrie. Nun importierte man zu Zuchtzwecken auch Ayrshire-, Friesen-, Shorthorn- und Jerseyvieh. Die Tiere konnten das ganze Jahr über im Freien weiden, was eine große Einsparung bedeutete, da man keine Ställe oder Futtertennen erstellen mußte. Im Winter war genug Mais, Roggen, Gerste, Luzerne (Alfalfa) und Zuckerrohr vorhanden.

Gegen Ende des 19. Jahrhunderts wurde in Neusüdwales die erste Milchfabrik errichtet. Kurz darauf entstanden von den Bauern selbst finanzierte Genossenschaftsbetriebe. Britische Farmer und Käser, die nach Australien auswanderten, begannen dort von ihrem Fachwissen Gebrauch zu machen. *Cheddar* wird in Australien auf die gleiche Weise produziert wie in Großbritannien, und er ist bis heute die wichtigste Sorte geblieben. Ungeachtet der Millionen Schafe im Lande wird der australische Käse fast ausschließlich aus Kuhmilch produziert. Als sich mit wachsender Einwohnerzahl auch die Nachfrage erhöhte, vervielfältigte sich auch das Angebot. Die Franzosen wollten ihren *Camembert*, die Schweizer ihren *Greyerzer*, die Italiener *Parmesan* und *Gorgonzola*, die Griechen *Feta*, die Holländer *Gouda* und *Edamer*.

Links Eine Phase im Herstellungsprozeß des Cheddar. Die kompakten Bruchscheiben werden durch die Mühle gedreht.

Rechts Der gemahlene und gesalzene Bruch wird in die Formen gefüllt.

Name	Milch	Art	Rinde	Form	Gewicht	Fettgehalt i. d. Trockenmasse in %
Cheddar	△	■	□	Zylinder rechteckig	4,5-36 kg 18,2 kg	50
Cheedam	△	◓	□	rechteckig	18,2 kg	45

Zeichenerklärung siehe Seite 34

Haloumy ist ein fettarmer Feta-Käse, dem man Kräuter, vor allem Minze, beimengt. Wegen der umfangreichen Cheddar-Produktion wird in Australien auch eine große Menge Schmelzkäse hergestellt, und dank der erst kürzlich errichteten supermodernen Fabriken wird man die Produktion noch erheblich steigern können.

Mit der Schutzmarke «Kangaroo» bezeichnete Käse haben bei der offiziellen Qualitätsprüfung mindestens 92 Punkte zugebilligt erhalten. Einer dieser Käse ist der *Cheedam,* ein vom australischen wissenschaftlichen Institut, CSIRO, entwickelter Käse. Er wird auf ähnliche Weise produziert wie Cheddar, hat aber auch gewisse Eigenschaften mit dem «Edamer» gemein.

Mersey Valley ist ein geräucherter Käse mit einem Fettgehalt von 45 Prozent, *Romiliano* gleicht dem Caciocavallo. Das CSIRO hat auch einen Herstellungsprozeß für Frischkäse aus entrahmter Milch entwickelt. Die Grundsubstanz ist saure Vollmilch oder entrahmte, mit Pulver aus entrahmter Milch vermischte Milch (zwecks Erhöhung des Gehaltes an Trockensubstanz auf 35 Prozent). Diese Milch wird pasteurisiert, abgekühlt und mit einer Milchsäurekultur gesäuert, bis sie den gewünschten Säuregrad erreicht hat. Dann wird die Milch homogenisiert und nach weiterer Fermentierung gänzlich abgekühlt. Dem frischen Käse mischt man Frucht- oder anderes Aroma bei.

Oben Eine Herde Jerseykühe. Dies sind ausgesprochene Milchkühe, im Gegensatz zu dem vor allem für die Fleischproduktion geeigneten Vieh, das in den 1860er Jahren eingeführt wurde. Die Tiere haben einen relativ schmalen Körperbau und wiegen etwa 400 bis 450 Kilo. Ihre Milch ist besonders reich an Butterfett.

Neuseeland

Oben Rund die Hälfte Neuseelands ist fruchtbares Weideland. Zudem herrscht mildes Meeresklima, und dank reichlichen Regenfällen gedeiht eine üppige Vegetation.

Rechts Diese sogenannten Rahmständer werden allmählich überflüssig. Die Farmer pflegten einst die Milch- und Rahmkannen zum Abholen bereitzustellen, als sie das Entrahmen noch selbst besorgten, doch geschieht diese Trennung heute zumeist in der Fabrik.

Das gebirgige Neuseeland mit seinen riesigen Gletschern in den Alpentälern, seinen teilweise noch tätigen Vulkanen, seinen Seen, Flüssen und Fjorden ist für seine landschaftlichen Schönheiten berühmt und dank seinem fruchtbaren und für vielfältige Bebauung geeigneten Boden zugleich ein hochentwickeltes Agrarland. Es gedeihen tropische Früchte, Getreide aller Art, und saftige Weiden liefern genügend Futter für die Abermillionen von Schafen, die eine der Haupteinnahmequellen bilden. Der Export von tiefgefrorenem Fleisch, Wolle und Molkereiprodukten ist das Fundament der neuseeländischen Wirtschaft.

Sieht man von den eingeborenen Maori ab, waren die Engländer die ersten Siedler in Neuseeland. Angeführt von dem Missionar Samuel Marsden, der 1814 dort seine erste Predigt hielt, nahmen die Briten ihre neue Heimat in Besitz. Marsden hatte in kluger Voraussicht einen Stier und zwei Kühe mitgebracht und war sicher sehr stolz, neun Jahre später seiner Missionsgesellschaft 50 Stück Vieh «zum Unterhalt der Missionare» übergeben zu können.

Ein neuer Schub von Siedlern kam ins Land, nachdem die Briten einen Gouverneur eingesetzt hatten und die Stadt Auckland 1841 Regierungssitz wurde. Angesichts der steigenden Nachfrage nach Käse wurde in der Nähe des Hafens von Wellington eine Käsefabrik errichtet. Es war ein historisches Ereignis für die neuseeländischen Käsebereiter, als 1862 ein gewisser Thomas Syers den Stier «The Old Marquis» und die beiden Kühe «Duchess» und «Lucy» importierte. Sie gehörten alle der Jerseyrasse an, die eine hohe Milchleistung erbringt und sich damit von dem neuseeländischen Mastvieh deutlich unterschied.

Die Kühlhaltung

Der Einsatz englischer Kühlschiffe in den 1880er Jahren eröffnete der Exportindustrie neue Möglichkeiten und Wege. Diese Schiffe waren Teil der britischen Kolonialhandelspolitik, die darauf abzielte, billige Bezugsquellen für die Versorgung des heimischen Lebensmittelmarktes zu finden. Doch dies setzte voraus, daß die Nahrungsmittel in einwandfreiem Zustand in Großbritannien eintrafen. Schon früher hatte ein Pionier der Käsebereitung eine eigene Methode entdeckt, um seinen Käse nach England zu transportieren. Er verpackte ihn in die üblichen Kisten, umgab sie aber mit einer Lage Hobelspäne, die als Isolierschicht dienten. Der Käse kam in ausgezeichnetem Zustand in England an und war dem besten englischen Cheddar ebenbürtig. 1886 versandte der Käsebereiter seinen Käse in einem Kühlschiff und gewann bei der Kolonial- und Indien-Ausstellung in London den ersten Preis.

Neuseelands Molkereikommission

Mit dem Aufschwung des Überseehandels und dem dadurch bedingten Wachstum der Molkereiindustrie wurde es notwendig, eine behördliche Kommission einzusetzen. 1936 wurde die neuseeländische Molkereikommission gegründet, der elf von den Molkereiverbänden designierte Mitglieder und zwei Regierungsvertreter angehören. Das Amt kauft nun alle für den Export

Unten Käsebereitung in Waihi auf der Nordinsel Neuseelands. Große offene Wannen werden mit vorgereifter Milch gefüllt und die erforderliche Labmenge zugefügt.

Unten rechts Der Bruch wird zu Brocken geformt und gegen die Wannenwände geschoben. Man wendet die Stücke, um überschüssige Feuchtigkeit zu eliminieren.

Oben Milchkühe auf einer großen neuseeländischen Farm vor dem Melken. Die Modernisierung bestimmt weitgehend die Arbeitsmethoden in der Landwirtschaft, vor allem wegen des Arbeitskräftemangels und der hohen Löhne. Ein Großteil des Milchertrages wird zu Butter verarbeitet – Neuseeland ist der Welt größter Butterexporteur.

bestimmten Butter- und Käsemengen auf und setzt den Endverkaufspreis fest. Obschon Fragen des Herstellungsvorgangs nicht in seine Kompetenz fallen, führt es strenge Qualitätskontrollen durch und steuert das nationale Käseangebot.

Das Käsesortiment

Da die Bevölkerung Neuseelands vorwiegend britischer Herkunft ist, war *Cheddar* schon immer der beliebteste Käse. Er wird in modernen Fabriken hergestellt, deren technische Einrichtungen größtenteils in Neuseeland selbst entwickelt werden. Neuseeland ist der Welt größter Produzent und Exporteur von Cheddar (90 Prozent der gesamten Käseproduktion entfallen auf Cheddar) und der bedeutendste Exporteur von Molkereiprodukten überhaupt, einschließlich Milchpulver, Butter und Kasein. Der Hauptmarkt für Cheddar war stets Großbritannien, und die Neuseeländer selbst zogen noch bis vor zwanzig Jahren den Cheddar allen andern Käsesorten vor. Unter dem Einfluß der Einwandererwelle begann man auch andere Käsesorten herzustellen und schließlich zu exportieren.

Angesichts aktueller Markttendenzen begann man mit dem Export von *Feta*-Käse, der aus Kuhmilch bereitet wird, nach dem Nahen Osten. Die neuseeländischen Farmer sollen nun auch die Möglichkeit der Käseherstellung aus Schafmilch prüfen. Neben den riesigen Schafherden hält man mit Rücksicht auf den nahöstlichen Markt jetzt auch Ziegen. Ein anderer Großabnehmer – vor allem für Schmelzkäse aus Cheddar sowie für einen Gouda namens *Egmont*, der sich ebenfalls für Schmelzkäse eignet – ist Japan.

Name	Milch	Art	Rinde	Form	Gewicht	Fettgehalt i. d. Trockenmasse in %
Cheddar	▷	■	□	Zylinder rechteckig	4.5-36 kg 2.25-27 kg	50

Zeichenerklärung siehe Seite 34

Unten Verladen von Exportkäse. 1973 wurden 90000 Tonnen Käse exportiert, 90 Prozent der Jahresproduktion.

Colby-Käse, ein naher Verwandter des Cheddar, ist ebenfalls eine willkommene Bereicherung des Käsesortiments. Er wird in großen Quantitäten nach den Vereinigten Staaten exportiert.

Was die Herstellung anbelangt, läßt sich der Colby in unmittelbarer Nachbarschaft des Cheddar einordnen, die Herstellungsmethode ist ähnlich. Als Startsubstanz wird eine gemischte Säurebakterienkultur verwendet, die dem Colby einen nußartigen Geschmack und eine offenere Struktur als diejenige des Cheddar verleiht. Der Bruch wird zudem in einem weniger kompakten, körnigeren Zustand belassen als beim Cheddar. Er wird etwa zwei Stunden lang gerührt, bevor Salz – in ungefähr gleicher Menge wie beim Cheddar – daruntergemischt wird.

Es werden noch zahlreiche weitere europäische Käsesorten produziert: *Danbo, Havarti, Romano, Gouda, Greyerzer, Parmesan* (in Großformat), *Blue Vein,* alle meist vorverpackt, und Schmelzkäse, der zum größeren Teil exportiert wird.

Neuseelands Käseproduktion ist weitgehend für den Export bestimmt, da für den heimischen Markt relativ wenig Käse benötigt wird – der jährliche Pro-Kopf-Verbrauch beträgt 4,8 Kilo. Der Neuseeländer ißt gern Fleisch, das überdies nur halb so teuer wie Käse ist.

1974 wurden 73 Millionen Kilo Käse exportiert, 47 Prozent davon nach den Vereinigten Staaten, 22 Prozent nach England, 19 Prozent nach Japan (wo man daraus Schmelzkäse herstellt), der Rest nach Südostasien, der Karibik und Mittelamerika.

Die Neuseeländische Molkereikommission hat in den letzten Jahren gute Arbeit geleistet. Großbritannien machte seinen Eintritt in die Europäische Gemeinschaft im Jahre 1973 von der Gewährung bestimmter Schutzbestimmungen für neuseeländische Molkereiexporte abhängig. Des Käses Zukunft scheint gesichert.

Käse im Alltag

Auf dem alten Pariser Markt «Les Halles» kauften die Kenner einst Käse aus den entlegensten Dörfern Frankreichs. Heute existieren die «Halles» leider nicht mehr, doch der Käse findet stets neue, noch größere und noch entfernter gelegene Absatzmärkte. In jeder Stadt und jedem Dorf, in Fabriken, auf Bauernhöfen und Straßenmärkten, in fast jedem Land der Welt kann man Käse erstehen.

Lagerung und Behandlung

Bei der Besprechung der einzelnen Käsesorten war schon davon die Rede, wie man Käse richtig lagert und ihn in qualitativ gutem Zustand erhält. Zwar läßt sich keine allgemeingültige Regel aufstellen, doch gelten für die verschiedenen Käsegruppen einige ganz bestimmte Normen. Die Lagerung und Pflege des Käses hängt unmittelbar mit dessen Reifungsprozeß zusammen: Mit der Zeit reift jeder Käse. Eine der Aufgaben korrekter Lagerung besteht demnach darin, optimale Bedingungen für den Ablauf dieses Prozesses zu schaffen.

Frischkäse

Von dieser Regel ausgenommen sind Frischkäse wie Speisequark, Cottage Cheese und Fromage Frais. Bei diesen Käsen muß eine weitere Reifung verhindert werden, denn sie sollen in frischem Zustand zum Käufer gelangen. Hier ist daher eine geschlossene Kühlkette vom Fabrikanten über Grossist, Exporteur, Importeur und Verkaufsorganisation bis zum Einzelhandel das Gegebene. Der Käse muß den ganzen Weg in gekühltem Zustand zurücklegen.

Weich-, Halbhart- und Hartkäse

Weich-, Halbhart- und Hartkäse bedürfen einer Lagerung, die ihr Weiterreifen gewährleistet. Die Lagerhäuser müssen sauber sein, und die Käse sollten nebeneinander auf sauberen Regalen aus gutem Holz gelagert werden. Aufgestapelte Käse können nicht richtig atmen. Die Atmosphäre sollte auf die Käseart abgestimmt sein, Temperatur und Feuchtigkeitsgrad müssen in genau festgesetzten Grenzen gehalten werden. Auch die Luftzufuhr muß geregelt sein. Regelmäßige Qualitätskontrollen durch Prüfen und Betasten, nötigenfalls ergänzt durch bakteriologische und chemische Labortests, sind unumgänglich.

Käse mit trockener Rinde

Während der Lagerung formt und verstärkt sich die Rinde des Käses. Wie unsere Haut bildet auch die Rinde eine schützende Hülle, die den Käse vor dem Eindringen von Mikroorganismen und vor Feuchtigkeitsverlust bewahrt. Die Rinde ist daher sehr wichtig und muß während der Lagerung sorgfältig kontrolliert und gepflegt werden. Spuren von Schimmelpilz müssen, sofern man sie nicht gerade wünscht, mit Bürsten, durch Abreiben mit einem trockenen Tuch, Salzen, Waschen oder Abkratzen entfernt werden. Diese Art von Behandlung erfolgt meist beim Wenden des Käses. Der ganze Vorgang ist recht zeitraubend, weshalb zur Arbeitserleichterung der Käse oft mit einer Rindenschutzsubstanz überdeckt wird. Die bekanntesten Rindenschutzmittel sind Paraffin und Plastikwachs. In beiden Fällen wird die Schutzschicht zu Beginn der Lagerung angebracht, wobei der Prozeß unter Umständen später wiederholt wird.

Unten Aus der Schweiz importierter Emmentaler wird auf dem Pariser Hauptmarkt ausgeladen. Schnelltransporte gewährleisten regelmäßige Käselieferungen von der Fabrik direkt zu den Lebensmittelgeschäften in aller Welt.

Oben Junger Schweizer Käse wird zwecks Reifung in Lagerhäusern untergebracht. Experten der Schweizer Käseunion machen Stichproben: Sie prüfen die Qualität auf Struktur und Farbe, Löcherbildung, Geschmack, Aroma und Form. Natürlich kontrollieren sie auch die Lagerungsbedingungen.

Käse mit Oberflächenschimmelpilz

Bei mancher Käseart ist die Rinde Träger einer Mikroflora, die dem Produkt sein charakteristisches Aroma verleiht. Der weiße Schimmelpilz des Camembert muß sich voll entwickeln können, denn er fördert die Reifung des Käses. Käse von der Art des Limburgers mit einem orangeroten Corynebakterienbelag auf der Rinde benötigen zu ihrer vollen Entwicklung eine feuchte Atmosphäre. Die Bakterienbildung wird durch regelmäßige Rindenwaschungen mit feuchten Tüchern begünstigt. Diese Behandlung kann auch maschinell erfolgen.

Links In einer Fabrik in der Normandie, dem Geburtsort des berühmten Weißschimmelkäses, wird Camembert verpackt. Hier sieht man, wie der Verpackungsapparat mit Käse «gefüttert» wird.

Verpackung

Die Verpackung spielt beim Käse eine wichtige Rolle. Es gibt zahlreiche, für diesen Zweck geeignete Arten von Material und die verschiedensten Methoden, sei es für Weich- oder Hartkäse, für ganz oder portionenweise in den Verkauf gelangenden Käse.
Im allgemeinen wird eine attraktive Aufmachung und eine verläßliche Verpackung bevorzugt.

Üblicherweise hüllt man Weichkäse in Wachspapier oder lackierte Alufolie, manchmal auch in Pergamentpapier (z. B. Münster- und Romadurkäse), das Feuchtigkeit absorbiert und sich leicht entfernen läßt. Zuletzt werden die verpackten Käse in Schachteln gefüllt. Früher benützte man vorwiegend Spanschachteln, heute meist Faltkarton, der in jeder beliebigen Form hergestellt werden kann (z. B. für eine einzelne Portion Brie).

Schmale Steifen, manchmal aus Stroh, werden ebenfalls verwendet, insbesondere für Ziegenkäse.

Im Unterschied zu Weichkäse werden Halbhart- und Hartkäse erst seit relativ kurzer Zeit vorverpackt. Man begann damit beim Aufkommen der Selbstbedienungsläden und Einkaufszentren, und heute gehört es bereits zum Alltag. Es gibt verschiedene Methoden. Ausgereifter Käse wird in Stücke aufgeteilt, die in Plastikfolie gehüllt werden. Die dünne Folie schmiegt sich «hauteng» an den Käse und verleiht ihm ein appetitliches Aussehen. Diese Umhüllung gewährleistet aber keinen hermetischen Verschluß – der Käse ist in dieser Verpackung nur ein paar Tage haltbar.

Die Käsestücke (oder kleinformatige ganze Käse) können aber auch vakuumverpackt werden. Sobald der Käse im Plastiksack untergebracht ist, saugt man die Luft ab, verschließt den Sack mit einer Klammer oder versiegelt ihn und setzt ihn der Hitze aus. Das Packmaterial schrumpft daraufhin und umschließt den Käse wie eine Haut. Diese Methode eignet sich vorzüglich für unregelmäßig geformte Käse wie beispielsweise Provolone. Die luftdichte Verpackung verhindert die Bildung von Schimmelpilz. Auch Käsescheiben werden auf diese Weise verpackt. Man kann etwas Nitrogengas beifügen, damit die Scheiben nicht aneinanderkleben. Vakuumverpackter Käse ist etwa fünf Wochen haltbar, vor allem bei Temperaturen unter 10 bis 12 °C. Man erkennt diese Art der Verpackung an dem festeren Material und der vorstehenden Klammer oder der Versiegelungsnaht.

Rindenloser Käse

Eine dritte Möglichkeit besteht darin, den Käse luftdicht zu verpacken, bevor der Reifungsprozeß begonnen hat, d. h. sobald er aus dem Salzwasserbad herausgenommen und getrocknet worden ist. Die Reifung erfolgt dann in der Verpackung. Es bildet sich keine Rinde, da keine Luft zum Käse gelangt.

Cheddar eignet sich besonders gut für rindenlose Reifung in Folien. In diesem Fall muß die Käsebereitung zum Teil etwas modifiziert werden, unter anderem in bezug auf die Startkultur. Die Reifung muß auch bei tieferen Temperaturen als sonst üblich erfolgen, und der Prozeß geht langsamer vonstatten.

Oben Der Käse wird maschinell in Papier gehüllt und in Schachteln verpackt.

Links Frisch verpackter Camembert wird für den Export in Kistchen eingefüllt.

Links Der weiche, köstliche Camembert wird per Schnelltransport zu den Märkten in aller Welt gebracht.

Käse im Einzelhandel

Dank schneller Kühltransporte per Lastwagen, Schiff und Flugzeug erhält der Käsehändler Woche für Woche seinen Käse ins Haus geliefert, und selbst die heikelsten Sorten treffen in einwandfreiem Zustand bei ihm ein. Der Käsehändler, das wichtigste Bindeglied zwischen Hersteller und Konsument, verfügt in seinem Geschäft über die erforderlichen Kühlräume und -anlagen, in denen er sein Sortiment zur Schau stellen kann – alles Errungenschaften neuerer Zeit.

Abgesehen von ausgesprochen saisonbedingten Käsesorten (etwa «Fettkäse» im Frühjahr und einigen Schafkäsen) gibt es heute keine aufregenden «arrivages de fromages» mehr wie einst auf dem Pariser Markt, wo Botenjungen das Eintreffen der Käse ankündigten: «Die Käse sind da!» Heute verläuft alles in geregelten Bahnen nach genau festgelegtem Programm.

Käse kann man in Geschäften verschiedener Art kaufen. Der Händler auf dem Markt weiß, wie er seine Ware auf dem Verkaufsstand präsentieren muß, und er tut es meist mit Stil. Seine Kenntnisse und seine Erfahrung sind wichtig für den Geschäftserfolg. Wie in den Läden nimmt auch auf dem Markt das Angebot ständig zu, und der Käufer, der sich auskennt, profitiert.

Oben Ein altmodischer Käsekeller. Sorgfältig gereinigt und ordentlich aufgereiht, warten die großen Käse darauf, nach Gewicht verkauft zu werden.

Käsespezialgeschäfte

Das guteingerichtete Spezialgeschäft wirkt auf den Käufer höchst vertrauenerweckend. Er freut sich über die große Auswahl an Käsesorten, die entweder hübsch arrangiert in Kühlfächern oder auf blitzblanken Regalen angeboten werden – für den Käufer geradezu eine Augenweide. Wahrscheinlich ist er sich oft kaum bewußt, welche Schwierigkeiten der Händler bewältigen muß, um ein solches Angebot zu gewährleisten. Der Käseeinkäufer muß in seinem Fach ein Experte sein, wobei er stets den Geschmack seiner Kunden und seine eigenen Lagermöglichkeiten im Auge behalten muß.

Die Qualität des Käses ist nicht ein für allemal gesichert. Weichkäse braucht zum Beispiel eine Temperatur von 5 bis 8 °C. Er kann also nur im Kühlschaukasten ausgestellt werden. Halbhartkäse kann bei einer etwas höheren Temperatur (6 bis 12 °C) gelagert werden. Tiefere Temperaturen schaden diesem Käse nicht, es sei denn, man setze das Produkt plötzlich einer höheren Temperatur aus, so daß sich die Luftfeuchtigkeit auf der Käseoberfläche kondensiert. In diesem Fall kann sich der Plastikbelag auflösen, und der Käse geht seiner schützenden Umhüllung verlustig. Ist die Lagerungstemperatur höher als 12 °C, beschleunigt sich der Reifungsprozeß, was die Entwicklung unerwünschten Schimmelpilzes und eine Geschmacksveränderung zur Folge haben kann.

Käse braucht Platz. Für 1000 Kilo Käse benötigt man Regale von insgesamt 30 Metern, wobei die Luft frei zirkulieren muß. Dazu sind Verkaufsauslagen im gleichen Umfang notwendig.

Die Maxime «Zuerst eingetroffen, zuerst herausgegeben» dürfte allgemein zutreffen. Andernfalls könnte es vorkommen, daß Käse zu lange gelagert und deshalb qualitativ schlechter wird. Dies gilt es zu verhindern.

Was die Präsentation betrifft, sollte der Händler nicht nur ein gewitzter Einkäufer, sondern auch ein geschickter Schaufensterdekorateur sein. Er sollte den Käse so anzuordnen verstehen, daß jede Sorte – samt ihrem hübschen Etikett – voll zur Geltung kommt und zum Kauf einlädt. Dies läßt sich auch erreichen, indem man einige in rotes Cellophanpapier verpackte Käse

Links In diesem japanischen Supermarkt wird eine Vielfalt an Schmelzkäse angeboten. Man beachte die buntfarbigen Verpackungen mit japanischer oder englischer Beschriftung.

Links Ein Feinschmecker-Spezialgeschäft: «Cheese Village» (Käsedorf) in New York City. Hier werden 325 verschiedene Käsesorten angeboten.

zwischen den gelben und weißen Sorten plaziert und andere buntgefärbte Verpackungen dekorativ arrangiert. Käse auf Strohmatten kann abwechselnd mit Käse auf Blättern, aber auch mit andern Eßwaren wie Nüssen, Oliven oder gar einer Flasche Wein angeordnet werden.

Der Ladeninhaber muß sowohl in bezug auf die Geschäftsanlage wie sich selbst auf höchste Hygiene bedacht sein. Er sollte ein Käsefachmann sein und dem Kunden nicht nur den gewünschten Käse verkaufen, sondern auch fachmännischen Rat erteilen können. Die meisten Kunden erwarten eine individuelle Bedienung und sachverständige Beratung. Sie wünschen Informationen über Qualität, Geschmack, Aroma und Nährwert der einzelnen Käsesorten, über deren Verwendung in der Küche, über die Zusammenstellung von Käseplatten, über etwaige Begleitweine oder geeignete Lagerungsmöglichkeiten. Wohl eine der häufigsten Fragen ist: «Kann die Rinde gewaschener Käse gegessen werden?» Die Antwort darauf lautet theoretisch: «Ja, falls der Käse keinen Plastikmantel besitzt.» Doch praktisch kommt man dabei oft in Schwierigkeiten: Der Plastikbelag ist manchmal fast unsichtbar und läßt sich nicht entfernen. Am besten rät man dem Kunden daher, die Rinde wegzuschneiden.

Oben Der frühere attraktive Markt in Shrewsbury, Shropshire, England, wurde durch ein neues Gebäude ersetzt. Hier wird vor allem Cheddar und Cheshire-Käse verkauft.

Unten Ein Straßenmarkt in Besançon, Frankreich. In jeder französischen Provinzstadt finden regelmäßig Märkte statt, wo eine reiche Auswahl an einheimischen und ausländischen Käsesorten angeboten wird, vor allem aber nichtkommerziell in größerem Rahmen hergestellte Spezialitäten.

Hinsichtlich der weißen Rinde der camembertartigen Käse gehen die Meinungen auseinander. Manchem mundet die Rinde am besten, andere schneiden sie weg oder schaben den obersten Belag ab.

Der Supermarkt

In Supermärkten und Einkaufszentren fehlt es in der Regel an persönlicher, fachkundiger Beratung. Hier verkauft man die Käse meist portionenweise, vorverpackt und mit aufgedrucktem Namen, Gewicht, Preis und etwaigen andern Informationen. Man findet in diesen Geschäften meist relativ wenig Spezialitäten. Üblicherweise liegt das Hauptgewicht auf Halbhart- oder Hartkäsesorten, die widerstandsfähiger sind als Weichkäse. Die Käse werden in Kühlanlagen zum Verkauf angeboten.

Vorverpackter Käse hat seine Vorteile. Man wählt das Stück aus, das einem am besten zusagt und dessen Gewicht und Preis genau feststeht. Man vermeidet Wartezeiten, und vakuumverpackter Käse ist in der Packung längere Zeit haltbar.

Einige praktische Tips

Wir haben den entscheidenden Unterschied aufzuzeigen versucht. Im Spezialgeschäft erhält der Käseliebhaber die gewünschten Informationen, im Supermarkt muß der Kunde aufgrund der vermerkten Angaben seinen Käse selbst auswählen. Es ist fraglich, ob ein Käufer ohne die notwendigen Grundkenntnisse in diesem Fall wirklich das Gewünschte findet. Man kann in der Regel unmöglich die auf Seite 26 beschriebenen Qualitätstests durchführen, tappt aber deswegen nicht völlig im dunkeln. Die auf den Verkaufsregalen meist sehr übersichtlich angeordneten Käsestücke oder -schachteln sind mit Etiketts versehen, die über Name, Art, Kilopreis, Gewicht und Stückpreis Auskunft geben. Meist ist auch der Fettgehalt, das Herstellungs- und späteste Verkaufsdatum angegeben. Aus dieser Kurzorientierung kann man bereits einiges über den betreffenden Käse erfahren. Zu den in den vorhergehenden Kapiteln vermittelten Informationen möchten wir hier noch einige Tips geben, damit Sie im Laden den gewünschten Käse finden.

Namen wie Emmentaler SWITZERLAND (Emmentaler aus der Schweiz), Parmigiano Reggiano und V.C.N. (Véritable Camembert Normandie) bürgen für Käse mit Qualitätsgarantie, der aus berühmten Käseregionen stammt (siehe auch Seite 29).

Farmer- oder Bauernkäse (*fromage fermier*) wird aus roher Milch produziert und weist gewöhnlich ein volleres Aroma auf als Fabrikkäse.

Schafkäse und Ziegenkäse haben ein spezielles Aroma. *Pur chèvre* ist eine Garantiebezeichnung für Käse, der ausschließlich aus Ziegenmilch, also ohne Beimischung von Kuhmilch, hergestellt ist.

Fettgehalt: Je mehr Fett der Käse enthält, um so sahniger ist sein Nachgeschmack. Man beachte, daß ein hoher Fettgehalt nicht notwendigerweise einen weicheren Käse ergibt. Die Konsistenz ist bedingt durch das Verhältnis von Trockensubstanz und Feuchtigkeit.

Alter: Je älter der Käse, desto stärker das Aroma. Durch das Alter bedingte Unterschiede sind manchmal auf dem Etikett vermerkt.

Spätestes Verkaufsdatum: Nach diesem Termin ist die Optimalzeit für die Reifung überschritten, und die Qualität nimmt ab.

Von den Informationen auf dem Etikett abgesehen, sollte man den Käse selbst etwas genauer mustern.

Gewaschener Käse sollte eine gleichmäßig gefärbte Rinde haben. Sind Sie über die Rindenbildung eines bestimmten Käses nicht genau im Bild, schlagen Sie am besten den Text über das betreffende Land nach.

Links Ein hübsches Käsearrangement im Fenster eines französischen Käseladens. Saint-Marcellin ist ein Weichkäse aus dem Isèretal in den Französischen Alpen. Er war offensichtlich einst ein Favorit des Königs, denn er wird 1461 in den Rechnungsbüchern König Ludwigs XI. aufgeführt.

Unten Kunstgerechtes Zerschneiden läßt den Käse noch verführerischer erscheinen und trägt dazu bei, ihn bei guter Qualität zu erhalten; manche behaupten, es verbessere den Geschmack. Flachzylinderformen wie Greyerzer und Gouda teilt man am besten gemäß der dargestellten Methode auf. Man zerschneidet nur so viel, wie man sofort verbraucht. Kugelförmigen Käse wie Edamer viertelt man und schneidet von diesen Stücken die gewünschten Portionen ab. Zylinder wie Cheddar und Stilton teilt man in horizontale Scheiben auf. Man muß die Oberfläche stets mit einem sauberen Cellophanpapier oder einer Metallfolie abdecken, um das Austrocknen zu verhindern.

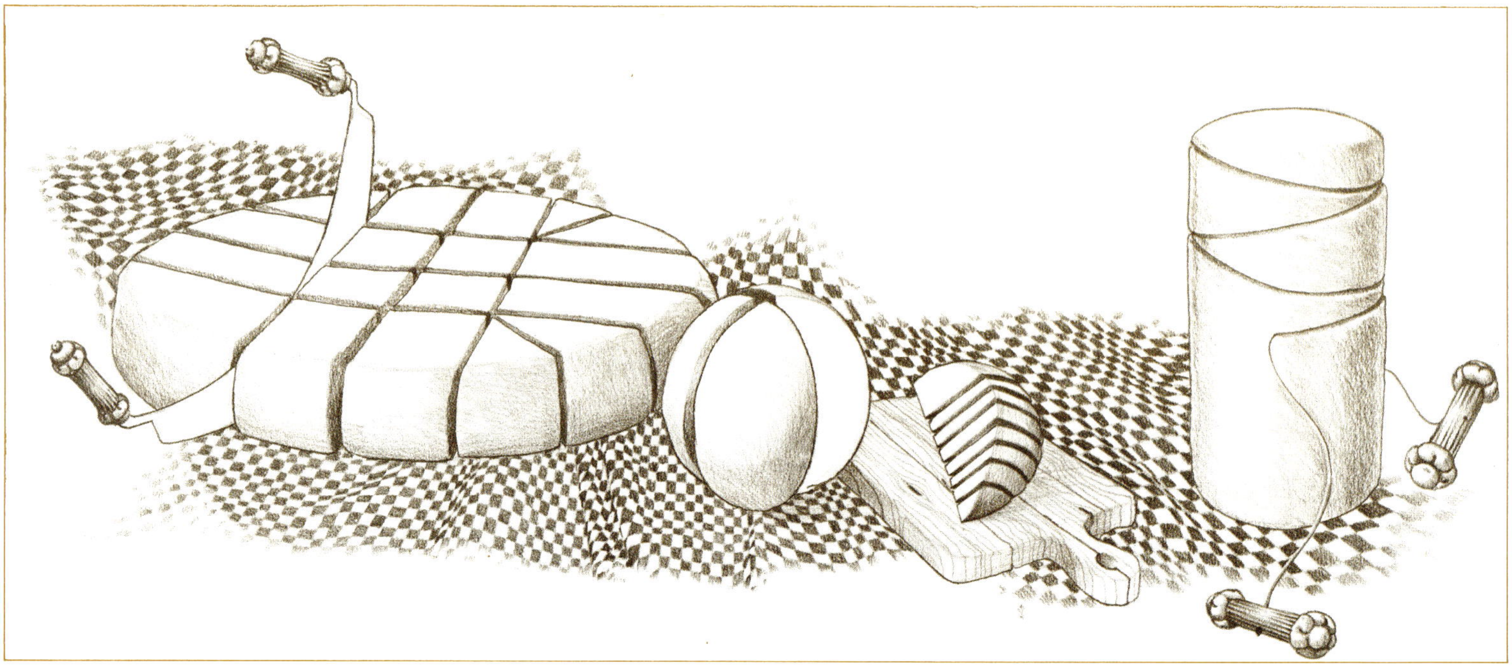

Käse, der in der Packung zu schwitzen begonnen hat, wurde bei zu warmer Temperatur gelagert oder war zu lange dem Licht ausgesetzt. Das Aroma des Käses hat darunter gelitten.

Käse, der eingedrückt ist, wurde zu stark gepreßt.

Beschädigte Packungen begünstigen Schimmelpilzbildungen.

Käse, der charakteristischerweise Löcher hat, muß auch solche aufweisen. Sind nämlich keine vorhanden, läßt sicherlich das Aroma zu wünschen übrig, da es an der erforderlichen Bekterieneinwirkung während der Reifungszeit fehlte.

Blaugeäderter Käse sollte weitverbreitete, gleichmäßig verteilte Adern aufweisen. Der Teig sollte eine gleichmäßig weißliche Farbe haben und nicht zu krümelig sein.

Weichkäse sollte von außen bis innen weich sein. Ist die Mitte fest und kalkweiß, ist der Käse noch zu wenig reif. Camembert oder Brie, der zu trocken wirkt und dessen Rinde sich hart anfühlt, wurde zu lange, zu trocken oder zu kalt gelagert – alles Faktoren, die das Aroma negativ beeinflussen.

Ziegenkäse sollte weich sein. Er hat die Tendenz, schnell hart zu werden, was das Aroma beeinträchtigt.

Ein üblicherweise gelber Käse, der eine weißliche Farbe aufweist, hat meist ein säuerliches Aroma.

Frischkäse schmeckt am besten, wenn er in der richtigen Jahreszeit hergestellt wird, wobei diese natürlich von Sorte zu Sorte und von Land zu Land verschieden sein kann.

Beim Preisvergleich beachte man folgende generelle Gesichtspunkte: Große Portionen sind billiger als kleine; alter Käse ist teurer als junger; fettreicher Käse ist teurer als fettarmer; geriebener und in Scheiben geschnittener Käse ist teurer als ungeschnittener Käse (für Annehmlichkeiten muß man bezahlen).

In manchen Ländern macht sich ein Trend zum Verzicht auf vorverpackten Fabrikkäse bemerkbar. Man bevorzugt wieder den im Spezialgeschäft nach Gewicht verkauften Käse vom Stück.

Wie schneidet man Käse?

Im Käseladen kann man beobachten, wie großer und kleinerer Käse fachmännisch in Stücke geschnitten wird, sei es mit dem Messer (wenn möglich erhitzt) oder bei harten bis sehr harten Sorten mit einem Drahtschneider. Es ist sehr nützlich, zu wissen, wie man den Käse mit einem Minimum an Verlust in handliche Stücke aufteilen kann.

Halbhartkäse in Flachzylinderform läßt sich auf verschiedene Art aufteilen, (siehe untenstehende Abbildung.) Runder Käse wird am besten zunächst geviertelt und dann weiter zerkleinert. Zylinderförmigen Käse schneidet man in horizontale Scheiben, die ihrerseits in Portionen aufgeteilt werden. Rechteckiger Käse ist kein Problem. Der Mittelteil läßt sich leicht in Scheiben schneiden. Die meist kleineren Weichkäse werden in Dreiecksportionen aufgeteilt, Pyramiden werden vertikal geviertelt.

Oben Eine Käseauslage in Zabar, einem berühmten Feinschmeckerladen in New York City.

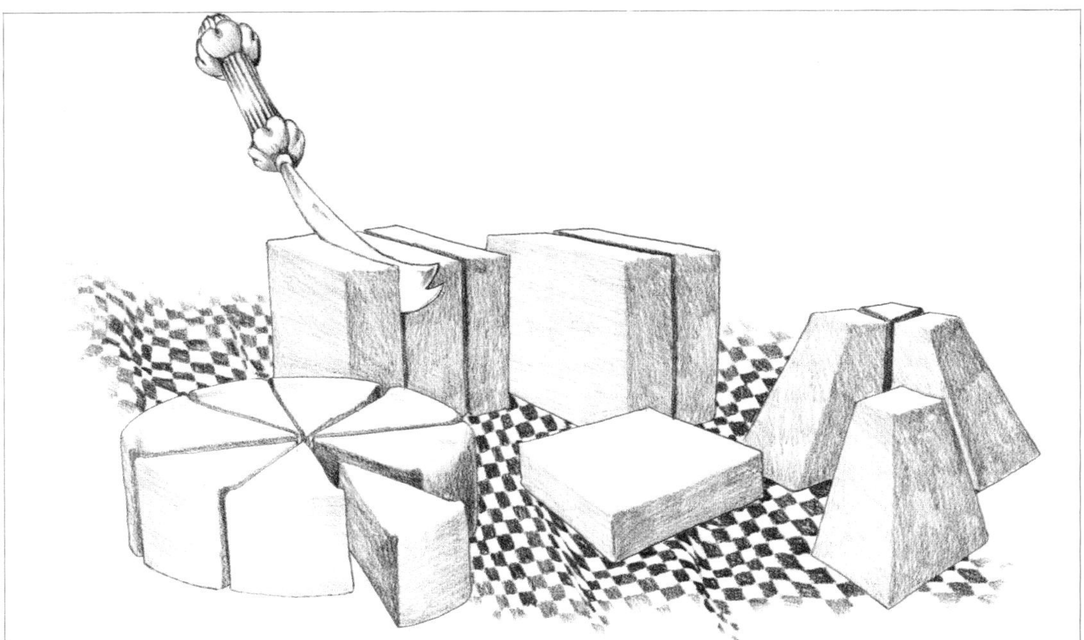

Rechts Weitere Beispiele korrekter Käseaufteilung. Ein flacher, runder Käse kann in dreieckige Stücke zerschnitten werden wie eine Torte. Rechteckiger Käse kann in Scheiben zerschnitten werden, wobei man die mittleren Stücke zuerst konsumiert und die Außenstücke jeweils gegeneinanderlehnt, um ein Austrocknen zu verhindern. Pyramiden- oder kegelförmiger Käse sollte wie hier dargestellt aufgeteilt werden.

Käse im Haushalt

Jeder Käse besitzt seinen eigenen Reiz und Charakter. Nicht umsonst wurde so manche Sorte im Laufe von Jahrhunderten ständig weiter vervollkommnet. Wie sollten sie da nicht zum Kauf verlocken und verführen? Ein feines Stück Bauernbrie auf einer Strohmatte; ein biegsamer Camembert in seiner Spanschachtel; ein in grünschimmernde oder herbstlich gefärbte Blätter gehüllter frischer Ziegenkäse; ein vornehmes Stück blaugeäderter Käse neben einer Traube; eine honigfarbene Scheibe milden, alten Goudas auf einem einfachen, hölzernen Käsebrett – sie alle verheißen Gaumenfreuden und zeugen von gutem Geschmack.

Käse hat sowohl kosmopolitischen als auch demokratischen Charakter, denn er wird fast überall auf der Welt konsumiert. Am liebsten ißt man den Käse in reichlichen Portionen zu knusprigem Brot und trinkt dazu ein Glas Wein oder Bier. Aber auch in der Küche spielt er eine bedeutende Rolle, sei es als Bestandteil einfacher Gerichte oder als erlesene Feinschmeckerkost. Der Käse hat seinen traditionellen Platz auf dem Speisezettel, für Sandwiches sowohl wie auch als Imbiß im Restaurant. Die zunehmende weltweite Beliebtheit des Käses beruht nicht nur auf der bemerkenswerten Auswahl, sondern auch auf dem Umstand, daß moderne Transportmethoden und Lagerungsmöglichkeiten allerorten ein vielfältiges Angebot gewährleisten, von dem jedermann profitieren kann. Diese verstärkte Vorliebe für Käse hängt ganz allgemein mit dem wachsenden Interesse an gutem Essen zusammen, das durch Nahrungsmittelfabrikanten, Reklame aller Art und einfallsreiche Ladenbesitzer wirksam stimuliert wird.

Käse hat, wie gesagt, seine eigene Natur. Er sollte von seinen Herstellern wie auch von seinen Konsumenten mit aller Sorgfalt behandelt werden. Nur so kann man dem spezifischen Aroma und Geschmack alles abgewinnen.

Raumtemperatur

Käse sollte im Moment, wo er konsumiert wird, die richtige Temperatur aufweisen. Weich-, Halbhart- und Hart-

Oben Käse und ein guter Tropfen Wein – zwei Annehmlichkeiten des Lebens, die man am besten in einer entspannten Atmosphäre, vielleicht gar im Freien und bei Sonnenschein genießt.

käse schmeckt bei einer Temperatur von 20 °C am besten, Frischkäse darf etwas kühler sein. Bewahrt man den Käse in einem kalten Keller oder im Kühlschrank auf, muß man ihm genügend Zeit lassen, daß er Raumtemperatur annimmt. Nur so kann er sein Aroma voll entfalten. Dies dauert manchmal eine Stunde, manchmal auch länger, je nach der Temperaturdifferenz zwischen Lagerraum und Küche und je nach Käsesorte. Ein Hartkäse zum Beispiel braucht länger als Weichkäse. Letztlich hängt es aber auch vom persönlichen Geschmack des Konsumenten ab. Nur die Erfahrung lehrt, wie lange ein Käse braucht, um unsere Nase und Zunge voll zufriedenzustellen.

Lagerung

Wo soll man zu Hause den Käse aufbewahren? Der Ort darf nicht zu kühl sein, da Schnittfläche und Rinde schnell an Feuchtigkeit verlieren, was Aroma und Geschmack beeinträchtigt.

Es ist in unsern modernen Wohnungen mit Zentralheizung gewiß nicht einfach, einen kühlen und doch nicht zu kühlen Ort zu finden. Wer das Glück hat, einen kühlen Keller zu besitzen, sollte davon Gebrauch machen und den Käse auf sauberen Regalen aus rohem Holz lagern. Die Schnittfläche eines Käses kann dünn mit Butter bestrichen werden, bevor man sie mit Alufolie oder Schrumpffolie bedeckt oder den Käse in ein feuchtes Tuch hüllt. Doch dies gilt nur für Halbhart- oder Hartkäse. Weichkäse darf man nie in feuchte Tücher hüllen; man bewahrt ihn am besten in seiner eigenen Verpackung auf, sofern diese nicht einfach aus Karton besteht. Ist letzteres der Fall, nimmt man den Käse heraus und hüllt ihn in Alufolie oder Cellophanpapier.

Man kann den Käse natürlich auch im Kühlschrank aufbewahren. Doch die darin herrschende Temperatur von –3 bis –4 °C ist für Käse zu tief. Man schütze den Käse, indem man ihn gut mit Frischhaltepapier verpackt und in einen verschließbaren Plastikbehälter legt. Das Frischhalte- oder Gemüsefach ganz unten im Kühlschrank und die Türfächer sind am wenigsten kalt. Man darf kleine Käsestücke nie zusammen einwickeln: ihre Aromen würden sich vermischen, und sie würden ihren eigenen Charakter einbüßen.

Käse sollte nie im Tiefkühlschrank aufbewahrt werden, wo eine Temperatur von –20 °C herrscht. Auf diese Weise

Oben Ein gemütlicher Abend zu Hause mit einigen Freunden bei einem guten Glas Wein und einer Auswahl köstlicher Käse.

Unten Ein in der Schweiz seit Jahrhunderten übliches Gemeinschaftsmahl – Fondue. Es gibt verschiedene Rezepte, wobei unterschiedliche Käsesorten verwendet werden. Auf Seite 219 sind zwei klassische Rezepte angegeben: Neuenburger Fondue und Fribourger Fondue.

würde der Käse verderben oder zumindest seine Qualität einbüßen. So verliert zum Beispiel Streichkäse seine rahmartige Struktur und wird krümelig. Andere Arten hingegen, wie z. B. Quark, sind in dieser Hinsicht widerstandsfähiger. Sie sollten sorgfältig aufgetaut und nicht wieder eingefroren werden.

Wie lange ist Käse haltbar?

Halbhart- und Hartkäse lassen sich wochenlang aufbewahren. Man kann sie in größeren Mengen kaufen, was sich oft billiger stellt als der Kauf kleiner Stücke. Man lagere sie sorgfältig und schneide jeweils ein Stück davon ab, das innerhalb weniger Tage gegessen wird. Ein ganzer Käse sieht auf einem Käsebrett recht hübsch aus, doch bekommt es ihm nicht gut, wenn er wiederholt auf Raumtemperatur gebracht wird, auch wenn es ihm vielleicht beim erstenmal nicht geschadet hat.

Viel heikler ist Weichkäse. Dies hängt mit seinem Feuchtigkeitsgehalt und mit dem Umstand zusammen, daß die Schimmelpilzentwicklung weitergeht. Man unterscheidet drei Gruppen. Weichkäse mit einer Tendenz zur Verflüssigung – wie Brie, Camembert und Liederkranz – haben ein kurzes Leben. Sie sollten beim Kauf eben erst oder fast ausgereift sein. Man esse sie sofort oder zumindest am folgenden Tag. Muß man sie länger aufbewahren, hülle man sie in Alufolie und lagere sie bei Raumtemperatur. Man sollte sich merken, daß ein flüssig gewordener Käse im Kühlschrank nicht fester, sondern höchstens trockener wird. Käse mit einem festeren Teig, zum Beispiel Pont-l'Evêque und Reblochon, kann man einige Tage im Kühlschrank aufbewahren. Diese Käse reifen jedoch weiter, und haben sie einmal ihren Höhepunkt überschritten, büßen sie rasch an Qualität ein. Dann empfiehlt sich ein sofortiger Verbrauch. Frischkäse und dicker Rahmkäse (Cottage Cheese, Speisequark, Crème Chantilly, Petit Suisse usw.) sind weniger heikel und können einige Wochen im Kühlschrank aufbewahrt werden – auch nach dem Öffnen der Packung oder nach dem Anschneiden.

Schließlich gibt es noch die in der Folie gereiften und vakuumverpackten Käse, die – falls die Packung verschlossen bleibt – lange Zeit aufbewahrt werden können.

Oben Ein Sortiment feiner englischer Käse mit den als «Bath Olivers» bekannten Spezialcrackers.

Unten Ein hübsches Käsebuffet für eine Party in einem alten Bauernhaus.

Werfen Sie nichts weg

Weichkäse kann man nicht zu lange bei Raumtemperatur aufbewahren, ohne daß sie flüssig und überreif werden. Unter gleichen Bedingungen beginnen härtere Käse ihr Fett «auszuschwitzen». Doch muß man falsch behandelte Käse nicht unbedingt wegwerfen. Die Fettabsonderungen können mit einem trockenen Tuch abgewischt werden. Sollte der Käse zu trocken werden, kann man ihn immer noch reiben und über Sandwiches, Gerichte, Suppen und andere Speisen streuen. Natürlich sucht man sich dann einen besseren Aufbewahrungsort. Auch etwaige Schimmelpilzbildungen kann man ohne Gefahr für die Gesundheit wegwischen. Ist der Schimmelpilz in den Käse eingedrungen, kann man eine Schicht wegschneiden. Nicht einmal ausgetrockneter Blaukäse muß weggeworfen werden: man kann ihn mit Butter oder Rahm zu einer Käsecreme vermischen.

Auswählen und Servieren von Käse

Die verwirrende Vielfalt an Käsesorten – frische, weiche, halbharte, harte, milde, scharfe, ohne oder mit besonderen Gewürzen, mit markantem oder fruchtigem Aroma – kommt jedem Geschmack entgegen. Wie aufregend, einen neuen Käse auszuprobieren, nachdem man die Beschreibung eingehend studiert hat! Andererseits mag einem die große Auswahl Kopfzerbrechen bereiten.

Es empfiehlt sich, methodisch vorzugehen und sich genau zu merken, welchen Käse man wann und wie verwendet. Wir möchten hierzu nur einige Anhaltspunkte geben.

Zu Brot munden die Halbhart- oder Hartkäse am besten, wobei jeder selbst weiß, was er bevorzugt – eine milde oder eine rezentere Sorte. Oft hat jeder in der Familie eine andere Vorliebe. Man bringe also verschiedenerlei Käse auf den Tisch, mindestens einen milden jungen und einen rezenteren ausgereiften Käse.

Eine als Nachspeise servierte Käseplatte sollte zumindest mit drei sehr unterschiedlichen Sorten bestückt sein. Die Auswahl hängt unter anderem von den aufgetragenen Speisen und Getränken ab. Dieser Aspekt wird im Kapitel über Käse und Wein ausführlicher erörtert (siehe Seite 220).

Beim Kochen spielen nicht nur Aroma und Geschmack, sondern auch Struktur und Schmelzeigenschaften des Käses eine Rolle. In bestimmten Fällen eignet

sich nur eine Sorte, die gut schmilzt, aber keine Fäden zieht (z. B. für Raclette oder Heißkäse-Sandwiches).

Oben Eine Auswahl sorgfältig auf einem Käsebrett angeordneter französischer Käse – eine ganze Palette verschiedener Aromen.

Nährwert

Im täglichen Menüplan spielt Käse eine entscheidende Rolle. Er ist nicht nur eine Gaumenfreude, sondern enthält in konzentrierter Form fast alle Nährstoffe, deren der menschliche Organismus bedarf: Kasein (Käse-Eiweiß), Albumin und Globulin. Kasein ist der wichtigste dieser Nährstoffe, man findet ihn in der Milch und in Milchprodukten. Die Käse-Eiweiße sind besonders wertvoll, da sie aus Aminosäuren aufgebaut sind. Aus diesen bildet der menschliche Organismus seine eigenen Körperproteine.

Darüber hinaus enthält der Käse reichlich Milchfett. Während der Herstellung und Reifung wurde dieses Fett wie die Proteine teilweise zersetzt und dadurch leichter verdaulich.

Käse enthält verschiedene Vitamine: das wasserlösliche Vitamin B und die fettlöslichen Vitamine A und D. Ferner ist er auch reich an Mineralstoffen, vor allem an den für den menschlichen Organismus unentbehrlichen Stoffen Kalzium und Phosphor.

Durchschnittliche Zusammensetzung von Käse pro 100 g

Name	Fettgehalt	Fett in Grammen	Protein in Grammen	Kohlehydrate in Grammen	Feuchtigkeit %	Kalorien
Blue	45	30,5	21,5	2,0	40	368
Camembert	45	22,1	20,9	1,0	53	286
Cheddar	48	32,2	25,0	2,1	38	398
Cottage Cheese	4,2	4,2	13,6	2,9	78	106
Danbo (10% Fett)	10	5,5	34,5	1,0	56	191
- (30% Fett)	30	15,4	28,6	1,0	52	257
Emmentaler	45	31,0	29,0	1,0	36	399
Gouda	48	29,0	25,0	1,0	42	365
Parmesan	40	26,0	36,0	2,9	33	390
Speisequark						
- (5% Fett)			13,5	3,4	81	72
- (45% Fett)	45	11,3	8,7	3,4	75	150

Käse entbehrt der korpulenzfördernden Kohlehydrate – wie beispielsweise Milchzucker –, da sie im Laufe des Produktionsprozesses größtenteils in Milchsäure verwandelt werden.

Auf der nebenstehenden Tabelle haben wir den Kaloriengehalt einiger Käsesorten angegeben. Die Kalorien wurden gemäß dem «Energiewert» der verschiedenen Käse berechnet. Der Kaloriengehalt je Gewichtseinheit schwankt entsprechend dem Fett- und Feuchtigkeitsgehalt des Käses. Je tiefer der Kaloriengehalt, desto höher der Feuchtigkeitsgrad des Käses. Je höher der Kaloriengehalt, desto fetter der Käse. Der Feuchtigkeitsgehalt des Käses läßt sich nur approximativ angeben, da er mit zunehmendem Alter des Käses abnimmt.

Rezepte mit Käse

Oben Ein Sortiment britischer Produkte auf einem traditionellen Pub-Tisch: ein Yorkschinken, ein Stilton- und etwas Cheddar-Käse, ein Humpen Bier und ein Kuchen. Nur der Wein stammt nicht aus Großbritannien.

Das Wissen um die Ernährungsweise, um die Eß-, Trink- und Kochgewohnheiten der Völker bildet einen integralen Bestandteil unserer Kulturgeschichte. Man kann sich vom Leben anderer Völker in einer anderen Zeit kaum ein anschauliches Bild machen, ohne zu wissen, wie sie sich verpflegten, wie sie ihr Essen zubereiteten, welche Geräte sie benutzten und erfanden und wie sie sich ihre Nahrung verschafften. Andererseits bieten uns Kostproben aus fremden Küchen nicht nur ungewohnte Gaumenfreuden, sie bringen uns zugleich ein Stück Alltag aus dem betreffenden Land zu Bewußtsein.

In unserem zwanzigsten Jahrhundert hat die Kochkunst einen wahrhaft internationalen Charakter angenommen. Dank der heutigen Kühltransporte gelangen frische italienische Gemüse, englisches Lammfleisch, französische Weichkäse jederzeit und in einwandfreiem Zustand selbst in die entlegensten Winkel unseres Planeten.

Der Käse hat in der kulinarischen Welt seinen angestammten Platz. Vor allem ist er ein vollständiges und bekömmliches Nahrungsmittel. Dann genießt man ihn aber auch gerne im geselligen Kreis zu einem Glas Wein. Ein französisches Essen wäre unvollständig ohne Käse als Nachtisch, und in der Küche selbst ist Käse als Zutat zu zahlreichen Gerichten nicht mehr wegzudenken.

Die folgende Rezeptsammlung mag als Anregung dienen. Die aufgeführten Rezepte lassen sich unverändert, phantasievoll abgewandelt, variiert oder weiterentwickelt anwenden – dies bleibt dem Geschmack des einzelnen überlassen. Kräuter und Aromen, aber auch die genannten Käsesorten (wir haben sie meist in allgemeinen Begriffen erwähnt) sind austauschbar. Anhaltspunkte dazu findet man in diesem Buch.

Die Rezepte sind mehr oder weniger ihrer Art entsprechend gruppiert: von Frühstücksgerichten über kleine Imbisse bis zu warmen Hauptmahlzeiten und Desserts. Sie sind – falls nicht anders angegeben – durchweg für vier Personen (mit durchschnittlichem Appetit) berechnet.

Frühstück

Welch eigentümliches Erlebnis, eine Frühstücksmahlzeit auszuprobieren, die vor zweitausend Jahren auf die gleiche Weise zubereitet wurde! Vielleicht macht es Ihnen Spaß, Frühstücksgerichte aus dem alten Rom zu testen. Marcus Porcius Cato (234–149 v. Chr.) überlieferte uns das Rezept für Savillum, das vermutlich zu seiner Zeit ein Alltagsgericht war. Es handelt sich dabei um einen festen Kuchen aus Hafergrütze, vermischt mit Käse und Honig, der im voraus zubereitet und kalt zum Frühstück serviert werden kann. Man schneidet eine dicke Scheibe davon ab und bestreicht sie mit noch mehr Honig – eine Köstlichkeit!

In den meisten Ländern werden morgens keine gekochten Gerichte serviert. Gibt es aber ein solches Frühstück (wie zum Beispiel das berühmte englische Frühstück), werden dazu mit Vorliebe

Eier, Speck oder Fisch, aber nicht Käse verwendet.

In einem gastronomisch so berühmten Land wie Frankreich besteht das petit déjeuner *nur aus einer Tasse Kaffee und Hörnchen* (croissants).

Käsesandwiches gewährleisten eine substantiellere Grundlage für den Tagesbeginn, sie bilden auch den Hauptbestandteil des holländischen Frühstücks. Der Sparsinn der Niederländer zeigt sich im Gebrauch des Käsehobels, der hauchdünne Käsescheiben schneidet – große Käsestücke sind beim Frühstück verpönt.

Savillum

200 g Hafergrütze
400 g Ricotta (oder Quark)
200 g Honig
1 Ei
Mohnsamen

Einen feuerfesten Topf mit Öl einfetten. Hafergrütze, Käse, 4/5 des Honigs (bis auf einen kleinen Rest) und zerklopftes Ei zusammen vermischen. Mischung in Topf füllen, zudecken und in dem auf 200 °C vorgeheizten Backofen 50 Minuten backen, d.h. bis das Ganze gar ist. Topf herausnehmen, Deckel entfernen, Gericht mit dem restlichen Honig bestreichen und mit Mohnsamen bestreuen. Das Savillum unbedeckt für einige Minuten in den Ofen zurückstellen.

Die Römer kannten auch ein Rezept für Pulmentum, *einen Vorläufer unserer heutigen Polenta, des Mais-Porridge, das auf dem Speisezettel Mittel- und Süditaliens einen wichtigen Platz einnimmt. Die Römer bereiteten Pulmentum nicht aus Mais (dieser wurde erst viele Jahrhunderte später aus Amerika eingeführt), sondern aus Hirse oder Dinkel. Man kannte verschiedene Zubereitungsarten: mit Milch, Frischkäse, Honig usw. Es bestand eine gewisse Ähnlichkeit mit der heutigen Frühstückskost aus Getreideflocken. Eine andere Version der Polenta, die rumänische Mamaliga, ist so dick, daß sie beim Erkalten hart wird. Die Rumänen schneiden sie in Stücke und essen Eier, Sauerrahm oder Käse dazu.*

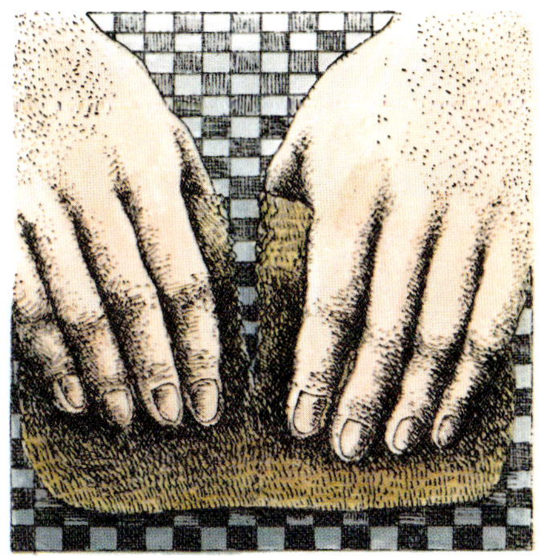

Polenta

Für 4–6 Personen
1½ l Wasser
1 Eßl. Salz
500 g Mais (Polentagrieß)
30 g Kochbutter
100 g Parmesan oder Sbrinz, gerieben

Das Wasser mit Salz in einer großen Pfanne aufkochen. Den Mais unter Rühren hineingeben. Immer in der gleichen Richtung rühren, bis die Polenta glatt ist. Es dürfen sich keine Klumpen bilden. Die Hitze reduzieren und immer weiterrühren, bis sich nach ungefähr 30 Minuten am Pfannenrand eine dünne Kruste bildet. Von diesem Zeitpunkt an nochmals 10–15 Minuten weiterkochen. Die Polenta anrichten, mit Käse bestreuen und mit heißgemachter Butter begießen. Man kann die Polenta auch auf ein Brett gießen, nach dem Erkalten in Scheiben schneiden und diese in Butter leicht anbraten und gleichzeitig erwärmen. Bei Tisch mit Käse bestreuen.

Schnelle Pizza

4 Scheiben Weißbrot
Etwas Butter
2 Tomaten
Salz, Pfeffer
100 g Mozzarella
Sardellenfilets
Schwarze Oliven

Brotscheiben toasten und mit Butter bestreichen. Tomaten schälen, in Scheiben schneiden und auf den Brotscheiben anordnen. Salz, Pfeffer und Käse in Scheiben darauf verteilen. Sardellenfilets kreuzweise darüberlegen und mit halbierten schwarzen Oliven garnieren. Auf dem heißen Grill erhitzen, bis der Käse geschmolzen ist.

Pikante Kleinigkeiten

Viele Käsesorten eignen sich ausgezeichnet für die Zubereitung eines kleinen Imbisses, den man als Quick-Lunch, kleines Abendessen oder Zwischenmahlzeit servieren kann. Nichts ist zum Beispiel einfacher zu präparieren als Käseschnitten. Sie brauchen im vorgeheizten Backofen oder auf dem Grill nur einige Minuten, und schon sind sie servierbereit.

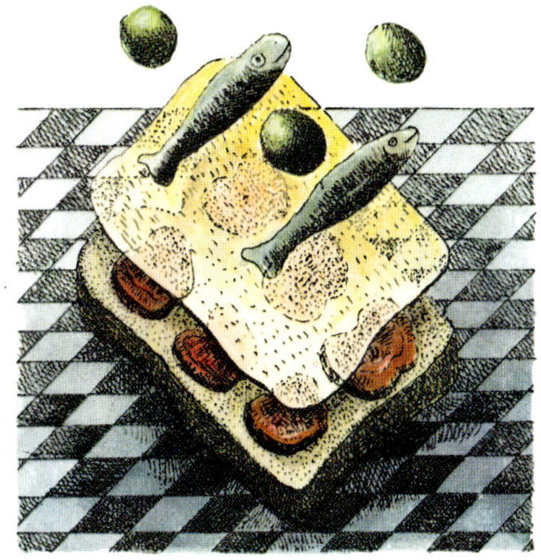

Welsh Rarebits
(Waliser Käseschnitten)

4 Weißbrotscheiben
3 Eßl. Butter
200 g Cheddar, gerieben
2½ dl Bier (dunkel oder hell)
2 Eigelb
2 Teel. Senf
Cayennepfeffer
Paprika

Welsh Rarebits (Waliser Käseschnitten) Beim Brot die Rinde wegschneiden. Brotscheiben toasten und warmhalten. Butter bei niedriger Temperatur flüssig werden lassen, gut rühren und nach und nach den Reibkäse und das Bier beimengen. Weiterrühren, bis die Mischung glatt ist. Eigelb, Senf und Pfeffer dazugeben und die Sauce über die Brotscheiben gießen. Im Backofen oder im Grill überbacken. Mit Paprika bestreuen.

Der Cheddar kann durch Greyerzer oder einen anderen gut schmelzenden Käse ersetzt werden.

Croustades Montagnardes
(Einfache Käseschnitten)

4 Scheiben Bauernbrot
Käsescheiben (z.B. Fontina oder Raclette)
Schnittlauch, gehackt

Dies ist die einfachste Form von Käseschnitten: getoastete Brotscheiben mit Käsescheiben belegen. Im Backofen oder Grill bei 200 °C leicht überbacken. Mit gehacktem Schnittlauch bestreuen, und schon ist die Mahlzeit fertig.

Unten Croustades Montagnardes, zu jeder Tageszeit ein einfacher und köstlicher Imbiß.

Käse-Spargel-Schnitten

4 Weißbrotscheiben
2 Eßl. Butter
100 g Schinken
12 Spargelspitzen (aus Dose)
4 Scheiben halbreifer Gouda oder Greyerzer
Petersilie
Paprika

Brotscheiben toasten, mit Butter bestreichen. Eine Scheibe Schinken und drei Spargelspitzen darauf anordnen. Mit einer Käsescheibe zudecken und auf dem Grill oder im Ofen backen, bis der Käse geschmolzen ist. Mit gehackter Petersilie oder Paprikapulver bestreuen.

Croûtes au fromage au poivre vert
(Käseschnitten mit grünem Pfeffer)

4 Scheiben Toastbrot
2 Eßl. Butter
2½ dl Weißwein
160 g Greyerzer, gerieben
160 g Appenzeller Käse, gerieben
2 Eier
Salz, Pfeffer, Muskatnuß
1 Knoblauchzehe
1 Eßl. grüner Pfeffer (aus Dose)
2 Scheiben Schinken

Toastbrot auf einer Seite mit 1 Eßlöffel Butter bestreichen. Mit der bestrichenen Seite nach unten in eine Gratinplatte legen. Mit wenig Weißwein beträufeln. Grünen Pfeffer aus der Dose nehmen, kalt abspülen und abtropfen lassen.

Greyerzer und Appenzeller Käse, Eier und restlichen Weißwein, grünen Pfeffer und durchgepreßten Knoblauch gut mischen. Mit Salz, Pfeffer und Muskatnuß würzen. Je eine halbe Schinkenscheibe auf die Brotschnitten legen. Die Käsemasse darauf verteilen. In den Backofen schieben und bei 180 °C sieben Minuten backen. Den Käse nur zerfließen lassen und nicht überbacken.

Links Käse-Spargel-Schnitten, eine köstliche Kombination von Schinken, Käse und Spargelspitzen.

Die italienische Pizza hat die Welt erobert. Sie kann als vollständige Mahlzeit serviert werden, und es macht ebensolchen Spaß, sie zuzubereiten wie sie zu essen. Die Pizza ist ein gutes Beispiel typisch italienischer Kochkunst: einfach, schmackhaft und nahrhaft. Sie setzt sich aus preiswerten, leicht erhältlichen Zutaten zusammen: Tomaten, die oft zwischen Olivenbäumen angepflanzt werden und im heißen südlichen Klima rasch reifen; Sardellen, die das Mittelmeer in Mengen liefert, und Mozzarella, der aus Büffel- und Kuhmilch bereitet wird. Für eine echte italienische Pizza ist dieser Käse unentbehrlich. Das Ganze kann mit etwas geriebenem Parmesan überstreut werden.

Die Zutaten der Füllung variieren. Jede Pizzeria bietet ihre eigene Auswahl an Pizzas an, die sich in Geschmack und Aroma voneinander unterscheiden. Der Teig wird kräftig und geschickt geknetet, ausgerollt und zu einer hauchdünnen Scheibe geformt. Er wird mit sorgfältig ausgewählten Zutaten belegt und auf einer langen hölzernen Schaufel in den Ofen geschoben.

Heute kann man fertig zubereitete Pizzas kaufen, die nur aufgewärmt werden müssen. Es gibt auch Packungen mit allen benötigten Zutaten, die eine schnelle Zubereitung ermöglichen. Doch nichts schmeckt köstlicher als eine von A bis Z hausgemachte Pizza, bestehend aus selbstgemachtem Hefeteig und frischem Belag.

Was den Käse anbelangt, gibt es außer dem Mozzarella noch andere passende Sorten: Der Käse sollte leicht schmelzen und keine Fäden ziehen. Man kann es zur Abwechslung auch mit Gorgonzola oder einem anderen Blaukäse (zusammen mit Tomaten, Schinken und Kräutern), mit Cheddar oder Greyerzer (mit gehackten Zwiebeln, Knoblauch und Schnittlauch), mit Emmentaler (mit Schinkenscheiben, verrührtem Ei und Kapern) oder mit Parmesan (über Pilze, Paprika und schwarze Oliven gestreut) versuchen. Doch bei all dem dürfen wir die Originalrezepte nicht vergessen.

Pizza alla napoletana

Teig
350 g Mehl
1 Teel. Salz
30 g Hefe
1 Teel. Zucker
ca. 2 dl Wasser
2 Eßl. Olivenöl

Füllung
2 Eßl. Olivenöl
2 Knoblauchzehen
400 g geschälte Tomaten, in Würfeln, ohne Saft
350 g Mozzarella
50 g geriebener Parmesan
1 Eßl. Basilikum, gehackt
Salz, Pfeffer

Mehl in eine Schüssel sieben und mit Salz vermischen. Die Hefe mit etwas lauwarmem Wasser und Zucker verrühren, bis sie flüssig wird. Im Mehl eine Mulde formen, die Hefe in die Mulde gießen, etwas Mehl darüberstreuen und die mit einem sauberen Tuch bedeckte Schüssel an einen warmen Ort stellen, wo kein Luftzug herrscht.

Sobald die Hefe Blasen bildet, nach und nach das verbleibende lauwarme Wasser und das Olivenöl beimengen. Von der Mulde aus zu rühren beginnen. Die Flüssigkeit und das Mehl in der Schüssel mit Gabel oder Schwingbesen zu einem festen Teig verarbeiten und diesen zu einer Kugel formen. Den Teig auf bemehltes Brett legen und kneten, bis er glänzend und elastisch ist und nicht mehr an den Händen klebt. Den Teig wieder in die Schüssel legen, erneut mit einem Tuch bedecken und 1 Stunde warm stellen, damit er aufgeht. Dann in vier Portionen aufteilen, jede nochmals gesondert auf einem bemehlten Brett kneten. Falls der Teig immer noch ein wenig haftenbleibt, zusätzliches Mehl verwenden. Jede Teigkugel zu einer dünnen, flachen Rundscheibe ausrollen und ein Kuchenblech damit auslegen.

Für die Füllung den gehackten Knoblauch und die Tomatenscheiben in 1½ Eßlöffel Olivenöl einige Minuten anziehen lassen. Mit Salz und Pfeffer abschmecken und mit frischgehacktem Basilikum mischen. Die Füllung gleichmäßig auf die vier Kuchenböden verteilen. Mit den Mozzarellascheiben belegen. Zuletzt den geriebenen Käse darübergeben und das restliche Olivenöl darüberträufeln. Das Kuchenblech auf der untersten Rille in den auf etwa 250 °C vorgeheizten Backofen schieben und die Pizzas bei 240 °C etwa 20–30 Minuten backen, bis sie goldgelb sind.

Einfacher Käsekuchen mit Speck

Teig
100 g Butter
200 g Mehl
1 Teel. Salz
⅛ l Wasser

Füllung
100 g Speck, in dünnen Scheiben
250 g Emmentaler oder anderer Hartkäse, gerieben
⅛ l Milch
⅛ l Rahm
2 Eier
Salz, Pfeffer

Mehl auf das Teigbrett sieben. Butter in Flocken beigeben. Mehl und Butter von Hand miteinander zerreiben, bis sich eine feinkrümelige Masse bildet. Damit einen Kranz formen, das Wasser mit dem darin aufgelösten Salz zugeben und von der Mitte aus rasch zu einem Teig verarbeiten. Nicht kneten, sonst wird der Teig zäh. Mindestens 2–3 Stunden ruhen lassen.

Den Teig dünn ausrollen. Ein gebuttertes Kuchenblech mit dem 3 mm dick ausgerollten Teig auslegen. Speck leicht anbraten. Auf dem Teigboden verteilen. Milch und Rahm mit den Eiern verrühren. Käse zugeben. Nach Bedarf würzen und über den Speck gießen. Den Kuchen auf der untersten Rille in den auf 220 °C vorgeheizten Backofen schieben und ca. 35 Minuten backen, bis er goldbraun ist.

Unten Käsekuchen mit Auberginen – eine der vielen, interessanten Varianten.

Auberginenkuchen

Dies ist eine sehr schmackhafte Variante des Käsekuchens. Eine Aubergine in fingerdicke Scheiben schneiden, auf der Füllung des Käsekuchens verteilen, mit Reibkäse bestreuen und wie beschrieben backen.

Auf diese Weise läßt sich – durch Beifügung anderer Zutaten – das Thema Käsekuchen endlos abwandeln.

Es gibt fast so viele Omeletts wie mögliche Zutaten. Das Grundprinzip ist denkbar einfach: Eier mit Milch verrühren, einige würzige oder süße Zutaten zugeben und das Ganze ausbacken! Es sind die zahlreichen Variationsmöglichkeiten, die dieses Gericht interessant machen, wobei auch einige Rezepte mit Käse sehr beliebt sind. Für ein Käseomelett und die köstliche Omelette soufflée kann jede Käsesorte verwendet werden, die leicht schmilzt und keine Fäden zieht. Ein Omelett mit frischem Salat ist eine vollwertige Mahlzeit und – wie viele meinen – eine der besten!

Käseomelett

4 Eier
4 Eßl. Milch
70–80 g ausgereifter Käse, gerieben
Salz, Pfeffer
1 Eßl. Butter

Eier und Milch zusammen verrühren. 40–50 g Reibkäse und wenig Salz und Pfeffer daruntermischen.

Die Butter in einer Kasserolle zerfließen lassen, die flüssige Masse in die Pfanne geben und dick werden lassen. Von Zeit zu Zeit konsistent gewordene Portionen gegen die Mitte der Pfanne schieben, damit auch der Rest auf dem Pfannenboden die nötige Konsistenz erreicht. Dadurch wird das Omelett auch recht locker. Sobald der obere Teil nicht mehr flüssig ist, den restlichen Käse darüberstreuen und das Omelett zusammenfalten. Statt den Käse mit der flüssigen Masse zu vermischen, kann man auch dünne Käsescheiben auf dem Omelett anordnen.

Auch durch Beifügen von Frischkäse lassen sich ausgezeichnete Omeletts herstellen. Man bedeckt das gebackene Omelett mit Frischkäse, streut feingehackte Kräuter darüber und rollt das Omelett ein.

Unten Es gibt fast so viele Omelettrezepte wie Zutaten. Die hier abgebildete Variante ist die luftige *Omelette soufflée*.

Omelette soufflée au fromage

4 Eier
4 Eßl. Milch
70–80 g geriebener Parmesan
Salz, Pfeffer
2 Eßl. Butter

Eigelb mit der Milch und etwas Pfeffer schaumig rühren. Eiweiß mit einer Prise Salz steifschlagen und Eigelb sorgfältig unter den Eischnee heben. Omelett in Butter backen, ohne zu rühren. Den Reibkäse über die eine Hälfte verteilen und die andere Omeletthälfte darüberfalten.

Ein anderes und recht ungewöhnliches Rezept sind Moules au fromage (Käsemuscheln): eine interessante Kombination von Meeresfrüchten und Käse. In der Muschelsaison bildet das Gericht eine Hauptmahlzeit, die man mit frischem Pariser Brot und einem leichten Fruchtdessert ergänzen kann.

Moules au fromage

1 Lauchstengel
1 Zwiebel
1 Karotte
Thymian
3 Eßl. Butter
Salz, Pfeffer
2 kg Muscheln in Schalen
1 dl Weißwein
3 dl Mornaysauce
2–3 Eßl. Rahm
30 g Reibkäse
Paprika

Lauch in Ringe schneiden, Zwiebeln hacken und Karotte in Scheiben schneiden. Mit dem Thymian in 1 Eßlöffel Butter dünsten, bis sie knapp weich sind. Salz und Pfeffer zufügen. Die Muscheln gründlich reinigen, in eine große Kasserolle geben und mit Wein aufkochen. Sobald sich die Schalen öffnen, abgießen und Sud auffangen (für die Zubereitung der Sauce Mornay verwenden). Je 1 Schalenhälfte abtrennen oder die Muscheln ganz aus der Schale nehmen. In einer feuerfesten Platte anordnen, die Gemüse darüber verteilen und die mit Rahm verfeinerte Sauce darübergießen. Mit Reibkäse und Paprika überstreuen. Die Platte in die Mitte des auf 180–200 °C vorgeheizten Ofens schieben und überbacken (ca. 20 Minuten), bis das Gericht vollends durchwärmt ist und sich eine braune Kruste gebildet hat.

Lateinamerika hat den internationalen Speisezettel durch einige erfolgreiche Rezepte bereichert. Während ein gutes Stück Fleisch das Grundelement der folgenden Rezepte bildet, ist es der Käse, der den Gerichten einen besonderen Akzent verleiht. Die Lateinamerikaner sind ausgesprochene Fleischliebhaber und jederzeit bereit, zusätzlich noch ein oder zwei weitere Steaks zu verzehren (solange das Geld reicht). Man ißt in der Regel zwei warme Mahlzeiten im Tag, und Reibkäse ist eine Standardzutat. Das Geheimnis der untenstehenden Churrascos – einer Kombination von Steak, Käse und Avocados – ist die Mischung starker und erfrischender Aromen: eine bekömmliche, auf Toast servierte Mahlzeit. Tortilla de Papas ist ein mit Sauce und Käse verfeinertes Kartoffelgericht, wobei mehrere Variationen möglich sind.

Eine etwas weniger bekannte Spezialität ist Chorizo: eine pikante Wurst mit Oregano, Chilipulver und Knoblauch, die heute oft auf dem Mark oder in Feinkostläden verkauft wird.

Churrascos mit Käse und Avocados

500 g Rindsfilet
Pfeffer
2 Eßl. Butter
100 g milder Halbhartkäse, in Scheiben geschnitten
8 Toastbrotscheiben
1 Avocado
Salz

Das Fleisch in 4 Scheiben schneiden, salzen, klopfen, mit Pfeffer bestreuen und in Butter beiderseitig anbraten, bis es goldbraun ist. Die Filets mit den Käsescheiben bedecken und alles zusammen in einer zugedeckten Pfanne oder im Grill erhitzen, bis der Käse geschmolzen ist. Das Fleisch auf je eine getoastete Brotscheibe setzen. 1–2 Scheiben Avocado darüberlegen und mit einer weiteren Toastbrotscheibe zudecken. Gut zusammenpressen und sofort servieren.

Tortilla de Papas

500 g Kartoffeln
Etwas Öl
3 Eier
Salz, schwarzer Pfeffer, Chilipulver
100 g Chorizo-Wurst (oder pikant gewürztes Hackfleisch)
2 Eßl. Butter oder Öl
50 g Reibkäse

Kartoffeln schälen und in dünne Scheiben schneiden. Mit sauberem Tuch trocknen und im Öl schwimmend backen, bis sie braun und knusprig sind. Eier mit Kräutern verrühren und die Kartoffelscheiben sowie die feingehackte Chorizo-Wurst daruntermischen. Die Mischung in Butter oder Öl in der Pfanne braten, bis ein 5 cm dicker Pfannkuchen entstanden ist. Mit einer reichlichen Lage Reibkäse überdecken.

In den arabischen und lateinamerikanischen Ländern spielen Hülsenfrüchte – Bohnen, Erbsen, Linsen – in der täglichen Kost eine weit wichtigere Rolle als in Europa und Nordamerika. Hülsenfrüchte enthalten reichlich Protein, sie eignen sich daher besonders gut als Nahrungsmittel in jenen Ländern, wo der Fleischverbrauch niedrig ist, sei es aus religiösen oder ökonomischen Gründen – für manche Menschen ist Fleisch einfach unerschwinglich. Bohnen und Linsen sind billig und in großer Vielfalt vorhanden. Sie lassen sich mit Fleisch, Käse, Saucen und Kräutern zu nahrhaften und würzigen Gerichten kombinieren. Hier seien zwei berühmte lateinamerikanische Gerichte mit Hülsenfrüchten aufgeführt.

Frijoles de Queso

1 Chilipfefferschote (getrocknet oder frisch)
4 Zwiebeln, grob gehackt
1 Knoblauchzehe
Öl
500 g Bohnen (Frijoles)
500 g Tomaten (geschält und geschnitten)
Salz
Oregano
100 g pikanter Halbweichkäse

Siedendes Wasser über die getrocknete Chilipfefferschote gießen und ½ Stunde stehen lassen. (Frische Chilipfefferschote ½ Stunde in Salzwasser legen.) Entzweischneiden, Samen entfernen und die Schoten kleinschneiden. Drei grobgehackte Zwiebeln mit dem Chilipfeffer und der zerdrückten Knoblauchzehe im Öl anziehen lassen. Die eingeweichten Bohnen mit dem Einweichwasser knapp überdeckt bei niedriger Temperatur weichkochen, dann das Wasser abgießen. Die restliche gehackte Zwiebel in einer Bratpfanne anbraten, die abgetropften Bohnen beigeben und bei großer Hitze 5 Minuten kochen. Temperatur drosseln und die geschälten, geschnittenen Tomaten beimengen. Das Ganze wieder zum Kochen bringen und das Gericht mit Salz und Oregano würzen. Den Käse in kleine Würfel schneiden. Die Hälfte davon unter das Bohnengericht mischen. In eine gebutterte Gratinform geben, mit dem restlichen Käse bestreuen und ca. 20 Minuten bei 220 °C überbacken.

Die italienische Küche ist die Wiege vieler Teigwaren- oder Reisgerichte, die das Fundament jeder italienischen Mahlzeit bilden. Zu einem solchen Gericht gehört Parmesan – wohlgemerkt frisch gerieben, damit sein Aroma voll zur Geltung kommt. In Italien ißt man Teigwaren und Risotto stets als Vorspeise.

Viele Italiener bereiten die Teigwaren selbst, doch weisen sogar in der Fabrik hergestellte Nudeln und Spaghetti ein typisches Aroma auf, eine Eigenschaft, die den Teigwaren anderer Länder abgeht. Es ist unerläßlich, die Teigwaren «al dente» zu kochen. Sie können kurz mit kaltem Wasser abgespült werden, damit sie nicht nachgaren. Das Zusammenkleben wird verhütet, indem man dem Kochwasser ein wenig Öl beigibt.

Risotto alla milanese

Für 6 Personen
3 Tassen Reis (Vialone)
1–2 Zwiebeln
2 Eßl. Olivenöl
8 dl Bouillon
1 Lorbeerblatt
2 Gewürznelken
2 Knoblauchzehen
2 dl herber Weißwein
Salz, Pfeffer, Rosmarin, Basilikum, Thymian
Wenig Safran
50 g geriebener Parmesan
1 Stück Butter

Zwiebeln feinhacken und im Öl anziehen lassen. Reis beigeben und kurz mitdünsten. Mit Wein ablöschen. Umrühren und von Zeit zu Zeit Bouillon zugeben. Lorbeer, Nelken, durchgepreßten Knoblauch sowie Kräuter zufügen.

Vorsichtig Safran zugeben und 15 Minuten auf kleinem Feuer ziehen lassen. Mit Salz und Pfeffer nachwürzen, vom Feuer nehmen und Käse sowie Butter unterziehen. Sofort servieren.

Lasagne al forno

Für 6 Personen
1 Paket Lasagne (breite Teigstreifen)
1 dl Olivenöl
10 g Butter für die Auflaufform
200 g Kalbfleisch, gehackt
200 g Rindfleisch, gehackt
50 g Speck, gehackt
1 Lorbeerblatt
1 große Zwiebel
1 Knoblauchzehe, durchgepreßt
1 Kalbsfüßchen
3 Tomaten, geschält
2 Eßl. Tomatenpüree
2 Karotten
1 Stück Sellerie
1 kleiner Lauchstengel, gehackt
Rosmarin, Oregano
Salz, Pfeffer
2 dl Rotwein
2 dl Wasser
1 Prise Zucker
250 g Mozzarella
100 g geriebener Parmesan
Butterflocken

Fleisch, Speck und Kalbsfüßchen in Olivenöl anbraten. Zwiebeln, kleingeschnittene Tomaten und Gemüse zugeben und kurz mitdünsten. Mit Wein ablöschen, Wasser, Tomatenpüree und Gewürze zugeben und ca. 2 Stunden kochen. Dabei muß mindestens die Hälfte der Flüssigkeit einkochen. Inzwischen die Lasagne in viel Salzwasser «al dente» kochen. Eine rechteckige Auflaufform gut ausbuttern, mit Teigstreifen auslegen, Fleischsauce darübergeben, mit Mozzarellascheiben zudecken und mit Käse bestreuen. Mit Teigstreifen abdecken und weiter lagenweise alle Zutaten einfüllen. Mit Mozzarella und geriebenem Käse abschließen, mit Butterflocken bestreuen und ca. 20 Minuten gratinieren.

Appetitanreger

Nach einem anstrengenden Arbeitstag gönnt man sich gern etwas Entspannung bei einem guten Glas Wein oder Bier und einigen Leckerbissen. Käse paßt zu jedem Getränk, er mundet in jeder Form ausgezeichnet. Man kann beispielsweise ganz einfach einen Halbhartkäse in kleine Vierecke schneiden und je nach Geschmack mit Zwiebelstückchen, Ingwer, Oliven, Ananas, Gewürzgurken usw. garnieren. Man ißt die Käseviertel einfach mit der Hand – köstlich! Käsegebäck und Käsebiskuits erfordern mehr Vorbereitungen, so auch die bekömmliche Käsepastete, die man im Kühlschrank aufbewahren und kalt servieren kann. Die bei den Chester Biskuits beschriebene Käsecreme kann auch für andere Kleingerichte verwendet werden: Man füllt Selleriestangen damit oder formt daraus kleine Kugeln und bestäubt sie mit Reibkäse oder gehackten Kräutern. Ideal als Cocktailbeilage.

Gegenüberliegende Seite Lasagne, ein italienisches Teigwarengericht mit Fleisch und Käsesauce, das im Ofen überbacken wird und eine herrliche braune Kruste bekommt.

Chester Biskuits

Für die Biskuits
200 g Mehl
50 g Butter
50 g geriebener Cheshire-Käse
50 g feingehackte Mandeln
3 Eigelb
2 Eßl. Wasser
Salz, Pfeffer

Für die Creme
80 g Butter
30 g geriebener Cheshire-Käse
30 g geriebener Parmesan
Salz, Pfeffer, Paprika

Für die Biskuits: Alle Zutaten vermischen und kneten, bis eine kompakte Kugel entstanden ist. Kalt stellen. Später den Teig zu einer dünnen Scheibe ausrollen, Rondellen ausstechen, ein gebuttertes Backblech damit auslegen und auf der mittleren Rille in den auf 200 °C vorgewärmten Backofen schieben. 15 Minuten backen, bis die Biskuits goldbraun sind.

Für die Creme: Zutaten gut vermischen. Die Creme auf der Hälfte der abgekühlten Biskuits verteilen, jeweils ein zweites Biskuit darüberlegen und andrücken.

Selleriesalat mit Käse

5 Stangen weißer Sellerie
50 g Blaukäse
50 g halbharter Käse
50 g Cashew oder Walnüsse, fein gemahlen
100 g geschälte, gekochte Krevetten
1 Zitrone
2 Eßl. Öl
Salz, Pfeffer
1 saurer Apfel

Den Sellerie waschen und in dünne Ringe schneiden. Den Blaukäse zerbröckeln und den Käse in Scheiben schneiden. Den Großteil der Krevetten kleinschneiden – einige für die Garnitur ganz lassen – und alles, samt den gemahlenen Nüssen, zusammen vermischen. Apfel schälen, in dünne Scheiben schneiden und mit etwas Zitronensaft beträufeln. Den restlichen Zitronensaft mit Öl mischen, Salz und Pfeffer beifügen und den Salat damit anrichten. Zuallerletzt die Apfelscheiben zugeben. Mit den restlichen Krevetten dekorieren.

Käsepastete

½ rote Paprikaschote
½ grüne Paprikaschote
1 Zwiebel, fein gehackt
100 g Butter
3 Eier
150 g Mehl
1 Teel. Backpulver
200 g geriebener Käse
Pfeffer, Salz, Paprika

Die Paprikaschoten waschen, Herzstück und Samen entfernen und in kleine Stücke schneiden. Butter und Eier schaumig rühren, gesiebtes Mehl und Backpulver beifügen und den roten und grünen Paprika, die feingehackte Zwiebel und den geriebenen Käse beimengen. Mit Salz, Pfeffer und Paprika würzen. Den Teig in eine gebutterte Cakeform füllen und in der Mitte des auf 200 °C vorgeheizten Backofens 50 Minuten backen, bis die Pastete goldbraun ist. Abkühlen lassen und in Scheiben aufteilen.

Unten Käsepastete, ein köstlicher, im Ofen gebackener und kalt servierter Cake. Eine bekömmliche Zwischenmahlzeit, die durch Zugabe von Schinken bereichert werden kann.

Gougère (Burgunder Käsekranz)

Für ein rundes Backblech von 32 cm Ø
¼ l Wasser
½ Teel. Salz
80 g Butter
200 g Mehl
4 Eier
½ Teel. Backpulver
180 g Käse (Greyerzer oder Emmentaler)

Wasser, Salz und Butter zusammen aufkochen. Das gesiebte Mehl mit dem Backpulver auf einmal hineinschütten und bei kleiner Hitze unter Rühren mit der Holzkelle so lange kochen, bis sich der Teigkloß von der Pfanne löst. Pfanne vom Feuer nehmen, kurz abkühlen lassen, und solange die Masse noch warm ist, die Eier einzeln darunterarbeiten. Am besten das vierte Ei nur noch bei Bedarf zum Teig geben. Er soll nur mittelfest werden. Den Teig vor Gebrauch 15 Minuten ruhen lassen.

Die Hälfte des Käses reiben und unter den Teig ziehen. In die bemehlte Kranzform einfüllen. Diese auf das Backblech stürzen. Den Ring mit kleinen Käsewürfelchen spicken. 25 Minuten bei 190 °C goldbraun backen.

Sofort heiß servieren, nicht aufwärmen, sie schmeckt nur frisch gut.

Griechischer Salat

1 kleine grüne Gurke
250 g Tomaten
100 g Feta oder anderer Schafkäse
1 Eßl. Essig
2 Eßl. Olivenöl
Frisch gemahlener Pfeffer
50 g schwarze Oliven
Frisch gehackte Pfefferminzblätter

Gurke waschen und ungeschält schneiden. Mit geschälten und geschnittenen Tomaten, Oliven und dem gewürfelten Käse vermischen. Essig, Olivenöl und Kräuter mischen. Über den Salat verteilen. Der Feta ist ziemlich salzhaltig, deshalb vorsichtig würzen.

Man kann diesen Salat nach Belieben anreichern mit Kopfsalat, Radieschen und Zwiebeln oder Schalotten.

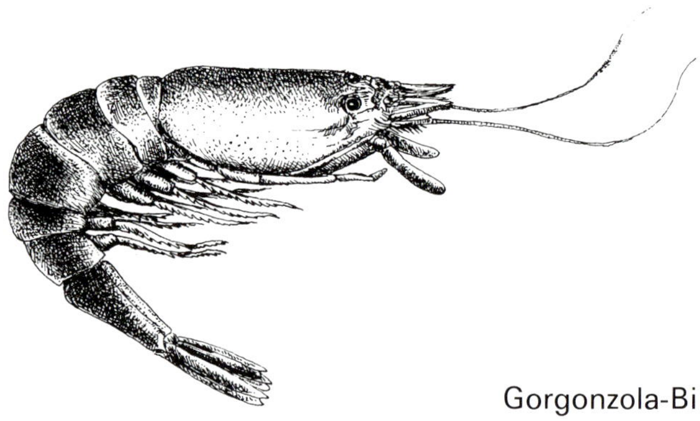

Gorgonzola-Birnen

50 g Gorgonzola (oder anderer Blaukäse)
30 g Butter
1 Eßl. grobgehackte Walnüsse
4 halbe Birnen (evtl. Dose)

Gorgonzola mit einer Gabel zerdrücken. Mit der Butter zu einer gleichmäßigen Masse mischen. Nüsse darunterziehen und die Birnenhälften damit füllen.

Mit Roggenbrot und Butter als Vorspeise servieren.

Gratinée des Halles
(Pariser Zwiebelsuppe)

1 Eßl. Butter
500 g Zwiebeln, in feine Streifen geschnitten
1 Teel. Mehl
2 dl herber Weißwein
1 l Fleischbouillon (echte oder aus Würfeln)
Salz, Pfeffer aus der Mühle, Muskatnuß
100 g Greyerzer, gerieben
4 dünne Scheiben Pariser Brot
2 Eßl. Butter
2 Knoblauchzehen

Zwiebeln in Butter hellgelb anziehen lassen. Mit Mehl bestäuben, Weißwein zugießen und Bouillon zugeben. Mit Salz, Muskatnuß und Pfeffer aus der Mühle nachwürzen. 30 Minuten kochen.

Ofen auf 300 °C vorheizen. Pariser Brot beiderseitig in Butter braten, mit durchgepreßtem Knoblauch bestreuen. Suppe in vorgewärmte Bouillontassen füllen, Brotscheiben darauflegen, mit Käse bestreuen und im heißen Ofen ganz kurz überbacken. Der Käse soll nur schmelzen.

Sopa de letejas
(Linsensuppe)

Für 8 Personen
500 g Linsen
100 g geräucherter Magerspeck
2 Zwiebeln
2 Knoblauchzehen
2 Eßl. Olivenöl
1 rote Paprikaschote
200 g altbackenes Brot
3 dl Milch
Salz
Pfeffer, Chilipulver, Paprika
100 g Reibkäse

Linsen über Nacht in abgekochtem Wasser einweichen. Speck hacken. Mit gehackten Zwiebeln und Knoblauch im Öl anziehen lassen. Paprikaschoten halbieren, entkernen und zerkleinern. Zufügen und leicht anbraten. Das Brot in Stücke brechen und in der Milch einweichen. Linsen, Zwiebeln, Paprikaschoten und Speck in 2 Liter Salzwasser kochen (ca. 1 Stunde). Die Suppe mit Pfeffer und Chilipulver würzen. Das Brot durch die Passiermaschine drehen und zufügen. In eine Suppenschüssel füllen, mit Reibkäse bestreuen. Wenig Öl mit Paprika mischen. Über die Suppe träufeln. Sollte die Suppe zu dick sein, mit etwas heißem Wasser oder Bouillon verdünnen.

Holländische Käsesuppe

3 Eier
2 Eßl. Rahm
100 g extrareifer Gouda, gerieben
50 g Schinken, fein gehackt
1 Eßl. Schnittlauch
7 dl Bouillon
Etwas holländischer Gin
Brotwürfel, gebacken

Eier mit dem Rahm verrühren, geriebenen Käse, gehackten Schinken und Schnittlauch beimengen. Bouillon zum Kochen bringen und unter ständigem Schlagen mit dem Schwingbesen in die Eimischung gießen. Nicht mehr kochen, sonst flockt das Eigelb aus.

In Suppenschalen servieren zu einem Glas Gin, das man auch in die Suppe gießen kann. Die gerösteten Brotwürfel serviert man separat.

Die Zubereitung einer Suppe fordert Ihren Erfindungsgeist und Ihre Phantasie heraus. In Scheiben geschnitten bildet der Käse das Fundament einer Suppe; gehobelt bereichert er ihr Aroma; geriebener, über die Suppe gestreuter Käse verleiht ihr die besondere Würze. Als Regel gilt, daß eine Suppe nach der Beimischung von Käse nicht mehr kochen sollte, da der Käse Fäden ziehen oder die Suppe einen bitteren Geschmack annehmen könnte. Man füge den Käse erst im letzten Moment oder unmittelbar vor dem Essen zu. Käse enthält Salz, man sollte demnach eine mit Käse servierte Suppe nicht allzustark würzen.

Auf die Suppenrezepte folgen einige Anregungen für Vorspeisen, die man aber nur Leuten mit besonders gutem Appetit vorsetzen sollte. Für durchschnittliche Esser sind diese Gerichte vollständige Mahlzeiten.

La soupe au plat
(Käsesuppe nach westschweizer Art)

2 große Zwiebeln
3 Eßl. Butter
300 g Walliser Bergkäse (harte Sorte)
500 g altbackenes Brot
2½ dl Bouillon
Muskatnuß

Die Zwiebeln hacken und in Butter 4–5 Minuten dünsten, ohne daß sie Farbe annehmen. Den Käse reiben. Brot in 1 cm dicke Scheiben schneiden, mit Zwiebeln und geriebenem Käse lagenweise in ein feuerfestes Geschirr geben. Mit Käse abschließen. Die Bouillon aufkochen, mit Muskatnuß abschmecken, darübergießen und mit einer Schaumkelle alles gut zusammendrücken, damit das Brot die Flüssigkeit aufsaugt. 30 Minuten bei 200 °C Oberhitze im Ofen überbacken.

In anderen Gegenden der Schweiz bereitet man die Käsesuppe ähnlich zu, in vielen Rezepten werden aber die Zwiebeln weggelassen und dafür kleine Speckwürfelchen zugegeben.

Rechts Roquefort-törtchen, aus dem berühmten Schafkäse zubereitet und mit Baumnüssen garniert.

Roquefort-Törtchen

100 g Roquefort
30 g Walnüsse
1 Teel. Cognac
1 Eigelb
Etwa 1 Eßl. Rahm
Törtchenböden aus geriebenem Teig
Petersilie

Den Roquefort mit einer Gabel zerdrücken. 2 Walnüsse ganz lassen und den Rest in kleine Stücke hacken. Den Roquefort, die gehackten Nüsse, den Cognac, das Eigelb und den Rahm zu einer glatten Käsecreme verrühren. Die Mischung in die Törtchen füllen und diese 50 Minuten in dem auf 200 °C vorgewärmten Backofen backen, bis sie goldfarben sind. Mit Walnußstücken und Petersilie garnieren.

Die Käsemischung kann auch in kleine, bereits gebackene Tartelettenböden gefüllt und kalt als Entree oder Aperitifbeilage serviert werden (in diesem Fall Eigelb weglassen). Vorgebackene Törtchen können fertig gekauft werden.

Provolone alla patte

200 g Provolone
500 g Tomaten
Salz, Pfeffer
1 Knoblauchzehe oder Knoblauchpulver
Oregano
Petersilie, fein gehackt

2 cm dicke Provolone-Scheiben auf einer Alufolie auf ein Backblech legen. Die Tomaten schälen, die Kerne entfernen und den Rest in kleine Stücke schneiden. Nach Belieben mit Salz, Knoblauch und Kräutern vermischen. Einen Teil dieser Mischung auf den Käsescheiben verteilen und unter den Grill oder die oberste Rille des auf 200–250 °C vorgeheizten Backofens schieben. Backen, bis der Käse schmilzt. In kleinere Stücke aufteilen – eine herrliche Beilage zum Aperitif.

Flammekueche

Für ein Kuchenblech von ca. 32×40 cm
30 g Hefe
½ Teel. Zucker
2½ dl Wasser
425 g Mehl
½ Teel. Salz
175 g Zwiebeln
3 Eßl. Butter
200 g Frischkäse oder Speisequark
2½ dl Rahm
Pfeffer, Muskatnuß
130 g Magerspeck

Hefe mit Zucker und 2 Eßlöffel lauwarmem Wasser anrühren. 10 Minuten stehen lassen. Gesiebtes Mehl, ½ Teelöffel Salz und restliches Wasser mit der aufgelösten Hefe zu einem Teig kneten. In eine vorgewärmte Schüssel geben und bei Küchentemperatur 40 Minuten ruhen lassen. Backofen auf 210 °C vorheizen.

Zwiebeln in feine Streifen schneiden. In 2 Eßlöffel Butter unter häufigem Wenden hellgelb dünsten (ca. 10 Minuten). Frischkäse oder Quark mit Zwiebeln und Rahm gut mischen. Mit ½ Teelöffel Salz, Pfeffer und Muskatnuß würzen. Kuchenblech mit Butter bestreichen. Den Teig 3 mm dick ausrollen, das Blech damit belegen und einen Rand von 3 cm hochziehen, damit die Füllung nachher nicht auslaufen kann. Die Zwiebelfüllung auf dem Teigboden verteilen. Den in feine Streifen geschnittenen Speck darübergeben. Mit Butterflocken bestreuen. Im Backofen bei 210 °C 15–20 Minuten backen.

Der Kuchen eignet sich als Beigabe zum Aperitif, als Vorspeise oder zu einem Glas Wein im kleinen Kreis.

Poulet à la dijonnaise
(Poulet nach Art von Dijon)

1 großes Poulet (ca. 1,3 kg)
2 Eßl. eingesottene Butter
3 Eßl. Dijon-Senf
1 Teel. Paprika
Salz, weißer Pfeffer aus der Mühle
2 dl Weißwein
2 dl Rahm
Mehlbutter aus je 1 Teel. Mehl und Butter
100 g geriebener Käse (Greyerzer, Appenzeller oder Raclettekäse)
Butter für die Form

1 Eßlöffel weiche Butter, 1 Eßlöffel Dijon-Senf, Paprika, Salz und wenig Pfeffer mischen. Die Fleischstücke dami bestreichen. 1 Stunde im Kühlschrank ziehen lassen.

Die Pouletstücke in Butter allseitig goldgelb braten. Bratenfond mit Wein auflösen. 30 Minuten zugedeckt schmoren lassen. Sauce in eine kleine Pfanne abgießen, Rahm zugeben und unter Rühren langsam erwärmen. Mehlbutter und restlichen Senf darin auflösen, vom Feuer nehmen, die Hälfte des geriebenen Käses darunterziehen. Die heißen Pouletstücke in eine gebutterte Auflaufform legen und mit Sauce übergießen. Mit der zweiten Hälfte des Käses bestreuen und 8–10 Minuten im vorgewärmten Backofen bei 220 °C gratinieren. In der Form mit Salzkartoffeln, Kartoffelpüree oder Trockenreis servieren.

Unten Richtig aufgegangen und mit goldbrauner Oberfläche ist ein Käsesoufflé ein unvergleichlicher Leckerbissen, der sobald er aus dem Ofen kommt, gegessen werden muß.

Fonds d'Artichauts au gratin

50 g Speck
200 g Pilze
2 Teel. Butter
4 frische Artischokenböden (oder 8 Stück aus Dose)
2½ dl Mornaysauce
Salz, Pfeffer, Rosmarin
50 g Greyerzer, gerieben
Paprika

Speck und Pilze in kleine Stücke schneiden. Den Speck goldbraun und knusprig braten. Überschüssiges Fett wegschütten. Butter und Pilze zugeben und 5 Minuten mitdünsten. Speck und Pilze mit der Mornaysauce vermischen. Mit Salz, Pfeffer und Rosmarin würzen. Die Artischockenböden in einer feuerfesten Schüssel anordnen, die Füllung darauf verteilen, den geriebenen Käse darüberstreuen und das Gericht in die Mitte des auf 170 °C vorgeheizten Backofens schieben. 20 Minuten backen. Vor dem Servieren mit Paprika bestreuen.

Polpettine di Spinaci alla Ricotta

500 g Spinat
250 g Ricotta
4 Eßl. Mehl
Salz, Pfeffer
3 Eigelb
100 g Parmesan, gerieben
50 g Butter

Die gewaschenen Spinatblätter ohne Zugabe von Wasser 5 Minuten dünsten, damit sie lahm werden. Fein hacken, Ricotta, Mehl, wenig Salz, Pfeffer, Eigelb und die Hälfte des Reibkäses vermischen und aus der Mischung kleine Kugeln formen. Eine nach der andern sorgfältig in fast siedendes Wasser geben und 3 Minuten wallend kochen. Kugeln mit einer Lochkelle herausfischen und in eine erwärmte Platte legen, mit geschmolzener Butter übergießen und mit dem restlichen Reibkäse bestreuen.

Emmentaler Käse-Rösti

2 Zwiebeln, fein gehackt
3 Eßl. Butter
800 g Kartoffeln, in der Schale gekocht (vom Vortag)
Salz, Pfeffer
50 g Emmentaler

Die feingehackten Zwiebeln in 1½ Eßlöffel Butter goldbraun dünsten. Karoffeln schälen, grob reiben und Pfeffer und Salz darüberstreuen. Die Kartoffeln zu den gedünsteten Zwiebeln in die Pfanne geben, mit einem Löffel andrücken und 20 Minuten bei mittlerer Hitze braten. Den Kuchen wenden, sobald die Unterseite goldbraun und die Oberseite glänzend ist. Zu diesem Zweck schiebt man den Kartoffelkuchen auf ein Brett, gibt die restliche Butter in die Pfanne und brät anschließend die andere Seite der Rösti goldbraun. Die Käsescheiben auf der Rösti anordnen, das Gericht unter der Grillschlaufe überbacken, bis der Käse schmilzt.

Hauptgerichte

Käsegerichte bilden zusammen mit Salat oder abgerundet durch ein Früchtedessert vollwertige, bekömmliche Mahlzeiten. Auch Fleischgerichte lassen sich mit Käse kombinieren. Es gibt eine ganze Anzahl Spezialitäten, die gerade durch die Verwendung von Käse interessant werden, z. B. Hamburger mit Käsehaube, Kalbsschnitzel mit Roquefortbutter, Cordon bleu (ein mit Schinken und Käse gefülltes Kotelett) oder das berühmte Poulet à la dijonnaise.

Besonders delikat sind das Käsesoufflé, mit Käse überbackene Gemüsegerichte oder der beliebte Kartoffelgratin.

Käsesoufflé nach Genfer Art

2 Eßl. Butter
4 Eßl. Mehl
2½ dl Milch
Salz, weißer Pfeffer
4 Eiweiß
160 g Greyerzer, gerieben
4 Eigelb
Butter für die Form

Eine Soufflé- oder hohe Auflaufform mit Butter bestreichen. Den Backofen auf 190 °C einstellen. Das Mehl sieben und mit der Butter in einem kleinen Pfännchen bei schwacher Hitze ½ Minute dünsten. Rühren, bis die Mischung schäumt, dann die kalte Milch zugießen. Mit Salz und viel Pfeffer würzen. Zu einer dicken Sauce kochen. Vom Feuer nehmen. Die Eiweiß mit wenig Salz steifschlagen. Den Käse unter die Mehlsauce mischen, die Eigelb beifügen und alles gut durcharbeiten. Zum Schluß die Eiweiß vorsichtig darunterziehen. Die Form bis zu ¾ füllen. Die Masse 1 cm vom Rand mit dem Messer ringsum einkerben. Das Soufflé bei 190 °C 20 Minuten, dann bei 230 °C 8–10 Minuten backen.

Dieser Auflauf erträgt keine Wartezeit – er fällt sehr schnell zusammen.

Unten Gefüllte Kartoffeln, in der Schale gebacken und mit einem Käsebelag überdeckt.

Gefüllte Kartoffeln

6 große Kartoffeln
½ dl Milch
70 g Halbhartkäse, gewürfelt
Salz, Pfeffer, Gewürzsalz
50 g Reibkäse
50 g Butter
Petersilie

Die Kartoffeln sauberbürsten, in Alufolie hüllen und in der Mitte des auf 180 °C vorgeheizten Backofens 1 Stunde backen, bis sie weich sind. Einen Deckel abschneiden, die Kartoffeln sorgfältig aushöhlen. Die Zutaten für die Füllung – den gewürfelten und geriebenen Käse, Salz, Pfeffer, Milch und Ei – vermischen und die Kartoffeln damit füllen. Mit Reibkäse bestreuen, mit Butterstückchen belegen und nebeneinander in eine feuerfeste Schüssel legen. Die Kartoffeln im Ofen etwa 20 Minuten überbacken, bis sich eine braune Kruste gebildet hat. Vor dem Servieren mit Petersilie garnieren.

Quarksauce mit Meerrettich

60 g Quark
1 Teel. scharfer Senf
1 Stück Meerrettich
1 dl Rahm
Salz, Pfeffer
½ Apfel, fein gerieben
1 Prise Zucker

Quark und Senf gut verrühren. Meerrettich schälen, waschen, gut abtrocknen und fein reiben. Sofort unter den Quark ziehen. Steifgeschlagenen Rahm darunterziehen. Gut würzen. Geriebenen Apfel und Zucker daruntermischen. Bis zum Servieren kalt stellen.

Mit Siedfleisch servieren.

Käsedesserts

Als Abschluß einer Mahlzeit eignet sich nichts besser als Käse. Schon ein einziger gutgewählter Käse mag genügen, zum Beispiel ein frischer, weißer, säuerlicher kleiner Ziegenkäse mit ungesüßtem Schlagrahm – er schmeckt einfach köstlich nach einem etwas schwerverdaulichen Gericht wie Wildbret oder Steak. Käse und Früchte passen gut zusammen, obschon man sie selten kombiniert: Hartkäse, z. B. Sbrinz mit einer Birne, Emmentaler mit Trauben oder einem Apfel, Blaukäse mit einem Apfel, einer Birne oder blauen Trauben oder Vacherin mit frischen Nüssen.

Welcher Wein zu den einzelnen Käsesorten am besten paßt, soll im Kapitel «Käse und Wein» besprochen werden (siehe Seite 220). Hier soll nur von einigen anderen Käsedesserts die Rede sein.

Fromage Cardinal

70 g Greyerzer
100 g Camembert
100 g Bleu de Bresse
6 Petits Suisses (ca. 180 g)
Paprika

Den geriebenen Greyerzer, Camembert und Bleu de Bresse im Mixer zu einer glatten Masse schlagen, die Petits Suisses (bis auf einen kleinen Rest) zufügen und nochmals 3 Minuten weiterschlagen. Die Masse in eine kleinere Schale füllen, so daß sie über den Rand hinausragt, mit einer Folie zudecken und für einige Stunden in den Kühlschrank stellen. Die Oberfläche mit dem verbleibenden Petit Suisse bestreichen, etwas Paprika darüberstreuen und mit Brötchen oder Pariser Brot auftragen.

Ein ähnliches Rezept ist die Mousse au fromage. Man sollte danach kein süßes Dessert servieren, ausgenommen Eiscreme oder Früchte. Die Mousse läßt sich sehr gut mit Früchten kombinieren, kann aber auch als kalte Vorspeise aufgetragen werden. Eine mit dieser Mischung gefüllte Tomate oder grüne Pfefferfrucht, die man eisgekühlt in Scheiben schneidet, wirkt sehr attraktiv und schmeckt ausgezeichnet.

Sauce Mornay

1 Eßl. Butter
1 Eßl. Mehl
2 dl Bouillon oder Milch
1 Eigelb
1 dl Rahm
50 g Hartkäse, gerieben
Salz, Pfeffer, Muskatnuß

Die Butter zergehen lassen, mit Mehl bestäuben und unter ständigem Rühren nach und nach die Bouillon oder Milch beimengen. Das Eigelb mit dem Rahm verrühren und unter die Sauce ziehen. Knapp vors Kochen bringen. Von der Herdplatte wegziehen und Reibkäse zufügen. Mit Pfeffer, Muskatnuß und Salz abschmecken. Je nach Verwendung kann das Eigelb weggelassen werden (z. B. für Gratins).

Unten Fromage Cardinal ist eine Mischung berühmter Käsesorten: Greyerzer, Camembert, Bleu de Bresse und Petit Suisse.

Mousse au fromage

200 g Blaukäse
100 g Rahmkäse
1 Eßl. Worcestersauce
1½ Teel. Rahmfestiger (in Beuteln erhältlich)
2 Eßl. Wasser
2½ dl Schlagrahm

Den durch ein Sieb gedrückten Blaukäse zusammen mit dem Rahmkäse und der Worcestersauce in einem Mixer vermischen. Den Rahm mit dem Rahmfestiger steifschlagen und unter die Käsemasse ziehen. Die Mousse in eine gebutterte Ringform füllen und kalt stellen, damit sie fest wird. Aus der Form nehmen und mit blauen Trauben garnieren. Man kann zur Abwechslung die Mitte des Ringes mit frischem Fruchtsalat füllen.

Doch es gibt auch süße Käsedesserts, die den Abschluß einer Mahlzeit bilden können: Pfannkuchen oder Passcha, eine russische Osterspezialität. Man kann es auch mit einer delikaten Quarktorte versuchen. Dafür braucht man nicht einmal einen Backofen. Diese Süßspeisen eignen sich nicht nur als Dessert, sie können zu jeder Tageszeit zu einer Tasse Kaffee oder Tee serviert werden.

Frischkäsekuchen

Für eine Springform von 28 cm Ø
Für den Teig
250 g Mehl
100 g Zucker
1 Prise Salz
1 Ei
125 g Butter
Für die Füllung
2 Eigelb
3 Eßl. Zucker
1 Teel. abgeriebene Zitronenschale
300 g Frischkäse
1 Becher Sauerrahm (ca. 160 g)
½ Teel. Maizena
100 g Sultaninen
3 Eiweiß

Mehl in eine große Schüssel sieben. Eine Mulde formen. Zucker, Salz, Ei und 3–4 Eßlöffel Wasser hineingeben. Gut vermischen. In Flocken geschnittene Butter beigeben. Rasch zu einem festen Teig zusammenkneten. 1 Stunde kühl ruhen lassen. Dann Teig 3 mm dick ausrollen und die gebutterte Springform damit auslegen.

Eigelb, Zucker, Zitronenschale schaumig schlagen. Frischkäse, Sauerrahm und Maizena zugeben. Alles gut mischen. Gewaschene Sultaninen beifügen. Eiweiß steifschlagen und unter den Teig ziehen. In die Springform geben, verteilen und ca. 35 Minuten im vorgeheizten Backofen bei 240 °C backen.

Quark Tart
(Leichte Quarktorte)

Für eine Springform von 24 cm Ø
Für den Boden
200 g Cracker oder Petits beurre
6 Eßl. Himbeerkonfitüre
½ Teel. Zimtpulver
2 Eßl. geriebene Mandeln
Butter für die Form
Für die Füllung
4 Eigelb
100 g Zucker
450 g Rahmquark
300 g Speisequark
1 Teel. abgeriebene Zitronenschale
3 Eßl. Zitronensaft
10 Blatt Gelatine
100 g Rosinen
½ Dose Pfirsiche

Gelatine in kaltes Wasser legen. Biskuits fein zerbröckeln. Mit Konfitüre, Zimt und Mandeln mischen. Springformrand mit Butter bestreichen, auf eine runde Platte stellen und mit der Biskuitmasse belegen. Eigelb mit Zucker schlagen, bis eine weißliche Creme entsteht. Quark, Zitronenschale und Zitronensaft dazumischen. Gelatine ausdrücken, in 2 Eßlöffeln heißem Wasser auflösen. Unter die Quarkmasse verrühren. Rosinen und 3–4 kleingeschnittene Pfirsiche darunterziehen. Füllung auf den Biskuitboden gießen. Mit einem Spatel glattstreichen. 2–3 Stunden im Kühlschrank festwerden lassen. Vor dem Servieren Springformrand entfernen. Nach Belieben mit den restlichen Pfirsichen garnieren.

Passcha (russisches Osterdessert)

350 g Rahmquark
50 g Süßrahmbutter
2 kleine Eigelb
80 g Zucker
1 dl Rahm
1 Vanillestengel
30 g Rosinen
2 Eßl. kandierte Früchte, gewürfelt
40 g Mandeln, gemahlen
300 g Beeren
2 Eßl. Zucker

Quark in ein Küchentuch legen. In ein Salatsieb geben. Tuchenden zusammenschlagen und mit einem gefüllten Krug beschweren. Sieb auf einen Teller stellen und für 3 Stunden in den Kühlschrank geben.

Butter bei Küchentemperatur weich werden lassen. Die Eigelb mit Zucker zu einer sämigen, weißlichen Creme schlagen. Rahm mit aufgeschlitztem Vanillestengel aufkochen. Unter tüchtigem Schwingen zur Eicreme geben. Auf kleinem Feuer so lange rühren, bis eine dicke Creme entsteht. Nicht kochen lassen, sonst gerinnt das Eigelb! Die Creme mit gewaschenen Rosinen und kandierten Früchten mischen. Erkalten lassen und ab und zu rühren. Quark gut auspressen, aus dem Tuch nehmen und mit der weichen Butter gut vermischen (Vanillestengel entfernen). Creme darunterziehen und Mandeln zugeben. Gut verkneten.

Einen sauberen Blumentopf mit einem Musselintuch auskleiden. Die Masse einfüllen. Tuchenden zurückschlagen, mit einem gefüllten Krug beschweren und mindestens 12 Stunden im Kühlschrank ruhen lassen. Den Topf auf einen Teller stellen, um die austretende Flüssigkeit aufzufangen.

Vor dem Servieren stürzen, Musselintuch abziehen. Mit passierten und gesüßten Beeren servieren.

Cottage-Cheese Pancakes
(Hüttenkäse-Pfannkuchen)

250 g Cottage- oder Frischkäse
2 Eßl. Mehl
3 Eier
Etwas Salz
2 Teel. Zucker
2 Eßl. Butter
Puderzucker zum Bestreuen

Cottage-Käse durch ein Sieb drücken. Den Käse mit den übrigen Zutaten vermischen, die Masse zu flachen Kuchen formen und mit Butter in einer Bratpfanne braten. Mit Puderzucker überstreuen und mit Erdbeerkonfitüre oder Fruchtkompott servieren.

Links Die frische Quarktorte kann ohne Backofen hergestellt werden. Sie schmeckt besonders gut als Nachtisch.

Das wohl berühmteste Käsegericht – das Schweizer Fondue – haben wir uns für den Schluß aufgespart. Von den hoch oben auf ihren Alpweiden inmitten der einsamen Bergwelt lebenden Schweizer Sennen erfunden, wurde Fondue von jeher auf einfachste Weise aus der gemeinsamen Pfanne gegessen. Daran hat sich auch beim modernen Fondue nichts geändert. Dieses wird heute in der Schweiz kaum mehr als Alltagsgericht, sondern weit eher als besonderes Festmahl im Freundeskreis serviert. Der Gastgeber bereitet das Fondue in einem Caquelon, einem speziellen Tongeschirr, zu und stellt es, damit es warm bleibt, auf einem Kerzenrechaud auf den Tisch, an dem die Gäste Platz genommen haben.

Jedermann deckt sich mit den auf dem Tisch in Körbchen bereitgestellten Brotwürfeln ein. Man taucht diese mit der langen Fonduegabel in die flüssige Käsemasse, dreht die Gabel in der Masse und führt das Brotstück vorsichtig zum Mund. Man sollte sich Zeit lassen, damit man das köstliche Aroma voll genießen kann… und damit man sich nicht die Zunge verbrennt.

Hirten und Bauern haben die Kunst des einfachen Lebens noch nicht verlernt, wie dies beim Städter oft der Fall ist. Vielleicht ist es die Sehnsucht nach dieser Einfachheit, weshalb viele die für das Fondue-Mahl typische freundschaftliche Verbundenheit und Lebensfreude so hoch schätzen.

Neuenburger Fondue

1 Knoblauchzehe
3 dl Weißwein
300 g Emmentaler
300 g Greyerzer
3 Teel. Maizena
Kirsch
Muskatnuß
Pfeffer

Das Caquelon (die Fonduepfanne) mit der Knoblauchzehe ausreiben. Den Wein in die Pfanne gießen, den grobgeriebenen Käse unter Rühren mit dem Wein aufkochen. Maizena im Kirsch auflösen und unter Rühren beifügen. Kurz kochen lassen und mit Pfeffer und Muskat würzen. Das Caquelon vom Herd nehmen und auf das Tischrechaud stellen, wo das Fondue leise weiterkochen soll. Mit den auf der Fonduegabel aufgespießten Brotwürfeln immer wieder umrühren, damit das Fondue sämig bleibt. Zwischendurch nimmt man einen Schluck Kirsch, den *Coup du milieu.*

Freiburger Fondue

5 dl Wasser
500 g Fribourger Vacherin
Schwarzer Pfeffer

Den Käse in Stücke schneiden und mit einer Gabel fein zerdrücken. Den Käse im Caquelon (das man nicht unbedingt mit einer Knoblauchzehe ausreiben muß) im Wasser bei niedriger Temperatur auflösen. Die Mischung soll danach nicht kochen. Wird sie zu dick, fügt man etwas warmes Wasser zu. (Auf Kerzenrechaud servieren, denn die Spiritusflamme ist zu heiß.) Mit frisch gemahlenem Pfeffer kräftig würzen. Das Freiburger Fondue verträgt relativ viel Pfeffer, ohne scharf zu werden. Mit Tee servieren. In Freiburg löffelt man das Fondue oft über gekochte Kartoffeln.

Raclette

Raclette ist ein typisches Walliser Gericht. Der Raclette-Käse wird halbiert, die Rinde an den Schnittflächen entfernt und die Schnittfläche einem tüchtig brennenden Holz- oder Holzkohlenfeuer ausgesetzt. Oder man bereitet das Raclette mit einem speziellen elektrischen Raclettegerät zu.

Währenddessen werden die Gäste beschäftigt. Sie schälen die gekochten Pellkartoffeln und nehmen von den Essiggurken und Silberzwiebeln. Sobald die Schnittfläche des Käses flüssig geworden ist, schabt der Gastgeber den halbgeschmolzenen Käse auf einen der Teller. Die Gäste essen daher meist nicht alle gleichzeitig, denn Raclette muß heiß gegessen werden, und es kommt einer nach dem anderen an die Reihe. Das knisternde Feuer, der Geruch des schmelzenden Käses und der kühle Fendantwein schaffen eine ganz besondere Atmosphäre.

Käse und Wein

Man mag sich fragen, weshalb wohl Käse und Wein seit alters als ideale Partner gelten. Wahrscheinlich liegt es daran, daß der Käse in unserem Gaumen einer gegensätzlichen und gleichzeitig ergänzenden Unterlage bedarf, um sein Aroma voll zu entfalten. Dies wird jedermann selbst konstatieren, wenn er die Probe aufs Exempel macht.

Kein anderes Getränk harmoniert so gut mit Käse wie Wein. Kaffee beispielsweise vermag das Aroma des Käses in keiner Weise zu bereichern, und das gleiche gilt vom Tee, obschon vielfach zu Fondue Tee statt Wein serviert wird. Andererseits schmeckt Käse ausgezeichnet zu einem Glas Bier, ein Getränk, das in Ländern ohne Weinproduktion oft bevorzugt wird:
In England beispielsweise betrachtet man von jeher Cheddar und Bier als unzertrennliche Gefährten, und in Norwegen spült man den scharfen Gammelost mit dem lokalen Gerstensaft hinunter.

Oben Eine einfache, gut vorbereitete Mahlzeit in der romantischen Atmosphäre eines italienischen Weinkellers.

Links Stilton-Käse mit einem Glas Portwein, eine klassische Kombination, hier zusammen mit einem Stück Cheddar.

Angesichts der reichen Vielfalt an Käse- und Weinsorten muß man jedoch die richtige Wahl zu treffen verstehen. Auch wenn gewisse Exzentriker an der Kombination eines Pfefferkäses mit süßem Wein durchaus Gefallen finden mögen, möchten wir unsern Exkurs mit einer einfachen Regel beginnen: Süßer Wein paßt ganz generell nicht zu Käse, mit ein oder zwei Ausnahmen. Kenner behaupten, daß Stilton-Käse mit Portwein serviert werden müsse, der zwar feurig und stark, jedoch entschieden süß ist. Diese Partnerschaft datiert aus dem England des 18. Jahrhunderts, als Portwein gern nach dem Essen getrunken wurde, und da der Käse den Abschluß einer Mahlzeit bildete, war der aristokratische Portwein sein Gefährte: adeliger Wein und adeliger Käse. Andere mögen es vorziehen, zu Stilton fruchtigen

Der Schlüssel zum Erfolg lautet: Man kombiniere verschiedene Sorten mit unterschiedlichem Aroma. Man wähle mindestens einen Weichkäse mit weißer Schimmelpilz- oder roter Rinde, eine halbharte oder harte Sorte, einen blaugeäderten Käse und wenn möglich einen Ziegen- oder Frischkäse. Schmelzkäse gehört nicht auf die Käseplatte. Es ist immer besonders reizvoll, eine wenig bekannte Sorte anzubieten. Die folgenden Kombinatioen umfassen einfache und preiswerte sowie extravagantere Vorschläge.

Boursin
Camembert
Gouda
Danablu

Brie
Cheddar
Banon
Gorgonzola

Camembert
Greyerzer
Münster
Bleu des Causses
Sainte-Maure

Brie
Saint-Paulin
Chabichou
Münster
Roquefort

Bel Paese
Emmentaler
Camembert
Pont-l'Evêque

Reblochon
Jarlsberg
Vacherin Mont d'Or
Taleggio
Bleu de Bresse

Tomme au Raisin
Gouda
Appenzeller
Carré de l'Est
Livarot
Münster
Bleu d'Auvergne
Roquefort

Boursin
Emmentaler
Havarti
Reblochon
Camembert
Neufchâtel
Banon
Maroilles
Münster
Bleu de Bresse
Stilton

Banon
Vacherin Mont d'Or
Edamer
Chaource
Cantal
Emmentaler
Pont-l'Evêque
Bleu de Bresse

Burgunder, zum Beispiel Nuits-Saint-George, zu trinken, und wer wollte es ihnen verargen?

Die Grundsätze, nach denen wir die Zuordnung von Käse und Wein vornehmen, sollen als Anhaltspunkte und nicht als strenge Richtlinien dienen. Sie wurden aufgrund jahrhundertealter Erfahrung erarbeitet. Man ist sich ganz allgemein darüber einig, daß ein Wein und ein Käse gleichen Charakters ein gutes Gespann abgeben. Ein frischer, leicht säuerlicher Käse paßt ausgezeichnet zu einem trockenen, leichten Weißwein. Chabichou, der Ziegenkäse aus Poitou, schmeckt herrlich zu einem prickelnden Weißwein wie Sancerre oder einem Muscadet aus Loire. Scharfe, aromatische Käse erfordern einen starken, robusten Wein: Provolone, zum Beispiel, ein recht kräftiger Käse, braucht als Begleiter einen ebenbürtigen starken Wein wie Barolo.

Zahlreiche Kombinationen von Wein und Käse sind meist auch herkunftsmäßig verwandt. Ein richtig erdnaher

Empfehlenswerte Kombinationen von Wein und Käse

Banon (Frankreich)
Fruchtiger Rotwein oder tockener Rosé wie Côtes de Provence.

Bel Paese (Italien)
Geschmeidiger, nicht zu leichter Rotwein wie Barbera oder Chianti.

Bleu d'Auvergne (Frankreich)
Kräftiger Rotwein mit viel Körper wie Châteauneuf-du-Pape oder andere Rhoneweine.

Brie (Frankreich)
Fruchtiger, charaktervoller Rotwein oder möglicherweise ein guter Weißwein wie feiner weißer Burgunder.

Camembert (Frankreich)
Ein anregender Rotwein, weder zu leicht noch zu schwer. St-Emilion wäre eine gute Wahl.

Cantal (Frankreich)
Reifer, ziemlich luxuriöser Rotwein, vielleicht ein feiner Burgunder oder ein Rhonewein mit viel Körper.

Carré de l'Est (Frankreich)
Ein Rotwein mit ziemlich viel Körper oder ein leichter würziger Weißwein wie Alsace.

Chabichou (Frankreich)
Ein ganz trockener Weißwein wie Sancerre oder Pouilly Fumé.

Cheddar (Großbritannien)
Ein verläßlicher Bordeauxwein, ein guter Burgunder oder Rhonewein oder vielleicht ein starker, trockener Weißwein.

Cheshire (Großbritannien)
Ein verläßlicher Bordeauxwein, ein guter Burgunder oder Rhonewein oder vielleicht ein starker, trockener Weißwein.

Danablu (Dänemark)
Starker Rotwein wie Rhône oder Rioja.

Edamer (Niederlande)
Ein nicht alles übertönender Rotwein, etwa ein feiner Bordeaux.

Emmentaler (Schweiz)
Erfrischende Weißweine (Schweizer Fendant) oder leichte Rotweine (vielleicht ein junger Beaujolais).

Gorgonzola (Italien)
Kräftiger Rotwein mit viel Körper; von den italienischen Weinen ist ein Barolo-Qualitätswein eine gute Wahl.

Gouda (Niederlande)
Ein nicht alles übertönender Rotwein, etwa ein feiner Bordeaux.

Greyerzer (Schweiz)
Spritziger Weißwein (Schweizer Fendant eignet sich gut) oder ein leichter Rotwein (vielleicht ein junger Beaujolais).

Maroilles (Frankreich)
Ein kraftvoller Rotwein wie Rhône oder Rioja.

Mozzarella (Italien)
Spritzige Weißweine, am besten italienischer Soave oder Verdicchio.

Münster (Frankreich, Deutschland)
Der pikante weiße Gewürztraminer ist im Elsaß der lokale Begleitwein; ein kerniger Rotwein paßt ebenfalls dazu.

Parmigiano (Italien)
Ein Rotwein mit viel Körper, wie Sangiovese oder spritziger Lambrusco.

Pont-l'Evêque (Frankreich)
Ziemlich vollblumiger Rotwein wie die besseren Beaujolaisweine (Moulin à Vent usw.)

Port-Salut (Frankreich)
Leichter, angenehmer Rotwein oder ein nicht zu schwerer Weißwein.

Provolone (Italien)
Ein geschmeidiger und fruchtiger Rotwein, wenn möglich nicht zu jung.

Reblochon (Frankreich)
Savoyische Weiß- und Rotweine; auch Rotweine mit viel Körper aus dem Rhonegebiet.

Roquefort (Frankreich)
Cahors, Roussillon; ein feuriger Rotwein wie Châteauneuf-du-Pape.

Saint-Nectaire (Frankreich)
Kraftvoller Rotwein aus dem Rhonegebiet, der Provence, dem Languedoc.

Saint-Paulin (Frankreich)
Leichter, angenehmer Rotwein oder nicht zu schwerer Weißwein.

Stilton (Großbritannien)
Vintage-Porto oder ein voller, reifer Rotwein bester Qualität.

Tilsiter (Deutschland, Schweiz)
Ein frischer Weißwein oder ein nicht zu kräftiger Rotwein.

Weinkäse (Deutschland)
Rhein- oder Moselwein.

und würziger Blaukäse wie der Roquefort bedingt einen herzhaften roten Wein – und man braucht nicht weit zu suchen: die Weinberge von Châteauneuf-du-Pape, nur 120 Kilometer östlich vom Dorf Roquefort gelegen, liefern den ebenfalls natürlichen und würzigen Partner.

Im Elsaß hält der pikante, weiße lokale Gewürztraminer dem äußerst aromatischen Münsterkäse die Waage. In den *Trattorias* des Piemont trinkt man zum blaugeäderten Gorgonzola einen warmblütigen Barolo oder Barbaresco. Auf gleiche Weise paßt der Reblochon gut zu den leichten savoyischen Weißweinen; der Emmentaler zu seinem schweizerischen Partner, dem Walliser Fendant; der Parmesan zum roten San Giovese oder Lambrusco aus Emilia.

Käse und Wein aus derselben Gegend zu kombinieren ist eine gute Faustregel, doch sie läßt sich durchaus variieren. Eingedenk dessen, was wir über die süßen Weine gesagt haben, wäre es schade, einen feinen *Beerenauslese*-Rheinwein mit einem Stück Limburger zu servieren. Im Zweifelsfall sollte man stets den Grundsatz der «Charaktergleichheit» beherzigen. Diese Regel drängt sich vor allem für Länder auf, die keinen Wein produzieren, wie zum Beispiel Holland, Belgien, Großbritannien und die skandinavischen Länder.

Bei der Wahl des Käses muß auch die Qualität des Weines in Betracht gezogen werden. Wenn Sie zufällig auf einen solch kostbaren Schatz wie einen Richebourg, den ambrosischen Wein von der Côte de Nuits im Burgund, gestoßen sind oder wenn Sie sich einige Flaschen Haut Brion für eine besondere Gelegenheit aufgehoben haben, werden Sie Ihren Gästen dazu kaum einen Limburger oder einen Romadur – Käse, die man riecht, bevor man sie gesehen hat – vorsetzen. Belgiens berühmter «Stinkkäse», der Romadur, muß mit einem derben Chianti gepaart werden, der ihm Paroli bietet.

Wie serviert man Käse und Wein?

Wenn einst einer meinte, Wein müsse in erster Linie rot sein, so ließe sich beifügen, daß seine zweite Funktion darin besteht, Speisen zu begleiten. Es gibt einige fruchtige und herbe Weißweine – zum Beispiel Mosel- und Rheinweine –, die auch für sich genossen werden können. Doch die meisten Rotweine trinkt man zum Essen, da sie den Geschmack der Speisen bereichern. Eine ideale kulinarische Beigabe zu Wein bildet der Käse.

Man serviert Käse vorzugsweise am Schluß einer guten Mahlzeit. In den meisten europäischen Ländern reicht man vor dem Dessert eine kleinere Auswahl an Käsesorten, die man zum restlichen Wein verzehrt. In Frankreich ist ein richtiges Dîner ohne Käse einfach undenkbar.

Die Käseplatte sollte nicht zu reich bestückt sein, denn nach einem guten Essen ist der Appetit nicht mehr so groß. Es sollte von jeder Sorte eine

Links Wer eine Auswahl internationaler Käsesorten serviert, wird sie gerne mit entsprechenden Weinen kombinieren. Käse und Wein sollten in bezug auf Aroma in aufsteigender Reihenfolge aufgetragen werden. Milde Käse werden mit jüngeren, einfachen Rot- und Weißweinen kombiniert, schärfere Käsesorten mit reicheren und kraftvolleren Weinen, reifem Burgunder, italienischem Barolo oder auch Portwein.

Unten Der leicht süßliche Emmentaler mit mildem Nußaroma mundet ausgezeichnet zu einem Stück Vollkornbrot und einem Glas leichten Rotwein.

ausreichende Portion (etwa 100 g pro Person) vorhanden sein. Ein Verzeichnis möglicher Kombinationen finden Sie auf Seite 221.

Parties mit Käse und Wein werden angesichts der vielfältigen Möglichkeiten immer beliebter. Wer es sich zutraut, kann beispielsweise einfach *einen* Käse anbieten, vielleicht einen ganzen Cheddar, Stilton oder Greyerzer, und dazu eine ganze Auswahl an Weinsorten bereithalten.

Zu Wein und Käse gehören noch eine Reihe anderer ergänzender Elemente: Brot, Salate, Gewürze. Während der Franzose stets Weißbrot den Vorzug geben wird, ißt man andernorts lieber Knäckebrot oder Cracker zum Käse. In skandinavischen Ländern und in Deutschland stellt man herrliches Roggenbrot und anderes Schwarzbrot her, das ebenso wie Knäckebrot ausgezeichnet zu den dort produzierten Käsesorten paßt. Manche etwas wählerische Italiener behaupten, daß es vulgär sei, *Grana* als Tafelkäse zu servieren, doch wird man schnell entdecken, wie köstlich ein Stück frischer Parmesan nicht nur mit Brot, sondern mit frischem Sellerie, Radieschen und natürlich mit einem oder zwei Gläsern Lambrusco schmeckt.

Machen Sie ein Experiment, und versuchen Sie herauszufinden, ob Camembert besser zu knusprigem Pariser Brot oder einem Stück Pumpernickel paßt und ob dänischer Tybo mit Kümmelkörnern mit säuerlichem Roggenbrot oder einer Scheibe Zopf kombiniert werden soll. Englischer bäuerlicher Cheddar scheint zum lebenslangen Gefährten von Bauernbrot prädestiniert zu sein, doch mundet er auch ausgezeichnet zu «Wasserbiskuits» (Waffelgebäck) oder zu den eleganten, «Bath Oliver» genannten Knäcke-Crackern.

Servieren Sie also neben Wein und Käse auch eine reiche Auswahl an Brotsorten und Crackern – knuspriges Pariser Brot, Schwarz- und Weißbrot, Roggen- und Knäckebrot, Toast und verschiedene Waffeln- und Zwiebacksorten. Manche Leute mögen Brot lieber ohne Butter, doch sollte für Butterliebhaber stets auch Butter serviert werden. Dazu gehören selbstverständlich Käsemesser, Teller, Servietten, Salz und Früchte – Trauben, Äpfel und Birnen –, die vorzüglich zu Käse passen.

Man berechnet die erforderliche Weinmenge entsprechend dem möglichen Durst der Gäste sowie deren Trinkfreudigkeit. Wer zur Sommerszeit Weißwein und Roséweine anbietet, sollte, da die Gäste der Saison entsprechend in der Regel ziemlich durstig sind, stets auch genügend Bier, Eiswasser und Fruchtsäfte bereithalten. Doch gilt es in erster Linie für ausreichende Mengen Wein zu sorgen. Man sollte durchschnittlich rund drei Viertel einer Flasche pro Person oder drei Flaschen für vier Personen einkalkulieren.

In Ländern, wo man gerne Wein trinkt, reicht man die Weine in der Regel in der Reihenfolge ihrer Qualität: leichte oder anspruchslosere zuerst und nach und nach immer perfektere, bis zum Höhepunkt. Ein Gastgeber, der rote Bordeauxweine serviert, könnte mit einigen Flaschen preiswerten *Cru-Bourgeois*-Weins beginnen, mit Château Talbot oder klassischem Pauillac-Wein fortfahren und seinen Gästen zuletzt einen erlesenen Château d'Yquem kredenzen. Es ist schwierig, für die bei einer solchen Party offerierten Weine eine bestimmte Reihenfolge festzulegen, außer man ist darauf vorbereitet, sie den Gästen in geplanter Abfolge vorzusetzen. Man kann auch alle Weine gleich zu Beginn auf den Tisch stellen, oder man kann mit einigen leichten Sorten den Anfang machen und das «schwere Geschütz» erst gegen Ende der Party auffahren.

Doch das Wichtigste bei all dem ist schließlich Ihr eigener individueller Geschmack, er soll letztlich bei der Auswahl den Ausschlag geben. Probieren Sie alle möglichen Kombinationen aus. Nehmen Sie zum Beispiel ein Stück reifen Pont-l'Evêque, und trinken Sie dazu ein Glas vollaromatischen Burgunder. Erscheint Ihnen dies nicht als ideale Paarung, versuchen Sie es mit einem Glas Bordeaux oder weißem Burgunder oder mit einem Krug Bier. Auf diese angenehme und abwechslungsreiche Art werden Sie bestimmt die richtigen Kombinationen herausfinden. Es ist der Feinschmecker und nicht der Käse oder der Wein, der die Partnerschaft bestimmt.

Oben Ein Sortiment französischer Käse mit dem dazu passenden vollaromatischen Burgunder.

Unten Eine Aufnahme aus dem Ristorante de Filippo im Aostatal in Italien, wo man sich auf gutes Essen, guten Wein und guten Käse versteht – wozu vor allem auch der bekannte Fontina-Käse gehört.

Käse – hausgemacht

Bei der Herstellung von Käse müssen wir uns in erster Linie darüber klar sein, daß jede Käseregion ihre charakteristischen Besonderheiten aufweist, die uns nicht immer zur Verfügung stehen. Wo sollten wir zum Beispiel die geheimnisvollen Keller für die Reifung eines Roquefort hernehmen? Oder das feine Fingerspitzengefühl für die Modellierung der bizarren Formen der Pasta Filata? Landschafts- und Klimabedingungen, Art der Milchtiere usw. tragen das Ihre zur Individualität des Käses bei.

Trotzdem können Sie vielleicht aus einigen Hinweisen, die dem allen Rechnung tragen, Nutzen ziehen. Dem Kapitel über die Grundsätze der Käseherstellung können Sie entnehmen, daß der erste Schritt zur Käsebereitung in der Gerinnung der Milch besteht. Da Lab meist nicht leicht aufzutreiben ist, beginnen wir mit einfachen Rezepten, die auf gesäuerter Milch basieren und kein Lab erfordern.

Frischkäse (Quark)

Man stelle einen Liter Rohmilch, der mit 2 dl Sauer- oder Buttermilch oder 2 Eßlöffeln Joghurt vermischt wurde, in einem zugedeckten Gefäß warm, bis sie dick wird. Dies sollte im Laufe von 2 bis 3 Tagen der Fall sein. Man fülle die Masse in ein dünnes Tuch (z. B. ein Käsetuch), verknote es und hänge es etwa 12 Stunden auf. Ist der Bruch noch zu feucht, läßt man ihm noch weitere 6 bis 8 Stunden Zeit, sich zu entwässern. Er sollte schließlich trocken, aber nicht bröckelig sein. Man nimmt den Quark aus dem Tuch und siebt ihn in eine Schüssel oder rührt ihn glatt. Man vermischt ihn mit Schlagrahm und würzt ihn nach Belieben mit Salz. Er kann zugedeckt einige Tage aufbewahrt werden.

Cottage Cheese

Man erwärmt einen Liter mit 4–6 Eßlöffeln Zitronensaft vermischter Milch, bis sie flockig zu werden beginnt. Man drosselt die Hitze und läßt die Molke bei niedriger Temperatur allmählich gelb werden. Sie soll aber keinesfalls kochen. Man füllt die Masse in ein dünnes Tuch (z. B. ein Käsetuch), verknotet es und hängt es auf. Ist genug Feuchtigkeit eliminiert worden, füllt man den Bruch in eine Schüssel, mengt ihm einen Eßlöffel Zitronensaft, ½ Teelöffel Salz und 1 bis 2 Eßlöffel Rahm bei. Der Käse sollte eine körnige und relativ feste Struktur aufweisen.

Oben Käsebereitung als Heimarbeit: Diese Bilderfolge zeigt die Produktion von englischem Wensleydale-Käse in einer Farmerküche.

Oben Nach der Beimischung von Lab und einer Stunde Wartezeit oder mehr ist die Milch geronnen, und die Molke kann eliminiert werden.

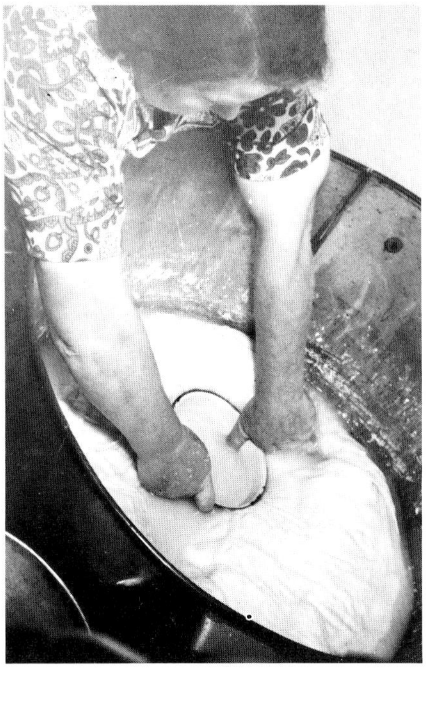

Links Nachdem noch mehr Molke entfernt wurde, kann der dicke Bruch in der Wanne bearbeitet werden. Man beachte die einfache Ausrüstung für diese Prozeßphase.

Krut

Man wärmt unter sorgfältigem Rühren mit einem Stab Buttermilch auf, bis sie flockig wird. Bei natürlicher, nach der Butterherstellung übriggebliebener Buttermilch erfolgt dies knapp vor dem Erreichen des Siedepunkts. Saure, entrahmte Milch wird, vor allem wenn sie frisch ist, kaum gerinnen. In diesem Fall mischt man ihr einige Tropfen Essig bei, jedoch nie mehr als 1 Teelöffel Essig pro Liter Buttermilch. Man stellt ein Sieb oder einen Filter auf eine Schüssel, bedeckt es mit einem Tuch und gießt die Buttermilch ins Sieb. Dann stellt man das zugedeckte Gefäß beiseite und läßt 2 Stunden lang Flüssigkeit ablaufen. Man knetet Salz in die Masse, verknotet die Tuchenden und legt das Ganze auf ein trockenes, vierfach gefaltetes Tuch zwischen zwei Bretter. Das obere Brett wird mit einem Stein oder einem andern Gewicht beschwert und der Käse 6 Stunden gepreßt. Hier und da wringt man das gefaltete Tuch aus.
In Südamerika stellt man den Queso Blanco praktisch auf gleiche Weise aus Vollmilch her.

Quarkpulver

Trockenen Krut zerbröckeln und mahlen. Das Pulver in einer verschlossenen Flasche oder im Kühlschrank oder Tiefkühlschrank aufbewahren. Da das Pulver lange haltbar ist, leistet es in der Küche jederzeit gute Dienste. Man kann dieses Pulver zur Herstellung einer wohlschmeckenden Pastete verwenden.

Das Rezept für dieses leichte Gebäck ist sehr einfach: 50 g Mehl, 50 g Butter und 50 g Quarkpulver gut miteinander vermischen. Den Teig dünn ausrollen, einige Male falten wie ein Leintuch, ausrollen und erneut falten. Dann eine Stunde an einem kühlen Ort ruhen lassen. Nun kann man dem Teig jede beliebige Form geben und ihn backen.

Griut

Buttermilch unter gelegentlichem Rühren langsam zum Kochen bringen. Kochen lassen, bis noch etwa ein Drittel oder ein Viertel der ursprünglichen Menge übrigbleibt (die Buttermilch verfärbt sich und wird wegen der Karamelisierung des Milchzuckers ockerfarben). Die Buttermilch wie bei der Beschreibung von Krut angegeben absieben und eine Stunde entwässern lassen. Etwas Salz hineinkneten und nochmals 6 Stunden zwecks Entwässern stehen lassen. Aus der Masse kleine

Kugeln formen, die man an der Sonne oder im warmen Ofen trocknen läßt. Von einem Liter Buttermilch gibt es etwa 80 Gramm solcher Kugeln.

Biestmilchkäse

Man mischt Biestmilch (die erste Milch einer Kuh nach dem Kalben) ein wenig Salz bei und stellt sie in einem feuerfesten Topf in den warmen Backofen, bis sie dick geworden ist. Der Biestmilchkäse ist weiß mit einer goldenen Haut.

Labkäse

Hier einige Rezepte für jene, die sich Lab beschaffen können (in Geschäften für Käsereiartikel erhältlich).

Iranischer Topfkäse

Um etwa 1½ Kilo Käse herzustellen, benötigt man 10 Liter Milch, knapp 1 dl Buttermilch oder Joghurt, ¼ Teelöffel Lab, etwa 140 g Salz. Die Milch auf 42 °C erhitzen. Buttermilch, Joghurt und Lab (in Wasser aufgelöst) darunterrühren. Wenn möglich die gleiche Temperatur beibehalten, bis die Milch gerinnt. Man füllt die Masse in ein sauberes Tuch und hängt es auf. Nach dem Entwässern salzen (10 Prozent vom Gewicht des im Tuch verbliebenen Bruchs). Den Bruch 24 Stunden ruhen lassen. Mahlen und Minze beimischen. Die Masse in einen passenden hohen irdenen Topf füllen, den Bruch gut pressen, etwas Salzwasser darübergießen (100 g Salz auf 1 l Wasser), den Topf mit Alufolie sorgfältig verschließen und 3 bis 4 Monate in einem Keller bei einer Temperatur von 36 °C stehen lassen. Man vergewissere sich, daß der Käse mit Salzwasser bedeckt ist. Wenn nötig Deckel wegnehmen.

Frischer Ziegenkäse

Am Abend warme Ziegenmilch auf 42 °C erhitzen. 2½ dl frische Buttermilch pro Liter Ziegenmilch, zwei in 2½ dl Wasser aufgelöste Tropfen Lab beimischen. Gut rühren. 3 Minuten sanft weiterrühren. Die zugedeckte Pfanne in eine Kochkiste oder in einen mit Zeitungen ausgestopften Korb stellen, wo die Milch warm bleibt. Am nächsten Morgen prüfen, ob die Milch geronnen ist. Die geronnene Masse sollte von Molke bedeckt sein. 12 Stunden nach Beimischung des Labs hüllt man den Bruch in ein Käsetuch und bewahrt ihn zum Entwässern 6 bis 12 Stunden bei einer Raumtemperatur von 38 °C auf. Den trockenen Bruch mit etwas Küchensalz vermischen und in Formen (sorgfältig gereinigte Blumentöpfe aus Ton oder Plastik) füllen. Den Bruch pressen, damit die Luft entweicht, und vier Stunden an einen kühlen Ort stellen. Die Käse aus den Formen nehmen und kühl stellen, auf ein Käsetuch oder sauberes Heu oder Stroh legen. Regelmäßig wenden, die Unterlage möglichst sauber halten. Falls sie zu trocken werden, in dünnes Papier wickeln.

Oben Wahrscheinlich ist die Käsepresse das am schwierigsten zu beschaffende Handwerkzeug. Sollte es Ihnen nicht gelingen, eine solche aus zweiter Hand aufzutreiben, müssen Sie improvisieren, wie es in früheren Zeiten die Bauern taten.

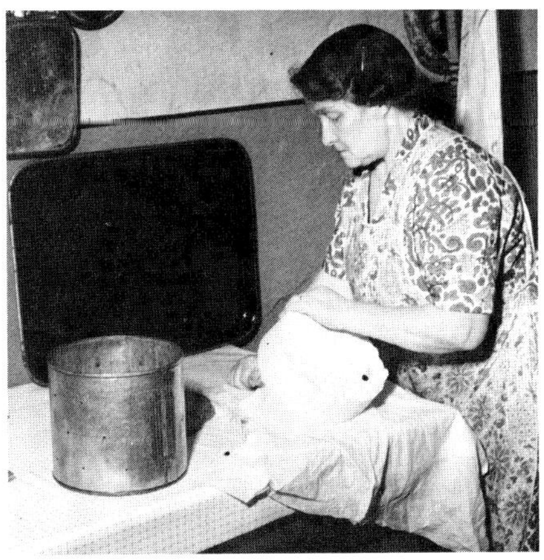

Links Während des Pressens wird der Käse ein- oder zweimal aus der Presse genommen, gewendet und mit einem trockenen Musselintuch abgewischt.

Links Die Form besteht aus Holz, Metall oder Plastik. Sie muß perforiert sein, damit die Molke abfließen kann. Der fertige Käse muß trocknen und reifen, um das gewünschte Aroma zu gewinnen.

Gouda-Käse

Um einen Käse von etwa 500 g herzustellen, benötigt man 4½ Liter Milch, 1 dl Buttermilch und ½ Teelöffel Lab sowie Salz für das Salzwasserbad.

Die frische Vollmilch auf 53 °C erhitzen, 3 Minuten rühren und abwarten, bis die Milch geronnen ist. Dies sollte in etwa einer halben Stunde der Fall sein. Den Bruch zehn Minuten lang in kleine Würfel schneiden. Die Molke scheidet sich ab, und der Bruch sinkt auf den Boden des Gefäßes. Soviel Molke wie möglich eliminieren. Zwei Liter heißes Wasser zufügen und 15 Minuten rühren. Wiederum möglichst viel Molke und Wasser eliminieren.

Nun füllt man das dicke Bruchpaket in eine Form, wobei man aufpassen muß, daß es nicht in kleine Stücke zerfällt. Eine Zeitlang von Hand pressen, wieder herausnehmen, in ein Käsetuch hüllen und erneut in der Form plazieren. Einen ins Gefäß passenden Deckel anbringen und beschweren. Nach 10 Minuten den Käse wenden und das Tuch auswringen; noch mehr beschweren. Den Käse mehrere Male wenden. Nach etwa 1½ Stunden ist er bereit. Während des Pressens muß die Molke abfließen können.

Nach einer Ruhepause von einigen Stunden taucht man den Käse 14 bis 16 Stunden in ein Salzwasserbad, für das man etwa 1 Kilo Salz und 11 Liter Wasser benötigt. Der Käse sollte im Salzwasser schwimmen. Den trockenen Käse bewahrt man an einem kühlen Ort auf und wendet ihn 4 bis 5 Wochen lang täglich.

Amerikanischer Käse

Für die Herstellung von etwa 1½ Kilo Käse benötigt man 11 Liter frische Vollmilch, 7 dl Buttermilch, 1 Labtablette (in etwas Wasser aufgelöst) und 100 g Salz.

Man mengt der auf 49 °C erhitzten Milch das Lab bei, rührt eine Minute und deckt die Milch zu. Nach 45 bis 60 Minuten sollte sie geronnen sein. Man

schneidet den Bruch in etwa 1 cm große Würfel und rührt die Masse in der Molke 15 bis 20 Minuten lang. Dann erwärmt man den Bruch im Laufe von 25 bis 30 Minuten unter ständigem Rühren allmählich auf 59 °C. Man behält diese Temperatur etwa eine weitere Stunde bei, wobei man alle fünf Minuten eine Minute lang rührt.

Anschließend gießt man die Bruch-Molke-Mischung in ein mit einem Käsetuch ausgelegtes Sieb. Ist die Molke abgeflossen, mischt man Salz bei. Man hängt zwecks weiterem Entwässern den Käse im Tuch auf. Nach einigen Stunden füllt man den Bruch in eine Wanne, bedeckt sie mit einem in die Form eingepaßten Deckel, den man beschwert. Auf diese Weise kann noch mehr Molke abfließen. Nach diesem einfachen Preßvorgang kann man den Käse mehrere Stunden bei Raumtemperatur trocknen lassen, mit Paraffin bedecken und in einem kühlen Keller oder im Kühlschrank reifen lassen.

Übung macht den Meister

Man erwarte nicht, bei Anwendung dieser Rezepte gleich beim ersten Mal einen spektakulären Erfolg zu erzielen. Doch es macht Spaß, sein Glück zu versuchen. Zögern Sie nicht, die Rezepte nötigenfalls abzuändern. Die Qualität der Milch, der Säuerungsvorgang der Buttermilch, die Stärke des Labs usw. können variieren. Man sollte daher versuchen, die unter den gegebenen Umständen beste Arbeitsmethode herauszufinden.

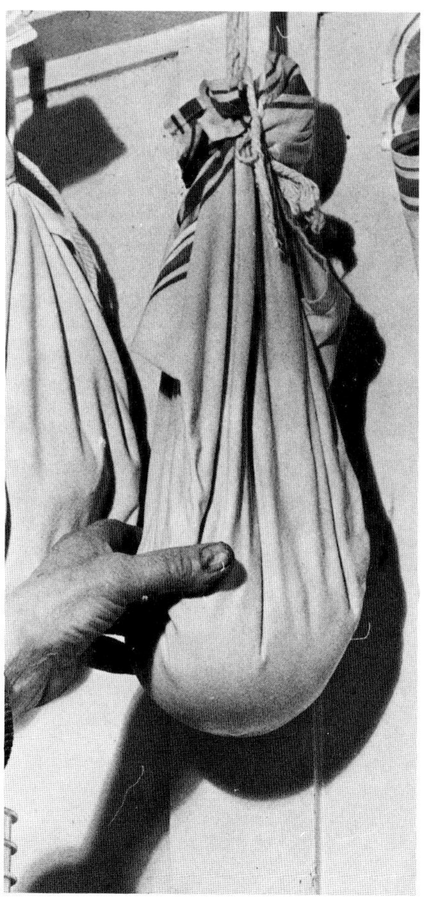

Oben Mrs. Etty, die Käsebereiterin, ist zu Recht stolz auf ihre auf Regalen im obern Stock des Bauernhauses gelagerten Käse.

Links Eine andere Käsesorte – sicher die einfachste hausgemachte Art – wird aus gesäuerter, in einem Tuch zum Entwässern aufgehängter Milch bereitet. Nachdem die Molke abgeflossen ist, wird der Käse später gesalzen und manchmal auch mit gehacktem Schnittlauch gewürzt.

Schmelzkäse

In den Vereinigten Staaten wird Schmelzkäse wie folgt definiert: «Pasteurisierter Schmelzkäse ist ein Molkereiprodukt, das aus einer Mischung mehrerer Partien natürlichen Käses gewonnen wird. Diese werden erhitzt und mit Hilfe von Emulsionsmitteln zu einer homogenen Masse verschmolzen, die anschließend abgekühlt wird. Schmelzkäse kann Früchte-, Gemüse und Fleischzusätze enthalten.»

Grundsätzlich geht die Produktion folgendermaßen vor sich:

– Man wählt den Käse aus, oft eine Kombination von milden bis vollaromatischen Sorten, je nach dem gewünschten Endprodukt.

– Der Käse wird leicht erhitzt, bis 21 °C, um das Entfernen des Rindenbelags wie Wachs, Plastik usw. zu erleichtern.

– Der Käse wird sorgfältig gemahlen, vor allem wenn er eine harte Rinde besitzt.

– Danach sollte das Mischverhältnis festgelegt werden: Menge der Emulsionsmittel, des Wassers und möglicherweise anderer Zutaten wie Butter, Molkenpulver, Rahm, Kräuter, Schinkenstücke, Wurststücke usw.

– Der Käse wird zusammen mit den Zutaten in einer großen Wanne erhitzt und gerührt. Meist dient dazu ein dampfbeheizter Kessel oder ein Kochkessel, der den Dampf direkt in die Käsemasse injiziert. Beide Kessel verfügen über eine automatische Rührvorrichtung.

Drei Phasen

Der Prozeß verläuft in drei Phasen. Zuerst erscheint eine klare Fettschicht. Nach Beimischung der Veredelungssalze und mit zunehmender Temperatur verschwindet diese wieder. Als zweites wird die Masse krümelig und körnig. Steigt die Temperatur noch ein wenig, wird die Masse schließlich glatt, samtartig und glänzend. Heute erfolgt der Schmelzprozeß unter Druck, und die Masse wird stärker erhitzt als früher. Die Minimaltemperatur beträgt 70 °C. Diese wird 1 bis 5 Minuten beibehalten.

Dann füllt man den Käse in die Verpackungsmaschine und macht zugleich Stichproben, um die Zusammensetzung zu prüfen. Er wird verpackt und mit den Etiketts versehen, worauf er in die Kühltunnel bzw. Kühlräume kommt.

Schmelzkäsesorten

Der Welternährungsrat unterscheidet drei Arten: *Schmelzkäse* mit Artbezeichnung (z. B. Greyerzer Schmelzkäse); *Schmelzkäse* und *Streichkäse* (enthält mehr Feuchtigkeit und weniger Fett) und *Schmelzkäseprodukte* (die Zusätze enthalten).

In den Vereinigten Staaten ist die Herstellung von Schmelzkäse gesetzlich geregelt und wird streng kontrolliert. *Pasteurized Processed Cheese* muß im Feuchtigkeits- und Fettgehalt dem natürlichen Käse entsprechen, aus dem das Produkt hergestellt wurde, oder im Falle einer Mischung dem Durchschnitt der entsprechenden Prozente. Es gibt einige Ausnahmen von dieser Regel. *Pasteurized Processed Cheese Food* wird mit Zutaten wie Rahm, Milch, Magermilchpulver, Molkenpulver, Früchten, Gemüsen und Fleisch zubereitet. Der Käse muß mindestens 51 Prozent des Gewichts ausmachen. Der Feuchtigkeitsgehalt beträgt höchstens 44 Prozent, der Fettgehalt der Trockensubstanz mindestens 23 Prozent. *Pasteurized Processed Cheese Spread* hat einen etwas niedrigeren Fettgehalt (mindestens 20 Prozent der Trockenmaterie). Der Feuchtigkeitsgehalt ist höher, im Maximum 60 Prozent, weshalb sich das Produkt besonders gut aufs Brot streichen läßt. Es kann Früchte, Gemüse, Fleisch usw. enthalten.

Hi-melt Cheese, ein neuartiges Produkt, ist ein Spezialkäse für den Gebrauch in der Küche. Er erträgt hohe Temperaturen ohne Aromaeinbuße und eignet sich vorzüglich für Gerichte wie Waliser Käseschnitten und Käsekanapees. Es gibt zwei Arten: *Hi-melt Pasteurized Processed American Cheese* und *Hi-melt Pasteurized Processed Cheese Food.* Ersterer weist einen etwas höheren Fettgehalt, einen niedrigeren Feuchtigkeitsgehalt und ein ausgeprägteres Cheddar-Aroma auf. *Imitation Pasteurized Processed Cheese Spread* entspricht mit seinem sehr niedrigen Fettgehalt den vorgeschriebenen Normen für Streichkäse nicht. Er eignet sich als Käse für Personen, die eine fett- und kalorienarme Diät einhalten müssen.

Für und wider

Manche Kenner rümpfen über Schmelzkäse die Nase. Dies ist vielleicht verständlich, denn ursprünglich stellte man den Schmelzkäse aus allen möglichen Käseresten her, die wegen gewisser Mängel nicht mehr verkauft werden konnten. Doch wenn Schmelzkäsefabriken einst qualitativ schlechten Käse billig kaufen und daraus hohen Gewinn schlagen konnten, so sind diese

Oben und unten: Rosetten aus Schmelzkäseetiketts.

Zeiten endgültig vorbei. Heute kann eine Firma ihre Marktposition nur mit qualitativ hochwertigen Produkten behaupten. Kleinere Mängel sind noch tragbar, da sie beim Endprodukt verschwinden.

Dazu kommt, daß die Meinungen über das Aroma von Schmelzkäse weit auseinandergehen. Der echte Käseliebhaber verlangt die individuellen Eigenschaften des Aromas und Geschmacks von natürlichem Käse, genießt zunächst einen weichen, flüssigen Camembert, dann einen süßlichen, trockenen Emmentaler oder einen hübsch blaugeäderten Roquefort. Er verabscheut das eintönige, neutrale Aroma und die langweilige, stets gleiche Konsistenz des Schmelzkäses. Andern wiederum bietet Schmelzkäse alles, was sie sich wünschen. Zum Glück gibt es Käse für jeden Geschmack.

Schmelzkäse ist praktisch überall auf der Welt in einfachster oder höchst phantasievoller Form erhältlich. Die Packung wird oft besonders auffällig gestaltet. Der amerikanische Erfindungsgeist hat den Weg gewiesen. Eine farbenfrohe Umhüllung und eine hübsche Packung genügen nicht mehr. Delikateßkörbchen, elegante Ton- und Glastöpfe gibt es bereits in großer Zahl. Man kann Schmelzkäse auf jede nur erdenkliche Art verpacken, und der Käufer erhält mit dem Käse auch noch einen praktischen oder dekorativen Gegenstand.

Ein großer Vorteil des Schmelzkäses ist seine vorzügliche Haltbarkeit – sie ist weit größer als bei natürlichem Käse. Schmelzkäse ist praktisch steril und reift nicht weiter. Schon bald nach seiner Entwicklung um die Jahrhundertwende war er sehr beliebt. Man schätzt, daß ein Drittel der US-Käseproduktion als Schmelzkäse vermarktet wird.

Links und unten: Ein Sortiment von Schmelzkäseetiketts aus aller Welt.

Anhang

Ein Wort des Dankes

Die Herausgeberin dankt den nachstehend aufgeführten Personen und Institutionen für ihre Hilfe bei der Vorbereitung und Gestaltung dieses Buches.

Bildquellen

Bildgestaltung: Ann Horteon

ABC Press (Agentur für Magnum, Pressehusset & Scoop/ Fotografen: E. Erwitt, E. Lessing, G. Nielsen, J. Staehr, D. Stock, B. Uzzle)
O. Abolafia
Allgemeiner Deutscher Nachrichtendienst (DDR)
Art Directors Photolibrary (Fotograf: B. Fleming)
Australian News and Information Bureau
Barnaby Picture Library (Fotografen: Hedrich-Blessing, E. Manewal, E. Preston)
Bavaria Verlag (Fotografen: T. Fehr-Bechtel, Schmachtenberger, T. Sellhuber)
Kees v. d. Berg
Borden Cheese
British Information Services (British Crown Copyright)
British Tourist Association
R. ten Broeke
Camerateam
Canada House
Dairy Industry Control Board, Prätoria
Danish Agricultural Producters
Ton Ellemers
English Country Cheese Council
Robert Estall
Mary Evans
FAO
Foto-Unit
Frans-Hals-Museum, Haarlem
Frits Gerritsen
Susan Griggs (Fotografen: M. Boys, S. Galloway, J. Garrett, N. Holland, A. Woolfitt)
Michael Holford
Sherry Kamp
Kimura
Aart Klein
Kon. Bibliotheek Albert I., Brüssel
Koninklijke Nederlandse Zuivelbond
Kraft-Küchen
Landbrukets Sentralforbund (Fotograf: A. Svendsen)
Colin Maher
Mansell Collection
Mejeribrugets Hjemmemarkedskontor
Ing. P. Meyers
Milk Marketing Board
John Moss
Nahrungsmittel aus Frankreich
New Zealand Dairy Board
Norske Meieriers Salgessentral
Novosti Press
PAF International (Fotograf: Ch. Délu)
Paul Pet
Photographie Giraudon et Lauros-Giraudon
Pictor (Fotograf: D. Braun)
Picturepoint (Fotograf: J. Baker)
Popperfoto (Fotografen: H. Chapman, M. Duris, J. C. Grelier, J. Mounicq)
Reflejo
Peter Ruting
Schweizerische Käseunion
Schweizerische Verkehrszentrale (Fotografen: Giegel, Müller)
Sem Presser
Simon Slop
Société Anonyme des Fermiers Réunis
Sopexa
Spectrum Colour Library (Fotografen: H. Douglas-Reid, M. J. Gilson, S. Meredith, E. S. Taylor)
J. W. Stoppelenburg
Svenska Mejeriernas Riksförening
Toine Post
John Topham Picture Library
Ungarisches Werbestudio
Valio Finnish Co-operative Dairies Association
Peter v. d. Velde
A. A. Verschoor
VVV, Gouda
ZEFA (Fotografen: W. Backhaus, Dr. K. Biedermann, W. Borrenbergen, W. Braun, E. G. Carle, W. Ernest, R. Everts, K. Göbel, H. Grathwohl, Dr. G. Haasch, W. Hasenberg, D. Hecker, B. Julian, G. Kalt, P. Keetman, Dr. H. Kramarz, K. Kurz, Dr. R. Lorenz, H. Mante, G. Marché, M. Nissen, P. Pittius, Puck-Kornetzki, F. Saller, H. Schlapfer, G. Seider, A. Simonsson, Strachil, Teasy, D. H. Teuffen, H. Wiesner, Dr. H. Wirth)

Unser spezieller Dank gilt:
The Delicatessen Shop (John Cavacienti), London
Sardi's Restaurant, New York City
Wells Stores (Patrick Rance), Streatley-on-Thames
Zabar's, New York City

Illustratoren

Ritzo Bloem & Partners
Anke Engelse
HBM Design
Eddy Schoonheijt
A. J. Wiskerke

Weitere Quellen, Berater und Mitarbeiter

Robert Collington Ackert, Katonah
Alfa-Laval, Amstelveen
American Dairy Association of Wisconsin, Madison
Pierre Androuet, Paris
Angel Arias Alonso, Madrid

Australian Dairy Produce Board, Melbourne
Ing. J. C. T. van der Berg, Wageningen
Fa. J. C. N. Boering (F. Sander), Dieman
Borden Food Division, Columbus, Ohio
Botschaft der Ungarischen Volksrepublik, Den Haag
Mrs. Brown, Tokio
Leo Burnett L. P. E. (M. R. P. Naylor), Tokio
Campina, Asten-Someren
Canadian Dairy Commission, Ottawa
Centrale du Vacherin Mont d'Or, Moudon
Centrale Paysanne Luxembourgeoise, Luxemburg
Comité Interprofessionel du Gruyère de Comté, Poligny
Confédération générale des Producteurs de Lait de Brebis et des Industriels de Roquefort, Millau
Cooperacion Technica Holandesa (Enrique Ortelec), Bogotá
Coopérative Laitière de Vicq, Vicq
Dairy Board, Prätoria
Departement of Agriculture, Washington
Hubrecht Duijker, Abcoude
English Country Cheese Council (H. R. Cornwell), London
Fakultät für Fischerei und Zoologie (Dr. Shigeru Yoshida), Hiroshima
Françoise Frémy, Matougues
Gerdabel, Amsterdam
Frans Grosfeld, Kortenhoef
J. Hofstra, Den Haag
Instituut voor Veeteeltkundig Onderzoek (S. Brandsma), Zeist
Internationale Neighbour Group (C. Houtman), Eindhoven
Internationaler Verband für Milchwirtschaft, Brüssel
Abraham Kef, Amsterdam
Kraft Consumer Services, Chicago
Landbouwhogeschool (Dr. H. Mulder, Dr. J. v. d. Poel), Wageningen
Mejeribrugets Hjemmemarkedskontor (L. Rasmussen), Århus
Ing. P. Meyers, Veenendaal
Milk Marketing Board, Thames Ditton
Ministerie van Landbouw (Hr. Edam, Ing. P. Tiersma, Ing. D. Rozeboom), Den Haag
Ministerio de Agricultura, Officina de Planificación Agricola, Santiago
Ministerio de Agricultura, Madrid
National Cheese Institute, Chicago
Nationale Zuiveldienst, Brüssel
Nederlands Instituut voor Zuivelonderzoek, Ede
Nederlands Zuivelbureau, Rijswijk
Nestlé Nederland, Amsterdam
New Zealand Dairy Board, Wellington
New Zealand Research Institute, Palmerston North
Niederländische Botschaften in verschiedenen Ländern
Norske Meieriers Salgssentral (R. Macussen), Oslo
Novib, Den Haag
Ömig, Wien
Organisation für Landwirtschaftliche Entwicklung, Vientane
Osta og Smjörsalan (O. H. Gunnarsson), Reykjavik
Österreichische Milchwirtschaft, Wien
Ostmästaren, Riksost (Mr. Regouw), Stockholm
Produktschap voor Zuivel (P. Wehrmann), Den Haag
Sancor Cooperatives Unidas, Argentinien
Schweizerische Käseunion, Bern
Dave Smith, Grubbenvorst
Société Anonyme des Fermiers Réunis, Paris
Sopexa, Paris
Ing. E. Steinbuch, Wageningen
Sterovita, Dordrecht
Svenska Mejeriernas Riksförening (E. Westerberg), Stockholm
Syndicat d'Amélioration du Fromage Saint-Nectaire, Besse-en-Chandesse
Syndicat des Fabricants de Pont-l'Evêque et de Livarot, Caen
Syndicat des Fabricants du Véritable Camembert, Caen
Ing. T. C. Tomson, Heiloo
Unigate, Wiltshire
Union des Industriels Laitiers de Basse-Normandie, Rouen
United Dairy Industry Association, Rosemont
Valio Finnish Co-operative Dairies Association (A. Artimo), Helsinki
Verband der deutschen Milchwirtschaft (Dr. Malich), Bonn
J. S. C. Verschoor, Rijswijk
Voorlichtingsbureau voor de Voeding (Dres. A. J. Bakker, A. A. van Vloten), Den Haag
Zuivelkwaliteitscontrolebureau (A. Swarte), Amsterdam

Erklärung der Fachausdrücke

Albuminkäse: Ein nicht auschließlich aus dem Kasein-Eiweiß der Milch hergestellter Käse. Man produziert ihn aus Albumin-Eiweiß oder aus Kasein- und Albumin-Eiweißen, die beim Erhitzen flockig werden.
Blaugeädert: Merkmal eines Käses mit einer Schimmelpilzkultur, die sich im Käseteig ausgebreitet hat, Die Äderung ist in der Regel blau oder blaugrün.
Bruch: Die dicke, quarkartige Masse geronnener Milch, die den Großteil der Trockensubstanz und ein gewisses Quantum Molke enthält.
Butterfett: siehe Fettgehalt.
Cheddaren: Auf- und Umschichten dicker Bruchblöcke, damit sich die Bruchpartikeln verbinden und schließlich eine dicke, fibröse Masse bilden.
Coryne-Bakterien: siehe Gewaschene Rinde.
Eiweiß: Für den Organismus unentbehrliche Aufbaustoffe, die in Milch und Käse reichlich vorhanden sind. Das wichtigste Eiweiß im Käse ist Kasein.
Gebürstete Rinde: siehe Gewaschene Rinde.
Gekochter Bruch: Nachträglich auf höchstens 55 bis 60 °C erhitzter Bruch.
Gerinnung: Mittels Lab provoziertes Dickwerden der Milch, seltener aufgrund natürlicher Säuerung der Milch eingetretenes Dickwerden.
Gewaschene Rinde: Die während des Reifeprozesses stets feucht gehaltene Rinde jener Käse, die regelmäßig mit einem mit Salzwasser getränkten Tuch abgerieben werden. Dies fördert die Bildung eines orangeroten Belages von Coryne-Bakterien auf der Rinde, den man wegbürstet oder trocknen läßt.
Interner Schimmelpilz: siehe Blaugeädert.
Kasein: Das bei der Käseherstellung wichtigste Milcheiweiß. Unter dem Einfluß von Lab wird es zu einer unlöslichen Verbindung.
Knetkäse: Für diesen Käse wird der Bruch in heißer Molke erhitzt und geknetet. Er läßt sich danach beliebig formen.
Koagulation: siehe Gerinnen.
Konsistenz: Festigkeitsgrad, Viskosität des Käses, die primär von dessen Feuchtigkeits- und Fettgehalt abhängt.
Lab: Aus dem Magen von Kälbern (oder andern Säugetieren) entnommene Substanz (Enzym), die die Milch gerinnen läßt.
Laktationsperiode: Die Zeit, während welcher ein Muttertier nach der Geburt eines Jungtiers Milch absondert.
Magermilch: siehe Entrahmte Milch.
Milchfett: siehe Fettgehalt.
Molke: Der flüssige Teil der Milch, der vom Bruch (der den Hauptteil der Trockensubstanz enthält) getrennt wird.
Molkenkäse: Käse, der durch Kochen der Molke produziert wird, ein brauner, karamelisierter Teig. Man verwendet den Begriff auch für Albuminkäse.
Natürlicher Käse: Käse, der aufgrund der normalen Entwicklung und Reifung entsteht, im Gegensatz zu Schmelzkäse.
Oberflächenreifung: Durch die Rindenflora verursachte Reifung.
Orangeroter Belag: siehe Gewaschene Käse.
Rindenflora: Schimmelpilz- oder Bakterienkultur, die sich auf der Käserinde bildet, was bei vielen Käsesorten erwünscht ist.
Rindenloser Käse: In Folie gereifter natürlicher Käse, bei dem sich keine Rinde bilden konnte.
Rohmilch: Nichtpasteurisierte Milch.
Rotschmierebelag: siehe Gewaschene Rinde.
Salzbad: Eine Lösung von Salz und Wasser. Viele Käse werden in ein Salzbad gelegt, damit sie den richtigen Salzgehalt erreichen.
Sauermilchkäse: Käse, der durch Säuerung und nicht durch Lab geronnen ist.
Schmelzkäse: Käseprodukt aus verarbeitetem natürlichem Käse. Die normale Entwicklung des natürlichen Käses wurde durch das Schmelzen und Weiterverarbeiten gestoppt, wodurch das Erzeugnis einheitlicher und fader wird als das Ursprungsprodukt, aus dem es hergestellt wurde.
Startkultur: Milchsäurebakterienkultur, die der Milch beigemengt wird, um deren Säuregehalt zu erhöhen.
Teig: Das Innere des Käses.
Trockensubstanz: Alle Bestandteile des Käses, ausgenommen die Feuchtigkeit (Wasser).
Vollmilch: Nichtentrahmte Milch.
Weißer Schimmelpilz: Weißer oder weißlicher Schimmelpilz-Rindenbelag.

Bibliographie

Zu den zahlreichen von der Autorin konsultierten Informationsquellen gehören unter anderem folgende Bücher, die dem interessierten Leser zur Lektüre empfohlen seien:

P. Androuet. *Guide du Fromage.* English edition: New York, 1973.

Annual Bulletin International Dairy Federation (1971, Part IV).

J. de Baere. *Een eeuw Belgische zuivelgeschiedenis.* Brussels, 1973.

P. N. Boekel. *De zuivelexport van Nederland tot 1813.* Utrecht, 1929.

Val Cheke. *Cheesemaking in Britain.* London, 1959.

Cheese Varieties and Descriptions. Washington D. C., 1969.

F. J. Courtine. *Larousse des Fromages.* Paris, 1973.

Fromages de France. Paris, 1953.

Douglas Emmons and Stewart Tuckey. *Cottage Cheese and Other Cultured Milk Products.* New York, 1967.

Kiermeier. *Handbuch der Lebensmittelchemie.* Vol. III/1. Berlin, 1968.

Hartl and Kurt Kretschmer. *Europäische Käsesorten.* Glaubendorf, 1967.

Frank Kosikowsky, *Cheese and Fermented Milk Foods.* Michigan, 1966.

W. Köster, *Käse-Lexikon.* Hildesheim, 1969.

Raymond Lindon. *Le Livre de l'Amateur de Fromages.* Paris, 1961.

Heinrich Mair-Waldburg. *Handbuch der Käse.* Kempten, 1974.

Vivienne Marquis and Patricia Haskell. *The Cheese Book.* London, 1966.

Ulrich Neuhaus. *Des Lebens weisse Quellen.* Berlin, 1954.

T. R. Pirtle. *History of the Dairy Industry.*

Christian Plume. *Le Livre du Fromage.* Paris, 1968.

Henry Pourrat. *The Roquefort Adventure.*

George W. Reinbold. *Italian Cheese Varieties.* New York, 1963.

John T. Schlebecker. *A History of American Dairying.* Chicago, 1967.

Die schweizerische Milchwirtschaft. Thun, 1948.

André L. Simon. *Cheese of the World.* London, 1956.

U. K. D. White. *Roman Farming.* London, 1970.

Harry Wilson and George W. Reinbold. *American Cheese Varieties.* New Yourk, 1965.

Rezeptverzeichnis

Hier sind die Rezepte von Seite 206–219 alphabetisch aufgeführt.

Verzeichnis der Käsesorten

In diesem Register sind die im Buch erwähnten Käsesorten aufgeführt. Das -T- vor einer Zahl verweist auf die Tabelle auf der betreffenden Seite. Wird eine Käsesorte in mehreren Ländern produziert, sind die Seitenangaben für das Ursprungs- oder Hauptherstellungsland separat vermerkt.